Andreas Frewer
Florian Bruns
Arnd T. May
(Hrsg.)

Ethikberatung in der Medizin

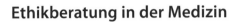

Andreas Frewer
Florian Bruns
Arnd T. May
(Hrsg.)

Ethikberatung in der Medizin

Mit 10 Abbildungen

 Springer

Herausgeber

Prof. Dr. Andreas Frewer, M.A.
Universität Erlangen-Nürnberg
Institut für Geschichte und Ethik der Medizin
Glückstraße 10
91054 Erlangen
andreas.frewer@ethik.med.uni-erlangen.de

Dr. Arnd T. May
ethikzentrum.de – Zentrum für Angewandte Ethik
Hohenzollernstraße 76
45659 Recklinghausen
may@ethikzentrum.de

Dr. Florian Bruns
Universität Erlangen-Nürnberg
Institut für Geschichte und Ethik der Medizin
Glückstraße 10
91054 Erlangen
florian.bruns@ethik.med.uni-erlangen.de

Für die freundliche Förderung der Drucklegung danken wir dem Bundesministerium für Bildung und Forschung (BMBF).

ISBN-13   978-3-642-25596-0   Springer-Verlag Berlin Heidelberg

Bibliografische Information der Deutschen Nationalbibliothek
Die Deutsche Nationalbibliothek verzeichnet diese Publikation in der Deutschen Nationalbibliografie; detaillierte bibliografische Daten sind im Internet über http://dnb.d-nb.de abrufbar.

SpringerMedizin
Springer-Verlag GmbH
ein Unternehmen von Springer Science+Business Media
springer.com

© Springer-Verlag Berlin Heidelberg 2012

Planung: Dr. Anna Kraetz, Heidelberg
Projektmanagement: Dr. Astrid Horlacher, Heidelberg
Projektkoordination: Barbara Karg, Heidelberg
Copy-Editing: Bettina Arndt, Gorxheimertal
Umschlaggestaltung: deblik Berlin
Einbandabbildung: © Yuri Arcurs / shutterstock.com
Herstellung: Crest Premedia Solutions (P) Ltd., Pune, India

SPIN: 80124191

Gedruckt auf säurefreiem Papier   22/3163 – 5 4 3 2 1 0

Vorwort

Wie können am Krankenbett möglichst gute Entscheidungen getroffen werden, die dem Wohl und der Autonomie der Patienten am besten entsprechen? Auf welche Weise wird Gerechtigkeit und Gleichbehandlung im Gesundheitswesen unterstützt? Ethikberatung in der Medizin widmet sich diesen Anliegen ebenso wie der generellen Reflektion von Patient-Arzt-Beziehung und klinischem Handeln. Die in den letzten Jahren entstandenen Ethikberatungsdienste und Klinischen Ethikkomitees sind den zugrunde liegenden Prinzipien wie auch den praktischen Aufgaben in besonderer Weise verpflichtet.

Langjährige Beratungspraxis und wissenschaftliche Projekte bilden die Grundlage des vorliegenden Buches. Eine Förderung des Bundesministeriums für Bildung und Forschung (BMBF) im Rahmen des Sommerkurses »Klinische Ethik« mit den Schwerpunkten »Konzepte, Kasuistiken und Komitees« hat schließlich das Entstehen des Bandes wesentlich unterstützt: Beiträge von ausgewählten Experten und engagierten Nachwuchswissenschaftlern wurden im Rahmen einer Klausurwoche intensiv diskutiert, für die Publikation überarbeitet und um weitere Fachartikel ergänzt. Darüber hinaus hat eine Reihe von Fachleuten aus dem Bereich der Universität Erlangen-Nürnberg wie auch des Universitätsklinikums Erlangen durch Vorträge die fruchtbaren Debatten und das Gelingen des Erlanger Sommerkurses ermöglicht. Hierbei sei allen Mitgliedern des Klinischen Ethikkomitees sowie insbesondere Prof. Dr. Dr. h.c. Wolfgang Rascher als Direktor der Klinik für Kinder- und Jugendmedizin, Prof. Dr. Christoph Ostgathe, Leiter der Palliativmedizin, sowie Prof. Dr. Matthias Beckmann, Direktor der Frauenklinik und des Tumorzentrums in Erlangen, für die gute Zusammenarbeit und die klinischen Praxisphasen während des Kurses herzlich gedankt.

Dipl.-Kff. (Univ.) Inken Emrich und Gisela Heinrici, M.A., sowie den anderen beteiligten Mitarbeiterinnen und Mitarbeitern der Professur für Ethik in der Medizin danken wir für die Begleitung der praktischen Durchführung wie auch die organisatorische Umsetzung der Klausurwoche, Antonia Wörner und Tanja Jacobs für Hilfen bei der Schlussredaktion. Dr. Martina Schindel und Anja Heinze (Bereich Gesundheitsforschung) vom Projektträger des Bundesministeriums für Bildung und Forschung haben die administrative Abwicklung des Projekts freundlicherweise unterstützt. Dr. Anna Krätz, Barbara Karg, Claudia Kiefer und Ulrike Hartmann vom Springer-Verlag in Heidelberg konnten zusammen mit Bettina Arndt das Fachlektorat und die editorische Gestaltung im Rahmen der Verlagsarbeit professionell gewährleisten.

Nicht zuletzt sei allen Mitautorinnen und -autoren des vorliegenden Werkes gedankt für die erfreuliche Zusammenarbeit und die Geduld bei der umfangreichen Redaktion des Bandes. Der Medizinischen Fakultät der Universität Erlangen-Nürnberg wird zudem für die Unterstützung der Arbeit des Klinischen Ethikkomitees Dank gesagt und die Freistellung im Rahmen eines Forschungssemesters, das zur Durchführung des Projekts und zur Edition des vorliegenden Bandes hilfreich war.[*]

---

[*] Ein ausführlicher Bericht zur BMBF-Klausurwoche wurde in der Zeitschrift Ethik in der Medizin publiziert: Imhof C, Mattulat M (2011) Klinische Ethik: Konzepte, Kasuistiken und Komitees. Bericht zur BMBF-Klausurwoche vom 12.–19.09.2010 an der Universität Erlangen-Nürnberg. In: Ethik in der Medizin 23 (2011), S. 163–168.

Ethikberatung in der Medizin kann und soll in der Praxis zu verstärkter Sensibilisierung wie auch differenzierter Wahrnehmung moralischer Konflikte beitragen und damit zur besseren Versorgung von Patientinnen und Patienten führen – dies ist auch das Ziel des vorliegenden Bandes.

Erlangen-Nürnberg, im Herbst 2011
Andreas Frewer (für die Herausgeber)

Inhaltsverzeichnis

Autorenverzeichnis

Alt-Epping, Bernd, Dr. med.
Palliativmedizin, Universitätsklinikum Göttingen
Robert-Koch-Straße 40
37075 Göttingen

Bannert, Regina, Dipl.-Theol.
Referat Gesundheitswesen,
Erzbistum Köln
Elisabethstraße 5
50767 Köln

Bockenheimer-Lucius, Gisela, Dr. med.
Senckenbergisches Institut für Geschichte und Ethik der Medizin, Klinikum der Universität Frankfurt am Main
Theodor-Stern-Kai 7
Haus 49
60590 Frankfurt am Main

Bruns, Florian, Dr. med.
Institut für Geschichte und Ethik der Medizin, Friedrich-Alexander-Universität Erlangen-Nürnberg
Glückstraße 10
91054 Erlangen

Frewer, Andreas, Prof. Dr. med., M.A.
Institut für Geschichte und Ethik der Medizin, Friedrich-Alexander-Universität Erlangen-Nürnberg
Glückstraße 10
91054 Erlangen

Gágyor, Ildikó, Dr. med.
Abteilung für Allgemeinmedizin, Universitätsklinikum Göttingen
Humboldtallee 38
37073 Göttingen

Imhof, Christiane, Dr. med.
Institut für Geschichte, Theorie und Ethik der Medizin, Universität Ulm
Frauensteige 6
89075 Ulm

Marx, Gabriella, M.A.
Palliativmedizin, Universitätsklinikum Göttingen
Robert-Koch-Straße 40
37075 Göttingen

May, Arnd T., Dr. phil.
ethikzentrum.de – Zentrum für Angewandte Ethik
Hohenzollernstraße 76
45659 Recklinghausen

Nauck, Friedemann, Prof. Dr. med.
Palliativmedizin, Universitätsklinikum Göttingen
Robert-Koch-Straße 40
37075 Göttingen

Rascher, Wolfgang, Prof. Dr. med. Dr. h.c.
Kinder- und Jugendklinik, Universitätsklinikum Erlangen
Loschgestraße 15
91054 Erlangen

Riedel, Annette, Prof. Dr. phil.
Fakultät Soziale Arbeit, Gesundheit und Pflege, Hochschule Esslingen
Flandernstraße 101
73732 Esslingen

Rothhaar, Markus, Dr. phil.
Philosophie, Fernuniversität Hagen
Hochstraße 20
58300 Wetter

Säfken, Christian, Rechtsanwalt
Bäckerstraße 24
21244 Buchholz i.d.N.

Sauer, Timo, Dr. rer. medic.
Senckenbergisches Institut für Geschichte und Ethik der Medizin, Klinikum der Universität Frankfurt am Main
Theodor-Stern-Kai 7,
Haus 49
60590 Frankfurt am Main

Verrel, Torsten, Prof. Dr. jur.
Kriminologisches Seminar, Universität Bonn
Adenauerallee 24–42
53113 Bonn

Welsch, Beate, Dipl.-Pflegewirtin
Städtische Kliniken Mönchengladbach GmbH
Hubertusstraße 100
41239 Mönchengladbach

Abkürzungsverzeichnis

AAPV	Allgemeine ambulante Palliativversorgung
AEM	Akademie für Ethik in der Medizin e.V.
AG	Aktiengesellschaft
AMG	Arzneimittelgesetz
ASBH	American Society for Bioethics and Humanities
BÄK	Bundesärztekammer
BGB	Bürgerliches Gesetzbuch
BGH	Bundesgerichtshof
BMBF	Bundesministerium für Bildung und Forschung
BtÄndG	Betreuungsrechtsänderungsgesetz
DEKV	Deutscher Evangelischer Krankenhausverband e.V.
DGEG	Deutsche Gesellschaft für Ethikberatung im Gesundheitswesen e.V.
DGP	Deutsche Gesellschaft für Palliativmedizin
DHPV	Deutscher Hospiz- und PalliativVerband e.V.
DKG	Deutsche Krankenhausgesellschaft
EK	Ethikkommission (Begutachtung zur Forschung)
EKA	Ethikkomitee im Altenheim
GmbH	Gesellschaft mit beschränkter Haftung
ICN	International Council of Nurses
IPPNW	Internationale Ärzte für die Verhütung des Atomkrieges, Ärzte in sozialer Verantwortung
KEB	Klinische Ethikberatung
KEK	Klinisches Ethikkomitee
KKVD	Katholischer Krankenhausverband Deutschlands e.V.
KTQ	Kooperation für Transparenz und Qualität im Gesundheitswesen
MPG	Medizinproduktegesetz
MRT	Magnetresonanztomograph
OCC	Optimum Care Committee
PEG	Perkutane endoskopische Gastrostomie
PHS	Public Health Service
PID	Präimplantationsdiagnostik
PND	Pränataldiagnostik
RWTH	Rheinisch-Westfälische Technische Hochschule
SAPV	Spezialisierte ambulante Palliativversorgung
SEM	Studentenverband Ethik in der Medizin e.V.
StGB	Strafgesetzbuch
VaW	Verzicht auf Wiederbelebung
ZEKO	Zentrale Ethikkommission (bei der Bundesärztekammer)

Ethikberatung im Gesundheitswesen – zur Einführung

Andreas Frewer, Arnd T. May und Florian Bruns

Ethische Fragen der Medizin sind »in aller Munde« – vom Lebensbeginn mit Problemen der Pille(n), Speichel-Gentests oder Präimplantationsdiagnostik bis hin zu künstlicher Ernährung, Sterbehilfe und Todesdefinition.[1] In den letzten Jahrzehnten haben sich wichtige Entwicklungen ergeben: Die naturwissenschaftlich-technischen Fortschritte und neue Möglichkeiten der Medizin bringen für das ärztliche und pflegerische Handeln grundlegende moralische Probleme mit sich. Ethikberatung kann vonnöten sein bei humangenetischen Fragen, Schwangerschaftskonflikten, Problemen der Transplantationsmedizin, Sterbebegleitung sowie für einen patientenorientierten klinischen Alltag, aber auch bei Grundfragen von Gleichbehandlung und Gerechtigkeit im Gesundheitswesen. Formen und Modelle der Beratung haben sich in Deutschland dabei sehr stark entwickelt und tun dies hoffentlich auch weiter – zum Besten der Patienten und aller Berufsgruppen im Gesundheitswesen.[2] Mit Blick auf die internationale Entwicklung etwa in den USA[3] besteht für Deutschland jedoch durchaus noch Nachholbedarf bei Institutionalisierung und Professionalisierung von Ethikberatung in Kliniken oder anderen Einrichtungen des Gesundheitswesens.

Der vorliegende Band möchte hierzu anregen und Stand wie auch Strukturen systematisch darstellen. Dafür werden in drei Abschnitten zunächst die Grundlagen von Klinischer Ethik und Ethikberatung (I.), dann Modelle und Beispiele der Implementierung von Ethikberatung oder Klinischen Ethikkomitees (II.) sowie neuere Anwendungsfelder und Herausforderungen für die Zukunft (III.) dargestellt. Der Band gibt also – im Sinne der Erkenntnisschritte von Medizin und Klinischer Ethik – eine »Anamnese« der historischen Entwicklung, eine »Diagnose« zu den derzeitigen Modellen und Strukturen der Ethikberatung sowie eine »Prognose« zum zukünftigen Bedarf bzw. konkret erforderlichen Schritten. Diese Bereiche zielen letztlich auf einen zentralen Aspekt: die Umsetzung möglichst guter Ethikberatung für die Praxis der Medizin und das Gesundheitswesen (»Therapie«).

1.1 Grundlagen von Ethikberatung und Klinischer Ethik

Im ersten Artikel stellt **Andreas Frewer** Grundlagen von Klinischer Ethik und Ethikberatung vor: Wie sah die historische und zeitgeschichtliche Entwicklung aus, welche wichtigen Kasuistiken haben als »Schlüsselfälle« die Debatten zur Medizinethik bestimmt und welche Etappen der Institutionalisierung lassen sich herauskristallisieren? Der Beitrag von **Florian Bruns** knüpft hier an und nimmt eine aktuelle Bestandsaufnahme zum Thema Ethikberatung und Ethikkomitees in Deutschland vor: Welche Gremien bestehen derzeit, gibt es Diskrepanzen zwischen Außendarstellung der Kliniken und realer Situation? Am Beispiel einer empirischen Untersuchung zu den 100 größten deutschen Krankenhäusern zeigt er den Status quo und umreißt künftige Herausforderungen. Der Artikel von **Markus Rothhaar** widmet sich den theoretischen Grundlagen der Angewandten Ethik: In welchem Verhältnis zueinander stehen die traditionelle philosophische Ethik und neue Varianten der Klinischen Ethik? Überlegungen zu wissenschaftstheoretischen Aspekten sowie der Vereinbarkeit von Theorieansätzen und Konzepten werden dargestellt. Der Artikel von **Regina Bannert** grenzt ebenfalls zwei wichtige Bereiche voneinander ab: Ethische Fallbesprechung und Supervision. Welche Unterschiede bestehen zwischen diesen beiden Praktiken, welche Überschneidungen lassen sich aktuell sowie in Zukunft erwarten? Der Aufsatz von **Arnd T. May** widmet sich dem Bereich von Professionalisierung und Standardisierung der Ethikberatung. Er zeigt die Hintergründe verschiedener Formen von Organisation, Prozessen und Modellen im Feld der Ethikberatung und macht Vorschläge zu einer Weiterentwicklung dieser Strukturen.

---

1   Vgl. hierzu die Untersuchungen von Düwell u. Neumann (2005), Steinkamp u. Gordijn (2010) sowie für den Schwerpunkt »Klinische Ethik« Jonsen et al. (2006), Hick (2007) und Frewer et al. (2008).
2   Siehe insbesondere DEK/KKVD (1997), Kettner u. May (2005), Frewer et al. (2008), Groß et al. (2008), Dörries et al. (2010) sowie Schildmann u. Vollmann (2010).
3   Vgl. für die USA ASBH (2011), zu Deutschland DEKV/KKVD (1997), ZEKO (2006) und AEM (2010).

1.2 Modelle und Beispiele der Implementierung von Ethikberatung

Der zweite Abschnitt des vorliegenden Bandes stellt die Einführung von Ethikberatung in Deutschland dar. Im Zentrum steht dabei das wichtigste Instrument für die Praxis in Krankenhäusern oder anderen Einrichtungen des Gesundheitswesens: das Klinische Ethikkomitee. Zunächst zeigen **Andreas Frewer**, **Florian Bruns** und **Wolfgang Rascher** die Entwicklung der Medizinethik an der Universität Erlangen-Nürnberg und einige der Meilensteine hin zur Gründung des Klinischen Ethikkomitees am Universitätsklinikum Erlangen. Die Autoren beleuchten die besondere Tradition und Affinität zu Fragen der Ethik in der Medizin in dieser Region des »Medical Valley« und dokumentieren die Vorgeschichte sowie die zehnjährige Arbeit des Ethikkomitees. **Beate Welsch** stellt mit dem Klinischen Ethikkomitee Düsseldorf-Gerresheim die Einrichtung eines Städtischen Klinikums und Akademischen Lehrkrankenhauses vor, das seit 2004 eine ethische Beratung implementiert hat. Im Mittelpunkt der Analysen stehen die Strukturen der Ethikberatung und die Erfahrungen aus mittlerweile sieben Jahren Fallbesprechungen. Zwei weitere Beiträge dokumentieren jüngste Entwicklungen im Feld der Klinischen Ethikkomitees: **Gabriella Marx**, **Friedemann Nauck** und **Bernd Alt-Epping** präsentieren die Einrichtung des Ethikkomitees im Bereich der Universitätsmedizin Göttingen und beleuchten Erfahrungen aus der Phase der Planung und Umsetzung in enger Zusammenarbeit mit Palliativstation und Allgemeinmedizin. **Christiane Imhof** zeigt die Institutionalisierung der Klinischen Ethikberatung am Universitätsklinikum Ulm: Welche individuellen Faktoren, gesellschaftlichen Strömungen und spezifischen Voraussetzungen auf Organisationsebene waren notwendig zur Gründung, welche Probleme und Fallkonstellationen zeigen sich zu Beginn einer neu etablierten Ethikberatung?

1.3 Neue Anwendungsfelder und Herausforderungen der Zukunft

Der dritte Abschnitt wendet sich Feldern zu, in denen die Ethikberatung im Gesundheitswesen bisher noch nicht etabliert ist oder erst seit kurzem diskutiert wird. **Ildikó Gágyor** präsentiert die Notwendigkeit von Ethikberatung für niedergelassene Ärzte als eine besondere Herausforderung der Zukunft. Am Beispiel der hausärztlichen Versorgung werden Bedürfnisse, Bedingungen und Faktoren ausgelotet, die Entwicklungen in diesem Bereich strukturieren. **Timo Sauer**, **Gisela Bockenheimer-Lucius** und **Arnd T. May** stellen neue Modelle und Konzepte für den Bereich der Ethikberatung in der Altenhilfe dar. Neben Überlegungen zur Theorie von Beratungsformen in diesem besonderen Feld stellt der Aufsatz Erfahrungen aus einem Verbundprojekt in Frankfurt am Main vor. Ebenso innovativ sind die Ausführungen von **Annette Riedel** zum Gebiet Ethikberatung im Hospiz. Der Aufsatz zeigt nicht nur die grundlegende Relevanz und Notwendigkeit von Beratung in diesem sich entwickelnden Feld des Gesundheitswesens, sondern auch erste Erfahrungen aus der Realisierung eines Projekts in Stuttgart. Mit der zunehmenden Implementierung von Ethikberatung im Gesundheitswesen stellen sich auch Fragen nach den »Risiken und Nebenwirkungen« der Verfahrensweisen. Am Lebensende spielen gerade bei heiklen Entscheidungen rechtliche Aspekte eine besondere Rolle. **Torsten Verrel** gibt mit seinem Beitrag eine Übersicht zu den wichtigsten juristischen Vorgaben bei Sterbehilfe oder Suizid und erörtert dabei die aktuellen Fälle der Rechtsprechung sowie Bezüge zur Ethikberatung. Der Artikel von **Christian Säfken** untersucht den Bereich Klinische Ethikberatung im Hinblick auf mögliche Beratungsfehler und problematisiert dabei auch die wichtige Frage der persönlichen Haftung von Mitgliedern der Ethikberatung bzw. des Ethikkomitees.

Im Anhang dieses Bandes finden sich schließlich eine Übersicht nützlicher (Internet-)Adressen zum Thema und ein Stichwortverzeichnis.

Das Feld »Ethikberatung in der Medizin« ist derzeit in einer dynamischen Entwicklung begriffen – mit dem vorliegenden Band können hoffentlich weitere Impulse und fachliche Hinweise zu Grundlagen wie auch Institutionalisierung gegeben werden.[4]

- **Zur Schreibweise**

Ausschließlich zum Zwecke der besseren Lesbarkeit wurde im vorliegenden Buch auf die unterschiedliche geschlechtsspezifische Schreibweise verzichtet. Die gewählte männliche Form ist in diesem Sinne geschlechtsneutral zu verstehen.

Literatur

American Society for Bioethics and Humanities (ASBH) (2011) Core competencies for health care ethics consultations, 2. Auflage, Glenview, IL

Bruns F, Frewer A (2010) Fallstudien im Vergleich. Ein Beitrag zur Standardisierung Klinischer Ethikberatung. In: Frewer et al. (2010), S. 301–310

Deutscher Evangelischer Krankenhausverband e.V., DEKV, Katholischer Krankenhausverband Deutschlands e.V., KKVD (Hrsg.) (1997) Ethik-Komitee im Krankenhaus. Freiburg

Dörries A, Neitzke G, Simon A, Vollmann J (Hrsg.) (2010) Klinische Ethikberatung. Ein Praxisbuch für Krankenhäuser und Einrichtungen der Altenpflege. 2. Auflage. Stuttgart

Düwell M, Neumann JN (Hrsg.) (2005) Wieviel Ethik verträgt die Medizin? Paderborn

Frewer A, Bruns F, Rascher W (Hrsg.) (2010) Hoffnung und Verantwortung. Herausforderungen für die Medizin. Jahrbuch Ethik in der Klinik (JEK), Bd. 3. Würzburg

Frewer A, Fahr U, Rascher W (Hrsg.) (2008) Klinische Ethikkomitees. Chancen, Risiken und Nebenwirkungen. Jahrbuch Ethik in der Klinik (JEK), Bd 1. Würzburg

Groß D, May AT, Simon A (Hrsg.) (2008) Beiträge zur Klinischen Ethikberatung an Universitätskliniken. Berlin

Heinemann W, Maio G (Hrsg.) (2010) Ethik in Strukturen bringen. Denkanstöße zur Ethikberatung im Gesundheitswesen. Freiburg

Hick C (Hrsg.) (2007) Klinische Ethik. Heidelberg

Jonsen AR, Siegler M, Winslade WJ (2006) Klinische Ethik. Eine praktische Hilfe zur ethischen Entscheidungsfindung. 5. Auflage. Köln

Kettner M, May AT (2005) Eine systematische Landkarte Klinischer Ethikkomitees in Deutschland. Zwischenergebnisse eines Forschungsprojektes. In: Düwell, Neumann (2005), S. 235–244

Schildmann J, Gordon J-S, Vollmann J (Hrsg.) (2010) Clinical ethics consultation. Theories and methods, implementation, evaluation. Farnham

Schildmann J, Vollmann J (2010) Evaluation of clinical ethics consultation: a systematic review and critical appraisal of research methods and outcome criteria. In: Schildmann et al. (2010), S. 203–215

Steinkamp N, Gordijn B (2009) Ethik in der Klinik und Pflegeeinrichtung. Ein Arbeitsbuch. 2. Auflage. Neuwied u. a.

Stutzki R, Ohnsorge K, Reiter-Theil S (Hrsg.) (2011) Ethikkonsultation heute – vom Modell zur Praxis. Münster u. a.

Vorstand der Akademie für Ethik in der Medizin e.V. (AEM) (2010) Standards für Ethikberatung in Einrichtungen des Gesundheitswesens. In: Ethik in der Medizin 22 (2010), S. 149–153

Zentrale Ethikkommission bei der Bundesärztekammer (ZEKO) (2006) Stellungnahme der Zentralen Kommission zur Wahrung ethischer Grundsätze in der Medizin und ihren Grenzgebieten (Zentrale Ethikkommission) bei der Bundesärztekammer zur Ethikberatung in der klinischen Medizin. In: Deutsches Ärzteblatt 103 (2006), S. A1703–1707

---

4   Weitere Perspektiven bei Bruns u. Frewer (2010), Heinemann u. Maio (2010), Schildmann et al. (2010) sowie Stutzki et al. (2011).

Grundlagen von Ethikberatung und Klinischer Ethik

Klinische Ethik und Ethikberatung

Entwicklung – Schlüsselfälle – Institutionalisierung

Andreas Frewer

2

Am 14. Oktober 2009 hatte das Universitätsklinikum Erlangen zur Pressekonferenz geladen: Über 50 Journalisten sowie etwa 15 Kamerateams und Hörfunkreporter wurden über die Hintergründe einer »medizinischen Sensation« informiert: Das »Wunder-Baby von Erlangen« und »Ärzte kämpften um das Kind« titelten in der Folge Medien und Zeitschriften, Fernseh- wie auch Radiobeiträge berichteten über den »Jungen der Wachkoma-Patientin«.[1]

Laut Pressesprecher der Klinik war es die Nachricht mit der größten Resonanz in der bisherigen Geschichte der Medizinischen Fakultät an der Universität Erlangen-Nürnberg. Printmedien und Internet verbreiteten die Kasuistik weltweit, in allen fünf Kontinenten wurde über diesen Fall berichtet. Den Journalisten auf dieser außerordentlich frequentierten Konferenz stellten sich mit den Direktoren der Frauen-, Kinder- und Jugendklinik, der Professur für Ethik der Medizin, einer Pflegenden sowie einer Frauenärztin nicht nur die beteiligten Fachdisziplinen, sondern Mitglieder einer durch das Klinische Ethikkomitee eingesetzten Arbeitsgruppe. Sie berichteten über die Hintergründe dieser dramatischen Schwangerschaft einer 40-jährigen Frau, die in der 13. Schwangerschaftswoche (SSW) nach einem Herzinfarkt trotz Reanimation ins Koma gefallen war und über einen Zeitraum von 22 Wochen bis zur Entbindung eines gesunden Kindes versorgt werden konnte.

Das große öffentliche Interesse lässt sich auch erklären mit einem Vorläufer-Fall, der sich vor fast 20 Jahren ebenfalls am Universitätsklinikum Erlangen abgespielt hatte: 1992 wurde die in der 12. Woche schwangere Marion P. nach einem Autounfall schwer verletzt per Hubschrauber in die Klinik transportiert. Wenige Tage später diagnostizierte man ihren »Hirntod«, die Ärzte versuchten seinerzeit ebenfalls, das ungeborene Kind am Leben zu halten. In der Boulevardpresse titelte man: »Tote muss Baby austragen. Drei Monate schwanger – Ärzte stellen Maschinen nicht ab.« Die gesamte

Republik diskutierte moralische Fragen der Medizin. Es war letztlich *der* paradigmatische Fall für die Klinische Ethik. Die Zeitschrift »Emma« brachte die Geschichte ebenfalls auf die Titelseite und diagnostizierte »Männermacht über Frauenkörper«. Feministinnen behaupteten, dass die Hirntote als »Gebärmaschine« benutzt werde und nannten dies »pervers«.

Nicht nur die breite Öffentlichkeit diskutierte das Vorgehen mit großer Ausdauer, auch die Fachleute waren sich durchaus nicht einig. Die »Akademie für Ethik in der Medizin« organisierte eine öffentliche Diskussionsveranstaltung, Fachartikel und in der Folge mehrere Bücher erschienen mit Bezug zum »Erlanger Baby«; dieser Begriff schaffte es sogar auf die Liste zum »Wort des Jahres«. Allerorten wurden in Kliniken und Universitäten, im Rahmen von Stationsrunden wie auch bei Seminaren und sehr lange im öffentlichen Raum in Fernsehdokumentationen wie in Talkshows intensiv über Medizinethik debattiert. Der Philosoph und Ethiker Hans Jonas schrieb einen nachdenklich-kritischen Brief an den beteiligten Rechtsmediziner (vgl. Jonas 1995; Bockenheimer-Lucius u. Seidler 1993).

❯❯ **Vor allem die breite Bevölkerung sah die ethischen Probleme der modernen Medizin mit besonderer Verdichtung der moralischen Aspekte von Lebensbeginn und Lebensende: Grundsatz- und Grenzfragen von Hirntod, Intensiv- wie auch Transplantationsmedizin bewegten diese Ethik-Debatten in einem zuvor in Deutschland nicht gekannten Ausmaß.**

Das Vorgehen der Ärzte 1992/93 wurde als »Erlanger Experiment« kritisiert, es gab Demonstrationen bis hin zu Schmierereien an Klinikwänden mit Parolen, die sogar vermeintliche Parallelen zur »Nazi-Medizin« konstruierten. Im ersten Erlanger Fall verdichteten sich die Probleme der modernen Hochleistungsmedizin dramatisch mit den moralischen Fragen der Gesellschaft – allein in Bezug auf Klinische Ethik und Ethikberatung lassen sich jedoch entscheidende Kontraste zum Fallbeispiel aus dem Jahr 2009 sehen. Die ärztliche Leitung beschloss 1992, ein Ad-hoc-Konsilium aus fünf Vertretern der beteiligten klinischen Disziplinen und Juristen ein-

---

1   Vgl. die großflächige Darstellung auf der ersten Seite der Bild-Zeitung mit einem NMR-Foto (intrauterine Kernspintomographie) des Babys am 15. Oktober 2009 sowie den Bericht im Magazin »Focus« mit Bildern des Kindes, des Frauenarztes (M.B.) und des Medizinethikers (A.F.).

zuberufen. Dieses musste sich zusammen mit den behandelnden Chirurgen Presseanfragen stellen und die Kommunikation mit der beteiligten Familie unterstützen. In der Öffentlichkeit wurde sehr schnell die Tatsache kritisiert, dass dieses kurzfristig zusammengestellte Gremium nur aus Männern und Professoren bestand, Frauen oder Pflegende waren nicht beteiligt. Die Debatten zu »Männermacht« und »Gebärmaschine« eskalierten. In welcher Weise war diese Gruppe für Entscheidungen in der Klinik demokratisch legitimiert?

Die Besonderheit des neuen Falls der Wachkoma-Patientin war, dass die behandelnden Frauenärzte von Beginn an zusammen mit der zwischenzeitlich eingerichteten Professur für Ethik in der Medizin der Universität Erlangen-Nürnberg das Klinische Ethikkomitee und die zuständige Ethikberatung einschalteten. So unterschied sich der Verlauf der beiden »Erlanger Babys« nicht nur medizinisch in zahlreichen Punkten: 1993 starb das Kind nach fünf Wochen in der 17. SSW und kontroverser Debatte, während im zweiten Fall nach der erfolgreichen Geburt 2007 gerade die Ethikberatung zum Abwarten des zweiten Lebensjahres riet: Die Familie der Betroffenen sollte bewusst geschützt werden, was im ersten Fall durch die massive Interaktion mit den Medien und Konflikte bezüglich des Vorgehens nicht gelungen war. Der Datenschutzbeauftragte und die langjährige Leiterin der Pressestelle urteilten retrospektiv, dass dieser gelungene Schutz der Betroffenen nochmals eine eigene »Sensation« darstelle. Der Bogen dieser beiden Fälle beleuchtet den entscheidenden Zeitraum der Entwicklung von Klinischer Ethik und Ethikberatung in Deutschland: Erst seit den 1990er Jahren haben sich Beratungsformen und Ethikkomitees etabliert – dieser Prozess soll im Folgenden in historischen Grundzügen umrissen und in Bezug auf ausgewählte systematische Fragen Klinischer Ethik und Ethikberatung vertieft werden.

2.1 Entwicklungen: Wurzeln von Ethikberatung und Ethikkomitees

»They Decide Who Lives, Who Dies« titelte das US-Magazin »LIFE« im Jahr 1962: Abgebildet war eines der ersten »Klinischen Ethikkomitees« der Medizingeschichte, wobei die beteiligten Personen absichtlich nur als unscharfe Silhouette dargestellt wurden, um für Anonymität der Beteiligten zu sorgen (vgl. Alexander 1962; Frewer 2008, 2011b). In der amerikanischen Stadt Seattle richtete man dieses Gremium ein, um Klinikärzten bei außerordentlich schwierigen Entscheidungen zu helfen: Es ging um neuartige ethische Probleme der modernen Medizin. Für hunderte Nierenkranke gab es vor dem drohenden Tod nur wenige innovative Geräte für die lebensrettende »Blutwäsche«. Pionierleistungen in Nephrologie und Dialyse brachten verschärfte Entscheidungskonflikte mit sich: Welcher Patient sollte nach welchen spezifischen Kriterien ausgewählt werden? Die behandelnden Ärzte waren ratlos und beriefen dieses neue Gremium ein. Die sieben Mitglieder des Komitees – sechs sind auf dem Bild in »LIFE« erkennbar, u. a. ein Mediziner, eine Frau, ein Pfarrer und weitere Bürger – waren darauf bedacht, dass sie nicht erkannt werden.[2]

Die Tragweite ihrer Entscheidungen war für die Betroffenen und die Gesellschaft außerordentlich heikel. Das Gremium zur Auswahl von Patienten für die Dialysetherapie wurde im Volksmund »Life and Death Committee« oder später sogar »God Committee«[3] genannt – dies verdeutlicht die zugeschriebene Macht bei der Beratung über richtige und gute Entscheidungen in Konflikten der Medizin (vgl. Fox 1989, S. 131, 1990).[4] Der vorliegende Beitrag gibt eine kurze Übersicht der Entwicklungsgeschichte von Ethikkomitees mit ihrer

---

2   In der Gegenwart hingegen sollen die Klinischen Ethikkomitees gerade auf Transparenz und offene Debatten hinarbeiten, Gleichheit und Gerechtigkeit als Prinzipien sowie gute Entscheidungen und ethische Begründungen im demokratisch-offenen Diskurs unterstützen.

3   Das Theaterstück »The God Committee« hatte 2007 ebenfalls in Seattle Premiere. Ähnlich wie im Film »Die 12 Geschworenen« werden Entscheidungskonflikte bei klinischen Problemen thematisiert: Wer erhält das Spenderorgan und kann damit weiterleben? Welche Kriterien können der Medizin und Gesellschaft bei ihren Entscheidungen helfen?

4   Die Gremien wurden *Kidney Dialysis Selection Committees* oder auch *Treatment Committees* bezeichnet und vom jeweiligen US-Bundesstaat eingesetzt.

sukzessiven Einrichtung und vertieft exemplarisch Probleme im Prozess der Institutionalisierung.[5]

> Die 1950er und 60er Jahre haben für die Intensivmedizin wie auch Transplantations- und Reproduktionsmedizin große Fortschritte, jedoch auch erhebliche moralische Probleme gebracht. Häufig wird dieser Zeitraum als »Geburtsphase« der Disziplin (»Birth of Bioethics«) bezeichnet.[6]

Der medizinische Fortschritt und schwierige moralische Dilemmata führten erst nach einem längeren Entwicklungsprozess zur Gründung von Ethikkomitees. In den 1960er Jahren wurde auch erstmals eine Definition versucht zu dem Problemkreis, der die Debatten im Fall des Erlanger Babys so erschwerte: 1968 etablierte man im amerikanischen Boston an der Harvard Medical School ein »Ad-Hoc-Committee On Defining Brain Death Criteria« (Beecher 1968; Ad Hoc Committee of the Harvard Medical School to Examine the Definition of Brain Death 1968). Die Möglichkeit der Organverpflanzung sowie die erste Herztransplantation (1967 in Südafrika) machten genauere Regelungen erforderlich. Doch damit sind nur zwei der bekanntesten Ethik-Gremien für die internationale Medizinethik genannt, die Entwicklung der Klinischen Ethikberatung und die Institutionalisierung von Ethikkomitees sind weitaus komplexer: Wenn die »Geburtsstunde« moderner Medizinethik in die 1960er Jahre gelegt wird, greift dies historisch zu kurz.

Mit den »Gesellschaften für Ethische Kultur« gab es in USA und Europa bereits Ende des 19. Jahrhunderts eine sog. »Ethische Bewegung« (vgl. An-

onymus 1892; Adler 1926, 1931; Radest 1998).[7] 1906 gründete sich in Deutschland auch ein »Bund für radikale Ethik«, der sich aber auf den Tierschutz konzentrierte (Frewer 2000, S. 146; Schwantje 1919). In Amerika wurden durch die »American Breeders' Association« seit Beginn des 20. Jahrhunderts Gremien zur Genetik und Eugenik etabliert (Kimmelman 1983, Reilly 1991). Ausschüsse mit Ärzten und Juristen waren für eugenische Maßnahmen zuständig, man schreckte nicht vor Zwangssterilisation zurück (Reilly 1991, S. 58–59). Die Eugenik-Bewegung in den USA erhielt durch den »Sexual Sterilization Act« (1928) die Möglichkeit zur Unfruchtbarmachung von nicht-einwilligungsfähigen Patienten in Kliniken; zur Umsetzung wurden »Eugenics Boards« für Entscheidungen vor Sterilisierungen etabliert (Grekul et al. 2004, S. 363). Zuerst hatten Geisteswissenschaftler den Vorsitz, später zunehmend Ärzte (insbesondere Psychiater). Man verhandelte wohl meist in Abwesenheit der Patienten. Zwar ist in diesem Beispiel eines frühen »Ethikkomitees« die Interdisziplinarität, aber keine patientenorientierte »Klinische Ethikberatung« mit »Bedside-Kontakt«[8] gegeben (vgl. Veatch 1977). Eine stärker klinisch relevante Einrichtung wurde durch die Kirchen initiiert: In den 1920er Jahre richtete man die ersten katholischen Medizinethik-Gremien – »Catholic Medico-Moral Committees« – ein (Levine 1984, S. 9).

Die weltweit erste Zeitschrift zur Ethik in der Medizin wurde in den 1920er Jahren in Deutschland gegründet. Sie hieß »Ethik. Sexual- und Gesellschaftsethik« (vgl. Frewer 2000) und war von zwei Vereinigungen in Leipzig und Halle ausgegangen. Aus dem »Ärztebund für Sexualethik« und dem »Gesinnungsbund« hatte sich eine allererste Fachgesellschaft zur Medizinethik entwickelt (ebd., S. 68),[9] die vor allem den Zweck verfolgte, die Zeit-

---

5   Hierbei kann es im vorliegenden Rahmen selbstverständlich nur um Grundzüge, Hauptströmungen und ausgewählte Beispiele gehen, spezifischere und vertiefende historische Studien müssen – zudem bei nicht einfacher Quellenlage – noch folgen.

6   Oft werden die historisch weiter reichenden Wurzeln und frühere Entwicklungsetappen in der internationalen Debatte ausgeblendet, vgl. Jonsen (1998) oder Düwell u. Steigleder (2003). Siehe auch in diesem Kontext die Ausführungen von Reich (1995), Korff et al. (1998), Frewer (1998), Stevens (2000), Frewer u. Neumann (2001), Ach u. Runtenberg (2002), Frewer et al. (2008) sowie Frewer (2011a).

---

7   In Berlin erschien 1892 in Ferdinand Dümmlers Verlagsbuchhandlung eine Schrift mit über 50 Seiten unter dem Titel »Die ethische Bewegung in Deutschland«.

8   Hier ist eine direkte Beratung auf den Stationen und am Krankenbett des Patienten gemeint. Theoretisch ist auch dabei eine Reihe von verschiedenen Formen der Konsultation und Beratungspraxis denkbar.

9   Ende der Weimarer Republik zählte dieser überwiegend von Ärzten, aber auch durch Theologen und Pädagogen getragene Zusammenschluss über 2.300 Mitglieder.

schrift herauszugeben (ebd.). Unter der Leitung von Emil Abderhalden[10] entwickelten sich ethische Diskussionen im deutschsprachigen Raum mit mitteleuropäischer Ausstrahlung (ebd.; Frewer u. Neumann 2001). Probleme am Lebensbeginn – Schwangerschaftsabbruch, Eugenik, Geschlechtskrankheiten, Verhütungsmethoden – waren zunächst dominierend, es wurde aber in der Folge das gesamte Spektrum der medizinethischen Fragen behandelt.[11] In den 1930er Jahren nahmen Tendenzen in Richtung der »Volkskörper«-Konzepte des NS-Staates zu. Der »Ethikbund« löste sich auf und das Forum der Zeitschrift wurde 1938 eingestellt (vgl. Frewer 2000, S. 108–115).[12] Die Abgründe der Jahre 1939 bis 1945 zeigten eine »Medizin ohne Menschlichkeit«.

Nach Ende des Zweiten Weltkriegs hat die »Catholic Hospital Organization« (CHO) in den USA durch »Ethical and Religious Directives« nochmals ihre Mitgliedshäuser zur Einrichtung von Berufsgruppen übergreifenden Gremien angeregt. Es entwickelte sich zudem ein weiteres Vorläufer-Gremium, sog. »Abortion Review Committees« (Moreno 1995, S. 97).[13] Hier wurden Schwangerschaftsabbrüche diskutiert und Betroffene wie Ärzte beraten. Ab Mitte der 1950er Jahre hat es in konfessionellen Krankenhäusern zahlreiche dieser Komitees als »Abortion Boards« gegeben (Solinger 1993, S. 248). George Annas und Michael Grodin vertreten die Meinung, dass diese »Abortion Review Committees« erste Klinische Ethikkomitees im engeren Sinne gewesen seien, insbesondere

durch einen gewissen Entscheidungsspielraum (Annas u. Grodin 1992; Levine 1984).

2.2 Zentrale Vorläufer: Kommissionen zur Forschungsethik

Die Vorreiterrolle für Klinische Ethikkomitees haben in den USA wie in Deutschland Forschungsethik-Kommissionen eingenommen: »Institutional Review Boards« (IRB) (Moreno 1995, S. 97) bzw. »Research Ethics Committees« (REC) wurden seit den 1970er Jahren Standard für die Erlaubnis bei Forschungsstudien am Menschen (vgl. Wiesing 2004; Frewer u. Schmidt 2007).

Auf staatlicher Ebene hatte es bereits in den Jahren 1900 und 1931 erste Richtlinien in Preußen bzw. im Deutschen Reich gegeben, die menschenverachtenden Experimente der NS-Zeit konnten sie jedoch nicht verhindern. Der Nürnberger Ärzteprozess brachte innerhalb des Urteilstextes den zehn Punkte umfassenden »Nuremberg Code of Medical Ethics« (1947), der wichtige ärztliche Deklarationen wie das Genfer Gelöbnis (1948) in Bezug auf die Forschung ergänzte. Die Nürnberger Prinzipien gingen in die »Declaration of Helsinki« (1964) des Weltärztebundes ein.

In den USA war es die Aufdeckung einer Reihe problematischer Forschungsstudien, die das Augenmerk auf die mangelnde Kontrolle der Biomedizin lenkte (Beecher 1966). Den größten Skandal bewirkte die Entdeckung der »Tuskegee Syphilis-Studie« (1932–1972): Etwa 400 Afroamerikanern wurde im Rahmen eines Projekts in Verantwortung des Public Health Service (PHS) gesagt, sie erhielten für »bad blood« eine Behandlung: de facto war es lediglich eine Beobachtungsstudie zum Verlauf der unbehandelten Krankheit, was mit Verfügbarkeit des Penicillins nach dem Zweiten Weltkrieg klar unmoralisch wurde (vgl. Jones 1993; Reverby 2011).[14]

---

10 Der Physiologe Emil Abderhalden (1877–1950) war die bestimmende Persönlichkeit. Er wurde Leiter des »Ethikbundes« und Herausgeber der Zeitschrift; 1932 bis 1945 war er zudem Präsident der Deutschen Akademie der Naturforscher (»Leopoldina«).

11 Terminologisch ist im ersten Drittel des 20. Jahrhunderts meist von Fragen »ärztlicher Ethik« oder »Deontologie« die Rede, siehe hierzu Reiser et al. (1977), Toulmin (1982), Sweeney (1987), Frewer (2000) und Bergdolt (2004). Zur weiteren Fachentwicklung und Herausbildung der Begriffe »Bioethik«, »Ethik in der Medizin« und »Klinische Ethik« siehe Reich (1995), Frewer (2000), Ach u. Runtenberg (2002) sowie Jonsen et al. (2006).

12 Zu Kontexten der Medizinethik im Nationalsozialismus siehe auch Bruns u. Frewer (2008) sowie Bruns (2009).

13 Hauptinitiator war Alan Guttmacher.

---

14 Penicillin war bereits nach dem Zweiten Weltkrieg verfügbar. In jüngster Zeit wurde aufgedeckt, dass amerikanische Ärzte auch in Guatemala nicht-therapeutische Humanexperimente und sogar bewusste Infektionen mit Syphilis durchführten.

Infolge dieser Skandale gründete man 1974 die »National Commission for the Protection of Human Subjects of Biomedical and Behavioral Research«, die 1979 den einflussreichen »Belmont Report« zum Schutz vor Humanexperimenten publizierte (»Ethical Principles and Guidelines for the Protection of Human Subjects of Research«). Dort wurden vor allem drei medizinethische Prinzipien unterstrichen (Moreno 1995, S. 76): Respekt vor Personen (autonomy), Fürsorge (beneficence) sowie Gerechtigkeit (justice).[15] Die Kommission bestand aus Ärzten und Juristen, zwei Forschern sowie einem Mitglied der Öffentlichkeit (vgl. Fox 1990, S. 204; Davis et al. 1997, S. 111). Kritik an nichttherapeutischer oder gefährlicher Forschung ohne Zustimmung der Patienten, Probleme bei der Arzneimittelaufsicht wie im Fall des Präparates Contergan sowie eine neue Sensibilität auch infolge der Aufarbeitung der Ereignisse im »Dritten Reich« führten zu erhöhter Wachsamkeit.

> **Die Aufdeckung problematischer Fälle sorgte letztlich für die Etablierung von festen Aufsichtsgremien für die Forschung, die als Ethikkommissionen in Deutschland seit Anfang der 1970er Jahre (Ulm, Göttingen) und dann sukzessive flächendeckend eingerichtet wurden. Sie begutachten** *prospektiv* **Anträge für Experimente am Menschen.**

Es gab dabei mehrere parallele Entwicklungen, aber die Studien des Bostoner Arztes Henry K. Beecher waren einer der wichtigen Startpunkte der einsetzenden kritischen Sichtweise Ende der 1960er Jahre (Beecher 1966; Pappworth 1967; Fischer 1979; Frewer u. Schmidt 2007).

2.3 Etablierung: Boston als Keimzelle für Ethikkomitees

Kurze Zeit nach der ersten Herztransplantation von Christiaan Barnard (1967) in Südafrika wurde an der Harvard Medical School das »Ad Hoc Commit-

tee« zur Untersuchung der Definition dauerhafter Bewusstlosigkeit und des Hirntodes eingerichtet. Mit der Publikation zur Irreversibilität des Komas im *Journal of the American Medical Association* war dieses Komitee erstmals *als Gremium* Autor einer wegweisenden Fachpublikation zur Medizinethik (Ad Hoc Committee of the Harvard Medical School to Examine the Definition of Brain Death 1968).

Die enorme Entwicklung der Biomedizin führte zu Initiativen für übergreifende Beratungsgremien hinsichtlich medizinethischer Probleme. Die Politik forderte die Gründung einer »Kommission für Gesundheit und Gesellschaft« zur Bearbeitung ethischer, rechtlicher und sozialer Fragen sowie die politisch-öffentliche Beratung (Rothman 2003, S. 168).

Ethik-Gremien erhielten Rückenwind. Boston war dabei Keimzelle für die Etablierung Klinischer Ethikkomitees: Am dortigen Massachusetts General Hospital (MGH) initiierte die Klinikleitung Anfang der 1970er Jahre ein Komitee mit zwei Ärzten, darunter ein Psychiater, einer leitenden Pflegekraft, einem Laien und einem Juristen. Aufgabe dieses Gremiums war die Beratung in schwierigen klinischen Fällen (ebd., S. 229).[16] 1974 wurde dieses zunächst eher kurzfristig eingerichtete Ethikkomitee in ein fest institutionalisiertes Gremium überführt, das man »Optimum Care Committee« (OCC) nannte. Bei Konflikten sollten Therapieentscheidungen unterstützt werden (ebd., S. 230).[17] Es bestand aus einem Internisten, der gleichzeitig Jurist war, einem Chirurgen, einer Krankenschwester und einem geisteswissenschaftlich ausgebildeten Psychiater als Vorsitzendem. Die offensichtliche Dominanz der Ärzte stieß auf Kritik (vgl. Brennan 1988, S. 803), hier kann aber in der Tat eine wichtige Etappe der Institutionalisierung Klinischer Komitees gesehen werden, denn die beteiligten Kollegen versuchten auch die Dokumentation der Konfliktsituationen zu gewährleisten. Im Zeitraum 1974 bis 1986 sind für dieses Ethikkomitee 73 Beratungsfälle nachgewiesen mit einem breiteren Spektrum von

---

15   Zur weiteren Ausarbeitung der Prinzipienethik vgl. insbesondere die Ausführungen von Beauchamp u. Childress (2009) sowie Rauprich u. Steger (2005).

16   Brennan (1988) zeigt, dass die ursprünglich angesetzten Prognose-Einteilungen nicht immer einheitlich verwendet wurden.

17   Der »optimistische« Begriff für das OCC – optimal für welche Beteiligten: Patient, Staat, Organempfänger? etc. – kann hier nicht weiter erörtert werden.

Fragestellungen und insbesondere ethischen Problemen am Lebensende (Brennan 1988). Die Rolle von Ethikkomitees bei Entscheidungen über Behandlungsabbruch (end-of-life-decisions) war zunächst keineswegs eindeutig (ebd., S. 807), aber ein wenigstens annäherungsweise interdisziplinäres Gremium versuchte, moralische Konfliktfälle zu diskutieren (ebd.).

Ab Mitte der 1970er Jahre gab es auch an anderen Kliniken weitere Ansätze, Formen Klinischer Ethikberatung zunehmend in die Einrichtungen zu integrieren. 1977 wurde etwa am Montefiore Medical Center in New York ein sog. »Bioethics Committee« etabliert. Dieses hatte jedoch weniger die direkte klinische Beratung oder Unterstützung bei Einzelfallentscheidungen zum Ziel, sondern diente der Leitung des Hauses zur Erstellung von Richtlinien und für Ausbildungszwecke (Rosner 1985, S. 2694).

2.4 »Klassische Kasuistiken«: Motoren der Ethik-Entwicklung

Das »Optimum Care Committee« kommt dem Modell des heutigen Klinischen Ethikkomitees sehr nahe, und auch die »Abortion Review Committees« waren zweifellos bereits mit schwierigen moralischen und medizinethischen Entscheidungen am Krankenbett befasst, aber ein wichtiges Kriterium Klinischer Ethikkomitees fehlte noch: Die interdisziplinäre Besetzung dieser Gruppen, die meist nur aus Vertretern der ärztlichen Profession gebildet waren: Krankenpflegepersonal, Juristen, Philosophen oder Theologen bzw. Klinikseelsorger waren zunächst in der Regel noch nicht Mitglied. Einschränkungen sind auch für die »Abortion Boards« zu sehen; sie durften nicht aufgrund eigener Beratungsergebnisse, sondern nur im Rahmen einer recht engen Auslegung Schwangerschaftsabbrüche befürworten. 1973 stärkte der Oberste Gerichtshof der USA im Zuge einer Grundsatzentscheidung im Fall »Roe versus Wade«[18] Selbstbestimmung

und Rechte der Frauen bei Konfliktfällen in der Schwangerschaft (vgl. Rothman 2003, S. 204).

Eine Kasuistik am Lebensende war es dann, die einen besonderen Impuls zur Institutionalisierung der Klinischen Ethik und von Beratungsgremien in Krankenhäusern geben sollte: der Fall Karen Ann Quinlan. Es handelte sich um eine 21-jährige Frau, die 1975 in die Notaufnahme eines Krankenhauses in New Jersey gebracht wurde. Quinlan fiel aufgrund einer Hirnschädigung in ein dauerhaftes tiefes Koma (persistent vegetative state). Die Angehörigen plädierten schließlich für ein Ende der Behandlung; der betreuende Arzt wollte seine Patientin jedoch am Beatmungsgerät lassen (Rothman 2003, S. 222–223; Savage 1980).[19] Der Streit landete vor Gericht und erhielt landesweite Aufmerksamkeit. Obwohl bei Karen Ann Quinlan die Beatmung 1976 abgestellt wurde, verblieb sie letztlich noch fast zehn Jahre im dauerhaften Koma bis zu ihrem Tod 1985 im Rahmen einer Pneumonie (vgl. Colen 1976; Pence 2004). Richter regten die Einrichtung eines lokalen Entscheidungsgremiums im Krankenhaus an (vgl. Teel 1975); die Ärztin Karen Teel forderte ein *multi*disziplinäres Gremium, das Entscheidungen unterstützen und juristische Verantwortung teilen sollte (ebd., S. 8).

Nach diesen spektakulären Einzelfällen haben die eingerichteten Gremien weiter bestanden als informelle Gruppen; aus Interesse an medizinethischen Fragen entwickelten sich bisher wenig bekannte »Bioethics Study Groups«. Ab Ende der 1970er Jahre verbreitete sich das Klinische Ethikkomitee in den USA, und seit den 1980er Jahren ist eine zunehmende Institutionalisierung und Etablierung dieses Beratungsinstruments an den Kliniken zu verzeichnen.[20] Dabei fand nicht nur eine Umsetzung der als sinnvoll und hilfreich erkannten Verantwortungsteilung für klinische Entscheidungsprozesse statt, sondern auch eine zu-

---

18   Eine Frau (anonym als »Jane Roe« bezeichnet) machte dabei vor Gericht ihr Recht auf Abtreibung im Fall einer Vergewaltigung geltend. Der Staatsanwalt von Dallas, Henry Wade, vertrat den Staat Texas. Das Verfahren gelangte bis zum Obersten Gerichtshof, der letztlich einen

Schwangerschaftsabbruch als Option anerkannte (1973). Das Urteil gilt als Meilenstein für das Recht auf Selbstbestimmung über den eigenen Körper.

19   1976 traf der New Jersey Supreme Court die Entscheidung im Fall Quinlan.

20   Siehe in diesem Kontext die Ausführungen der American Hospital Association (1985) und von Rosner (1985). – Zur Definition von Institutionalisierungsprozessen generell siehe auch Frewer u. Roelcke (2001).

nehmende Begleitforschung, um diese »black box« moralischer Diskurse weiter zu analysieren. Nicht nur spektakuläre Einzelfälle, sondern auch die Entwicklung von abgeleiteten Richtlinien waren in der Folge von Bedeutung. Das Bostoner Beth Israel Hospital (Lehrkrankenhaus der Harvard University) bezog sich etwa auch auf den Fall Quinlan (Rothman 2003, S. 229)[21] und entwickelte sehr früh Leitlinien für den Verzicht auf Wiederbelebung (»Do Not Resuscitate«-/DNR-Orders) (ebd., S. 230).

Diese unterschiedlichen Aufgaben und Zielsetzungen der Klinischen Ethikkomitees wurden in den USA bereits ab Mitte der 1970er Jahre gesehen: Als ein Zwischenresümee soll die frühe Arbeit über Ethikkomitees des amerikanischen Medizinethikers Robert Veatch genannt werden, der 1977 die Funktion der entsprechenden Komitees in vier Typen unterteilte.

Verschiedene Formen der frühen Ethikkomitees (Veatch 1977)

1. Gremien, die ethische Werte bei Einzelentscheidungen für Patienten beurteilen
2. Komitees für Entscheidungen von größerer moralischer und politischer Tragweite
3. Beratungsgremien
4. Prognose-Komitees.

Seit dieser Pionierphase sind **HealthCare Ethics Committees** in den Vereinigten Staaten immer weiter verbreitet worden (vgl. Cranford u. Doudera 1984; Fost u. Cranford 1985; Kohlen 2009), auch wenn kritische Fragen wie die Zugangsberechtigung zu diesen Foren – »for experts only?« (vgl. Agich u. Youngner 1991, Lo 1987) – oder die letzte Entscheidungsautorität – »who decides?« (DeVries u. Forsberg 2002) – Gegenstand andauernder Diskussionen und wissenschaftlicher Studien sind. Die akademische Institutionalisierung von Bioethik und Klinischer Medizinethik als Disziplin hat sich in der Folge auch in der Gründung weiterer

fachspezifischer Publikationsorgane niedergeschlagen: Für die Klinische Ethik ist im internationalen Kontext insbesondere die Gründung von Fachzeitschriften wie des »HealthCare Ethics Committee Forum« (1989) oder auch des »Journal of Clinical Ethics« (1990) hervorzuheben.[22]

2.5 Evaluation: Exemplarische Probleme und Strukturfragen

Der Prozess der Einrichtung eines Ethikberatungsdienstes und eines Klinischen Ethikkomitees an Krankenhäusern ist – nach Jahren, in denen das Ethikkomitee und die ablaufenden Beratungsformen als »black box« bezeichnet wurden – in der letzten Zeit auch in Deutschland Gegenstand wissenschaftlicher Untersuchungen gewesen (vgl. Bosk u. Frader 1998; Kettner u. May 2002; Anselm 2008). Zum einen sind die Chancen und Risiken von »Top-down«- oder »Bottom-up«-Gründungen diskutiert worden: Werden Klinische Ethikkomitees auf Wunsch der Leitung eines Hauses – also quasi »von oben« – eingerichtet, vielleicht auch oder gar vorrangig mit Blick auf den Zertifizierungsvorteil,[23] oder handelt es sich um eine breitere Bewegung aus der Mitte der Klinik und »von unten« im Sinne des Engagements betroffener und interessierter Personen bzw. Gruppen eines Krankenhauses? Welche strukturellen Konflikte bestehen bereits bei der Implementierung oder eben Nicht-Etablierung?

Auf einer allgemeineren und abstrakten Ebene sollten auch noch weitere mögliche Hinderungsgründe für die Einrichtung von Ethikstrukturen an Krankenhäusern bedacht werden: Zentral erscheint das Problem der zusätzlichen Arbeitsleistung:[24] Sind für die Einrichtung Klinischer Ethikberatung qua Position zuständige Wissenschaftler

---

21 »The Quinlan decision became the occasion for setting up committees to advise and review termination decisions and to formulate guidelines for individual physicians.«

22 Mit den geläufigen Abkürzungen »HEC Forum« und »JCE«. Auch das 1975 gegründete »Journal of Medical Ethics« (JME) führt eine Rubrik »Clinical Ethics«.

23 Siehe die Instrumente »ProCumCert« und »KTQ«. Vgl. Dörries u. Hespe-Jungesblut (2007), S. 151, Abb. 2, mit der Angabe von 30% bei Zertifizierung als Grund für die Einrichtung eines Klinischen Ethikkomitees.

24 Eine wichtige Frage bleibt gerade bei hoher beruflicher Belastung, ob der in den Komitees oder Sitzungen zur Ethikberatung erbrachte Einsatz (voll) als Arbeitszeit gilt.

für diesen Bereich kompetent? Oder können fachliche Defizite, individuelles Fehlverhalten bzw. Obrigkeitshörigkeit in einem hierarchisch gegliederten Kliniksystem selbst Abteilungsleiter und Vorsitzende von wissenschaftlichen Fachgesellschaften dazu veranlassen, Schritte zu einer fruchtbaren Reflexion klinischer Inhalte bzw. problematischer Fälle zu unterlassen, bewusst zu unterbinden oder zu behindern (▶ Kap. 9)?[25] Kurzum: Möchten sich verantwortliche Personen engagieren oder eher »durchlavieren«?

> **Entscheidend für die Etablierung der Ethikkomitees und aller Instrumente für die Klinische Ethikberatung ist die Evaluation ihrer Wirkweise.[26]**

Eine hohe Motivation und der berufliche Idealismus, gemeinschaftlich interdisziplinär Argumente oder Verfahrensweisen ethisch zu reflektieren sowie klinische Entscheidungen transparenter zu treffen sind für den Prozess der Institutionalisierung einer wirklich gewollten Beratungsstruktur essenzielle Elemente, können aber auch bei Fachleuten nicht grundsätzlich vorausgesetzt werden. Mit verschiedener Relevanz bzw. Intensität sind damit sicherlich auch allgemeine strukturelle Probleme bei der Institutionalisierung Klinischer Ethikberatung umrissen.[27] Im Kern müssen die dahinter stehenden Interessenkonflikte noch stärker und offener wahrgenommen werden – das ist ein zentrales Anliegen einer Entwicklungsgeschichte von Ethikkomitees und zur kritischen Aufklärung medizininhärenter Probleme auch für die Klini-

sche Ethikberatung wichtig. Die verschiedenen aufgeführten Beispiele von Beratungstätigkeit und Gremien mit problematischen gesellschaftlichen und politischen Rahmenbedingungen zeigen die Vulnerabilität der Ethik in der Klinik und die Notwendigkeit breiter multidisziplinärer Verankerung wie auch demokratischer Legitimierung.

2.6 Schlussüberlegungen

Die komplexe Entwicklungsgeschichte Klinischer Ethikkomitees und die Beispiele der Etablierung oder Nichteinrichtung differenzierter Ethikberatung illustrieren, wie viele Fallstricke bei der Institutionalisierung und der Arbeitsweise vorhanden sind. Verschiedene Interessenkonflikte und Instrumentalisierungsgefahren machen Klinische Ethik und Ethikberatung sensibel und vulnerabel für die Praxis Angewandter Ethik. Hier muss im Einzelfall historisch wie systematisch sehr genau untersucht werden, welche Faktoren und Prozesse im Kontext der Etablierung und Institutionalisierung eine Schlüsselrolle spielten.

Die eingangs genannten Erlanger Fälle sorgten nicht nur in Bezug auf medizinische und soziale Aspekte für zahlreiche Herausforderungen, sondern waren auch in ethischer Hinsicht eine Besonderheit: Bereits vor Aufnahme der Patientin hatte der Chefarzt der Gynäkologie und Geburtshilfe die Medizinethik involviert – dies zeigt eine neue Generation von klinischen Persönlichkeiten und die zunehmend etablierte Integration der Medizinethik, auch wenn dies nicht allerorten und in allen Fachgebieten gleichermaßen der Fall ist. Aus Gründen des Schutzes der Anonymität des gesamten betroffenen Personenkreises beschloss man, in Absprache mit den unmittelbaren Angehörigen und Betroffenen, den Fall erst zeitversetzt bekannt zu machen. Wenige Wochen nach der Pressekonferenz erschien dann eine detaillierte Dokumentation des Falls: Die Professur für Ethik in der Medizin und das Ethikkomitee publizierten zum »Erlanger Jungen« die Kasuistik »Schwangerschaft, Herzinfarkt, Hirnschädigung« und erläuterten medizinische Hintergründe wie auch moralische Fragen aus interdisziplinärer Sicht: Das behandelnde Ärzteteam kam ebenso wie die Gebiete Medizin-

---

25 Das Göttinger Ethikkomitee z. B. brauchte über zwölf Jahre, bis es vor kurzem offiziell gegründet werden konnte, obwohl bereits seit Ende der 1990er Jahre konkrete Pläne bestanden; vgl. zu den Hintergründen und den Interessenkonflikten beteiligter Personen u. a. Frewer (2007), Porz et al. (2007), Frewer (2008).

26 Vgl. in diesem Kontext insbesondere die Ausführungen von Slowther u. Hope (2000); Schneiderman et al. (2003), Frewer et al. (2008), Dörries et al. (2008), Groß et al. (2008), Chen u. Chen (2008), Pfäfflin et al. (2009), Ramsauer u. Frewer (2009), Frewer et al. (2010) sowie Schildmann et al. (2010).

27 Siehe hierzu auch DEKV/KKVD (1997), Frei et al. (1997), American Society for Bioethics and Humanities (1998), Hoffmann et al. (2000), Maio (2002) oder Bauer (2005) sowie Lo (1987) und Ross (1986).

2

ethik/Ethikberatung, Pflege, Neonatologie/Pädiatrie, Innere Medizin/Diabetologie und Recht zu Wort (Beckmann et al. 2009; Frewer et al. 2009). Auf diese Weise sollten Transparenz hergestellt und das Vorgehen in einem schwierigen Konfliktfeld der öffentlichen Kritik ausgesetzt werden, um einen demokratischen Diskurs zu den handlungsleitenden Prinzipien zu ermöglichen. Dies ist auch für die Ethikberatung generell wie auch die Klinischen Ethikkomitees ein Ziel demokratisch-partizipativer Arbeit und reflektierter Verfahrensweisen für die Angewandte Ethik.

Literatur

Ach JS, Runtenberg C (2002) Bioethik: Disziplin und Diskurs. Zur Selbstaufklärung angewandter Ethik. Frankfurt/M., New York

Ad Hoc Committee of the Harvard Medical School to Examine the Definition of Brain Death (1968) A definition of irreversible coma. In: The Journal of the American Medical Association 205 (1968), S. 85–88

Adler F (1926) Ethische Lebensphilosophie dargestellt in ihren Hauptlinien. Aus dem Englischen von Oscar Ewald und Graf Johannes Matuschka. München [Original: An ethical philosophy of life]

Adler F (1931) Ansprache, gehalten in New York am 10. Mai 1931 anläßlich der Feier des fünfundfünfzigsten Jahrestages der Begründung der Ethischen Bewegung. Wien

Agich GJ, Youngner SJ (1991) For experts only? Access to hospital ethics committees. In: The Hastings Center Report (1991), S. 17–26

Alexander S (1962) They decide who lives, who dies. Medical miracle puts a moral burden on a small community. In: Life 9 (1962), S. 102–125

American Hospital Association (1985) Ethics committees double since '83. Survey. In: Hospitals 39 (1985), S. 60–64

American Society for Bioethics and Humanities (ASBH) (1998) Core competencies for health care ethics consultation. Glenview

Annas GJ, Grodin MA (Hrsg.) (1992) The Nazi doctors and the Nuremberg Code. Human rights in human experimentation. Oxford

Anonymus (1892) Die ethische Bewegung in Deutschland. Vorbereitende Mitteilungen eines Kreises gleichgesinnter Männer und Frauen zu Berlin. Berlin

Anselm R (Hrsg.) (2008) Ethik als Kommunikation. Zur Praxis Klinischer Ethik-Komitees aus theologischer Perspektive. Göttingen

Bauer AW (2005) Das Klinische Ethik-Komitee (KEK). Verbessern medizinethische Entscheidungshilfen die Behandlungsqualität eines Krankenhauses? In: Journal für Anästhesie und Intensivbehandlung 12 (2005), S. 24–29

Beauchamp TL, Childress JF (2009) Principles of biomedical ethics. Oxford, New York

Beckmann MW, Engel J, Goecke TW, Faschingbauer F, Oppelt P, Flachskampf F, Schellinger PD, Rascher W, Schüttler J, Frewer A (2009) Schwangerschaft, Herzinfarkt, Hirnschädigung. Medizinische und ethische Fragen beim Umgang mit Mutter, Kind und sozialem Kontext. In: Frewer et al. (2009), S. 215–225

Beecher HK (1966) Ethics and clinical research. In: New England Journal of Medicine 74 (1966), S. 1354–1360

Beecher HK (1968) A definition of irreversible coma. Report of the Ad Hoc Committee of the Harvard Medical School to examine the definition of brain death. In: Journal of the American Medical Association 205 (1968), S. 337–340

Bergdolt K (2004) Das Gewissen der Medizin. Ärztliche Moral von der Antike bis heute. München

Bockenheimer-Lucius G, Seidler E (Hrsg.) (1993) Hirntod und Schwangerschaft. Dokumentation einer Diskussionsveranstaltung der Akademie für Ethik in der Medizin zum Erlanger Fall. Baden-Baden

Bosk CL, Frader J (1998) Institutional ethics committees: Sociological oxymoron, empirical black box. In: DeVries et al. (1998), S. 94–116

Brennan TA (1988) Ethics committees and decisions to limit care. The experience at the Massachusetts General Hospital. In: Journal of the American Medical Association 260, 6 (1988), S. 803–807

Bruns F (2009) Medizinethik im Nationalsozialismus. Entwicklungen und Protagonisten in Berlin (1939–1945). Stuttgart

Bruns F, Frewer A (2008) Systematische Erosion des Gewissens. Neuere Forschung zu Medizingeschichte und Ethik im Zweiten Weltkrieg. In: Gerhardt et al. (2008), S. 55–71

Chen YY, Chen YC (2008) Evaluating ethics consultation: Randomised controlled trial is not the right tool. In: Journal of Medical Ethics 34 (2008), S. 594–597

Colen BD (1976) Karen Ann Quinlan: Dying in the age of eternal life. New York

Cranford RE, Doudera AE (1984) The emergence of institutional ethics committees. In: Law, Medicine & Ethics 12 (1984), S. 13–20

Davis AJ, Aroskar MA, Liaschenko J, Drought TS (1997) Ethical dilemmas in nursing practice. 4. Auflage. London

Deutscher Evangelischer Krankenhausverbandes e.V., Katholischer Krankenhausverband Deutschlands e.V. (DEKV/KKVD) (Hrsg.) (1997) Ethik-Komitee im Krankenhaus. Erfahrungsberichte zur Einrichtung von Klinischen Ethik-Komitees. Berlin, Freiburg

DeVries R, Forsberg CP (2002) Who decides? A look at ethics committee membership. In: HEC Forum 14 (2002), S. 252–258

DeVries R, Subedi J (Hrsg.) (1998) Bioethics and society. Constructing the ethical enterprise. Upper Saddle River/NJ

Dörries A, Hespe-Jungesblut K (2007) Die Implementierung Klinischer Ethikberatung in Deutschland. Ergebnisse einer bundesweiten Umfrage bei Krankenhäusern. In: Ethik in der Medizin 19 (2007), S. 148–156

Dörries A, Neitzke G, Simon A, Vollmann J (Hrsg.) (2008) Klinische Ethikberatung. Ein Praxisbuch. Stuttgart

Düwell M, Steigleder K (Hrsg.) (2003) Bioethik. Eine Einführung. Frankfurt/Main

Eissa T-L, Sorgner SL (Hrsg.) (2011) Geschichte der Bioethik. Eine Einführung. Paderborn

Fischer G (1979) Medizinische Versuche am Menschen. Göttinger Rechtswissenschaftliche Studien, Bd. 105. Göttingen

Fost N, Cranford, RE (1985) Hospital ethics committees. Administrative aspects. In: Journal of the American Medical Association 253 (1985), S. 2687–2692

Fox RC (1989) The sociology of medicine. A participant observer's view. New Jersey

Fox RC (1990) The evolution of American bioethics: A sociological perspective. In: Weisz (1990), S. 201–217

Frei U, Frewer A, Winau R (Hrsg.) (1997) Vertrauen und Ethik in der Medizin. Grundsatzfragen einer klinisch orientierten Moraltheorie. Berlin

Frewer A (1998) Ethik in der Medizin in Weimarer Republik und Nationalsozialismus. Emil Abderhalden und die Zeitschrift »Ethik«. Diss. med. Berlin

Frewer A (2000) Medizin und Moral in Weimarer Republik und Nationalsozialismus. Die Zeitschrift »Ethik« unter Emil Abderhalden, Frankfurt/M., New York

Frewer A (2007) History of medicine and ethics in conflict. Research on national socialism as a moral problem. In: Schmidt, Frewer (2007), S. 255–282

Frewer A (2008) Ethikkomitees zur Beratung in der Medizin. Entwicklung und Probleme der Institutionalisierung. In: Frewer et al. (2008), S. 47–74

Frewer A (2011a) Strangers in the hospital? Zur Entwicklung von Ethik und Ethikgremien im Krankenhaus. In: Historia Hospitalium. Zeitschrift der Deutschen Gesellschaft für Krankenhausgeschichte 27 (2011), S. 105–114

Frewer A (2011b) Zur Geschichte der Bioethik im 20. Jahrhundert. Entwicklungen – Fragestellungen – Institutionen. In: Eissa, Sorgner (2011), S. 415–437

Frewer A, Bruns F, Rascher W (Hrsg.) (2010) Hoffnung und Verantwortung. Herausforderungen für die Medizin. Jahrbuch Ethik in der Klinik (JEK), Bd. 3. Würzburg

Frewer A, Fahr U, Rascher W (Hrsg.) (2008) Klinische Ethikkomitees. Chancen, Risiken und Nebenwirkungen. Jahrbuch Ethik in der Klinik (JEK), Bd. 1. Würzburg

Frewer A, Fahr U, Rascher W (Hrsg.) (2009) Patientenverfügung und Ethik. Beiträge zur guten klinischen Praxis. Jahrbuch Ethik in der Klinik (JEK), Bd. 2. Würzburg

Frewer A, Neumann JN (Hrsg.) (2001) Medizingeschichte und Medizinethik. Kontroversen und Begründungsansätze 1900–1950. Frankfurt/M., New York

Frewer A, Roelcke V (Hrsg.) (2001) Die Institutionalisierung der Medizinhistoriographie. Entwicklungslinien vom 19. ins 20. Jahrhundert. Stuttgart

Frewer A, Schmidt U (Hrsg.) (2007) Standards der Forschung. Historische Entwicklung und ethische Grundlagen klinischer Studien. Frankfurt/M. u. a.

Grekul J, Krahn H, Odynak D (2004) Sterilizing the »feebleminded«: Eugenics in Alberta, Canada, 1929–1972. In: Journal of Historical Sociology 17 (2004), S. 358–384

Groß D, May AT, Simon A (Hrsg.) (2008) Beiträge zur Klinischen Ethikberatung an Universitätskliniken. Münster u. a.

Hoff J, in der Schmitten J (Hrsg.) (1995) Wann ist der Mensch tot? Organverpflanzung und »Hirntod«-Kriterium. Reinbek

Hoffmann DE, Tarzian AJ, O'Neil JA (2000) Are ethics committees members competent to consult? In: Journal of Law, Medicine, and Ethics 28 (2000), S. 30–40

Jonas H (1985) Technik, Medizin und Ethik. Zur Praxis des Prinzips Verantwortung. Frankfurt/M.

Jonas H (1995) Brief an H.-B. Wuermeling. In: Hoff, in der Schmitten (1995), S. 21–27

Jones JH (1993) Bad blood. The Tuskegee syphilis experiment. New York

Jonsen AR (1998) The birth of bioethics. New York, Oxford

Jonsen AR, Siegler M, Winslade WJ (2006) Klinische Ethik. Eine praktische Hilfe zur ethischen Entscheidungsfindung. 5. Auflage. Köln

Kettner M, May A (2002) Ethik-Komitees in Kliniken – Bestandsaufnahme und Zukunftsperspektiven. In: Ethik in der Medizin 14 (2002), S. 295–297

Kimmelman BA (1983) The American Breeders' Association: Genetics and eugenics in an agricultural context, 1903–13. In: Social Studies of Science 13 (1983), S. 163–204

Kohlen H (2009) Conflicts of care. Hospital ethics committees in the USA and Germany. Frankfurt/M.

Korff W, Beck L, Mikat P (Hrsg.) (1998) Lexikon der Bioethik. Gütersloh

Levine C (1984) Questions and (some very tentative) answers about hospital ethics committees. In: The Hastings Center Report 14 (1984), S. 9–12

Lo B (1987) »Behind closed doors: Promises and pitfalls of an ethics committee«. In: New England Journal of Medicine 317 (1987), S. 46–49

Maio G (2002) Braucht die Medizin klinische Ethikberater? In: Deutsche Medizinische Wochenschrift 127 (2002), S. 2285–2288

Moreno JD (1995) Deciding together. Bioethics and moral consensus. New York, Oxford

Pappworth MH (1967) Human Guinea Pigs. Experimentation on man. London

Pence GE (2004) Classic cases in medical ethics. Boston/ Mass.

Pfäfflin M, Kobert K, Reiter-Theil S (2009) Evaluating clinical ethics consultation: A European perspective. In: Cambridge Quarterly of Healthcare Ethics 18 (2009), S. 406–419

Porz R, Rehmann-Sutter C, Scully J, Leach, Zimmermann-Acklin M (Hrsg.) (2007) Gekauftes Gewissen? Zur Rolle der Bioethik in Institutionen. Paderborn

2

Radest HB (1998) Felix Adler. An ethical culture. New York u. a.

Ramsauer T, Frewer A (2009) Clinical ethics committees and pediatrics. An evaluation of case consultations. In: Diametros 22 (2009), S. 90–104

Rauprich O, Steger F (Hrsg.) (2005) Prinzipienethik in der Biomedizin. Moralphilosophie und medizinische Praxis. Frankfurt/M., New York

Reich WT (Hrsg.) (1995) Encyclopedia of bioethics. New York

Reilly PR (1991) The surgical solution. A history of involuntary sterilization in the United States. Baltimore

Reiser J, Dyck AJ, Curran WJ (Hrsg.) (1977) Ethics in medicine. Historical perspectives and contemporary concerns. Cambridge, London

Reverby SM (2011) »Normal exposure« and inoculation syphilis: A PHS »Tuskegee« doctor in Guatemala, 1946–1948. In: Journal of Policy History 23 (2011), S. 6–28

Rosner F (1985) Hospital medical ethics committees: A review of their development. In: Journal of the American Medical Association 253 (1985), S. 2693–2697

Ross JW (1986) Handbook for hospital ethics committees. Practical suggestions for ethics committee members to plan, develop, and evaluate their roles and responsibilities. Chicago

Rothman DJ (2003) Strangers at the bedside. A history of how law and bioethics transformed medical decision making. New York

Savage D (1980) After Quinlan and Saikewicz: death, life, and God committees. In: Critical Care Medicine 8 (1980), S. 87–93

Schildmann J, Gordon J-S, Vollmann J (Hrsg.) (2010) Clinical ethics consultation. Theories and methods, implementation, evaluation. Farnham/Surrey

Schmidt U, Frewer A (Hrsg.) (2007) History and theory of human experimentation. The declaration of Helsinki and modern medical ethics. Stuttgart

Schneiderman LJ, Gilmer T, Teetzel HD, Dugan DO, Blustein J, Cranford R, Briggs KB, Komatsu GI, Goodman-Crews P, Cohn F, Young EW (2003) Effect of ethics consultations on nonbeneficial life-sustaining treatments in the intensive care setting. In: Journal of the American Medical Association 290 (2003), S. 1166–1172

Schwantje M (1919) Friedensheldentum. Pazifistische Aufsätze aus der Zeitschrift »Ethische Rundschau« (1914/15). Berlin

Slowther A, Hope T (2000) Clinical ethics committees: They can change clinical practice but need evaluation. In: British Medical Journal 321 (2000), S. 649–650

Solinger R (1993): »A complete disaster«: Abortion and politics of hospital abortion committees, 1950–1970. In: Feminist Studies 19 (1993), S. 240–268

Stevens TML (2000) Bioethics in America. Origins and cultural politics. Baltimore, London

Sweeney RH (1987) Past, present, and future of hospital ethics committees. In: Delaware Medical Journal 59 (1987), S. 183

Teel K (1975) The physician's dilemma. A doctor's view: What the law should be. In: Baylor Law Review 27 (1975), S. 6–9

Toulmin S (1982) How medicine saved the life of ethics. In: Perspectives in Biology and Medicine 25 (1982), S. 736–750

Veatch RM (1977) Hospital ethics committees: Is there a role? In: The Hastings Center Report 7 (1977), S. 22–25

Weisz G (Hrsg.) (1990) Social science perspectives on medical ethics. Pennsylvania

Wiesing U (Hrsg.) (2004) Die Ethik-Kommissionen. Neuere Entwicklungen und Richtlinien. Köln

Ethikberatung und Ethikkomitees in Deutschland

Eine Bestandsaufnahme

Florian Bruns

3

Die Klinische Ethik ist eine relativ junge Disziplin: die Kernphase ihrer institutionellen Entwicklung liegt in der zweiten Hälfte des 20. Jahrhunderts. Seither sind die ethischen Herausforderungen und potenziellen Konfliktfelder, die der modernen Medizin innewohnen, stetig gewachsen. Die rasante Ausweitung der Möglichkeiten sowohl der wissenschaftlich-forschenden als auch der klinisch-therapeutischen Medizin lässt beständig neue, bisher nicht gekannte Handlungsspielräume entstehen, die einer ethischen Reflexion bedürfen. Auch die zunehmende Pluralität der Werte in unserer weitgehend säkularisierten Gesellschaft, der steigende Einfluss juristischer Normen, die Verknappung finanzieller, personeller und zeitlicher Ressourcen sowie die wachsenden Autonomiebestrebungen immer besser informierter Patienten erhöhen den Bedarf an ethischer Orientierung in der Medizin (vgl. Rippe 1999, Vogd 2006).[1]

3.1   Einführung

In der Architektur der praktischen Philosophie und ihrer Bereichsethiken (vgl. Nida-Rümelin 2005) versteht sich die Klinische Ethik als derjenige Teil der Medizinethik (vgl. Schöne-Seifert 2007), welcher am engsten in Berührung mit der praktischen Heilkunde und ihrem zentralen Subjekt, dem Kranken, steht. Die nach medizinischen und ethischen Maßstäben bestmögliche Behandlung des kranken Menschen sowie der Schutz seiner Autonomie und Würde sind die vornehmsten Ziele Klinischer Ethik.[2] Doch nicht nur der Patient und sein individuelles Schicksal stehen im Fokus der klinisch orientierten Ethik, auch Ärzte und Pflegende sind Adressaten dieser Form der praxisnahen Medizinethik. Dies umso mehr, da sich in den letzten Jahren auf ärztlicher Seite eine zunehmende Bereitschaft entwickelt hat, ethische Aspekte im klinischen Alltag als solche wahrzunehmen

und im Zweifelsfall diskursiv anzusprechen. Diese Aufgeschlossenheit gegenüber medizinethischen Fragestellungen und ihrer interdisziplinären Beantwortung ist sicherlich noch nicht in allen Kliniken und Fachgebieten anzutreffen, wird aber vermutlich durch das Heranwachsen einer neuen, weniger paternalistisch sozialisierten und auch weiblich geprägten Ärztegeneration weiter an Boden gewinnen. Der daraus entstehenden Nachfrage wird die Klinische Ethik institutionell und personell gerecht werden müssen.

> Ethik in der Klinik ist gekennzeichnet durch eine praxisbezogene, handlungsorientierte und interdisziplinäre Herangehensweise an ethische Probleme, die im Rahmen der Behandlung oder Betreuung von Patienten in Krankenhäusern oder Bewohnern in Pflegeeinrichtungen entstehen können.

Neben den Sorgen und Nöten von Patienten und Angehörigen sind dies Unsicherheiten, Dilemmata oder moralisch aufgeladene Konflikte, die Ärzte und Pflegende im Rahmen ihrer Tätigkeit erleben, wobei sich bei genauerer Betrachtung mitunter herausstellt, dass nicht alle dieser Probleme tatsächlich ethischer Natur sind.

Typische Institutionen der Klinischen Ethik sind neben einzelnen haupt- oder nebenamtlich arbeitenden Ethikberatern die Klinischen Ethikkomitees und ähnliche Einrichtungen, die neben der Mitarbeiterfortbildung und der Erstellung von Leitlinien vor allem die individuelle, strukturierte Fallberatung als ihre zentrale Aufgabe ansehen. Im vorliegenden Beitrag soll zunächst die Entwicklung der Klinischen Ethik in den vergangenen beiden Jahrzehnten in groben Zügen rekonstruiert werden, bevor die aktuelle Situation dieser Disziplin, d. h. im Wesentlichen der im Jahr 2011 erreichte Grad der Institutionalisierung von Ethikkomitees und Ethikberatung an deutschen Kliniken, untersucht wird.[3]

---

1   Grundlegend zur Klinischen Ethik u. a. Steinkamp u. Gordijn (2003), Hick (2007), Vollmann et al. (2009), Jonsen et al. (2010).

2   Umso irritierender, dass die zentrale Rolle des Patienten in der Klinischen Ethik(beratung) durchaus nicht so eindeutig definiert zu sein scheint, wie zu erwarten wäre, vgl. in diesem Kontext u. a. Neitzke (2009).

3   Im Folgenden wird vor allem die Entwicklung von Ethikberatung in Krankenhäusern untersucht. Zur Ethikberatung in anderen medizinisch-pflegerischen Bereichen vgl. ▶ Kap. 11, 12, 13.

3.2   USA – Europa: Transfer von Erfahrungen

Im letzten Jahrzehnt des 20. Jahrhunderts hat die Medizinethik in Deutschland nicht nur die Klinik betreten, sie ist bis ans Krankenbett vorgedrungen.[4] Nach ausführlicher Beschäftigung mit übergreifenden, zu jener Zeit auch politisch heiß diskutierten Themen wie Transplantationsmedizin, Hirntoddefinition, Reproduktionsmedizin und dem Status von Embryonen richtete sich der medizinethische Blick Mitte der 1990er Jahre zunehmend auch auf solche Probleme, die tagtäglich unmittelbar aus der stationären Krankenbehandlung erwachsen. Vorangegangen war die zum Teil durch persönliche Erfahrung vor Ort geprägte Rezeption der »Clinical Ethics« in den USA durch deutsche Medizin- und Bioethiker wie Illhardt, Sass, Lilje, Richter und andere.

In seinem Arbeitsbuch »Medizinische Ethik« sprach Franz Josef Illhardt 1985 noch vorsichtig und eher am Rande von »Klinische[n] Ethikkommissionen«, die für »akut zu lösende Fragen der Therapie wie Behandlungsabbruch, Zwangsbehandlung, Indikation für einen umstrittenen Eingriff usw.« zuständig seien (Illhardt 1985, S. 162). Zehn Jahre später – er hatte inzwischen im Rahmen eines Forschungsprojekts in den USA die dortigen Systeme und Instrumente medizinischer Ethik kennengelernt – schrieb Illhardt, wiederum in einem Lehrbuch der Medizinethik, bereits sehr viel konkreter von der »Bewegung der **Ethik-Beratung** (Ethics Consultation)«, die sich im amerikanischen Raum entwickelt habe – und der er immerhin eine knappe Seitenhälfte widmete (Illhardt 1995, S. 116).[5]

Hans-Martin Sass versuchte erstmals 1988 mit der Monografie »Bioethik in den USA« die Themen und Methoden der amerikanischen Bioethik dem deutschen Publikum näher zu bringen.[6] Seit Anfang der 1980er Jahre arbeitete Sass im Wechsel am Kennedy Institute of Ethics in Washington und an der Ruhr-Universität Bochum. 1989 ließ er einen Text des amerikanischen Bioethikers James F. Drane unter dem Titel »Methoden Klinischer Ethik« ins Deutsche übersetzen und veröffentlichte ihn in der Reihe der Bochumer »Medizinethischen Materialien« – ein frühes Beispiel für den Gebrauch des Begriffs der Klinischen Ethik.

Detailliert und kenntnisreich beschrieb Christian Lilje 1995 das amerikanische Konzept der »Ethics Consultation« und bereitete damit dessen Transfer nach Deutschland vor, wo es, so Lilje, »schlicht – noch? – nicht existent« sei (Lilje 1995, S. 5). Allerdings sah er auch einige Hemmnisse, die seiner Ansicht nach den Transfer des amerikanischen Ethikberatungsmodells nach Deutschland erschweren könnten. So stände etwa dem eher pragmatisch-kasuistisch orientierten »Ethics at the bedside«-Ansatz der Amerikaner der stark deontologisch geprägte und beständig nach Letztbegründungen suchende Denkstil deutscher Ethiker gegenüber. Beide Theorien seien nicht ohne weiteres zu vereinen (ebd., S. 165–167).

Auch wenn diese pointierte Darstellung sicher weiter differenziert werden könnte – es unterliegt keinem Zweifel, dass die praktische Philosophie und insbesondere die »applied ethics« in Deutschland bis heute auf gewisse akademische Vorbehalte stoßen (Birnbacher 1999, S. 277f; Steinkamp u. Gordijn 2003, S. 119f).[7]

Kritisch fiel auch Jochen Vollmanns frühe Analyse der Methodik der Klinischen Ethik in den USA aus. In einem 1995 erschienenen Beitrag für die Zeitschrift »Ethik in der Medizin« warnte Vollmann vor Simplifizierungen und der »Reduzierung ethischen Denkens auf klinische Prozedere«, wie es

---

4   Ansätze früherer Entwicklungen sollen damit keineswegs unterschlagen werden. Als früher und gelungener Versuch, die Medizinethik ans Krankenbett und vice versa auch die Klinik in die Medizinethik zu bringen, kann der ab 1935 in mehreren Auflagen erschienene »Ärzte-Knigge« des Leipziger Internisten Seyfarth gelten, Seyfarth (1935). Zum historischen Kontext siehe u. a. Frewer (2000) sowie Bruns (2009). Für die 1980er Jahre wären auch die publizierten Fallstudien des Zentrums für Medizinische Ethik in Bochum zu nennen.

5   Hervorhebung im Original.

6   Sass (1988). Ein Kapitel des Buches beschäftigt sich auch mit den Formen von Ethikberatung, wobei die Differenzierung zwischen »Ethikkommission« und »Ethikkomitee« nicht stringent ist, vgl. ebd., S. 72–89.

7   Dies mag u. a. damit zu tun haben, dass die Wahrheitsfähigkeit normativer Aussagen zu praktischen Problemen nach gängiger philosophischer Auffassung zweifelhaft bleiben muss, so lange solche Aussagen nicht letztbegründbar sind. Der Beschäftigung mit Anwendungsproblemen haftet deshalb in der Philosophie nicht selten etwas Unseriöses an.

in den USA mitunter der Fall sei (Vollmann 1995, S. 186). Ein weiteres Problem sah er in der Versuchung, mittels empirisch betriebener Ethik die »harten« Methoden der biomedizinischen Wissenschaft nachzuahmen. Werde nicht klar zwischen normativen und deskriptiven Ansätzen getrennt, drohe stets die Gefahr eines Sein-Sollen-Fehlschlusses. Im Hinblick auf die Verhältnisse an deutschen Kliniken plädierte Vollmann für ein von den jeweiligen Fachabteilungen unabhängiges, interdisziplinäres Konsil-Angebot durch die Medizinethik (ebd., S. 190).

Die Entwicklung der Klinischen Ethik in Deutschland zeichnete sich in den späten 1990er Jahren in der Tat durch die Orientierung an den in Nordamerika vorgefundenen Konzepten aus. So führten etwa Gerdes und Richter 1998 an der Marburger Universitätsklinik einen Ethik-Konsultationsdienst ein, der sich an das von Fletcher et al. entwickelte Modell an der University of Virginia in Charlottesville anlehnte. Auch Gerdes und Richter hoben die Notwendigkeit der Anpassung des US-amerikanischen Vorbilds an die Gegebenheiten einer deutschen Universitätsklinik hervor (Gerdes u. Richter 1999, S. 260).

Am modifizierten Marburger Modell wird deutlich, dass es falsch wäre, von einer bloßen Übernahme des amerikanischen Modells zu sprechen. In vorsichtiger Abgrenzung gegenüber dortigen Besonderheiten und unter Rückbesinnung auf hierzulande bereits vorhandene Traditionen ärztlicher Moralphilosophie entstanden in Deutschland durchaus eigenständige Konzepte. Diese nahmen Rücksicht auf Unterschiede etwa im Kommunikationsstil und in der hierarchischen Gliederung der Kliniken, aber auch auf unterschiedliche normative Wertsetzungen.[8] So werden in Deutschland Gerechtigkeits- und Fürsorgeaspekte im Rahmen klinisch-ethischer Abwägungen weiterhin relativ stark betont, während das im angelsächsischen Sprachraum traditionell besonders wichtige Prin-

zip der Autonomie hierzulande weniger herausgehoben wird (vgl. Beauchamp u. Childress 2009).[9]

Jedoch haben sich in den letzten Jahren auch in Deutschland die Gewichte verschoben. Die Stärkung der Selbstbestimmung des Patienten wird auch hier immer öfter als vorrangiges Ziel genannt, wobei die wettbewerbsorientierte Umstrukturierung des Gesundheitswesens Patienten geradezu in eine aktive Rolle drängt: sie sollen sich als Kunden begreifen, die zwischen den alternativen Angeboten des Gesundheitsmarktes auswählen können. Ob dieser Zuwachs an **Konsum**autonomie jedoch tatsächlich zu mehr **Patienten**autonomie führen wird, erscheint fraglich.[10]

3.3 Die Institutionalisierung Klinischer Ethikberatung in Deutschland

Breites öffentliches Aufsehen erregende und kontrovers diskutierte Fälle wie etwa der des »Erlanger Babys« 1992/93 oder die Debatte um das 1997 in Kraft getretene Transplantationsgesetz gaben der klinisch orientierten Medizinethik weitere Impulse. In Würdigung der immer komplexeren ethischen Alltagsfragen und basierend auf dem oben dargestellten Erfahrungstransfer aus den USA empfahlen der katholische und der evangelische Krankenhausverband in Deutschland in einer gemeinsamen Stellungnahme aus dem Jahr 1997 die Einrichtung Klinischer Ethikkomitees an konfessionellen Krankenhäusern.[11] Die Komitees sollten

---

8   Für einen Überblick über die Vielfalt der Ende der 1990er Jahre in Deutschland in Erprobung befindlichen Ethikberatungsmodelle siehe Reiter-Theil u. Illhardt (1999). Vgl. auch Illhardt et al. (1998), Reiter-Theil (1998) sowie Kettner (1999).

9   Allerdings weisen Beauchamp u. Childress im Vorwort dieser neuesten Ausgabe ihrer »Principles of Biomedical Ethics« ausdrücklich darauf hin, dass auch das Prinzip der Autonomie stets im Kontext anderer Prinzipien, wie etwa der Fürsorge, zu betrachten sei und keineswegs eine automatische Vorrangstellung genieße.

10 Diese Konsumfreiheit könnte viele von Krankheit betroffene Menschen eher verunsichern und überfordern. Bereits jetzt zeichnet sich ab, dass es zukünftig einen vermehrten Bedarf an unabhängiger und autonomiefördernder Patientenberatung geben wird. In dieser Perspektive erscheint der mündige Patient vorerst eher als eine Idealvorstellung, für manche ist er gar nur ein »Mythos«, vgl. Stollberg (2008).

11 Deutscher Evangelischer Krankenhausverband und Katholischer Krankenhausverband (1997). Die Empfehlung

Raum bieten für offene Gespräche über moralische Fragen des klinischen Alltags. Diese Form der Selbstverpflichtung einer der Dachorganisationen des Gesundheitswesens kann im Nachhinein als die Geburtsstunde institutionalisierter Ethikberatung in der deutschen Kliniklandschaft bezeichnet werden.[12]

Ähnlich wie bereits in den USA und in den Niederlanden nahmen die konfessionellen Trägerverbände in Deutschland auf diesem Gebiet eine Pionierrolle ein. In den folgenden Jahren kam es an vielen Kliniken zur Gründung von Ethikkomitees, nicht nur an konfessionellen Häusern, sondern, etwa in Hannover und Erlangen, auch an Universitätskliniken (Steinkamp u. Gordijn 2001; Simon 2001b; Vollmann u. Weidtmann 2003, Neitzke 2002, Groß et al. 2008).[13] Das Freiburger Universitätsklinikum hatte bereits 1996 ein »Zentrum für Ethik und Recht in der Medizin« eingerichtet; ähnlich wie in Marburg wurde auch hier statt eines Komitees zunächst das Modell eines Konsultationsdienstes gewählt.[14]

Die Zahl der neu gegründeten Ethikkomitees nahm insgesamt nur langsam zu, und von einem Gründungsboom konnte nicht die Rede sein. Laut einer Umfrage aus dem Jahr 2000 hatten zu diesem Zeitpunkt unter allen knapp 800 konfessionellen Krankenhäusern nur 30 ein Klinisches Ethikkomitee gegründet (Simon 2001a). Weitere drei Jahre später ergab eine telefonische Befragung, dass inzwischen 59 Kliniken ein Ethikkomitee besaßen – ein im Vergleich zur Gesamtzahl der deutschen Krankenhäuser nach wie vor verschwindend geringer Anteil (Kettner u. May 2005, S. 237).

Ungeachtet dessen intensivierte sich jedoch sowohl die Vernetzung der mit Ethikberatung befassten Medizinethiker als auch die akademische Institutionalisierung des Faches. In Berlin ergriffen Landesärztekammer sowie Medizin- und Pflegepädagogik die Initiative zur Gründung von Ethikarbeitskreisen, für die laut einer vorherigen Umfrage unter Angehörigen der Gesundheitsberufe ein erheblicher Bedarf gesehen wurde (Ethikarbeitskreise im Krankenhaus 1999). Während die akademische Implementierung der Medizinethik an der Berliner Charité scheiterte,[15] wurde 1998 an der Universität Tübingen der erste deutsche Lehrstuhl für Ethik in der Medizin geschaffen. Auch hier gehörte die Klinische Ethik von vornherein zum Aufgabenfeld des Stelleninhabers; von ihm erwartete die Fakultät, so die interessante Formulierung im Ausschreibungstext, die »medizinisch-ethischen Belange [...] konsiliarisch [...] wahrzunehmen« (Wiesing 2001, S. 259).

2003 gründete sich innerhalb der Akademie für Ethik in der Medizin (AEM) eine Arbeitsgruppe »Ethikberatung im Krankenhaus«, deren Mitglieder ein Curriculum zur Qualifizierung von Ethikberatern erarbeiteten und 2005 veröffentlichten. Dieses Curriculum bildete die Basis für ein entsprechendes Qualifizierungsprogramm, mit dessen Hilfe interessierte Angehörige unterschiedlicher Professionen – Medizin, Pflege, Seelsorge, Sozialdienst etc. – zu kompetenten Ethikberatern weitergebildet werden sollen (Dörries et al. 2005, 2010; Simon et al. 2005).[16] Die Einführung fester Curricula für Fort- und Weiterbildung sowie der Austausch von Beratern untereinander sind wichtige Instrumente zur Sicherung der Qualität von Ethikberatung. Um die überregionale Vernetzung zu fördern, richtete die Arbeitsgruppe der AEM eine eigene Internetplattform unter der Adresse http://www.ethikkomitee.de ein. Daneben festigte sich auch die transat-

---

enthält u. a. eine Modellsatzung für Klinische Ethikkomitees.

12 Andere Beratungsformen, etwa im betriebswirtschaftlichen oder technischen Bereich, existierten auch in Krankenhäusern bereits deutlich früher, siehe hierzu Wolf u. Dörries (2001).

13 Die Aufbauphase des Klinischen Ethikkomitees an der Medizinischen Hochschule Hannover wurde durch ein von der DFG gefördertes Forschungsprojekt »Klinische Ethik-Komitees« (2001–2003) am Kulturwissenschaftlichen Institut Essen unter Leitung von Matthias Kettner begleitet.

14 Zum Konsultationsdienst in Marburg vgl. Gerdes u. Richter (1999).

15 Seit Gründung eines Zentrums für Human- und Gesundheitswissenschaften Anfang der 1990er Jahre ist es im dritten Anlauf nicht gelungen, eine dort eingerichtete Professur für Ethik in der Medizin nachhaltig zu besetzen.

16 Neben dem in Hannover angesiedelten Qualifizierungsprogramm »Ethikberatung im Gesundheitswesen« sei außerdem auf den Fernlehrgang »Berater/in für Ethik im Gesundheitswesen« in Nürnberg hingewiesen.

lantische Brücke: nach einem ersten Kongress 2003 in Cleveland/Ohio fand zwei Jahre später in Basel erstmals eine große internationale Konferenz zum Thema Klinische Ethikberatung auf europäischem Boden statt. Überdies hatten zu diesem Zeitpunkt bereits mehrere medizinethische Zeitschriften spezielle Themenhefte zur Klinischen Ethikberatung in Europa herausgebracht.[17] Gleichwohl war gerade auch an Universitätsklinika noch ein erheblicher Informationsbedarf zum Thema Ethikberatung zu verzeichnen (Vollmann et al. 2004).[18] Neben diesem unzureichenden Wissen um die Chancen und Vorteile einer institutionalisierten klinisch-ethischen Beratung auf den Leitungsebenen konnte gleichzeitig ein hoher Bedarf an Unterstützung und Beratung in ethischen Fragen unter Pflegenden und Ärzten nachgewiesen werden (Neitzke 2007). Erst im Zuge verstärkter Aktivitäten zur strukturierten Qualitätssicherung wurde Ethikberatung in zunehmendem Maße auch von den Klinikleitungen als ein nützliches und sinnvolles Instrument zur Qualitätsverbesserung im Bereich der Patientenversorgung wahrgenommen.

2005 wurden in der bislang größten Studie zur Erfassung der Zahl von Ethikberatungseinrichtungen an deutschen Kliniken alle etwa 2.300 Krankenhäuser in Deutschland befragt. 483 Einrichtungen antworteten auf die Umfrage (Rücklaufquote 22%), davon gaben 312 an, über eine Form der Klinischen Ethikberatung zu verfügen oder eine solche aufzubauen. An 149 Kliniken war bereits ein Klinisches Ethikkomitee etabliert. Somit war acht Jahre nach dem inoffiziellen »Startschuss« durch die konfessionellen Trägerverbände an 14% der Krankenhäuser in Deutschland eine Ethikberatung vorhanden bzw. im Aufbau; 6,7% besaßen ein Klinisches Ethik-

komitee (Dörries u. Hespe-Jungesblut 2007). Diese Zahlen markierten einen deutlichen Fortschritt auf dem Weg zu einer breiten Etablierung von Ethikberatung an deutschen Kliniken.

Die 2006 ausgesprochene Empfehlung der Zentralen Ethikkommission bei der Bundesärztekammer (ZEKO), in Kliniken Ethikberatungsstrukturen einzurichten, gab der fortschreitenden Implementierung von Ethikberatung einen weiteren wichtigen Impuls (ZEKO 2006). Eine im folgenden Jahr in Sachsen durchgeführte Studie zur Verbreitung von Ethikberatung an 85 sächsischen Krankenhäusern zeigte, dass von den 65 antwortenden Kliniken immerhin knapp die Hälfte (30) Beratungsstrukturen eingerichtet hatten und weitere neun dies planten (Haupt 2008).

3.4   Ethikberatung an den 100 größten deutschen Kliniken: Anspruch und Wirklichkeit

> Ein vorrangiges Ziel von Ethikberatung sollte die Verbesserung der Behandlungsqualität sein, etwa durch Herstellung eines transparenten, interdisziplinären und weitgehend hierarchiefreien Diskurses über strittige oder nicht eindeutig zu beantwortende ethische Fragen – auch wenn der resultierende Ertrag nicht immer in harten Daten messbar ist (vgl. Schneiderman et al. 2003).[19]

- Zertifizierungsverfahren

Unübersehbar spielen jedoch auch andere Ziele als die Verbesserung der Behandlungsqualität bei der

---

17 Ethik in der Medizin (1999),11(4), Journal of Medical Ethics (2001), 27(suppl 1), Medicine, Health Care and Philosophy. A European Journal (2003), 6(3). Siehe auch weitere Themenhefte in den Folgejahren sowie das insgesamt auf Klinische Ethikberatung fokussierte Publikationsorgan HealthCare Ethics Committee (HEC) Forum.

18 Viele der in dieser Studie befragten Klinik- und Pflegedirektoren betrachteten bestehende Einrichtungen wie etwa die Klinikseelsorge, die (Forschungs-)Ethikkommissionen oder auch die regelmäßige Chefarztvisite als den primär geeigneten Ort für die Erörterung ethischer Fragen.

19 Schneiderman ist es in seiner Studie gelungen, die Auswirkungen von Ethikberatung u. a. anhand intensivmedizinischer Parameter zu quantifizieren. Gerade weil sich die Erfolge von gelungener Ethikberatung nicht immer empirisch darstellen lassen, kommt ihrer Evaluation durch Pflegende und Ärzte (evtl. auch durch Patienten) entscheidende Bedeutung zu. Vgl. hierzu u. a. Chen u. Chen (2008), Kobert et al. (2008), Pfäfflin et al. (2009), Schildmann u. Vollmann (2010), Simon (2010). Einen weiteren Ansatz zur besseren Evaluation stellt die vergleichende Fallbetrachtung und -kommentierung durch verschiedene Ethikkomitees bzw. Beratungsgremien dar, vgl. dazu Bruns u. Frewer (2010).

Implementierung von Ethikberatung eine Rolle. Hierzu zählt zum einen die positive Auswirkung eines Ethikkomitees oder einer Ethikberatung auf die in Zeiten des Wettbewerbs immer wichtigere Außendarstellung der Krankenhäuser. Noch entscheidender ist die Tatsache, dass im Rahmen von Zertifizierungsprozessen standardmäßig auch nach dem Umgang mit ethischen Problemen auf Klinik- oder zumindest Trägerebene gefragt wird.[20] In der erwähnten Umfrage an sächsischen Krankenhäusern zeigte sich, dass der Anlass zur Einrichtung einer Ethikberatung oder eines Ethikkomitees in zwei Drittel der Fälle die anstehende Zertifizierung des Krankenhauses war.

So begrüßenswert Zertifizierungsverfahren im Gesundheitswesen grundsätzlich sind, in den um Akkreditierung bemühten Kliniken werden die zu erfüllenden Anforderungen oft als bürokratisches Hemmnis der täglichen Arbeitsabläufe aufgefasst, die es möglichst geschickt zu umgehen gilt. Je größer sich die empfundene Diskrepanz zwischen idealisierter Außendarstellung seitens der Leitungsebene und tatsächlichem Klinikalltag für die Mitarbeiter darstellt, umso stärker – und nachvollziehbarer – ist in der Regel deren Skepsis. Dass sich Anspruch und Realität der Zertifizierung nicht immer decken, zeigt sich u. a. im Hinblick auf das Kriterium »Berücksichtigung ethischer Problemstellungen« im KTQ-Katalog.[21] Um es erfüllen zu können, werden nicht selten Ethikkomitees gegründet, die im Sinne eines einseitigen »Top-down«-Verfahrens seitens der Klinikleitung entstanden sind und daher nur unzureichend in der jeweiligen Einrichtung akzeptiert und verankert werden – oder mitunter gar nur virtuell existieren. Anhand der folgenden Recherchen soll dies verdeutlicht werden.

Folgt man den Angaben der Kooperation für Transparenz und Qualität im Gesundheitswesen (KTQ), so gab es zum Stichtag 30. April 2011 542 KTQ-zertifizierte Krankenhäuser in Deutschland.[22] Da zur Zertifizierung nach den Kriterien der KTQ auch die systematische Berücksichtigung ethischer Fragen gehört, so wäre hiernach von 542 Krankenhäusern auszugehen, die eine wie auch immer geartete Form der Ethikberatung anbieten. Diese Zahl erscheint relativ hoch – im Vergleich zu den Zahlen der oben zitierten Studie von Dörries und Hespe-Jungesblut aus dem Jahr 2005 jedoch theoretisch denkbar.

- **Leistungsverzeichnis der Deutschen Krankenhausgesellschaft (DKG)**

Die Recherche im Struktur- und Leistungsverzeichnis der Deutschen Krankenhausgesellschaft (DKG) vermittelt den Eindruck eines noch höheren Verbreitungsgrades Klinischer Ethikberatung. Durchsucht man die Online-Datenbank der DKG im Hinblick auf die »Struktur- und Leistungsdaten« der dort gelisteten 1.921 deutschen Krankenhäuser, so findet sich unter der Rubrik »Medizinisch-pflegerische Leistungsangebote« das Auswahlkriterium »Ethikberatung/Ethische Fallbesprechung«. Alphabetisch korrekt wird dieses Angebot zwischen »Ergotherapie« und »Fußreflexzonenmassage« aufgeführt. Durch Aktivieren des entsprechenden Kästchens filtert die Datenbank diejenigen Kliniken heraus, die »Ethikberatung/Ethische Fallbesprechung« als Leistungsmerkmal anbieten bzw. gegenüber der DKG als solches anführen. Das Ergebnis ist erstaunlich: Dem elektronischen Verzeichnis zufolge bieten 675 Krankenhäuser eine Form der ethischen Beratung oder Fallbesprechung an, dies entspräche 35% der in diesem national maßgeblichen Krankenhausverzeichnis aufgeführten Häuser.[23]

Vergleicht man diese hohe Zahl mit der Datenbank des bereits erwähnten Internetportals der AEM-Arbeitsgruppe (http://www.ethikkomitee.de), das etwa zum gleichen Zeitpunkt nur 97 kli-

---

20 Vgl. die entsprechenden Passagen bzw. Fragen in den Qualitätshandbüchern von KTQ (Kooperation für Transparenz und Qualität im Gesundheitswesen) oder proCumCert (offizielle, koordinierte Qualitätsinitiative konfessioneller Krankenhäuser). Siehe auch Anmerkung 21. In den USA macht die Joint Commission for Accreditation of HealthCare Organizations bereits seit 1991/92 das Vorhandensein einer Ethikberatung zur Bedingung für die Akkreditierung von Krankenhäusern.

21 Die dem Bereich »Krankenhausführung« zugeordnete Vorgabe lautet wörtlich: »Im Krankenhaus werden ethische Problemstellungen systematisch berücksichtigt.« KTQ-Katalog 5.0 für Krankenhäuser, Punkt 5.4.1.

22 http://www.ktq.de/Zertifizierte-Einrichtungen.169.0.html, zuletzt aufgerufen am 29.06.2011.

23 Ergebnisse laut elektronischem Verzeichnis: http://dkg.promato.de/runtime/cms.run/doc/Deutsch/5/proxy/dkv/search/results/show/1/name/asc.html, zuletzt recherchiert am 29.06.2011.

nische Einrichtungen aufweist, die eine institutionalisierte Ethikberatung anbieten (http://www.ethikkomitee.de), so erscheinen die Zahlen von KTQ (542) und DKG (675) zumindest zweifelhaft. Selbst eine möglicherweise mangelhafte Aktualisierung der AEM-Datenbank vermag eine solche Differenz kaum zu erklären. Naheliegender ist die Annahme, dass viele der bei KTQ bzw. DKG gelisteten Ethikkomitees nur virtuell bestehen und daher auch nicht die in der AEM-Datenbank verlangte Kontaktperson bzw. -adresse zu nennen vermögen. Die telefonische Nachfrage bei 29 zufällig ausgewählten Kliniken, die KTQ-zertifiziert sind und demnach über eine Ethikberatung verfügen müssten, ergab, dass 13 (45%) trotz Zertifizierung keine Strukturen der Ethikberatung vorweisen können. Diese Stichprobe deutet daraufhin, dass die im Rahmen der KTQ-Zertifizierung erhobenen bzw. übermittelten Leistungsdaten zumindest in Bezug auf das Angebot Klinischer Ethikberatung nicht der Realität entsprechen.[24]

Dass Krankenhäuser offenbar daran interessiert sind, eine vorhandene Ethikberatungseinrichtung für ihre Außendarstellung zu verwenden, ist grundsätzlich nachvollziehbar und auch wünschenswert. Die Ergebnisse der Recherche stützen die 2005 von Kettner und May angedeutete Hypothese, wonach Ethikberatung als »gesundheitspolitisch korrekt« gilt (Kettner u. May 2005, S. 240). In welchem Ausmaß Kliniken jedoch lediglich auf dem Papier bzw. im Internet existierende Gremien oder andere Beratungsformen zu Zwecken der Selbstdarstellung benutzen, überrascht und irritiert. Schließlich verlieren dadurch nicht nur die Motive, die zur Etablierung solcher Beratungsstrukturen führen, sondern auch andere öffentlich herausgestellte Kenndaten dieser Krankenhäuser massiv an Glaubwürdigkeit.

■ **Telefonumfrage**

Zur weiteren Klärung der Frage, wie weit Klinische Ethikkomitees bzw. andere Beratungsstrukturen mittlerweile tatsächlich an deutschen Krankenhäu-

sern verbreitet sind, wurde eine umfassendere Telefonumfrage durchgeführt. Angelehnt an die Methode des Mixed-Mode Survey[25] wurde ein Ansatz gewählt, der im Rahmen der bisherigen Studien noch keine Anwendung gefunden hat. Mithilfe der erwähnten Klinik-Datenbank der DKG wurden die 100 größten deutschen Krankenhäuser identifiziert. Maßgeblich war hierfür die Bettenzahl zum Stichtag 31. März 2011. Zu diesem Zeitpunkt ließen sich in der DKG-Datenbank anhand des Suchbefehls »Mindestbettenzahl 760« genau 100 Krankenhäuser ermitteln.[26] In der ersten Jahreshälfte 2011 wurden die Kliniken über die zentrale Auskunft telefonisch kontaktiert, dabei wurde gezielt nach der Existenz einer Klinischen Ethikberatung oder eines Klinischen Ethikkomitees[27] sowie nach den Kontaktdaten des hierfür zuständigen Ansprechpartners gefragt. In Zweifelsfällen schloss sich zusätzlich eine Recherche auf der Klinik-Homepage an, oder es erfolgte eine telefonische Recherche über die Sekretariate der Klinikseelsorge, der Inneren, Intensiv- oder Palliativmedizin.[28] Gab es weder telefonisch noch im Internet Hinweise auf die Existenz einer Ethikberatung, wurde dies als Fehlanzeige gewertet.

Im Ergebnis konnte festgestellt werden, dass von den 100 größten Kliniken in Deutschland 52 über eine Form der Ethikberatung verfügen und hierfür auch eine Kontaktperson existiert. In acht der befragten Einrichtungen befindet sich eine Ethikberatung im Aufbau, die restlichen 40 Kliniken besitzen keine Ethikberatung. Von diesen 40 Kliniken wiederum sind 11 dennoch KTQ-zertifi-

---

24 Hier wäre etwa zu klären, ob ein Ethikkomitee, das nur einmal im Jahr oder nur bei Bedarf zu einer Sitzung zusammenkommt, die ihm zugedachte Funktion überhaupt erfüllen kann.

25 Zum methodischen Hintergrund siehe Dillman et al. (2009).

26 Die Fallzahlen wurden nicht als Größenkriterium herangezogen, da bei diesen Angaben nicht immer eindeutig zwischen ambulanten und stationären Fällen unterschieden wird – und nur letztere wären im Rahmen dieser Untersuchung als primär relevant für die Ethikberatung eingeschätzt worden. Die Fallzahl der gefundenen Kliniken wurde jedoch gleichwohl stets mit erhoben.

27 Hier definiert als »Gremium zur Lösung ethischer Konflikte im Rahmen der klinischen Patientenversorgung«.

28 Handelte es sich um Universitätskliniken, wurde auch in der Rechtsmedizin angefragt, da diese Abteilungen häufig in den (Forschungs-)Ethikkommissionen engagiert sind und mitunter auch über die Existenz Klinischer Ethikkomitees informiert sind.

☐ **Tab. 3.1** Situation an den zehn größten deutschen Kliniken

Klinik	Form der Ethikberatung	Bettenzahl
1. Charité – Universitätsmedizin Berlin	–	3.213
2. Klinikum der LMU München	–	2.322
3. Klinikum Nürnberg	KEB	2.184
4. Klinikum Chemnitz	KEK im Aufbau	1.720
5. Klinikum Augsburg	–	1.669
6. Universitätsklinikum Mainz	KEK	1.640
7. Universitätsklinikum Heidelberg	KEB	1.621
8. Klinikum Dortmund	–	1.559
9. Asklepios Klinik (Hamburg-) Nord	–	1.509
10. Universitätsklinikum Tübingen	KEK	1.509

KEB: Klinische Ethikberatung; KEK: Klinisches Ethikkomitee.

ziert – obwohl eine Form der Ethikberatung, wie erwähnt, Voraussetzung für die Zertifizierung ist.

■ **Die zehn größten Kliniken Deutschlands**

Elf der 100 größten Kliniken in Deutschland werden erwerbswirtschaftlich betrieben und teilen sich in ihrer Zugehörigkeit auf drei Klinikkonzerne auf. Aus den vorhandenen Daten geht kein signifikanter Zusammenhang zwischen Art des Krankenhausträgers (öffentlich, freigemeinnützig, privat) und Existenz eines Ethikkomitees hervor. Betrachtet man die Situation an den zehn größten deutschen Kliniken, so ergibt sich das in ☐ Tab. 3.1 dargestellte Bild.[29]

Auf den ersten Blick fällt das Fehlen einer Ethikberatung an den beiden größten deutschen Universitätskliniken auf, die gleichzeitig zu den renommiertesten Kliniken in Deutschland gezählt werden.[30] Ohne an dieser Stelle über mögliche Gründe für diese markante Leerstelle zu spekulieren, soll doch festgehalten werden, dass die weitere Verbreitung sowie die öffentliche und innerprofessionelle Akzeptanz Klinischer Ethikberatung entscheidend davon abhängen werden, wie sich die größten und bekanntesten deutschen Kliniken hierzu positionieren. Bemerkenswert ist das Angebot Klinischer Ethikberatung am größten kommunalen Krankenhaus in Deutschland, dem Klinikum Nürnberg. Hier bestehen seit 1999 vielfältige Aktivitäten (Ethik Forum, Ethikkreis, Ethikcafé, Fernlehrgang Ethik), die u. a. der Beratung und Weiterbildung dienen. Im Klinikum Chemnitz, dem viertgrößten Klinikum in Deutschland, wird zurzeit auf Initiative von Sozialdienst, Qualitätsmanagement und Intensivmedizin ein Ethikkomitee aufgebaut. An den Universitätskliniken in Mainz und Tübingen gibt es bereits seit einigen Jahren Ethikkomitees, in Heidelberg einen Ethikberatungsdienst. In Bezug auf die Verbreitung von Ethikberatung an den Universitätskliniken sind im Vergleich zu einer Expertenumfrage aus dem Jahr 2007 (Vollmann 2008) wenig Fortschritte zu verzeichnen; weiterhin gibt es zwölf Universitätskliniken ohne eine fest etablierte Beratungseinrichtung.

29 Quelle: Online-Datenbank der Deutschen Krankenhausgesellschaft e.V. (DKG), Stand am 31. März 2011. Die auf den Internetseiten der jeweiligen Kliniken angegebenen Bettenzahlen weichen mitunter von diesen Angaben ab.

30 Am Interdisziplinären Zentrum für Palliativmedizin am Klinikum der LMU München existiert ein spezieller Konsiliardienst für Fragen am Lebensende, der sich jedoch ausdrücklich nicht als Ethikberatung begreift.

3.5   Zusammenfassung und Ausblick

Die klinisch fokussierte Medizinethik widmet sich zwei wichtigen Anliegen unserer Zeit: einerseits der philosophischen Reflexion und kritischen Kommentierung der modernen Medizin mit ihren gesellschaftlichen Auswirkungen, andererseits der beratenden Begleitung von Patienten, Angehörigen, Pflegenden und Ärzten. Das wechselseitige Verhältnis zwischen Ethik und Klinik hat sich in Deutschland innerhalb der vergangenen zwei Jahrzehnte ausdifferenziert und gleichzeitig intensiviert.

> Eine neue, aufgeschlossenere Medizinergeneration, die Integration der Medizinethik in Studium und Pflegeausbildung sowie eine sensibilisierte Öffentlichkeit haben dazu beigetragen, dass ethische Fragen am Krankenbett häufiger als früher thematisiert werden.

Die Klinische Ethikberatung ist nur in einen Bruchteil dieser täglichen Diskussionen involviert, was in erster Linie an ihrer fehlenden Verfügbarkeit in den meisten Kliniken liegt. Aufgrund der hohen und zukünftig weiter steigenden Zahl an Patientenkontakten wäre es unrealistisch, davon auszugehen, dass Ethikberatung in absehbarer Zeit zu einem Standardverfahren im Klinikalltag werden könnte. Dies ist auch nicht das Ziel ihrer Institutionalisierung, vielmehr geht es um die Entwicklung einer ethischen Kultur im modernen Klinikbetrieb, wozu unter anderem Mitarbeiterschulung und Leitlinienentwicklung gehören können. Gerade weil Einzelfallberatungen im Vergleich zur Gesamtzahl der Behandlungsfälle einer Klinik quantitativ limitiert bleiben werden, ist die strukturelle und exemplarische Arbeit der Ethikberatung von zentraler Bedeutung.

Bis heute bestehen zudem in manchen Kliniken zum Teil erhebliche Vorbehalte oder gar Widerstände gegen die Durchführung von ethischen Fallberatungen. Die Gründe hierfür sind vielfältig und bislang nur zum Teil erforscht. Befürchtungen auf ärztlicher Seite, die Entscheidungsautonomie am Krankenbett mit Ethikberatern teilen zu müssen, der beim gesamten klinisch tätigen Personal anzutreffende Unmut gegenüber weiteren, »bürokratisch« erscheinenden Verfahren sowie der primär nicht unerhebliche Zeitbedarf stellen keine geringen Hürden dar (vgl. u. a. Dörries 2003). Es bedarf einer fortgesetzten Informations- und Aufklärungsarbeit, um hier Missverständnisse zu beseitigen und den vorhandenen Mehrwert von Ethikberatung zu vermitteln. So sollte klargestellt werden, dass Ethikberatung schon aus rechtlichen Gründen nichts an der Verantwortlichkeit der behandelnden Ärzte für die Therapie des jeweiligen Patienten ändern kann und will, sondern beratend ethische Reflexion anbietet. Dieser Grundsatz war bereits in der gemeinsamen Empfehlung der konfessionellen Trägerverbände zur Schaffung von Ethikkomitees aus dem Jahr 1997 enthalten. Den Grad der Bürokratisierung in einem erträglichen Maß zu halten, ist wichtig und liegt an den Ethikberatern bzw. den Mitgliedern von Ethikkomitees selbst (vgl. Sulilatu 2008).[31] Der Faktor Zeit sollte ernst genommen werden, auch hier hängt viel von richtiger Planung, adäquatem Setting und guter Gesprächsführung durch die Berater ab.

> Für klinisch tätige Teilnehmer einer Beratung sollte erkennbar werden, dass die Zeit für eine prospektive Beratung gut investiert ist und unter Umständen viel Zeit und mentale Kräfte sparen kann, indem zeit- und nervenraubende Konflikte frühzeitig gelöst werden oder gar nicht erst entstehen.

Im vorliegenden Beitrag sollten nicht nur wichtige Wegmarken und Entwicklungsprozesse im Rahmen der Professionalisierung Klinischer Ethikberatung nachgezeichnet werden. Ein wichtiges Anliegen war es auch, anhand einer aktuellen Erhebung zur Verbreitung Klinischer Ethikberatung in Deutschland die bestehenden Anreize zur Etablierung von Ethikberatung kritisch zu hinterfragen. Statt kurzfristiger Aktivitäten, die primär auf eine erfolgreiche Zertifizierung gerichtet sind, wäre ein nachhaltiges und breiter angelegtes Engagement zur Verbesserung des »ethischen Klimas« im kli-

---

31   Nach Sulilatu ist eine gewisse Bürokratisierung Klinischer Ethikkomitees nicht nur unumgänglich, sondern Teil ihrer Institutionalisierung und Funktionalität innerhalb einer Klinik, ebd., S. 297, 304.

nischen Alltag wünschenswert. Ein lediglich von oben »verordnetes« Ethikkomitee wird in einer Klinik nur schwer Akzeptanz und engagierte Mitglieder finden.

Die dynamischen »Gründerjahre« Klinischer Ethikkomitees und anderer Ethikberatungseinrichtungen werden allmählich in eine Phase der Konsolidierung übergehen. Diese Phase könnte dazu genutzt werden, den Bereich Klinische Ethikberatung weiter zu professionalisieren und eine vernetzte, multizentrische Begleitforschung aufzubauen. Die Evaluation, Standardisierung und Qualitätssicherung sollte verstärkt vorangetrieben werden. Die vielen Menschen, die engagiert und oftmals ehrenamtlich Ethikberatung durchführen und häufig unterschiedliche berufliche Hintergründe aufweisen, dürfen dadurch jedoch keinesfalls in ihrem Tun abgewertet oder entmutigt werden. Sie sind vielmehr auf diesen Weg mitzunehmen und verdienen es, stetig weiter gefördert zu werden. Eine einseitig betriebene, gar dünkelhafte Akademisierung von Ethikberatung sollte nicht das Ziel sein.

Auch in der Beratungssituation sollte Bescheidenheit geübt werden, keineswegs nur im persönlichen Umgang mit den Beratenen, sondern vor allem im Hinblick auf die inhaltlichen Grenzen von Ethikberatung. Der nachhaltige Erfolg von Ethikberatung wird in Zukunft auch davon abhängen, dass sie nicht über ihr Ziel hinausschießt: nicht alle Fragen, die sich aus der Betreuung und Behandlung kranker Menschen ergeben, lassen sich letztgültig beantworten.

> **Wer Limitierungen akzeptiert und Unsicherheiten bestehen lässt, ist kein schlechter Berater, sondern wirkt glaubwürdiger als jemand, der auf alle Fragen eine Antwort hat (vgl. Scofield 2008, Maio 2010).**

Nur wer die Grenzen seines Faches kennt und respektiert, wird Kritikern entgegentreten können und in der Lage sein, die zunehmende Offenheit der Kliniken für eine professionelle klinisch-ethische Reflexion aufzugreifen und adäquat zu bedienen.

Literatur

Beauchamp TL, Childress JF (2009) Principles of biomedical ethics. 6. Auflage, New York, Oxford

Birnbacher D (1999) Wofür ist der »Ethik-Experte« Experte? In: Rippe (1999), S. 267–283

Bruns F (2009) Medizinethik im Nationalsozialismus. Entwicklungen und Protagonisten in Berlin (1939–1945). Stuttgart

Bruns F, Frewer A (2010) Fallstudien im Vergleich. Ein Beitrag zur Standardisierung Klinischer Ethikberatung. In: Frewer et al. (2010), S. 301–310

Chen YY, Chen YC (2008) Evaluating ethics consultation: Randomised controlled trial is not the right tool. In: Journal of Medical Ethics 34, S. 594–597

Deutscher Evangelischer Krankenhausverband e.V. und Katholischer Krankenhausverband Deutschlands e.V. (Hrsg.) (1997) Ethik-Komitee im Krankenhaus. Freiburg

Dillman DA, Smyth JD, Christian LM (2009) Internet, mail, and mixed-mode surveys. The Tailored Design Method. 3. Auflage, Hoboken, NJ

Dörries A (2003) Mixed feelings: Physicians' concerns about clinical ethics committees in Germany. In: HEC Forum 15, S. 245–257

Dörries A, Simon A, Neitzke G, Vollmann J (2005) »Ethikberatung im Krankenhaus«. Qualifizierungsprogramm Hannover. In: Ethik in der Medizin 17, S. 327–331

Dörries A, Simon A, Neitzke G, Vollmann J (2010) Implementing clinical ethics in German hospitals: content, didactics and evaluation of a nationwide postgraduate training programme. In: Journal of Medical Ethics 36, S. 721–726

Dörries A, Hespe-Jungesblut K (2007) Die Implementierung klinischer Ethikberatung in Deutschland. Ergebnisse einer bundesweiten Umfrage bei Krankenhäusern. In: Ethik in der Medizin 19, S. 148–156

Dörries A, Neitzke G, Simon A, Vollmann J (Hrsg.) (2010) Klinische Ethikberatung. Ein Praxisbuch für Krankenhäuser und Einrichtungen der Altenpflege. 2. Auflage, Stuttgart

Drane JF (1989) Methoden Klinischer Ethik. Medizinethische Materialien 51. Bochum

Ethikarbeitskreise im Krankenhaus (1999) Information. In: Ethik in der Medizin 13, S. 208–210

Frewer A (2000) Medizin und Moral in Weimarer Republik und Nationalsozialismus. Die Zeitschrift »Ethik« unter Emil Abderhalden. Frankfurt am Main, New York

Frewer A, Bruns F, Rascher W (Hrsg.) (2010) Hoffnung und Verantwortung. Herausforderungen für die Medizin. Jahrbuch Ethik in der Klinik, Bd. 3. Würzburg

Gerdes B, Richter G (1999) Ethik-Konsultationsdienst nach dem Konzept von JC Fletcher an der University of Virginia, Charlottesville, USA. Ein Praxisbericht aus dem Klinikum der Philipps-Universität Marburg. In: Ethik in der Medizin 11, S. 249–261

Groß D, May AT, Simon A (Hrsg.) (2008) Beiträge zur Klinischen Ethikberatung an Universitätskliniken. Berlin

Haupt R (2008) Ethik in der Medizin. Ergebnisse einer Umfrage an sächsischen Krankenhäusern zur Existenz und zur Arbeitsweise von Ethikkomitees und Ethikberatungen. In: Ärzteblatt Sachsen 19 (5), S. 196–198

Heinemann W, Maio G (Hrsg.) (2010) Ethik in Strukturen bringen. Denkanstöße zur Ethikberatung im Gesundheitswesen. Freiburg

Hick C (Hrsg.) (2007) Klinische Ethik. Heidelberg

Illhardt FJ (1985) Medizinische Ethik. Ein Arbeitsbuch. Unter Mitarbeit von H-G. Koch. Berlin u. a.

Illhardt FJ (1995) Entscheidungsfindung. In: Kahlke W, Reiter-Theil S (Hrsg.) (1995) Ethik in der Medizin. Stuttgart, S. 111–119

Illhardt FJ, Schuth W, Wolf R (1998) Ethik-Beratung. Unterstützung im Entscheidungskonflikt. In: Zeitschrift für medizinische Ethik 44, S. 185–199

Jonsen AR, Siegler M, Winslade WJ (2010) Clinical ethics. A practical approach to ethical decisions in clinical medicine, 7. Auflage, New York u. a.

Kettner M (1999) Zur moralischen Qualität klinischer Ethik-Komitees. Eine diskursethische Perspektive. In: Rippe (1999), S. 335–357

Kettner M, May AT (2005) Eine systematische Landkarte Klinischer Ethikkomitees in Deutschland. Zwischenergebnisse eines Forschungsprojektes. In: Düwell M, Neumann JN (Hrsg.) (2005) Wieviel Ethik verträgt die Medizin? Paderborn, S. 235–244

Kobert K, Pfäfflin M, Reiter-Theil S (2008) Der klinische Ethik-Beratungsdienst im Evangelischen Krankenhaus Bielefeld. Hintergrund, Konzepte und Strategien zur Evaluation. In: Ethik in der Medizin 20, S. 122–133

Lilje C (1995) Klinische 'ethics consultation' in den USA. Hintergründe, Denkstile und Praxis. Stuttgart

Maio G (2010) Kritische Überlegungen zum engen Verhältnis von Ethikberatung und Zeitgeist. In: Heinemann, Maio (2010), S. 272–279

Neitzke G (2002) Ethik-Komitee an der MHH in 2000 gegründet. Leserbrief. In: Deutsches Ärzteblatt 99, A1745–1746

Neitzke G (2007) Ethische Konflikte im Klinikalltag – Ergebnisse einer empirischen Studie. Medizinethische Materialien 177. Bochum

Neitzke G (2009) Patient involvement in clinical ethics services: from access to participation and membership. In: Clinical Ethics 4, S. 146–151

Nida-Rümelin J (Hrsg.) (2005) Angewandte Ethik. Die Bereichsethiken und ihre theoretische Fundierung. Ein Handbuch. 2. aktualisierte Auflage, Stuttgart

Pfäfflin M, Kobert K, Reiter-Theil S (2009) Evaluating clinical ethics consultation: A European perspective. In: Cambridge Quarterly of Healthcare Ethics 18, S. 406–419

Reiter-Theil S (1998) Kompetenz durch Ethik-Konsultation. Ein Modell – dargestellt am Problem der Sterilisation einer geistig behinderten Frau. In: Systeme 12(1), S. 22–36

Reiter-Theil S, Illhardt FJ (1999) Initiative zur Ethik-Beratung in der Medizin (Editorial). In: Ethik in der Medizin 11, S. 219–221

Reiter-Theil S (2010) Die Bedeutung der Ethik für ärztliche Entscheidungen und medizinische Behandlungsprozesse. Studienergebnisse und Hilfestellungen der Klinischen Ethik. In: Heinemann, Maio (2010), S. 202–229

Rippe KP (Hrsg.) (1999) Angewandte Ethik in der pluralistischen Gesellschaft. Freiburg, Schweiz

Saake I, Vogd W (Hrsg.) (2008) Moderne Mythen der Medizin. Studien zur organisierten Krankenbehandlung. Wiesbaden

Sass H-M (Hrsg.) (1988) Bioethik in den USA. Methoden, Themen, Positionen. Mit besonderer Berücksichtigung der Problemstellungen in der BRD. Berlin u. a.

Schildmann J, Vollmann J (2010) Evaluation of clinical ethics consultation: A systematic review and critical appraisal of research methods and outcome criteria. In: Schildmann et al. (2010), S. 203–215

Schildmann J, Gordon J-S, Vollmann J (Hrsg.) (2010) Clinical ethics consultation. Theories and methods, implementation, evaluation. Farnham

Schneiderman LJ, Gilmer T, Teetzel HD, Dugan DO, Blustein J, Cranford R, Briggs KB, Komatsu GI, Goodman-Crews P, Cohn F, Young EW (2003) Effect of ethics consultations on nonbeneficial life-sustaining treatments in the intensive care setting: A randomized controlled trial. In: JAMA 290, S. 1166–1172

Schöne-Seifert B (2007) Grundlagen der Medizinethik. Stuttgart

Scofield GR (2008) What is medical ethics consultation? In: Journal of Law, Medicine & Ethics, 36(1), S. 95–118

Seyfarth C (1935) Der Ärzte-Knigge. Über den Umgang mit Kranken und über Pflichten, Kunst und Dienst der Krankenhausärzte. Leipzig

Simon A (2001a) Ethics committees in Germany. An empirical survey of Christian hospitals. In: HEC Forum 13, S. 225–231

Simon A (2001b) A report from a Catholic hospital – Neu-Mariahilf, Göttingen. In: HEC Forum 13, S. 232–241

Simon A (2010) Qualitätssicherung und Evaluation von Ethikberatung. In: Dörries et al. (2010), S. 163–177

Simon A, May AT, Neitzke G (2005) Curriculum »Ethikberatung im Krankenhaus«. In: Ethik in der Medizin 17, S. 322–326

Steinkamp N, Gordijn B (2001) HECs in Germany: Clinical ethics consultation in development. In: HEC Forum 13, S. 215–224

Steinkamp N, Gordijn B (2003) Ethik in der Klinik – ein Arbeitsbuch. Zwischen Leitbild und Stationsalltag. Neuwied u. a.

Stollberg G (2008) Kunden der Medizin? Der Mythos vom mündigen Patienten. In: Saake, Vogd (2008), S. 345–362

Sulilatu S (2008) Klinische Ethik-Komitees als Verfahren der Entbürokratisierung? In: Saake, Vogd (2008), S. 285–306

Vogd W (2006) Die Organisation Krankenhaus im Wandel. Eine dokumentarische Evaluation aus Sicht der ärztlichen Akteure. Bern

Vollmann J (1995) Der klinische Ethiker – ein Konzept mit Zukunft? Zur Integration von philosophischer Ethik in die
praktische Medizin. In: Ethik in der Medizin 7, S. 181–192

Vollmann J (2008) Ethikberatung an deutschen Universitätskliniken. Empirische Ergebnisse und aktuelle Entwicklungen. In: Groß et al. (2008), S. 31–47

Vollmann J, Burchardi N, Weidtmann A (2004) Klinische
Ethikkomitees an deutschen Universitätskliniken. Eine
Befragung aller Ärztlichen Direktoren und Pflegedirek-
toren. In: Deutsche Medizinische Wochenschrift 129,
S. 1237–1242

Vollmann J, Schildmann J, Simon A (Hrsg.) (2009) Klinische
Ethik. Aktuelle Entwicklungen in Theorie und Praxis.
Frankfurt am Main, New York

Vollmann J, Weidtmann A (2003) Das Klinische Ethikkomitee
des Erlanger Universitätsklinikums. Institutionalisierung
– Arbeitsweise – Perspektiven. In: Ethik in der Medizin
15, S. 229–238

Wiesing U (2001) Wozu bedarf es eines Medizinethikers?
Informationen. In: Ethik in der Medizin 13, S. 258–266

Wolf G, Dörries A (Hrsg.) (2001) Grundlagen guter Beratungspraxis im Krankenhaus. Göttingen

Zentrale Ethikkommission bei der Bundesärztekammer
(ZEKO) (2006) Stellungnahme der Zentralen Kommission zur Wahrung ethischer Grundsätze in der Medizin
und ihren Grenzgebieten (Zentrale Ethikkommission)
bei der Bundesärztekammer zur Ethikberatung in
der klinischen Medizin. In: Deutsches Ärzteblatt 103,
A1703–1707

http://dkg.promato.de/runtime/cms.run/doc/Deutsch/5/
proxy/dkv/search/results/show/1/name/asc.html, zuletzt recherchiert am 29.06.2011

http://www.ethikberatung.uni-goettingen.de/?zeige=ein-
richtungen.php&rubrik=Einrichtungen, zuletzt aufgerufen am 29.06.2011

http://www.ethikkomitee.de

http://www.ktq.de/Zertifizierte-Einrichtungen.169.0.html,
zuletzt aufgerufen am 29.06.2011

Philosophische Ethik und Klinische Ethik

Eine kritische Verhältnisbestimmung

Markus Rothhaar

4

Der Begriff der »Klinischen Ethik« spielt seit einiger Zeit eine wichtige Rolle innerhalb der Medizinethik. Betrachtet man genauer, was damit in der Regel gemeint ist, so wird man feststellen, dass »Klinische Ethik« weniger einen derjenigen Teilbereiche der Ethik bezeichnet, die gemeinhin »Angewandte Ethik« genannt wird, als vielmehr eine Praxis: die Praxis der Lösung ethischer Konflikte in klinischen Entscheidungssituationen. Genau dies aber ruft unvermeidlich die Frage nach dem Status solcher »Klinischer Ethik« im Verhältnis zu dem, was innerhalb der Philosophie üblicherweise »Ethik« genannt wird, auf den Plan. Die Klinische Ethik ist nämlich, geht man von der soeben gegebenen Definition aus, offenkundig mehr als nur eine Bereichsethik, in der ethische Probleme verhandelt werden, die für einen bestimmten Bereich menschlicher Tätigkeit – wie z. B. Wirtschaft, Medizin, Ökosystem, Naturwissenschaften etc. – spezifisch sind. Vielmehr hat sie eine explizite Ausrichtung auf die Lösung jeweils konkret anstehender Handlungsfragen in Einzelfällen. Wenn das aber der Fall ist, so tauchen bei Verhältnis Philosophischer und Klinischer Ethik Fragen auf, die nicht mit denjenigen identisch sind, die beim Verhältnis von Theoretischer und Angewandter Ethik auftauchen.

4.1   Einleitende Bemerkungen

Um das Verhältnis von Philosophischer und Klinischer Ethik selbst wiederum einer philosophischen Reflexion zugänglich zu machen, soll im Folgenden zunächst der Versuch gemacht werden, eine nähere Bestimmung dessen zu geben, was »Ethik« als philosophische Disziplin eigentlich ausmacht. Diese Bestimmung, so wichtig sie für den weiteren Argumentationsverlauf ist, kann im Rahmen des vorliegenden Aufsatzes nur vorläufig sein und selbstverständlich nicht gegen alle denkbaren alternativen Definitionsvorschläge abgesichert werden. Der Vorschlag, den ich hier unterbreiten will, soll daher nur so weit bestimmt sein, wie es für die Abgrenzung gegenüber der Klinischen Ethik notwendig ist, darüber hinaus aber so offen bleiben, dass der größte Teil der möglichen Vorschläge einer Bestimmung des Begriffs »Ethik« unter ihn gefasst werden kann.

Im zweiten Schritt soll dann anhand einiger Versuche, den Begriff »Klinische Ethik« zu definieren, das Spektrum der möglichen Konzeptualisierungen des Verhältnisses von Philosophischer und Klinischer Ethik aufgezeigt werden. Auf dieser Grundlage sollen dann zum Dritten die bleibenden Spannungsfelder zwischen Klinischer und Philosophischer Ethik ausgelotet und ein Vorschlag unterbreitet werden, in welcher Weise Klinische Ethik sinnvoll auf die Ergebnisse und Fragestellungen Philosophischer Ethik bezogen werden kann. Dabei muss zugleich die Rolle des Rechts insofern thematisiert werden, als das Recht zwar den Rahmen der Klinischen, nicht aber der Philosophischen Ethik abgibt. Schließlich soll aufgezeigt werden, welche Spannungsfelder dann gleichwohl bestehen bleiben und welche Konsequenzen dies für die Klinische Ethik hat.

4.2   Klinische Ethik als Pragmatik der Konfliktlösung

4.2.1   Begriffsbestimmungen

Versucht man entsprechend diesem Aufriss nun zunächst, eine Bestimmung dessen zu geben, was »Ethik« als Philosophische Disziplin ausmacht, so werden sich sicherlich auch die Vertreter unterschiedlichster Theorieansätze darauf einigen können, dass es sich bei »Ethik« um die systematische, rationale, auf Gründen basierte Befassung mit normativen und evaluativen Fragen handelt. Das Ziel der in diesem Sinn verstandenen Ethik ist dabei selbst wiederum das richtige und/oder gute Handeln. Alle deskriptiven Momente, Begriffsklärungen, kritische Reflexionen usf. dienen letztlich dem Ziel, dass richtig bzw. gut gehandelt wird.

> Ethik ist daher nicht, wie heute viele Theoretiker fälschlicherweise meinen, eine selbst nicht-normative »Wissenschaft von der Moral«, sondern ihrerseits eine normative Disziplin: eine Disziplin also, die durchaus auch selbst Normen postuliert, formuliert und begründet.

Würde man dies ausschließen, so käme man zu dem merkwürdigen Resultat, einer Vielzahl von Philosophen wie etwa Immanuel Kant, die ganz selbstverständlich als Vertreter Philosophischer Ethik gelten, absprechen zu müssen, überhaupt Ethiker gewesen zu sein. Eine Definition des Begriffs »Ethik« sollte allerdings so beschaffen sein, dass sie jedenfalls diejenigen Denker, die gemeinhin als deren wichtigsten Vertreter gelten, auch als Ethiker anzusprechen erlaubt. Das ist aber nur möglich, wenn die Ethik als eine zumindest auch[1] normensetzende Disziplin verstanden wird. Der Unterschied zwischen der Ethik als Philosophischer Disziplin und der »Moral« – im heute üblichen Verständnis als der gelebten Normativität einer Gemeinschaft – besteht insofern gerade nicht darin, dass nur letztere normativ wäre. Vielmehr besteht der Unterschied darin, dass »Moral« in diesem Sinn eine nicht mit Gründen abgesicherte Normativität bezeichnet, während für die Ethik das Moment der Reflexion und Begründung konstitutiv ist.[2]

Vergleicht man diese Begriffsbestimmung der Ethik als einer philosophischen Disziplin nun mit einigen gängigen Definitionen »Klinischer Ethik«, so fallen die wesentlichen Unterschiede unmittelbar ins Auge. So heben etwa Jonsen, Siegler und Winslade in »Clinical Ethics« explizit auf den **pragmatischen** und **lösungsorientierten** Charakter der Klinischen Ethik ab:

» Die klinische Ethik ist eine praktische Disziplin und stellt einen strukturierten Ansatz zur Identifikation, Analyse und Lösung ethischer Probleme in der klinischen Praxis zur Verfügung. (Jonsen et al. 2006, S. 1) **«**

---

1 Die neben der normativen Ethik zweite wichtige Säule der Philosophischen Ethik ist die Metaethik, die die Grundlagen normativen Redens und Denkens reflektiert.
2 Das mag für die sog. »Deskriptive Ethik« nicht gelten, die die sozialwissenschaftliche Erhebung von moralischen Positionen in der Bevölkerung oder einzelnen Bevölkerungsgruppen, ihre soziale und psychologische Genese etc. zum Forschungsgegenstand hat. Allerdings handelt es sich hier eben auch nicht um Ethik als philosophische Disziplin, sondern um Sozialwissenschaft und/oder Psychologie.

Für Christian Hick dagegen ist Klinische Ethik

» …der für die Patientenversorgung relevante[n] Kernbereich der Medizinethik. (Hick et al. 2007, S. V.) **«**

Vollmann, Schildmann und Simon schließlich bleiben vergleichsweise vage, wenn sie schreiben:

» Die Klinische Ethik an der Schnittstelle von Ethik und praktischer Medizin stellt den ursprünglichen Ansatz einer Ethik **in** der Medizin wieder in den Mittelpunkt und schlägt eine neue Brücke zwischen Theorie und Praxis. (Vollmann et al. 2009, S. 10) **«**

Allen diesen Definitions- oder Beschreibungsversuchen gemeinsam ist, dass sie die Klinische Ethik an einem Schnittpunkt von theoretisch orientierter Medizin- bzw. Bioethik und klinisch-ärztlicher Praxis verorten. Umstritten – oder sogar unklar – bleibt dabei aber das Verhältnis von Theorie und Praxis ebenso wie die Frage, was eigentlich »ethische Praxis« bedeutet. Hier gibt es offenkundig unterschiedliche Deutungen und Gewichtungen.

Während Vollmann, Schildmann und Simon beide Fragen letztlich einfach offenlassen, bilden die Begriffsbestimmungen von Hick et al. auf der einen und Jonsen, Siegler und Winslade auf der anderen Seite die beiden grundlegenden Möglichkeiten, »Klinische Ethik« zu konzeptualisieren. Betrachtet man die Definition von Hick et al., so stellt man fest, dass »Klinische Ethik« darin einfach als ein Teilgebiet der theoretischen Medizinethik bestimmt wird, nämlich als dasjenige Teilgebiet, das Fragen diskutiert, die für den klinischen Alltag relevant sind. Klinische Ethik wird hier also als eine im Prinzip theoretische Disziplin gefasst, die als solche vor und jenseits der Praxis der Lösung ethischer Konflikte im klinischen Alltag liegt. Klinische Ethikberatung fiele dementsprechend überhaupt nicht unter die Definition, die Hick et al. von Klinischer Ethik geben.

Ganz anders die Definition von Jonsen, Siegler und Winslade. Für sie stellt die Klinische Ethik gerade eine genuin praktische Tätigkeit dar, nämlich eine Pragmatik der Lösung »ethischer Konflikte« in der Klinik. Wenn ich nun im Folgenden bei der Definition von Jonsen et al. anknüpfe, so geschieht dies nicht, weil ich diese für richtiger oder wahrer hielte als diejenige von Hick et al. Es scheint mir allerdings, dass Jonsen et al. mit ihrer Begriffsbestimmung etwas angemessen erfassen, das in der sozialen Praxis existiert, aber in der Definition von Hick et al. nicht wirklich zur Sprache kommt: die Klinische Ethik als Praxis der Klärung und Lösung von Konflikten. Wenn man mithin statt von Jonsens von Hicks Definition ausgehen würde, müsste man für dasjenige, was Jonsen, Siegler und Winslade offenkundig im Auge haben, einfach einen anderen Begriff wählen. Was sie aber im Auge haben, ist genau dasjenige, was für die philosophische Reflexion über das Verhältnis von Klinischer und Philosophischer Ethik interessant ist, eben weil es so problematisch und spannungsreich ist. Bei Hicks Definition taucht die Frage nach jenem Verhältnis selbstverständlich nicht auf, da sie die Klinische Ethik einfach unter die Medizinethik subsumiert. Insofern ist Hicks Definition in philosophischer Hinsicht zwar unproblematischer, das ändert aber nichts daran, dass jene Frage sich unabhängig von Definitionen in jedem Fall stellt.

4.2.2 Ethische Konflikte

Gehen wir also in der Thematisierung der Frage von Jonsen et al. aus, so fällt zunächst deren Bestimmung des Begriffs »ethischer Konflikt« auf. Jonsen, Siegler und Winslade nämlich verstehen unter einem »ethischen Konflikt« einen Konflikt, der verursacht wird durch »unterschiedliche Wertvorstellungen zwischen Arzt und Patient« oder durch die Konfrontation eines Beteiligten bzw. Betroffenen mit »Entscheidungen, die nicht den eigenen Wertvorstellungen entsprechen« (Jonsen et al. 2006, S. 1). Der Zweck Klinischer Ethik ist sodann nach Jonsen, Siegler und Winslade nichts anderes als die Auflösung des derart gegebenen Konflikts, sei es durch die Herstellung eines Konsenses, sei es – soweit kein Konsens herstellbar ist – durch Dezision. Der Zweck ist es, der »Klinische Ethik« bei Jonsen et al. definiert, und diese Definition über den Zweck der Konfliktlösung macht »Klinische Ethik«, wie Jonsen et al. sie verstehen, eben zu einer pragmatischen Disziplin. Der Grund dafür ist bereits in der von den Autoren vertretenen Theorie

des »ethischen Konflikts« präformiert. Ethische Konflikte werden verstanden als Konflikte, die zwischen Personen aufgrund von »unterschiedlichen Wertvorstellungen« aufbrechen. »Klinische Ethik« geht von diesen Wertvorstellungen als gegebenen aus und vermittelt nach Möglichkeit eine konsensuelle Lösung.

Ein »ethischer Konflikt« ist nach dieser Auffassung also nicht etwa ein theoretisches Problem, das sich mit innerer Notwendigkeit auf einer inhaltlichen Ebene ergibt, sondern ganz einfach ein praktisches Problem, das deshalb existiert, weil unterschiedliche Individuen in der empirischen Welt aus irgendwelchen empirischen Gründen kontingenterweise unterschiedliche ethische Positionen haben. Warum sie diese divergierenden Auffassungen haben und ob diese theoretisch zu rechtfertigen sind, spielt demgegenüber für Jonsen, Siegler und Winslade weiter keine Rolle. Es genügt, dass sie überhaupt unterschiedliche Auffassungen haben und dass es darum zum Konflikt kommt. Der »ethische Konflikt« nach Jonsen, Siegler und Winslade ist mithin nicht der Widerspruch zwischen unterschiedlichen theoretischen Positionen – auch wenn solche Positionen im Hintergrund stehen mögen –, sondern ein **sozialer** Konflikt, der aufgrund bestimmter empirischer Gegebenheiten entsteht. Das zeigt sich nicht zuletzt darin, dass diese Positionen gerade nicht auf ihre Wahrheit hin befragt werden; vielmehr werden sie einfach als gegebener Ausgangspunkt einer faktischen Konfliktlage gesehen werden, mit der irgendwie umgegangen werden muss. Klinische Ethik nach Jonsen et al. stellt dementsprechend auch nicht die Frage nach der moralischen Richtigkeit von Normen und Entscheidungen, die doch für die Philosophische Ethik konstitutiv ist, sondern eben nur die Frage nach der Auflösbarkeit des gegebenen sozialen Konflikts.

Nimmt man das aber ernst, dann ist »Klinische Ethik« im Sinn von Jonsen et al. überhaupt keine Ethik, sondern eine Praxis, die man »Konfliktmanagement«[3] oder »Vermittlung«[4] nennen könnte:

---

3 Vgl. zu diesem Begriff und den möglichen Konfliktformen Glasl (2009).

4 Im Prinzip würde sich hier der Begriff der »Mediation« anbieten, der allerdings im Deutschen bereits zu sehr für den **rechtsförmigen** Interessenausgleich bei Konfliktfällen reserviert ist.

die Herstellung eines möglichst weitreichenden Konsenses zwischen den Beteiligten in sozialen oder rechtlichen Konflikten. Allerdings handelt es sich insofern um eine spezielle Form des Konfliktmanagements oder der Vermittlung, als sie dadurch charakterisiert ist, dass die zu lösenden Konflikte durch ethische Fragen bestimmt oder zumindest mitbestimmt sind. Was Jonsen, Siegler und Winslade hier beschreiben, entspricht nun in der Tat dem, was als »Klinische Ethik« in der sozialen Praxis des klinischen Alltags zu beobachten ist. Wie zum Ende dieses Aufsatzes noch klar werden wird, kann »Klinische Ethik« im Sinne dieser Praxis darüber auch letztlich kaum hinausgehen, will sie überhaupt als Klinische Ethik funktionsfähig bleiben.

4.2.3 Qualifikationen Klinischer Ethik

Das bedeutet nun allerdings nicht, dass man bei der betont pragmatisch-funktionalistischen, die Wahrheitsfrage gänzlich ausblendenden Konzeption der drei Autoren stehenbleiben müsste. Ich möchte daher einen Vorschlag machen, wie Klinische Ethik durch nähere Qualifikationen von der einseitigen Ausrichtung auf die bloß pragmatische Konfliktlösung weggebracht und so der genuin Philosophischen Ethik wieder angenähert werden kann, ohne dabei doch den für sie konstitutiven Charakter als Konfliktmanagement zu verlieren. Im Sinne meines Vorschlags wäre die Klinische Ethik in zweifacher Hinsicht zu qualifizieren:

- Zum einen, indem Klinische Ethik nicht auf das Herstellen eines beliebigen, sondern das Herstellen eines **ethisch richtigen** Konsenses als Ziel festgelegt wird und – im unmittelbaren Zusammenhang damit –
- zum anderen, indem an dasjenige Konfliktmanagement, das Klinische Ethik darstellt, die Forderung herangetragen wird, **ethisch informiertes** Konfliktmanagement zu sein.

Mit »Ausrichtung auf einen ethisch richtigen Konsens« ist hier keineswegs gemeint, dass einer oder mehrere der Beteiligten gleichsam im Besitz des Wissens um das ethisch Richtige wären und dies dann lediglich noch zu kommunizieren oder

durchzusetzen hätten. Es geht weniger um das Erreichen oder Treffen des ethisch Richtigen, sondern darum, dass die Beteiligten bei der Lösung eines ethischen Konflikts nicht die bloße Konfliktlösung als solche als Ziel anstreben, gleichgültig wie diese beschaffen ist. Vielmehr sind sie angehalten, eine in ethischer Hinsicht **richtige** Konfliktlösung, d. h. dasjenige, was in der Situation das Gute ist, anzustreben, selbst wenn das bedeutet, dass möglicherweise kein Konsens erreicht wird. Nur wenn das der Fall ist, kann die Klinische Ethik überhaupt beanspruchen, den Begriff »Ethik«, und sei es in einem abgeleiteten Sinn, im Namen zu führen. Nur mit einer solchen Ausrichtung auf den ethisch richtigen Konsens kann z. B. überhaupt eine Schranke dagegen eingezogen werden, dass etwa über die Interessen und Rechte derjenigen hinweggegangen wird, die nicht in die Konsensbildung einbezogen werden bzw. werden können. Ebenso gemahnt jene Ausrichtung daran, Konsense zu vermeiden, die auf einer unzureichenden ethischen Reflexion und der Auslassung wichtiger Gesichtspunkte beruhen.[5]

Das Letztere bringt uns denn auch unmittelbar zur zweitgenannten Qualifikation, der ethischen Informiertheit. Damit ist gemeint, dass am Prozess der Entscheidungsfindung im Rahmen Klinischer Ethik Personen beteiligt sein sollten, die über ein entsprechendes ethisches Hintergrundwissen, eine Vertrautheit mit Fragen der Philosophischen Ethik verfügen. Und das nicht etwa, weil diese als »Experten« einen anderen Beteiligten gegenüber privilegierten Zugang zum ethisch Richtigen hätten, sondern weil sie aufgrund ihrer philosophischen Ausbildung und ihres philosophischen Hintergrundwissens im Idealfall in der Lage sind, auch solche normativ relevanten Gesichtspunkte in den Entscheidungsprozess einfließen zu lassen, die sonst möglicherweise übersehen oder falsch gewichtet würden. Ethik als philosophische Disziplin stellt gerade dafür eine Vielzahl an Klärungen, Vorschlägen und Modellen bereit.

---

5 Es ist dabei klar, dass eine derartige Ausrichtung gleichwohl nie hundertprozentig ausschließen kann, dass es zu problematischen oder falschen Entscheidungen kommt.

4

❯ Die Rolle des Philosophen in der Praxis Klinischer Ethik wäre insofern zum einen das Einbringen der relevanten »ethischen Information«. Zum anderen gehört zu den wesentlichen Kompetenzen eines philosophisch ausgebildeten Ethikberaters seine Vertrautheit mit der Logik normativen Argumentierens bzw. mit Argumentationsformen und -strukturen überhaupt.

Dies kann in vielen Fällen entscheidend zur Selbstaufklärung der Positionen der Beratenen beitragen. Schließlich kann Philosophische Ethik im Hinblick auf die Klinische Ethik drittens als ein »Probedenken für den Ernstfall«[6] fungieren, das darum bemüht ist, die jeweils für eine bestimmte Entscheidungssituation relevanten Gesichtspunkte auf der Grundlage der philosophischen Theoriebildung im Vorfeld wohlbegründet zu identifizieren (vgl. Fahr u. Rothhaar 2010).

4.3 Die Grenzen Klinischer Ethik

Die damit skizzierte wechselseitige Bezogenheit Klinischer und Philosophischer Ethik vermag die prinzipielle Spannung zwischen beiden gleichwohl nicht restlos aufzuheben. Klinische Ethik ist – und zwar unvermeidlich – im Wesentlichen kasuistisch[7] ausgerichtet. Damit sie als Klinische Ethik, d. h. als Praxis der Lösung ethischer Konflikte, überhaupt ihre Funktion erfüllen kann, muss sie bestimmte philosophisch-bioethische Grundsatzfragen gerade ausblenden bzw. als »gelöst« voraussetzen. Würde sie das nicht tun, würde sie also im Einzelfall jene Fragen immer wieder thematisieren, so könnte sie nur in den seltensten Fällen überhaupt zu der angestrebten Konfliktlösung kommen. Zu solchen philosophischen Grundsatzfragen gehören z. B. die im Folgenden genannten:

— Die Frage nach dem moralischen Status menschlicher Lebewesen am Anfang und Ende des Lebens (insbesondere Hirntote und Unge-

borene): die Frage also, wessen Interessen und Rechte in einer Entscheidungssituation überhaupt zu berücksichtigen sind
— Die Frage nach eventuellen Grenzen kasuistischen Vorgehens in Form unbedingter (Rechts-)Pflichten
— Die Frage nach Rolle und Reichweite des Selbstbestimmungsrechts bei medizinethischen Entscheidungen, z. B. nach dem Status von juristischen Konstruktionen, die aktuelle Willensentscheidungen für den Fall der Nichteinwilligungsfähigkeit substituieren sollen
— Die Frage nach grundlegenden handlungstheoretischen Klärungen wie etwa diejenige nach der Relevanz oder Nichtrelevanz des Unterschieds von Tun und Unterlassen
— Metaethische Fragen wie z. B. diejenige nach Kognitivismus vs. Non-Kognitivismus in der Ethik oder nach der Willensfreiheit

Diese und viele andere genuin philosophische Fragen sind für eine Vielzahl von Entscheidungen auch im klinischen Alltag von höchster Relevanz, etwa wenn es um Themen wie Schwangerschaftsabbruch, postmortale Organspende oder aktive Sterbehilfe geht. Gleichwohl müssen sie um der Funktionalität Klinischer Ethik willen in der einen oder anderen Weise als gelöst vorausgesetzt werden, sei es durch das Recht, sei es durch die moralischen Positionen der zuständigen Ärzte und/oder der Betroffenen. Das bedeutet wiederum, dass der Klinische Ethiker in der Regel bestimmte ethische Vorentscheidungen bereits teilen muss, um überhaupt konsistenterweise im Rahmen der Klinischen Ethik tätig sein zu können.

Das mag eine Reihe von Gedankenexperimenten verdeutlichen: In der Bundesrepublik Deutschland ist nach der geltenden Rechtslage die, in der Regel in Form des Fetozids, durchgeführte Spätabtreibung Behinderter bis zur Geburt unter der Bedingung legal, dass die Existenz eines behinderten Kindes eine psychische Belastung für dessen Mutter darstellen würde. In § 218 StGB wird dies folgendermaßen formuliert:

❯❯ 218a (2) Der mit Einwilligung der Schwangeren von einem Arzt vorgenommene Schwangerschaftsabbruch ist nicht rechtswidrig, wenn der

---

6 Den Ausdruck verdanke ich Ralf Stoecker.
7 Es ist dementsprechend auch nicht verwunderlich, wenn einer der drei Autoren von »Clinical Ethics« Albert R. Jonsen zugleich eine einflussreiche Verteidigung der Kasuistik vorgelegt hat. Vgl. dazu Jonsen u. Toulmin (1988).

Abbruch der Schwangerschaft unter Berücksichtigung der gegenwärtigen und zukünftigen Lebensverhältnisse der Schwangeren nach ärztlicher Erkenntnis angezeigt ist, um eine Gefahr für das Leben oder die Gefahr einer schwerwiegenden Beeinträchtigung des körperlichen oder seelischen Gesundheitszustandes der Schwangeren abzuwenden, und die Gefahr nicht auf eine andere für sie zumutbare Weise abgewendet werden kann. «

Da es praktisch unmöglich ist, eine zu erwartende psychische Belastung der prospektiven Mutter im Vorhinein abzuschätzen und die Beurteilenden zugleich die Gefahr von Schadenersatzklagen fürchten, bedeutet das für die Praxis, dass die Behinderung des Kindes die einzige Voraussetzung für die Durchführung einer Spätabtreibung ist. Art und Grad der Behinderung dürfen schon von Rechts wegen keine Rolle spielen. Hintergrund dieser Regelung ist ein politischer Scheinkompromiss, mit dem die Befürworter von Spätabbrüchen Behinderter im Rahmen der Reform des § 218 Anfang der 1990er Jahre die Behindertenverbände und die Kirchen zu beschwichtigen versuchten. Um dies zu erreichen, wurde die bis dahin existierende sog. »eugenische Indikation«, die die Abtreibung Behinderter bis zum 6. Schwangerschaftsmonat erlaubte, dem Namen nach gestrichen. De facto wurde sie aber beibehalten und sogar erweitert, indem sie nun unter die bisherige »medizinische Indikation« subsumiert wurde, die bei Gefahr für Leben oder körperliche Unversehrtheit der Mutter einen Schwangerschaftsabbruch zu jedem Zeitpunkt der Schwangerschaft zuließ. Offiziell war nun nicht mehr die Behinderung des erwarteten Kindes der Legitimationsgrund für den Schwangerschaftsabbruch, sondern die psychischen Belastungen, die die Existenz eines behinderten Kindes für die potenzielle Mutter mit sich bringen könnte.

Vor dem Hintergrund dieser rechtlichen Regelung werden im Rahmen Klinischer Ethikberatung, soweit diese denn herangezogen wird, im Wesentlichen kasuistische Fragen erörtert wie z. B. die Frage nach der aktuellen psychischen Verfassung der Schwangeren, nach ihrem persönlichen Umfeld, nach dem Zustand ihrer Partnerschaft und den von einer eventuellen Geburt des behinderten Kindes zu erwartenden Konsequenzen für die Partner-

schaft, nach den finanziellen und sozialen Folgen, die die Geburt mit sich brächte, sowie nicht zuletzt nach möglichen Alternativen zur Abtreibung.[8]

4.3.1 Striktes Lebensrecht

Eine solche kasuistische Praxis ist aber, wie die geltende rechtliche Regelung überhaupt, nur möglich, wenn man von der Voraussetzung ausgeht, dass es sich bei dem ungeborenen Fetus bis zur Geburt nicht um einen Menschen im vollen rechtlichen und moralischen Sinn, einen Träger von Menschenrechten und Menschenwürde, handelt. Denn würde es sich um einen solchen handeln, so käme ihm ein striktes Lebensrecht im abwehrrechtlichen Sinn zu. Mit »striktem Lebensrecht im abwehrrechtlichen Sinn« ist dabei gemeint, dass gegenüber einem Träger von Menschenwürde und Menschenrechten, von dem kein aktueller rechtswidriger Angriff[9] gegen ein anderes Rechtssubjekt ausgeht, gerade ein von jeglichen Umständen und Folgen unabhängiges Verbot der vorsätzlichen Tötung besteht, das allenfalls noch bei akuter Lebensgefahr für die Mutter verletzt werden dürfte. Kasuistisch-konsequenzialistische Überlegungen der erwähnten Art dürften dann insofern genau deshalb keine Rolle spielen, weil das strikte Lebensrecht im abwehrrechtlichen Sinn gerade unter die Kategorie derjenigen Rechte fällt, deren Geltung von allen Konsequenzen und Umständen unabhängig ist. Das wird im Übrigen augenfällig, wenn man sich die Anwendung solcher

---

8   Siehe zur Praxis der Ethikberatung bei Spätabbrüchen etwa Fahr et al. (2008).

9   Hier stellt sich allerdings die Frage, ob es sich bei der Tötung in Notwehr überhaupt um die Verletzung eines Rechts handelt. Die Erlaubnis zu Notwehr und Notwehrhilfe resultiert, wie Kant richtig gesehen hat, aus der Zwangsbefugnis, die Einhaltung von Rechtspflichten zu erzwingen (vgl. Kant (1907), S. 231). Damit stellt sie aber gerade selbst keine Verletzung eines Rechts dar und die Notwehr bzw. Notwehrhilfe dementsprechend auch streng genommen keine Ausnahme zu einer durch ein Grundrecht gesetzten Regel. Da dies hier allerdings nicht in der gebührenden Ausführlichkeit behandelt werden kann, sei für die Zwecke dieses Aufsatzes die laxe Redeweise von der »Ausnahme« gestattet. Vgl. näher dazu meine Anmerkungen in Rothhaar (2009), S. 191 ff. und Rothhaar (2011).

Kriterien bei einem geborenen behinderten Menschen vorstellen würde.

Die Idee, dass man einen Behinderten umbringen dürfte, nur weil seine Existenz eine psychische Belastung für die Mutter darstellt bzw. negative soziale oder finanzielle Folgen für sie hätte, erscheint auf geradezu barbarische Weise abwegig. Die bloße Beteiligung an einer kasuistisch-konsequenzialistisch orientierten Klinischen Ethikberatung setzt in Fällen des späten Schwangerschaftsabbruchs also voraus, dass die Beteiligten bereits die Vorentscheidung getroffen haben, den Fetus selbst kurz vor der Geburt *nicht* als Träger von Menschenwürde und Menschenrechten anzuerkennen.

Nehmen wir nun an, ein Philosoph P sei im Rahmen der Klinischen Ethikberatung an einer Klinik tätig,[10] in der Spätabbrüche von den zuständigen Ärzten grundsätzlich befürwortet und regelmäßig vorgenommen werden. Was sollte dieser Philosoph P tun, wenn er zugleich aufgrund philosophischer Erwägungen wohlbegründet zu der Auffassung gelangt wäre, dass es sich bei menschlichen Feten zumindest in der Spätphase einer Schwangerschaft um Träger von Menschenwürde und Menschenrechten handelt und dass infolgedessen Spätabbrüche behinderter Föten in normativer Hinsicht nichts von der vorsätzlichen Tötung geborener behinderter Menschen unterscheidet?

P steht als Beteiligter der Klinischen Ethikberatung nun vor der Wahl, entweder entgegen seiner eigenen philosophischen Einsicht zu handeln oder aber grundsätzlich in jedem Fall eines zur Entscheidung anstehenden Spätabbruchs sein »Nein« zu diesem kundzutun.[11] Zwar wäre das letztere natürlich theoretisch möglich und P könnte den zuständigen Ärzten sicherlich auch seine Gründe für dieses »Nein« darlegen und argumentativ nahezu

bringen versuchen.[12] Zum einen dürfte das aber im Rahmen eines konkret anstehenden Falles, d. h. im Rahmen der eigentlichen »Klinischen Ethik«, wohl kaum sinnvoll möglich sein. Zum anderen würde ein derartiges Vorgehen von P vermutlich in der Praxis dazu führen, dass P von den zuständigen Ärzten in Fragen eventueller Spätabbrüche einfach nicht mehr zur Klinischen Ethikberatung herangezogen würde. Während P also sicherlich nach wie vor ein guter Philosoph wäre, d. h. jemand, der seine Funktion als Philosoph in jeder Hinsicht gut ausfüllen würde, wäre er zugleich – und zwar genau deshalb, *weil* er ein guter Philosoph wäre – als Berater ungeeignet. Nur wenn P *nicht* der Auffassung ist, dass menschlichen Feten in der Spätphase der Schwangerschaft Träger von Menschenwürde und Menschenrechten sind, wenn er also von vorneherein die Prämissen teilt, die das positive Recht und die zuständigen Ärzte machen, kann er in der geschilderten Situation überhaupt in sinnvoller und konsistenter Weise als Berater im Rahmen der Klinischen Ethikberatung tätig sein.

4.3.2 Mutmaßlicher Wille

Vergleichbare Beispiele lassen sich auch im Hinblick auf Entscheidungen am Lebensende konstruieren. Nehmen wir etwa den Fall eines Philosophen Q an, der an einer Klinik tätig ist, an der regelmäßig Behandlungsabbrüche, die den Tod des Patienten nach sich ziehen, auf der Grundlage des sog. »mutmaßlichen Willens« des Patienten vorgenommen werden. Der »mutmaßliche Wille« nun stellt, wie es der Name bereits sagt, keine aktuelle Willensentscheidung des Betroffenen dar, sondern lediglich eine Mutmaßung darüber, wie der Betroffene sich entscheiden würde, wenn er in der Situation noch selbst eine Entscheidung treffen könnte.[13]

---

10 Dies wird in der Regel in der institutionellen Form des Klinischen Ethikkomitees der Fall sein. Vgl. zu den medizinethischen Dimensionen Klinischer Ethikkomitees die Beiträge in Frewer, Fahr u. Rascher (2008).

11 Ausnahme wäre lediglich noch die überaus seltenen Fälle, in denen das Leben der Schwangeren bedroht ist und dieser Bedrohung nicht anders als durch einen Schwangerschaftsabbruch abgeholfen werden kann. Das wird gerade im letzten Trimester aber kaum je der Fall sein, da in dieser Phase i.d.R. auch eine Beendigung der Schwangerschaft durch einen Kaiserschnitt möglich ist.

12 Alternativ dazu und unter Rücknahme der eigenen Position könnte P auch im Sinne einer sokratischen Mäeutik versuchen, die Handelnden zur Reflexion ihrer eigenen Positionen zu bringen und sie eventuell auf Inkonsistenzen und Unklarheiten ihrer Position aufmerksam machen. Das Ergebnis wäre allerdings dasselbe.

13 Für einen Überblick über die Debatte um den »mutmaßlichen Willen« siehe Höfling u. Schäfer (2006), S. 3–17, sowie Wunder (2004).

Es handelt sich mithin eigentlich nicht um einen »mutmaßlichen Willen«, sondern um eine Mutmaßung Dritter über eine faktisch nicht mögliche Willensentscheidung. Obgleich nun Behandlungsabbrüche auf der Grundlage des »mutmaßlichen Willens« spätestens seit dem sog. »Kemptener Urteil« des BGH (BGH 1 StR 357/94) auch in solchen Fällen gängige und mittlerweile auch gesetzlich verankerte[14] Praxis sind, in denen das Leiden des Patienten noch keinen irreversibel tödlichen Verlauf genommen hat, könnte ein Philosophischer Ethiker gegen diese Praxis sicherlich immer noch eine Reihe begründeter philosophischer Einwände anführen. So könnte er etwa der Auffassung sein, dass der Gedanke des Selbstbestimmungsrechts des Patienten so strikt zu verstehen ist, dass Mutmaßungen Dritter die höchstpersönliche Ausübung des Selbstbestimmungsrechts prinzipiell nicht substituieren können und daher auch nicht hinreichen, einen zum Tode führenden Behandlungsabbruch zu legitimieren.

Vor dem Hintergrund des derzeit in Deutschland geltenden Rechts und der gängigen klinischen Praxis hat nun die Klinische Ethikberatung in Fällen, in denen ein zum Tod des Patienten führender Behandlungsabbruch auf der Basis des »mutmaßlichen Willens« erwogen wird, wesentlich die Aufgabe, an der korrekten Ermittlung dieses »mutmaßlichen Willens« mitzuwirken. Für den Philosophen Q, der aufgrund philosophischer Argumente zu der Auffassung gelangt ist, dass ein derartiger Behandlungsabbruch *prinzipiell* nicht durchgeführt werden sollte, ergeben sich damit aber dieselben Dilemmata, die sich für P hinsichtlich der Vornahme von Spätabtreibungen ergeben hatten.

4.3.3 Patientenverfügung

Oder es ließe sich, um ein drittes Beispiel anzuführen, ein Philosoph R denken, der in einem Land lebt, in dem Patientenverfügungen (noch) keine rechtliche Verbindlichkeit hätten[15] und von den Ärzten an der Klinik, an der er als Berater tätig ist, regelmäßig ignoriert würden. Würde R nun mit philosophischen Gründen Patientenverfügungen für einen hinreichenden und legitimen Ausdruck des Selbstbestimmungsrechts des Patienten halten, so könnte er in jeder konkreten Ethikberatung immer wieder nur darauf beharren, dass Patientenverfügungen in jedem Fall zu respektieren seien. Wie P und Q würde er dann aber vermutlich von den behandelnden Ärzten, die anderer Auffassung sind, relativ schnell nicht mehr zur Ethikberatung herangezogen werden.

4.3.4 Aktive Sterbehilfe

Um schließlich ein letztes Beispiel zu konstruieren, könnte man sich einen Philosophen S vorstellen, der in einem Land als Ethikberater tätig ist, in dem die aktive Sterbehilfe zulässig ist und an eine Klinische Ethikberatung geknüpft wird, in der ermittelt werden soll, ob zum einen das Leiden des Patienten von diesem als »unerträglich« erlebt wird und auf keine andere Weise behoben werden kann, und ob zum anderen bei dem Patienten ein »stabiler Sterbewunsch« vorliegt.[16] Wäre S nun aus prinzipiellen philosophisch-ethischen Erwägungen ein Gegner der aktiven Sterbehilfe, so blieben auch ihm wieder nur diejenigen Alternativen und Konsequenzen, die bereits für P, Q und R aufgezeigt wurden.

4.4 Schlussüberlegungen

Die Beispiele unserer Philosophen P, Q, R und S zeigen mithin deutlich die Schwierigkeiten des Konzepts einer Klinischen im Verhältnis zur Philosophischen Ethik auf: Um überhaupt diejenigen Anforderungen erfüllen zu können, die sie als Klinische Ethik ausmachen, müssen bestimmte feststehende Voraussetzungen gemacht und vom Kli-

---

14 Nämlich im 3. Gesetz zur Änderung des Betreuungsrechts (sog. »Patientenverfügungsgesetz«) aus dem Jahr 2009, das den »mutmaßlichen Willen« in § 1901a, Abs. (2) BGB verankert.

15 Vgl. zur Diskussion um die Patientenverfügung in Deutschland die Beiträge in Frewer et al. (2009) und in May u. Charbonnier (2005).

16 Diese Kriterien entsprechen in etwa der seit 2002 in Belgien geltenden Rechtslage.

4

nischen Ethikberater geteilt werden. Solche Voraussetzungen zu reflektieren, kritisch zu hinterfragen und gegebenenfalls zugunsten besser begründeter Positionen zu verwerfen, ist aber gerade Aufgabe der **Ethik im eigentlichen Sinn**, d. h. der philosophischen. Klinische Ethik kann damit überhaupt nur funktionieren, soweit sie nicht philosophisch bzw., um es in aller Schärfe zu formulieren, soweit sie anti-philosophisch ist. Eine ethische Praxis, die un-philosophisch ist, ist aber im Sinn der oben gegebenen Bestimmung des Begriffs der Ethik auch keine Ethik im eigentlichen Wortsinn. Überspitzt könnte man dementsprechend sagen: Klinische »Ethik« kann ihren Zweck nur erfüllen, wo und insofern sie keine Ethik im eigentlichen Sinn ist und wo und insofern sie Ethik im eigentlichen Sinn ist, kann sie ihren Zweck nicht erfüllen.

❯ Was Klinische Ethik im besten denkbaren Fall sein kann, ist daher, ethisch qualifiziertes und informiertes Konfliktmanagement im rechtlich vorgegebenen Rahmen zu sein. Und man denke nicht, dass das wenig sei.

Zudem bedeutet es nicht, dass der Klinische Ethiker nicht zugleich Philosoph sein könnte. Er wird es sogar, als universitär bestallter Medizinethiker, im Regelfall sein, und das ist angesichts der oben aufgestellten Forderung nach einer in doppelter Hinsicht qualifizierten Klinischen Ethik auch richtig und wichtig. Allerdings hat er als Philosophischer und als Klinischer Ethiker verschiedene Rollen.

Was bedeutet das alles nun in einer praktischen Hinsicht für unsere Philosophen P, Q, R und S? Folgt aus der skizzierten Konzeption nicht, dass die Philosophische Ethik am Ende auf jegliche praktische Wirksamkeit verzichten müsste? Sind P, Q, R und S – sofern sie nicht mit den Prämissen und Vorgaben übereinstimmen, die die Klinische Ethik und das geltende Recht im jeweiligen Einzelfall fordern – ganz darauf zurückgeworfen, ihr Nachdenken über Ethik ohne jede Perspektive praktischer Wirksamkeit für immer im Elfenbeinturm der reinen Theorie zu betreiben? Das ist keineswegs der Fall. Neben der Klinischen Ethik existiert hinsichtlich der Medizin- und Bioethik noch eine weitere Sphäre der Umsetzung ethischer Reflexion in die Praxis, nämlich die Sphäre des politischen Diskurses über die rechtliche Regelung medizin- und bioethischer Fragen. P könnte sich dementsprechend in die politische Debatte über die rechtlichen Regelungen zu Spätabbrüchen einschalten und dort seine Argumente vorbringen. Q könnte seine Überlegungen zum »mutmaßlichen Willen« in den politischen Diskurs um Behandlungsabbrüche am Lebensende einbringen und R könnte versuchen, in diesem Diskurs die rechtliche Verbindlichkeit von Patientenverfügungen durch zu setzen helfen. S schließlich könnte sich mit seinen Argumenten für ein Verbot der aktiven Sterbehilfe in seinem Heimatland einsetzen.

In der politischen Debatte über die Gestaltung des Rechts können mithin philosophische Argumente eingebracht werden, *ohne* mit den kasuistisch-pragmatischen Rahmenvorgaben der Klinischen Ethik zu kollidieren. Der Ort, an dem die Philosophische Ethik hinsichtlich medizin- und bioethischer Fragen ihrem auch praktischen Anspruch[17] als Ethik tatsächlich gerecht werden kann, ist mithin nicht in erster Linie die Klinische Ethik, sondern der öffentliche Diskurs über die rechtliche Regelung jener Fragen.

Literatur

Drittes Gesetz zur Änderung des Betreuungsrechts (2009), erschienen in Bundesgesetzblatt Jahrgang 2009 Teil I Nr. 48

Fahr U, Link K, Schild RR (2008) Das Erlanger Beratungsmodell bei späten Schwangerschaftsabbrüchen und seine Entwicklung in den Jahren 2005 und 2006. In: Wewetzer, Wernstedt (2008), S. 185–208

Fahr U, Rothhaar M (2010) Ethics – empiricism – consultation: defining a complex relationship. In: Schildmann et al. (2010), S. 21–35

Frewer A, Fahr U, Rascher W (Hrsg.) (2009) Patientenverfügung und Ethik. Beiträge zur guten klinischen Praxis (Jahrbuch Ethik in der Klinik 2). Würzburg

---

17   Das bedeutet nicht, dass der Philosoph nicht als Berater auch gerade aufgrund seiner philosophischen Kompetenzen einen wichtigen Beitrag bei der Vermittlung von allgemeiner Norm und Einzelfall leisten kann, wie sie von jeder Normanwendung gefordert ist. Allerdings ist auch hier insofern eine Einschränkung zu machen, als diese Normen dann von außen – durch das Recht oder die moralischen Positionen der verantwortlichen Ärzte und der Betroffenen – vorgegeben sind.

Frewer A, Fahr U, Rascher W (Hrsg.) (2008) Klinische Ethik-komitees. Chancen, Risiken und Nebenwirkungen. Jahr-buch Ethik in der Klinik (JEK), Bd. 1. Würzburg

Frewer A, Krása K, Furtmayr H (Hrsg.) (2009) Folter und ärztliche Verantwortung. Das Istanbul-Protokoll und Problemfelder in der Praxis. Medizin und Menschen-rechte, Bd. 3. Göttingen

Glasl F (2009) Konfliktmanagement. Ein Handbuch für Füh-rungskräfte, Beraterinnen und Berater. 9. Auflage. Bern

Groß D, May A, Simon A (Hrsg.) (2008) Beiträge zur Klini-schen Ethikberatung an Universitätskliniken. Berlin

Hick C et al. (Hrsg.) (2007) Klinische Ethik. Mit Fällen. Berlin

Höfling W, Schäfer A (2006) Leben und Sterben in Richter-hand? Ergebnisse einer bundesweiten Richterbefra-gung zu Patientenverfügung und Sterbehilfe. Tübingen

Joerden J, Hilgendorf E, Petrillo N, Thiele F (Hrsg.) (2011) Menschenwürde und moderne Medizintechnik. Baden-Baden

Jonsen AR, Toulmin S (1988) The abuse of casuistry. A history of moral reasoning. Berkeley, Los Angeles, London

Jonsen AR, Siegler M, Winslade WJ (2006) Klinische Ethik. Eine praktische Hilfe zur ethischen Entscheidungsfin-dung. Köln

Kant I (1907) Metaphysik der Sitten, Akademie-Ausgabe, Bd. VI, Berlin

May A, Charbonnier R (Hrsg.) (2005) Patientenverfügungen. Unterschiedliche Regelungsmöglichkeiten zwischen Selbstbestimmung und Fürsorge. Münster

Rothhaar M (2009) Menschenwürde und Nothilfe. In: Frewer et al. (2009), S. 181–202

Rothhaar M (2011) Unabwägbare Rechte? Philosophische Anmerkungen zu Art. 1 des Grundgesetzes. In: Joerden et al. (2011), S. 95–114

Schildmann J, Gordon J, Vollmann J (Hrsg.) (2010) Clinical ethics consultation. Theories and methods, implemen-tation, evaluation. Farnham, Surrey

Vollmann J, Schildmann J, Simon A (Hrsg.) (2009) Klinische Ethik. Aktuelle Entwicklungen in Theorie und Praxis (Kultur der Medizin). Frankfurt am Main, New York

Wewetzer C, Wernstedt T (Hrsg.) (2008) Spätabbruch der Schwangerschaft. Praktische, ethische und rechtliche Aspekte eines moralischen Konflikts. Frankfurt am Main, New York

Wunder M (2004) Medizinische Entscheidungen am Lebens-ende und der »mutmaßliche Wille«. In: MedR 2004, Heft 6, S. 319–323

Ethische Fallbesprechung und Supervision

Vergleich – Abgrenzung – Perspektiven

Regina Bannert

In meiner Tätigkeit als Ethikberaterin einerseits und als Supervisorin andererseits mache ich immer wieder die Erfahrung, dass in beiden Beratungssettings ähnliche Themen angesprochen werden. Auch wenn für mich die unterschiedlichen Möglichkeiten und Zielsetzungen klar sind, so ist dies für die Teilnehmenden längst nicht immer der Fall. Schließlich wird hier wie dort über Fälle gesprochen.

5.1 Grenzgänge

»Sollen wir das in die Supervision einbringen oder ist das etwas für die ethische Fallbesprechung?«, fragen sich Mitarbeiter in einem Team. In einer Ethischen Fallberatung sagt jemand: »Da haben wir in der Balintgruppe auch schon drüber gesprochen.« Einem Team wurde vom Medizinischen Dienst empfohlen, Supervision oder Ethische Fallberatung in Anspruch zu nehmen. Die beiden Beratungsformen verfolgen allerdings unterschiedliche Ziele mit ganz verschiedenen Arbeitsweisen.

Verwirrung scheint jedenfalls dann zu entstehen, wenn verschiedene Angebote sich der Klärung von Fällen widmen. Supervision und Balintgruppe befassen sich nicht explizit mit Klinischer Ethik, ethische Fragen können aber durchaus vorkommen. Unter der Überschrift »Ethikberatung« finden sich demgegenüber verschiedenste Formen, die sich mit der Klärung akut zu lösender ethischer Fragestellungen beschäftigen. Das, was dabei passiert, hat für die Mitarbeiter offensichtlich immer wieder einmal gefühlte Ähnlichkeit zu Supervision und Balintgruppe.

Es erscheint daher sinnvoll, die Zielsetzungen der verschiedenen Beratungsangebote zu beschreiben und voneinander zu unterscheiden. Um eine Vergleichbarkeit zu ermöglichen, werde ich mich auf der einen Seite auf fallbezogene Supervision beschränken. Andererseits werde ich mich auf die Form ethischer Fallberatung auf der Ebene der Abteilung konzentrieren, die unter der Leitung eines externen Moderators durchgeführt wird. Ich beziehe mich hier auf das Konzept der Ethischen Fallbesprechung, wie es von Gordijn und Steinkamp (2005) im Rahmen des Interaktionsmodells beschrieben wird.[1] Dabei thematisiere ich den Vergleich im klinischen Kontext und lasse die Beratung im Zusammenhang von Pflegeheim und ambulanter Pflege außen vor, da sonst die Komplexität der verschiedenen Felder die hier besprochene Fragestellung überlagert.

Es soll aufgezeigt werden, wann die jeweiligen Beratungsansätze über sich hinausweisen und andere Wege der Bearbeitung erfordern. Ferner werde ich darstellen, wie beide Beratungsformen voneinander profitieren können. Die Notwendigkeit beraterischer Kompetenzen in der Ethischen Fallberatung wird ausgeführt. Institutionskompetenz ermöglicht Beratern, zu verstehen, wie sich institutionelle Prozesse in der Einzelfallberatung auswirken.

Sowohl Supervision als auch Ethische Fallbesprechung weisen über den Einzelfall hinaus und bringen institutionsrelevante Erkenntnisse hervor. Es lohnt sich daher, die verschiedenen Beratungsformen abschließend in einen organisationsethischen Zusammenhang zu setzen.

5.2 Supervision im klinischen Kontext

5.2.1 Zielsetzungen

Unter Supervision versteht man Beratung im beruflichen Kontext mit dem Ziel, die professionellen Kompetenzen der Mitarbeiter weiterzuentwickeln, worunter einerseits der Umgang mit der Klientel fällt und andererseits die Beziehungsgestaltung mit Kollegen, Vorgesetzten und Untergebenen. Dazu gehört die Entwicklung einer Rollenidentität im beruflichen Kontext. Die reflexive Überprüfung der Wirksamkeit des professionellen Handelns wird eingeübt.

> Somit ist Supervision ein Instrument zur Entwicklung und Sicherung von Qualität.

Eng damit verbunden sind die Ziele, die Arbeitszufriedenheit zu erhöhen und Burnout-Symptomen

---

1   Das Modell wird seit Jahren vom Team der Ethikberater des Erzbistums Köln, dem ich angehöre, in etwas modifizierter Form verwendet.

entgegenzuwirken (Rappe-Gieseke 1994). Dies ist besonders wichtig, wenn die Mitarbeiter regelmäßig belastende Situationen erleben und begleiten müssen.

Supervisoren greifen auf unterschiedliche Theoriekonzepte zurück. Ich selbst stütze mich auf psychoanalytische und gruppendynamische Konzepte sowie auf soziologische und institutionstheoretische Erkenntnisse (Leuschner 1993).

5.2.2 Arbeitsweisen und Settings

Supervision kann den Schwerpunkt der fall- und klientenbezogenen Arbeit haben. Dies empfiehlt sich vor allem dann, wenn der Umgang mit belastender Klientel an der Tagesordnung ist. Das ist im klinischen Kontext – z. B. auf Intensivstationen, in onkologischen Abteilungen, in Palliativabteilungen, aber auch in Demenzschwerpunkten im Altenheim – der Fall.

Weitere Zielsetzungen können die Bearbeitung teamspezifischer Themen sein: z. B. Kommunikation unter den Mitarbeitern bzw. zwischen Mitarbeitern und Vorgesetzten, Abgrenzung von Verantwortlichkeiten, die Gestaltung der beruflichen Rollen im Team. Über den Teamzusammenhang hinaus sind häufig organisationale Aspekte zu bearbeiten und Abläufe zu klären. Je nach Zielsetzung kann Supervision als Einzelsupervision gestaltet werden, als Gruppensupervision, in der Mitarbeitende aus verschiedenen Abteilungen oder Institutionen zusammentreffen, oder als Teamsupervision. Ein Vergleich mit ethischer Fallberatung ist nur für Teamsupervision mit dem Schwerpunkt Fallarbeit sinnvoll.

5.2.3 Supervisorische Fallarbeit

Zu Beginn der Supervisionssitzung wird geklärt, welche Fälle eingebracht und bearbeitet werden können. Ausgehend von einer konkreten Szene wird ein breiter Verstehenshorizont erarbeitet, der es ermöglicht, Deutungen zu verändern und das Handlungsspektrum zu erweitern. Dabei muss es nicht immer um die Entwicklung konkreter Handlungsschritte gehen. Bei der Bearbeitung werden dem Fall entsprechend verschiedene Perspektiven eingenommen. Es werden psychodynamische Aspekte betrachtet, die Beziehungsdynamik zwischen den Handelnden, aber auch strukturelle Aspekte wie z. B. Arbeitsabläufe und organisationale Rahmenbedingungen werden berücksichtigt.

5.2.4 Rahmenbedingungen

Ein klarer Auftrag mit genauer Zielvereinbarung ist Voraussetzung für eine erfolgreiche Arbeit. Eine sorgfältige Vereinbarung dieses Auftrags mit dem Auftraggeber und den Teilnehmenden schafft eine Grundlage für das Gelingen des Prozesses.

Ablauf, Ort, Zeitraum und Gesamtdauer der Supervision müssen festgelegt werden. Ein Prozess erstreckt sich in der Regel über einen längeren, aber begrenzten Zeitraum. Meistens finden in ca. drei- bis vierwöchentlichem Turnus Sitzungen statt, für die mindestens 90 Minuten vorgesehen werden sollten. Zu klären ist ferner, wer an der Supervision teilnimmt. Im klinischen Bereich sollte festgelegt werden, ob die Supervision nur für das Pflegeteam oder für Pflegende, Ärzte und weitere therapeutische Professionen stattfindet.

Ist die Supervision eine verbindliche Dienstveranstaltung, oder ist die Teilnahme freiwillig? Regelmäßige Beteiligung ist eine wichtige Voraussetzung für einen gelingenden Prozess. Das erfordert aber auch eine gute Planung, die auf die Dienstpläne abgestimmt ist. Ebenso muss die Zusicherung von Diskretion, die sich auf Klientel und Teilnehmende bezieht, vereinbart sein. Schon zu Beginn sollte geklärt werden, wie Ergebnisse der Supervision ausgewertet werden. Auch eine fallbezogene Supervision bringt strukturelle Erkenntnisse hervor, die in Auswertungsgesprächen mit Leitenden in der Institution zur Verfügung gestellt werden können. So kann Supervision zur strukturellen Gestaltung der Institution beitragen.

5.3 Der Beitrag von Supervision zur Klinischen Ethik

In der Supervision im klinischen Kontext werden regelmäßig Themen benannt, die eine ethische Dimension haben. So erleben es Pflegende häufig als Belastung, wenn Patienten in vollem Umfang kurativ behandelt werden, die sie als sterbend erleben. Sie müssen belastende Therapien mit aushalten, deren Sinn sie nicht immer einsehen können. Ärzte erleben sich mit ihren Therapieentscheidungen unter dem Druck von Angehörigen. Alle miteinander müssen aushalten, wenn Patienten therapeutisch wichtige Anweisungen nicht befolgen. Die Kommunikation über belastende Diagnosen und begrenzte Lebenszeit ist schwer und wird regelmäßig zum Thema in der Supervision, ebenfalls die nicht immer leicht nachvollziehbare Krankheitsverarbeitung von Patienten und Angehörigen.

Entscheidungssituationen sind durch Einstellungen geprägt, die in biografisch oft weit zurückliegenden Zusammenhängen entstanden sind. Die Haltung zu Tod und Sterben beeinflusst in besonderem Maße die Entscheidungen von Ärzten zu Therapiebegrenzung am Lebensende. Vor allem die heute oft fehlende Erfahrung im Umgang mit Tod und Sterben im persönlichen Umfeld, die oft weit bis ins Erwachsenenalter reicht, trägt dazu bei, dass Ängste und Unsicherheiten nicht abgebaut werden konnten.

> **Supervision bietet einen geschützten Rahmen, der ein vertieftes selbstreflexives Verstehen moralischer Intuitionen ermöglicht.**

So können die Teilnehmer die eigenen, zum Teil heftigen Gefühle, die Situationen in ihnen auslösen, besser verstehen, eigene biografische Hintergründe für ihre Bewertungen erforschen. Sie erinnern sich, wo sie ihre Bewertungen erlernt haben. Auf diese Weise können sie ihre eigenen mit anderen Bewertungen vergleichen und zu einer Neugewichtung kommen, die dann eine andere Umgangsweise mit den Themen ermöglicht. Dieser Prozess ermöglicht es auch, die Situation emotional anders zu beantworten. In diesem Sinne kann Supervision als ein »ethisches Arrangement« gesehen werden, in dem unterschiedliche normative Bewertungen deutlich werden und in dem die Teilnehmenden Entscheidungsebenen, auf denen diese Bewertungen angesiedelt sind, erkennen können (vgl. Dinges et al. 2005, S. 25–41, 26).

Nicht selten wird auch in der Supervision besprochen, ob sich jemand für ein ethisches Anliegen einsetzen möchte, oder ob das als zu »heikel« empfunden wird. Schließlich bedeutet dies nicht selten, einen Konflikt zu eröffnen, dessen Folgen für die eigene Laufbahn nicht einzuschätzen sind. Eigene Handlungsziele können geklärt werden und es kann bedacht werden, ob die persönlichen Ressourcen für eine Auseinandersetzung vorhanden sind.

Diese Aspekte sprengen den Rahmen einer Ethikberatung, gleich welcher Art, sind aber im geschützten Rahmen einer Supervision gut aufgehoben. Folgendes Fallbeispiel aus dem Bereich der Altenpflege soll verdeutlichen, wie eine Reflexion persönlicher normativer Bewertungen in der Supervision gelingen kann.

Fallbeispiel

In der Supervision in einem Altenheim wird eine Bewohnerin – »Frau B.« - vorgestellt, die durch ihren Kleidungsstil Aufsehen erregt. Es ist Hochsommer und die sehr füllige demenziell erkrankte alte Dame hat eine Vorliebe für bauchfreie T-Shirts und sehr knappe Bekleidung. Sie hält sich bevorzugt in der Cafeteria und an allgemein zugänglichen Orten des Heims auf, verlässt auch gerne das Heim für kleine Spaziergänge durch das Dorf. Andere Bewohner nehmen Anstoß an der als »unschicklich« empfundenen Kleidung der Mitbewohnerin, die aber nachdrücklich auf den von ihr sehr geschätzten Kleidungsstücken besteht.

Den Mitarbeiterinnen ist auch nicht wohl, sie können die Vorbehalte der Bewohner verstehen und empfinden die Aufmachung von Frau B. auch selbst als ästhetische Zumutung. Dazu kommt, dass Frau B. kein Bedürfnis nach regelmäßiger Hygiene verspürt, ihre Hygienevorlage ist oft dringend wechselbedürftig. Kritik von den Bürgern des Dorfes ist auch schon laut geworden: »Sie können die Frau doch so nicht in der Öffentlichkeit herumlaufen lassen!«

In der Bearbeitung wird einerseits die Vorstellung vertreten, Frau B. dürfe nicht einfach bezüglich ihrer Kleidung reglementiert werden, schließlich sei das Ausdruck ihrer Selbstbestimmung, die ihr auch als demente Bewohnerin schließlich zustehe. Dagegen stehen die Gefühle von Ekel und das Empfinden, Frau B. sehe »unmöglich« aus. Nachdenklich reflektieren die Mitarbeiterinnen, wie sehr auch sie als professionelle Altenpflegerinnen von den Vorstellungen jugendlicher Ästhetik geprägt sind. In Bezug auf den Ruf des Hauses in der Öffentlichkeit fühlen sie sich aber auch unter Druck. Allmählich gelingt es, die verschiedenen Anliegen zu differenzieren: Die Sorge um die Hygiene kann von der Sorge um die »Schicklichkeit« unterschieden werden. Es wird überlegt, wie eine adäquate Hygiene für Frau B. gesichert und gleichzeitig ihre Eigenständigkeit bezüglich ihrer Kleidung gewahrt werden kann. Außerdem wird bedacht, ob Frau B. eventuell geschützt werden muss, wenn sie in ihrem »Aufzug« das Gelände verlässt und sie möglicherweise im öffentlichen Raum Anzüglichkeiten und Übergriffen ausgesetzt sein könnte. Nicht zuletzt sind die Gefühle anderer Bewohner zu berücksichtigen, die teilweise eine moralisch strenge Sozialisation erlebt haben und mit heftigen Gefühlen reagieren.

Nachdem die Mitarbeiterinnen ihre eigenen Gefühle geklärt hatten, sahen sie sich in der Lage, gelassen und flexibel mit der Situation umzugehen, sie also freundlich, aber bestimmt in den Wohnbereich zu führen, wenn die Hygienevorlage dringend wechselbedürftig war, ihr bisweilen freundlich eine Jacke oder Bluse zu bringen oder andere Bewohner zu beruhigen und sie auf Frau B.s Recht, anzuziehen, was sie möchte, aufmerksam zu machen.

Was an diesem Fallbeispiel deutlich wird: Die ethische Bewertung ist bei den Beteiligten eigentlich unstrittig, im Alltag ist sie aber überlagert von Emotionen, die sich aus widersprechenden Intuitionen speisen. Auf der einen Seite werden Bewertungen ausgedrückt, die fachlich begründet sind und die der Autonomie der Bewohner einen hohen Stellenwert beimessen. Andererseits melden sich Intuitionen, die auf Vorstellungen von Sittlichkeit und Schicklichkeit verweisen, die im sozialen Kontext eine Rolle spielen.

> **Supervision ist gut geeignet für Situationen, in denen es besonders auf Haltungen ankommt und auf die Fähigkeit, die Beziehung zu Bewohnern oder Patienten aus der Grundhaltung des Respekts heraus zu gestalten.**

5.4 Grenzen von Supervision im Hinblick auf die Klärung ethischer Fragen

Es darf nicht übersehen werden, dass es nicht die vordringliche Aufgabe von Supervision ist, ethische Fragestellungen zu einer Klärung zu bringen. Das Supervisionssetting ist durch das Prozessziel bestimmt, nicht durch die Erfordernisse eines akut zu klärenden ethischen Konflikts. Eine zeitnahe Bearbeitung ist in der Regel nicht möglich, denn ein ganzes Team kann meist nicht spontan zusammengerufen werden. Eine ethische Fallberatung erfordert außerdem eine hohe Prozesstransparenz: das erarbeitete Votum muss auch für diejenigen nachvollziehbar sein, die bei der Beratung nicht anwesend waren. Das für die Supervision notwendige »Forum internum« ist also mit den Erfordernissen der Prozesstransparenz in der Ethischen Fallberatung nicht kompatibel!

Supervision bedarf eines geschützten Rahmens, in dem Teilnehmende sicher sein können, dass nichts, was sie über sich persönlich preisgegeben haben, aus diesem Kontext hinausgetragen wird. Strukturelle Erkenntnisse, die während der Supervision gewonnen wurden, können nach Absprache mit den Beteiligten an übergeordneter Stelle mitgeteilt und ausgewertet werden. Die ethische Fallbesprechung erfordert dagegen eine hohe inhaltliche Transparenz. Die erarbeitete Empfehlung muss von allen, die am therapeutischen Handeln beteiligt sind, nachvollzogen werden können, auch, wenn sie an der Fallbesprechung selbst nicht beteiligt waren.

Eine weitere Notwendigkeit ethischer Fallberatung ist die Interdisziplinarität. Supervision findet aber überwiegend berufsgruppenbezogen statt, meist für die Pflegenden. Bisweilen nehmen auch Ärzte teil, aber es findet selten eine kontinuierliche berufsgruppenübergreifende Arbeit statt. Allein einen gemeinsamen regelmäßigen Termin zu finden, ist bedingt durch die unterschiedlichen Abläufe schwierig. Selten realisierbar ist eine noch weitere Professionen umfassende Supervision, an der z. B. Physio- oder Psychotherapeuten, Seelsorger oder Sozialdienstmitarbeiter teilnehmen. Am ehesten lässt sich das in Bereichen verwirklichen, die von jeher stark interprofessionell arbeiten, wie z. B. Palliativstationen oder psychiatrische Abteilungen.

Betrachtet man aber dagegen die Gegebenheiten einer Intensivstation, so stellt man fest, dass sich hier keinesfalls ein klar abgrenzbares Team identifizieren lässt. Dies ist lediglich für den Bereich der Pflege möglich. Die Intensivstation beispielsweise, als ein Bereich, in dem viele ethische Fragestellungen entstehen, ist aber eine Organisationseinheit, die von verschiedenen Fachbereichen in Anspruch genommen wird. Meist gibt es »chirurgische Betten«, »internistische Betten« etc., die vom ärztlichen Dienst der jeweiligen Abteilung betreut werden. Übergeordnet ist meist der leitende Anästhesist. Supervision für den Bereich der Intensivstation kann nicht für alle dort Arbeitenden organisiert werden. Die dort tätigen Ärzte sind auch nicht allein dort eingesetzt, sondern ihrer jeweiligen Fachabteilung zugeordnet (vgl. Dinges et al. 2010).

5.5 Ethische Fallbesprechung – eine Form Klinischer Ethikberatung

Klinische Ethikberatung umfasst eine breite Palette von Konzepten. In der Regel richten Einrichtungen, die Ethik in ihrer Klinik oder Pflegeeinrichtung fortentwickeln möchten, ein Ethikkomitee ein. Die Klärung strittiger therapeutischer Fragen wurde von jeher als Aufgabe der Ethikkomitees gesehen, allerdings sehen viele Entwürfe die Besprechung in den Abteilungen selbst vor.[2] Das Nimweger Interaktionsmodell hat die Ethische Fallbesprechung **auf der Abteilungsebene** angesiedelt. Sie wird von externen, entsprechend geschulten **Moderatoren** geleitet, die aber nicht dem Ethikkomitee angehören müssen.

> ❯ Das Ethikkomitee beschäftigt sich mit grundsätzlichen und strukturellen Fragen, z. B. mit der Erarbeitung von Leitlinien, der Organisation von Fortbildungen zu ethischen Themen und mit der allgemeinen Förderung der ethischen Meinungsbildung in der Organisation, ist aber auch für die Sicherung der Strukturen, die Ethische Fallbesprechung ermöglichen, notwendig.

Die folgenden Ausführungen beziehen sich auf dieses Modell, das auch Neitzkes »Prozessmodell« entspricht (Steinkamp u. Gordijn 2003).

Die Fallbesprechung wird einberufen, wenn ein mit dem Patienten befasster Mitarbeiter der entsprechenden Abteilung Bedarf anmeldet. Dafür sollte den Mitarbeitern ein festgelegtes Verfahren zur Verfügung stehen. Beteiligt sein sollen diejenigen, die mit der Versorgung des Patienten betraut sind. Dabei sind alle relevanten Professionen und Disziplinen einzubeziehen. Die Besprechung folgt einer klaren Struktur anhand eines ausführlichen Fragebogens, der eine möglichst umfassende Berücksichtigung aller wichtigen Aspekte sichert und die Zielgerichtetheit des Gesprächs ermöglicht, für das in der Praxis nicht unbegrenzt zeitliche Ressourcen zur Verfügung stehen.[3]

Nach der Klärung der ethischen Fragestellung erarbeitet die Fallbesprechungsgruppe eine argumentativ begründete ethische Empfehlung an den Handlungsverantwortlichen. Ein Konsens ist dabei angestrebt, wird sich aber nicht immer erreichen lassen. In einem solchen Fall sollte ein Minderheitenvotum ebenfalls dokumentiert werden. Das Votum richtet sich an denjenigen, der die Entscheidungsverantwortung in der konkreten Situation trägt. Wer das ist, hängt von der aktuellen Fragestellung ab, und wird nicht immer der behandelnde Arzt sein, da die Zustimmung zu einer Behandlung letztlich immer beim Patienten selbst bzw. seinem Vertreter liegt. Das Gespräch wird protokolliert, das Ergebnis dokumentiert und der Patientenakte beigefügt.

5.6 Spezifika Ethischer Fallbesprechung in Abgrenzung zur Supervision

Die ethische Fallberatung ist fokussiert auf die Klärung des ethisch gebotenen Handelns und zielt auf Entscheidungsempfehlungen. Das Setting und das Beratungsverfahren sind auf diese Ziele abgestimmt. Um ihr Ziel, zeitnah eine ethisch be-

---

2   Zu den verschiedenen Modellen siehe Neitzke (2010).

3   Der von Gordijn und Steinkamp (2003) vorgestellte Bogen ist in der Praxis auf verschiedenste Weisen überarbeitet worden.

gründete Handlungsempfehlung zu entwickeln, erreichen zu können, kann die Ethische Fallbesprechung einige Charakteristika der Supervision gerade nicht verwirklichen.

Bereits die erforderliche **Zeitnähe** konfligiert mit der Anforderung an die Gestaltung eines kontinuierlichen Prozesses mit einer festen Gruppe, die eine längerfristige Terminplanung erforderlich macht.

Die **Zusammensetzung der Beratungsgruppe** begründet sich durch die aktuell zu klärende ethische Fragestellung in Bezug auf einen bestimmten Patienten und soll interdisziplinär und interprofessionell sein. So werden verschiedene Sichtweisen zusammengebracht, deren Erfahrungen und Bewertungsmaßstäbe in der Praxis häufig nicht ausgetauscht werden. Blinde Flecken in der Wahrnehmung des betroffenen Patienten können erhellt werden. So wird, bedingt durch den längeren Patientenkontakt, häufig von Seiten der Pflegenden der Prozess des Patienten in Bezug auf sein Kranksein oder sein Sterben deutlicher wahrgenommen und zur Sprache gebracht als von ärztlicher Seite.

Die **Beleuchtung biografischer Hintergründe** der Handelnden ist nicht Gegenstand der Besprechung. Dies würde einerseits den Rahmen sprengen, andererseits bietet eine Fallbesprechungsgruppe nicht den nötigen Schutz für die Bearbeitung persönlicher Dimensionen.

> **Kommen persönliche Hintergründe von Teilnehmern der Beratungsgruppe zur Sprache, muss das vereinbart sein, sonst ist dies ethisch nicht zu vertreten.**

Dies gilt genauso für die **Bearbeitung kommunikativer Prozesse**. In der Praxis ist das allerdings nicht immer leicht auseinander zu halten, da ethische Konflikte nicht selten mit Kommunikations- und Beziehungsstörungen einhergehen.

In der Ethischen Fallbesprechung können die **institutionellen Aspekte** eines ethischen Konfliktes zum Vorschein kommen, die aber – genauso wie in der Supervision – in diesem Rahmen nicht bearbeitet werden können. Damit die institutionelle Seite nicht verloren geht, sollte eine Weiterleitung dieser Themen ins Ethikkomitee vereinbart werden.

Während die **Rahmenbedingungen** der Supervision immer nur für den jeweiligen Prozess festgelegt werden müssen, benötigt die Ethische Fallbesprechung ein **geklärtes Verfahren**, das in der gesamten Einrichtung, wenigstens aber in der gesamten Abteilung, implementiert sein muss. Dazu gehört die Klärung der Fragen: Wer darf die Fallbesprechung anfordern? An wen muss man sich wenden? Wer soll eingeladen, wer soll informiert werden? Welche Moderatoren stehen zur Verfügung? Welches Ablaufschema soll verwendet werden? Wie wird protokolliert? Wie wird das Ergebnis dokumentiert? Werden die Dokumentationen der Ethischen Fallbesprechungen an das Ethikkomitee weitergegeben?

5.7   Aus dem »Werkzeugkasten« der Supervision: Was hilft der Ethischen Fallbesprechung?

Kompetenzen, die für die Supervision notwendig sind, können auch den Prozess der Ethischen Fallbesprechung fördern. Ich werde einige Aspekte beraterischer Kompetenz darstellen, die Beachtung finden sollten.

5.7.1   Organisationskompetenz

Bereits bei der **Implementierung** der Ethischen Fallbesprechung ist eine Sensibilität für die Regelwerke der Organisation wichtig. Ein geeignetes Verfahren zu entwickeln, ist, wie wir gesehen haben, unerlässlich. Ein Implementierungsprozess muss aber zum Ziel haben, nicht nur die formalen Rahmenbedingungen herzustellen, sondern für die Inanspruchnahme der Ethischen Fallbesprechung zu werben. Dazu ist es einerseits notwendig, die zentralen Entscheidungsträger im Behandlungsprozess mit ins Boot zu bekommen, andererseits die Mitarbeiter in den Abteilungen. Die Sorge von Chefärzten, von ihnen werde erwartet, Behandlungsentscheidungen entsprechend dem Ergebnis einer Beratungsgruppe zu fällen, muss ernst genommen werden. Mitarbeiter können die Sorge haben, ihnen solle etwas aufgedrückt werden, was nur eine zusätzliche Neuerung ist, die mehr Zeit und Energie bindet.

Steinkamp und Gordijn (2003) weisen darauf hin, dass der Prozess einerseits »top down« gestaltet werden muss, d. h. verantwortet und getragen von der Führungsebene der Klinik. Nur dann kann Wirksamkeit und Nachhaltigkeit gesichert werden. Andererseits muss die Einführung der Ethischen Fallbesprechung an den Bedürfnissen der Mitarbeiter anknüpfen. Der Prozess muss eben auch »bottom up«, von unten nach oben, gestaltet werden. Um das Verfahren als hilfreich wahrzunehmen, ist es wichtig, damit Erfahrungen zu machen. In Einführungstrainings lässt sich regelmäßig erleben, dass die anfängliche Skepsis dann weicht, wenn eine exemplarische Fallbesprechung durchgeführt wurde. Andererseits muss über das Verfahren und seine Möglichkeiten immer wieder informiert werden. Ethikkomitees, die mit viel Elan die Ethische Fallbesprechung in ihrem Haus eingeführt haben, sind oft frustriert über die zunächst geringe Inanspruchnahme. Es dauert lange, bis ein solches Instrumentarium sich zur guten Gewohnheit entwickeln kann. Die Initiative von Mitgliedern des Ethikkomitees zur Einberufung von Fallbesprechungen ist dabei sehr hilfreich (Steinkamp u. Gordijn 2003; Dinges 2010).

Ein Implementierungsprozess kann sehr behindert werden, wenn nicht beachtet wird, was im Alltag der Organisation zur gleichen Zeit geschieht. Die schon lange die Mitarbeiter belastende Baumaßnahme, die Neuorganisation der Organisationseinheiten der Pflege, Personalwechsel auf der Leitungsebene – all dies kann dazu führen, dass für die Beschäftigung mit ethischen Fragen keine große Offenheit besteht. Die Gestaltung des Einführungsprozesses sollte die Geschehnisse in der Organisation so gut es geht berücksichtigen.

Während der Fallbesprechung bilden sich die Gegebenheiten der Organisation im Prozess ab. So können Hierarchien erheblichen Einfluss auf die Gesprächsoffenheit nehmen, wenn z. B. Assistenzärzte unsicher sind, ob eine eigenständige Meinung erwünscht ist. Die Ethische Fallbesprechung kann nur gelingen, wenn im hierarchischen System ein offener Meinungsaustausch möglich ist. Es ist Aufgabe des Moderators, dafür zu sorgen, dass dies gelingt, indem er allen Beteiligten das Wort gibt.

5.7.2 Kommunikative Kompetenz

Bei kontroversen moralischen Intuitionen ist es für die Beteiligten mitunter nicht einfach, ein gegenseitiges Verständnis zu entwickeln. Die supervisorische Haltung kann in diesem Fall als Allparteilichkeit beschrieben werden. Durch das Bemühen, die Beweggründe jeder Beteiligten Person zu erkunden, erhält jeder inneren und äußeren Raum, die eigene Position differenziert darzustellen.

In der Beratungsgruppe finden sich in der Regel ganz unterschiedliche Kommunikationsstile. Vielredner müssen motiviert werden, auf den Punkt zu kommen. Andere brauchen eher Unterstützung, um ihre Position einzubringen.

5.7.3 Rollenkompetenz

Für Moderatoren ist es oft nicht einfach, die eigene Meinung zurückzustellen. Die Moderatorenrolle ist anders als die Rolle, die sie beruflich sonst einnehmen. Pflegende und Ärzte sind im Alltag gefordert, fachlich Position zu beziehen und für ihre Einschätzung einzutreten. Der Moderator hat die Aufgabe, dafür zu sorgen, dass den Beteiligten das möglich ist. Moderatoren brauchen Mut, bei der Ethischen Fallbesprechung beherzt die Leitung des Settings zu übernehmen und in dieser Situation die Autorität in der Gesprächsführung auch Autoritäten gegenüber durchzusetzen. Andererseits ist es wichtig, die Verantwortung, die mit hierarchischen Rollen verbunden ist, ernst zu nehmen.

Fallbeispiel

In einem Ethikkomitee wurde die Frage diskutiert, ob Chefärzte immer an Ethischen Fallbesprechungen teilnehmen sollten. Einige Stimmen lehnten das als zu starke Gewichtung der Hierarchie ab. Andere gaben zu bedenken, dass die Chefärzte letztlich die Behandlungsentscheidungen verantworten müssten. Wie sollen sie eine Entscheidungsempfehlung berücksichtigen, wenn sie an deren Beratung nicht beteiligt werden? Es wurde beschlossen, die zuständigen Chefärzte grundsätzlich zur Ethischen Fallbesprechung einzuladen, ihre Teilnahme aber nicht zur notwendigen Bedingung für die Fallbesprechung zu machen.

5.7.4 Prozesskompetenz

Eine Ethische Fallbesprechung steht im klinischen Kontext unter Effizienzdruck. Zeit ist eine wertvolle Ressource, die nur begrenzt zur Verfügung steht. Umso wichtiger ist es, den Gesprächsverlauf klar zu strukturieren und den Teilnehmenden transparent zu machen, was gerade besprochen wird. Fokussieren auf die wichtigen Aspekte, Sortieren und Einordnen der Beiträge, Zusammenfassen, Ergebnisse hervorheben, Positionen herausheben: All dies sind Moderationskompetenzen, die helfen, den Prozess auf ein Ziel hin zu orientieren. Dabei bedarf es einer guten Balance zwischen Prozessorientierung und Zielorientierung. Wird zu stark auf ein Ergebnis abgezielt, bleiben wichtige Aspekte möglicherweise unberücksichtigt. Wird z. B. die emotionale Beteiligung der Teilnehmer unterdrückt, sucht sie sich ein Überdruckventil. Die persönliche Betroffenheit der Teilnehmenden sollte nicht außen vor bleiben, sondern in einem angemessenen Rahmen zur Sprache kommen. Wird zu sehr dem Prozess der Gruppe Raum gegeben, leidet die Zielorientierung, es kann nur schwer eine Empfehlung in einer überschaubaren Zeit erarbeitet werden.

Bisweilen kommt es allerdings vor, dass Konflikte im Team den Prozess der Entscheidungsfindung überlagern. Dabei kann der zugrunde liegende Konflikt durchaus ein ethischer Konflikt sein, denn ethische Konflikte können die Ursache tiefer Teamkonflikte sein. Können sie über längere Zeit nicht gelöst werden, können persönliche Konflikte erwachsen, die sich von den zugrunde liegenden Konflikten nur schwer trennen lassen.

So können in der Ethischen Fallbesprechung die emotionalen Wogen durchaus hochschlagen und Positionen scheinbar unversöhnlich einander gegenüber stehen. Dem Moderator kann hier eine wichtige Beraterhaltung sehr helfen: die Allparteilichkeit, also die Fähigkeit, empathisch mit jeder Position in Beziehung zu treten. Indem der Moderator den Positionen respektierend und wertschätzend begegnet, indem er versucht, das Verstehenswerte herauszuarbeiten und für alle sichtbar zu machen, verhilft er den Konfliktparteien zu gegenseitigem Respekt und Verständnis. Das kann natürlich nicht immer gelingen. Je tiefer ein Konflikt ist, umso länger braucht es, ihn zu lösen. In so einer Situation stößt die Ethische Fallbesprechung an ihre Grenzen: Es gibt Konflikteskalationen, die auf diesem Weg nicht bearbeitet werden können.

Fallbeispiel

In einer onkologischen Abteilung findet eine Ethische Fallbesprechung im Rahmen eines einführenden Trainings statt. Die Mitarbeitenden wurden bereits mit der Methode bekannt gemacht. Nun soll ein Fall besprochen werden, der aus der Praxis der Abteilung entstammt, aber zum jetzigen Zeitpunkt nicht aktuell ist. In der Abteilung gibt es nach allgemeiner Einschätzung eine gute Kommunikation. Es gibt regelmäßige interdisziplinäre Besprechungen, der Austausch über Patienten unter den Berufsgruppen ist eingeübt. Die Hierarchie ist eher flach, der Ton untereinander herzlich.

Es wird der Fall eines Patienten vorgestellt, dessen Prognose infaust ist, der aber noch eine leichte Chemotherapie erhält. Die Pflegenden stellen die Frage, ob diese Therapie zu rechtfertigen sei, da sie ihrer Meinung nach nichts nütze, sondern nur schade. Sie sehen sich in dem Konflikt, bei einer Therapie mitwirken zu müssen, die den Patienten eher kränker macht als gesünder. Einige werfen dem zuständigen Oberarzt vor, dem Patienten keinen »reinen Wein« einzuschenken und ihm durch die Therapie unrealistische Hoffnungen zu machen. Ihrer Meinung nach müsse dem Patienten von ärztlicher Seite deutlich gemacht werden, wie es um ihn stehe. Der Oberarzt schildert dagegen, wie machtvoll der Patient an seiner Hoffnung festhalte. Er fragt sich, ob er das Recht habe, ihm diese Hoffnung zu zerstören. Das erscheine ihm brutal. Seiner Einschätzung nach ist der Schaden der Chemotherapie zu vernachlässigen, da sich Schaden und Nutzen die Waage halten.

Der Konflikt erweist sich in der Besprechung als außerordentlich hartnäckig. Die Positionen werden gut und differenziert dargestellt, trotzdem kommt es zu keiner Annäherung. Das emotionale Engagement ist auf beiden Seiten hoch. Eine gemeinsame Beurteilung der Situation kann nicht erreicht werden.

Obwohl der ethische Konflikt gut beschreibbar ist und die Positionen differenziert dargestellt wurden,

5.7 · Aus dem »Werkzeugkasten« der Supervision: Was hilft der Ethischen Fallbesprechung?

55   **5**

kann er in der Fallbesprechung nicht gelöst werden. Auf beiden Seiten bleibt das Gefühl, nicht verstanden zu werden. Was hat das zu bedeuten?

Der besprochene Fall ist exemplarisch. Er steht für viele Behandlungen, bei denen sich dieses Konfliktmuster abspielt. Auf der Seite der Pflegenden steht das Erleben der Patienten unter der Therapie im Vordergrund. Über lange Zeiten müssen sie Therapien verabreichen, die in ihrem Erleben faktisch Lebensqualität verringern, wobei die zu erwartende Lebensperspektive gering ist. Die kurze verbleibende Lebenszeit, die sowieso schon geprägt von schwerer Krankheit ist, wird also durch die Therapie noch zusätzlich belastet.

Die Begegnung der behandelnden Ärzte mit dem Patienten ist durch eine andere Dynamik geprägt: Die Hoffnung, die Krankheit doch noch besiegen zu können, wird machtvoll und mit viel Druck an den Arzt herangetragen. Für den behandelnden Arzt ist sehr unmittelbar erlebbar, wie verzweifelt die betroffenen Menschen an ihrer Hoffnung festhalten und sich gegenüber ihrem Schicksal nicht geschlagen geben wollen (Frewer et al. 2010).

Die beiden Erlebenszugänge sind weder richtig noch falsch, es sind einfach zwei Aspekte, die im Kontext der unterschiedlichen Rollen hervortreten. Die Handlungskonsequenzen, die aus diesen Erlebenszugängen erfolgen, sind konträr: Behandeln bzw. nicht behandeln. In diesem Zusammenhang scheint kein Kompromiss möglich. Die Tiefe des Konflikts und die Grundsätzlichkeit der Fragestellung, die sich im Alltag der Abteilung regelmäßig wiederholt, weisen deutlich über den Kontext der Ethischen Fallbesprechung hinaus, sie hilft hier nicht mehr weiter.

In einer solchen Situation sind andere Bearbeitungsweisen wichtig. Friedrich Glasl (2005), Experte für Konfliktmanagement, weist darauf hin, dass im Prozess einer Konflikteskalation sich die Positionen immer weiter voneinander zu entfernen scheinen und den Beteiligten immer unvereinbarer vorkommen. Was von den Beteiligten als Werte-Konflikt erlebt werde, sei aber wesentlich den psychischen Mechanismen der Konflikteskalation geschuldet. Als hilfreich schlägt er vor, die Parteien berichten zu lassen, was ihrer Meinung nach die Position der anderen Partei sei. Dabei werde das, was die Beteiligten glauben, was die anderen denken, vom Gegenüber meist als maßlose Übertreibung erlebt. Das gegenseitige Erzählen des eigenen »Films« von der Situation kann schon zur Deeskalation beitragen, da es hilft, die durch die Brille des eigenen Erlebens geprägte Bewertung der Situation durch andere Wahrnehmungen zu ergänzen.

Eine solche korrigierte Sichtweise der anderen Position kann auch Ergebnis einer Ethischen Fallbesprechung sein: »Wir haben festgestellt, dass Dr. N. gar nicht so denkt, wie wir dachten«, resümiert ein Team. Der ethische Konflikt löste sich dadurch in Luft auf. Für die oben beschriebene Abteilung ging die Klärung nicht so schnell. Die Beteiligten entschieden sich dafür, das Problem zunächst in anderen Kontexten zu bearbeiten. Eine Annäherung der beiden Wahrnehmungen benötigte allerdings dennoch mehrere Monate.

Friedrich Glasl (2005) macht darauf aufmerksam, dass mit einem bestimmten Grad der Konflikteskalation, er nennt das die »dämonisierte Zone« eines Konfliktes, eine Stufe erreicht ist, in der eine starke Personalisierung des Konfliktes geschieht und der ethische Konflikt dadurch verschärft wird. Hier sind Interventionen aus dem Bereich der Mediation oder Supervision erforderlich und demnach ein entsprechender Rahmen.

5.7.5 Distanz zum Feld – Nähe zum Feld

Alle Konzepte der Fallberatung scheinen davon auszugehen, dass die Leitung der Fallberatung durch jemanden erfolgen sollte, der nicht in der betreffenden Abteilung arbeitet. In den Trainings erleben es Moderatoren immer wieder als besonders schwierig, wenn sie einen Fall moderieren sollen, für den sie fachlich eine hohe Kompetenz mitbringen. Zu viel Insiderwissen über die Abteilung oder gar den Fall macht es schwer, die Moderatorenrolle klar zu gestalten. Andererseits braucht der Moderator eine gewisse Vorstellung von klinischen Zusammenhängen, um die ethische Dimension einer Situation erfassen zu können.

5.8 Verschiedene Wege – ein Ziel: Die Perspektive der Organisationsethik

Auch wenn Supervision und Ethische Fallbesprechung zwei sehr verschiedene Beratungssettings mit unterschiedlicher Zielsetzung sind, so ist es durchaus plausibel, dass es thematische Überschneidungen gibt. Situationen, die ethische Fragen aufwerfen, sind naturgemäß eben auch solche, die Belastungen und Konflikte erzeugen. Die Frage, was wo bearbeitet werden soll, ist demnach sinnvoll und richtig gestellt. Die Irritation ist nachvollziehbar, denn die verschiedenen Ebenen sind eng miteinander verquickt.

Um die verschiedenen Aspekte ethischer Reflexion nachhaltig für die Institution nutzbar zu machen, bedarf es einer Perspektive, die die Entwicklung der gesamten Organisation hin zu ethisch motivierten Zielen in den Blick nimmt und bewacht. Dieser übergeordnete Zusammenhang wurde von Krobath und Heller (2010) als Organisationsethik definiert: »Wir verstehen OrganisationsEthik als Reflexionskontext zur Gestaltung und Veränderung von Organisationen.« Organisationsethik biete »einen Rahmen, um die Qualität von Entscheidungen und Versorgungskontexten zu verbessern« und sei damit »eine Form der Organisationsentwicklung bzw. der Intervention in Organisationen« (Dinges et al. 2005, S. 32).

Dazu gehören, so Krobath und Heller (2010), wesentlich das »Organisieren von Reflexionsformen für die Bearbeitung moralischer Fragen und ethischer Entscheidungsprozesse« (ebd., S. 13). Ethik dürfe nicht länger als Individualethik verstanden werden, die sich an »personal zuschreibbarer Verantwortung« orientiert. Ethik wird als organisationales Thema verstanden und brauche daher »strukturelle Verankerung, ausdifferenzierte und sichtbare Organisationsformen, Zuständigkeiten und Rollen« (ebd., S. 15–20).

Unter dieser Voraussetzung kann jede Form von Ethikberatung, aber auch Supervision, als Element organisationsethischer Prozesse verstanden werden (Dinges et al. 2005, S. 33–39): »Wir bezeichnen jeden Kontext, in dem es gelingt, die Fragen zu thematisieren und kommunikativ zu bearbeiten, als Ethikberatung – auf unterschiedlichen Ebenen und mit unterschiedlichen Zielsetzungen.« (Dinges et al. 2005, S. 34f).

Supervision kann über den konkreten Kontext hinaus nur dann Wirkung zeigen, wenn Auftrag und Prozessauswertung in der Organisation sinnvoll verankert sind. Dafür zu sorgen, ist Aufgabe des professionellen Supervisors. Strukturen für Veränderungsprozesse zu schaffen, ist Aufgabe von Organisationsentwicklung. Supervision kann in einen Organisationsentwicklungsprozess eingebettet sein, so wie Ethische Fallbesprechung ein Element eines organisationsethischen Prozesses sein sollte. Supervision könnte allerdings auch bewusst als Element von »OrganisationsEthik« wirken, wenn sie als »ethisches Arrangement« im Sinne Heintels ernst genommen wird.

Für Supervision und Ethische Fallbesprechungen gilt gleichermaßen, dass sie »die Einstiegstüren für eine ethische Entscheidungskultur in einer Einrichtung bzw. einer Organisation« sein können (Dinges et al. 2005, S. 35). Allerdings sollte nicht übersehen werden, dass dies nicht automatisch der Fall ist. Ethische Fallberatung kann ebenso wie Supervision für die Organisation folgenlos bleiben, oder aber am Widerstand, der in der Organisation entsteht, scheitern.

Ich will im Weiteren darauf eingehen, welche Abwehrreaktionen Organisationen zeigen können, um ethische Reflexion zu verhindern, und dann ausführen, welche Bedingungen notwendig sind, damit beide Settings organisationsethisch wirksam werden können.

5.9 Der Widerstand der Organisation gegen die Ethik

Häufig wird berichtet, dass trotz engagierter Arbeit des Ethikkomitees die Inanspruchnahme Ethischer Fallbesprechungen eher spärlich ist. Wie ist der scheinbar geringe Bedarf zu erklären, wo doch bei näherem Hinsehen schnell eine Fülle ethischer Problematiken sichtbar wird? Selbst gründliche Implementierung hilft da nicht immer weiter: »Eigentlich müssten wir jeden Tag so eine Fallbesprechung haben«, resümiert der Arzt einer neurologischen Abteilung am Ende einer Einführungsveranstaltung zur Ethischen Fallbesprechung. Es wurde aber in der darauffolgenden Zeit nur sehr selten eine Fallbesprechung einberufen, ebenso wie in der gesamten Klinik, wenngleich abteilungsbezogene Unterschiede festzustellen waren. Es scheint also sehr viel größeren Widerstand gegen ethische Klärung zu geben, als zunächst zu vermuten war, und dieser Widerstand ist nicht immer gleich als solcher erkennbar.

Auf welche Weise zeigt sich dieser Widerstand? Ich will exemplarisch einige **Phänomene** beschreiben (vgl. Dinges 2010; Heinemann 2010):

- **Offener Widerstand**

Gewichtige Autoritäten in der Institution treten bisweilen in offenen Widerstand und erklären das alles für Unfug. Der patriarchale Chefarzt, der diesen Typ am häufigsten repräsentiert, argumentiert häufig gar nicht erst, sondern wertet das Konzept apodiktisch ab. Da eine derartige Reaktion gewöhnlich in einem Zusammenhang vorkommt, in dem es keine Kommunikation auf Augenhöhe gibt, wird so eine Aussage kaum auf Widerspruch stoßen. Anerkannte Kollegen der gleichen Hierarchieebene könnten hier »Überzeugungsarbeit« leisten.

- **Scheinbare Zustimmung**

Fallbeispiel

In einem Krankenhaus gab es eine lange Vorbereitungsphase zur Implementierung Ethischer Fallbesprechung auf der Intensivstation unter der Leitung externer Berater. Es wurden Moderatoren festgelegt, die bei Bedarf angefordert werden können. Die Einführungsveranstaltungen waren gut besucht, die beteiligten Chefärzte stimmten dem Konzept zu. Der Fallbesprechungsbogen wurde intensiv diskutiert und überarbeitet. Allerdings wurden danach nie Fallbesprechungen angefordert. Ein Chefarzt vertrat außerhalb des Prozesses gegenüber seinen Mitarbeitern offensiv die Meinung, die Ethik müsse in den Händen der Ärzte bleiben, es gehe nicht an, dass Fachfremde solche Besprechungen leiten.

Dinges nennt diesen Widerstandstyp die »listigen Alten«. Das Bemühen um klare Absprachen und Verfahren lassen sie oft ins Leere laufen.

- **Angst vor Demokratisierung der ärztlichen Kompetenz**

Ärzte äußern häufig die Sorge, es werde von ihnen erwartet, sich mit ihrer Entscheidung einem Gruppenkonsens zu unterwerfen. Der Hinweis auf die empfehlende Bedeutung des abschließenden Votums der Ethischen Fallbesprechung kann nicht oft genug wiederholt werden, um diese Sorge zu zerstreuen. Ärztliche Verantwortung kann nicht demokratisiert werden, wenn Entscheidungsverantwortung personalisiert ist. Manche vertreten auch die Auffassung, nur von Ärzten könne die Komplexität von Behandlungsentscheidungen wirklich ermessen werden. Andererseits gibt es oft Ernüchterung, wenn gerade durch das Verfahren der Ethischen Fallbesprechung das Ausmaß der ärztlichen Entscheidungskompetenz genau definiert wird. Von ärztlicher Seite zu verantworten ist die Indikationsstellung. Behandlungsempfehlungen gehen aber oft weit darüber hinaus und beziehen Bewertungen mit ein, deren Grundlage nicht im ärztlichen Fachwissen liegt, sondern in der Einschätzung der Sinnhaftigkeit einer Maßnahme für den betroffenen Patienten. Diese Bewertung steht allerdings alleine dem Patienten selbst zu, er trifft sie auf der Grundlage seiner persönlichen Werte. Kann er seinen Willen nicht äußern, kann eine vorliegende Patientenverfügung helfen. Liegt keine vor, ist der Bevollmächtigte oder Betreuer für die Ermittlung des mutmaßlichen Patientenwillens zuständig.

- **Modellgläubigkeit – Verfahrensgläubigkeit**

Bisweilen arbeiten Ethikkomitees besonders gewissenhaft an der Ausgestaltung der Verfahren, die auch ins Qualitätsmanagement integriert werden. Alle Zuständigkeiten sind genau geklärt, jede Eventualität ist bedacht. Eine zu starke Formalisierung erhöht allerdings die Hemmschwelle und kann Mitarbeiter erst recht davon abhalten, eine Ethische Fallbesprechung einzuberufen. Wichtig ist vor allem, dass die notwendigen Schritte plausibel und leicht umzusetzen sind und im Ernstfall nicht erst nachgelesen werden müssen. Wird z. B. eine Fallbesprechung einberufen, die eigentlich gar nicht ins vorgesehene System passt, ist das ein positives Signal, denn hier wurde die grundsätzliche Einladung zur ethischen Reflexion gehört, und nicht strikt nach Verfahren gehandelt.

- **Ersetzbarkeit durch gute Kommunikation**

»Wir brauchen eigentlich keine Ethische Fallbesprechung, wir reden sowieso über alles!«, ist ein oft verwendetes Argument, das die fehlende Inanspruchnahme erklärt. Ist also die Kommunikation im Team besonders gut, wenn keine Fallbesprechungen angefordert werden, oder heißt das im Umkehrschluss gar, dass häufige Fallbesprechungen auf Kommunikationsdefizite hinweisen? Zum einen lohnt sich die Nachfrage, wer denn tatsächlich miteinander redet, denn oft genug sind Pflegende an diesem Austausch nicht beteiligt. Zum anderen lässt sich im Gegenteil eher beobachten, dass Teams, die häufig die Fallbesprechung nutzen, gerade solche mit gut funktionierender Kommunikation sind.

5.10   Institutionelle Abwehrprozesse

Bis Ethische Fallbesprechung zur guten Gewohnheit wird, vergeht auch im besten Fall viel Zeit. Organisationen sind beharrlich, sind renitent, wie Heribert Gärtner es nennt, der beschreibt, wie sich sein ursprünglicher Optimismus bezüglich der Veränderbarkeit von Institutionen über die Jahre zu dieser nüchternen Erkenntnis gewandelt hat. Er verweist auf den Systemtheoretiker Niklas Luhmann, der Organisationen nicht nur als offen, sondern auch als geschlossen beschreibt. Für ihr Funktionieren ist diese Geschlossenheit notwendig, nur so können sie ein »stabiles Innenleben« entwickeln und interne Strukturen ausbilden. Sie sind dadurch aber auch in einem hohen Maße veränderungsresistent und haben die Neigung, »vorhandene Strukturen aufrechtzuerhalten, auch wenn sie anderes von sich behaupten«. Die gewohnte Struktur wirke »oftmals wie ein Gummi, das in seinen Ursprungszustand zurückfällt, wenn man es loslässt« (Gärtner 2010, S. 46–54, u. 2007).

Das Verhindern, Verschleppen, Herabsetzen von Mitarbeitern, die eine Ethische Fallbesprechung vorschlagen, die Androhung dienstrechtlicher Konsequenzen, all das kann Ausdruck eines Widerstands bei gleichzeitiger vordergründiger Zustimmung zum Konzept sein. Der Widerstand scheint oft tief zu sitzen und wird möglicherweise auch von den Akteuren selbst nicht wahrgenommen und verstanden (vgl. Dinges 2010, S. 156f). Um diesen Widerstand genauer zu verstehen, soll das Konzept der institutionellen Abwehr von Stavros Mentzos herangezogen werden, das ausdrücklich von Annemarie Bauer und Katharina Gröning (1995, S. 49) zum Verständnis von Institutionen rezipiert wird.

Die psychoanalytische Theorie geht davon aus, dass für das Individuum frühere Konflikte, die nicht gelöst werden konnten, als unlösbarer Konflikt bestehen bleibt. Der Konflikt wird verinnerlicht und wiederholt sich in seiner Grundstruktur in Situationen, die eine Ähnlichkeit zum Grundkonflikt aufweisen (Übertragung). In der Verarbeitung dieser inneren Konflikte erwachsen Abwehr und Widerstand gegen die schmerzhaften Erfahrungen. Die Wünsche des Subjekts stoßen auf Erfahrungen, die der Verwirklichung der Wünsche entgegenstehen, ganz gleich, ob es um reale oder phantasierte Erfahrungen geht. Der Schmerz, der so entsteht, wird abgewehrt, indem das Individuum die wunschabwehrende Realität verinnerlicht, also in ihre Deutung der Wirklichkeit integriert:

> Indem der Mensch die Einschränkung, die Modifikation, das Verbot gegen bestimmte Wünsche übernimmt, verinnerlicht, schützt er sich vor realer Enttäuschung und der Widerkehr der traumatischen Situation. Aus dem äußeren wird ein innerer Konflikt. (Müller-Pozzi 1991, S. 23) «

Bauer und Gröning (1995) fassen die Theorie der Abwehrmechanismen, deren Bekanntheit sie beim Leser voraussetzen, wie folgt zusammen:

> Ein innerpsychischer Konflikt, der nicht produktiv gelöst werden kann, wird mit Hilfe von Abwehrmechanismen grundsätzlich vielfältiger Art, scheinbar aber ‚ausgewählt‘ von der Person, auf neurotische Art bearbeitet. Der Begriff des Abwehrmechanismus betont das Automatische, das Stereotype solcher Reaktionsmuster, die das Ich vor unangenehmen Gefühlen schützen, zu dem Preis einer Pseudolösung. (Bauer u. Gröning 1995, S. 49) «

Mentzos überträgt das psychoanalytische Konzept der Abwehr zunächst auf Dyaden und auf Gruppen, aber auch auf Institutionen. Er stützt sich auf Gehlen, der die Entlastung des Menschen von Entscheidungen durch die Regelwerke von Institutionen in den Vordergrund stellt. In Institutionen suche der Mensch »auch eine Hilfe, regressive Triebbedürfnisse zu befriedigen und Abwehrverhalten gegen irreale, phantasierte und nicht real begründete Gefühle wie Ängste, Depressionen, Scham und Schuldgefühle zu sichern« (ebd., S. 53).

In der kritischen Auseinandersetzung mit Mentzos übernehmen Bauer und Gröning zwei Thesen:

>> 1. Institutionen bieten Menschen Möglichkeiten, Ängste abzuwehren.
2. Institutionen sind selbst Orte der Abwehr, z. B. durch ihre Mythen, ihre Rituale, ihre Interaktionen und ihre Aufträge. (Ebd. 1995, S. 55f)[4] **«**

Wie auch immer das Verständnis institutioneller Abwehrprozesse genau zu fassen ist, zusammenfassend stellen Bauer und Gröning jedenfalls fest:

>> Wenn wir von Abwehrmechanismen oder gar Abwehrfunktionen von Institutionen sprechen, setzen wir implizit voraus, dass es etwas Abzuwehrendes gibt, d. h. Konflikte und Gefühle, die als so heftig erlebt werden, dass sie entweder einer neurotischen Konfliktlösung zugeschoben werden oder gar ganz im Unbewussten bleiben oder dorthin verdrängt werden, wodurch sich das Unbewusste vergrößert. (Ebd. S. 56) **«**

Mentzos benennt als ein Beispiel die klare Rollenverteilung in einer patriarchalisch geprägten Institution, wie sie bei Krankenhäusern alten Typs vorzufinden seien. Der Chef kann einerseits patriarchal-fürsorglich sein und väterlich wahrgenommen werden, vor Gefahren beschützend und eine sichere Zukunft garantierend. Dies kann für noch wenig erfahrene ärztliche Mitarbeiter, die durch den Druck der Verantwortung geängstigt sind, ebenso gelten, wie für Patienten, die durch ihre Krankheit

einer unsicheren Zukunft und tiefgreifenden Ängsten ausgesetzt sind. Die autoritäre Seite hilft ihm, die eigenen Versagensängste und die Angst vor der Verantwortung abzuwehren (ebd. S. 54).

Grundlegende Ängste, die in der Institution Krankenhaus abgewehrt werden müssen, liegen auf der Hand: Die Angst vor Krankheit, dem damit verbundenen Leiden und dem Identitätsverlust, der eine eingreifende Krankheit häufig hat. Die Angst vor dem Sterben und dem Tod, die Angst vor allen Verlusten, die mit dem Prozess des Alt- und Hinfälligwerdens einhergehen. Allen Bemühungen der Hospizbewegung und dem großen Zuwachs palliativmedizinischen Wissens zum Trotz werden in Supervisionen und Ethikseminaren Jahr für Jahr beinahe dieselben Geschichten erzählt; wie versucht wird, die Begegnung mit dem Sterben zu vermeiden. Unter wirtschaftlichem Erfolgsdruck und in Konkurrenz zu anderen Krankenhäusern wird ein Bild nach außen vermittelt, das der Realität im Inneren immer weniger stand hält. »Wir sorgen für Sie!« verspricht ein Träger in Bezug auf seine Krankenhäuser.[5]

Die dazu gezeigten Bilder zeigen Szenen von Fürsorge, Geborgenheit, menschlicher Nähe in schwierigen Situationen. Die Außendarstellung verspricht Vitalität, Heilung: »Es wird wieder gut!« Die neben den meisten Krankenhäusern entstehenden Ärztehäuser heißen Gesundheitszentren und zeigen sich in moderner Architektur zukunftsorientiert. Neu gestaltete Eingangsbereiche von Krankenhäusern erinnern nicht selten an Flughäfen, offene Cafeterien schaffen Lounge-Atmosphäre. Wird hier ein Krankenbett vorbeigeschoben, wirkt das oft befremdlich, als ob so etwas nicht hier hingehöre. Die Wirkung, die Architektur auf die Menschen hat, verrät oft mehr über das eigentliche Selbstverständnis einer Institution, als die Selbstdarstellung auf der Homepage, in Hochglanzbroschüren und in Werbekampagnen. Schon beim Betreten des Gebäudes oder in der Warteschleife des Telefons spüren Patienten und Angehörige, ob sie mit der Brüchigkeit ihrer Existenz hier gesehen

---

4   Die Diskussion, ob soziale Systeme in erster Linie Abwehrfunktion haben, oder ob diese zum eigentlichen Auftrag der Institution hinzukommt, soll hier unberücksichtigt bleiben.

5   Ein Trägerverband wirbt mit einer großangelegten Werbekampagne genau für dieses Selbstverständnis auf großen Plakatwänden und mit ganzseitigen Anzeigen in der Presse. Menschliche Zuwendung wird als besonderes Qualitätsmerkmal herausgestellt.

und willkommen geheißen werden. Die Gefühle von Verlorenheit und Deplatziertheit, die sich aber stattdessen einstellen, dürfen meines Erachtens mit Fug und Recht als Gegenübertragungsgefühle interpretiert werden, die Auskunft über die Kultur einer Institution geben.[6]

5.11 Bedingungen für Gelingen oder Scheitern Ethischer Fallbesprechung

Es muss in der Organisation eine Kultur geben, die den eigentlichen Auftrag möglichst ernst nimmt und sich dagegen stemmt, die Abwehrmechanismen gegen unerwünschte Gefühle überhandnehmen zu lassen.

5.11.1 Implementierung

Von vielen Autoren wird darauf hingewiesen, dass eine sorgfältige Verankerung ethischer Beratung in der Institution notwendig ist, damit sie zu einem nachhaltig wirksamen Element ethischer Reflexion werden kann. Dies gilt grundsätzlich für alle Formen ethischer Beratung und natürlich auch im Besonderen für die Ethische Fallbesprechung. Der Implementierungsprozess darf nicht nur die Planung von Abläufen und Zuständigkeiten regeln, sondern muss einen Kommunikationsprozess in Gang setzen, in dessen Verlauf Überzeugungsarbeit auf allen Hierarchieebenen geleistet wird. Schulung der Mitarbeiter und insbesondere der Moderatoren ist eine wichtige Voraussetzung, um die Ethische Fallbesprechung gut nutzen zu können (vgl. Steinkamp u. Gordijn 2005; Dörries et al. 2010, S. 113–141; Gärtner 2010; Heinemann 2010).

Das Team der Diözesanbeauftragten für Ethik im Gesundheitswesen im Erzbistum Köln, dem ich angehöre, hat ein acht Kurstage umfassendes Qualifizierungsprogramm entwickelt, das in ein- bis zweitägigen Modulen angeboten wird. Verschiedene Trägerverbände bieten ähnliche Fortbildungsprogramme an.

Für die Schulung der Mitarbeiter hat unser Team mit mehreren Trägern der Altenhilfe in jedem Haus zunächst halbtägige Einführungsveranstaltungen durchgeführt, an denen jeder Mitarbeiter teilnimmt. Anschließend werden in jedem Wohnbereich drei 90-minütige Trainings durchgeführt, in denen die Methode eingeübt wird, zunächst mit einem verschriftlichten Fall, dann anhand eines abgeschlossenen Falls und zum Schluss mit einem aktuellen Fall. Diese durchaus aufwändige Vorgehensweise sichert ein hohes Vertrautsein mit der Methode und erhöht die Chance der Nutzung erheblich. In mehreren so geschulten Heimen konnte eine rege Nutzung der Fallbesprechung erreicht werden.

5.11.2 Nachhaltigkeit schaffen – Gewohnheiten bilden

Das »Einspuren« von Gewohnheiten erfordert mindestens genauso viel Energie wie die Implementierung. Um in einem System Einstellungen und Umgangsweisen nachhaltig zu verändern, bedarf es der Entwicklung einer kontinuierlichen Reflexionskultur. Ethische Fallbesprechungen können dies nur dann erreichen, wenn sie regelmäßig einberufen werden. Die Erfahrung zeigt aber, dass sie in der Regel nicht so häufig stattfinden, um diesen Effekt erzielen zu können.

Die Projektgruppe Ethik einer psychiatrischen Klinik hat eine gewisse Zeit nach der Einführung der Ethischen Fallbesprechung alle Stationen besucht, um noch einmal das Konzept zu vermitteln und für die Nutzung zu werben. Eine gute Nutzung der Fallbesprechung war die Folge.

Rückblickende Fallbesprechungen in einem regelmäßigen Turnus können den Prozess ebenfalls unterstützen. Das Team einer neonatologischen Abteilung berichtete, durch diese Praxis habe sich einerseits die Hemmschwelle zur Anforderung akuter Fallbesprechung gesenkt, andererseits würden sehr viel früher ethische Probleme erkannt, als dies am Anfang der Fall gewesen sei.

> Die Mitglieder eines Ethikkomitees können, wenn sie selbst aktiv Fallbesprechungen anregen, als Modell wirken und so den Weg zur guten Gewohnheit fördern.

---

6   Vgl. hierzu die Darstellung des ethnopsychoanalytischen Prozesses durch Nadig (1992).

Damit Fallbesprechungen gut genutzt werden können und um Veränderungen der ethischen Grundausrichtung in der Institution zu erreichen, bedarf es aber noch anderer Wege der ethischen Reflexion. Es muss vor allem auch Möglichkeiten geben, die emotionalen und intuitiven Aspekte von Einstellungen und Haltungen aufzuarbeiten. Anders als die Entscheidungsfindung in Konfliktsituationen kann die Gestaltung von Alltagshandeln nicht ständig kognitiv reflektiert werden. Haltungen müssen auf einer tieferen Ebene reflektiert und verändert werden, denn sie prägen in beinahe automatisierter Weise den Umgang mit unzähligen wenig spektakulären Einzelsituationen.

5.11.3 Ökonomische Rahmenbedingungen

Wirtschaftlicher Effizienzdruck ist in Einrichtungen des Gesundheitswesens allgegenwärtig. Für das Gelingen Ethischer Fallbesprechung und jeglicher Ethikberatung ist es allerdings von erheblicher Bedeutung, ob eine »von Stress und ökonomischem Druck geprägte« Kommunikationskultur vorherrscht, »in der Rückfragen, seien sie fachlicher oder gar ethischer Natur, vorwiegend als Angriff empfunden werden – oder ob die Kommunikation teamorientiert und kollegial verläuft« (Dinges 2010, S. 145). Hoher Stress führt leicht zu dysfunktionaler Kommunikation, sogar dann, wenn die kommunikativen Kompetenzen der Beteiligten gut sind.

In den Alltagsabläufen sorgen knappe Personaldecken bei steigenden Fallzahlen dafür, dass individuelle Betreuung sowohl in der Pflege als auch auf ärztlicher Seite allzu häufig ein Wunschbild bleibt. Besonders krisenhaft wird das von Mitarbeitern beim Umgang mit Sterbenden erlebt. Sterbende nicht allein zu lassen, Schwerkranke einfühlsam aufzuklären und sie bei therapeutischen Entscheidungen gut zu begleiten, das sind Ansprüche, die durch ihre Unerreichbarkeit heftige Aggressionen auslösen können.

Wird in einer Situation, in der Mitarbeiter keine Ressourcen mehr sehen, ihr eigentliches Verständnis von Pflege und ärztlicher Begleitung zu realisieren, auch noch der Anspruch erhoben, ethische Ansprüche umzusetzen, ist es nachvollziehbar, wenn das in der Mitarbeiterschaft auf wenig Begeisterung stößt.

> Ich vertrete die These, dass unter dem Druck wirtschaftlichen Überleben Müssens alle Gefühle und Bedürfnisse, die im Zusammenhang mit Krankheit, Hinfälligkeit und Sterben entstehen, in der Institution Krankenhaus stärker abgewehrt werden müssen als je zuvor.

Der Widerstand gegen ethische Fallbesprechung ist auf diesem Hintergrund nur allzu verständlich, denn die Fragen, die hier thematisiert werden, richten sich gegen die Abwehrfunktionen der Institution und machen die verdrängten Impulse zum Thema.

Eine nicht zu unterschätzende Nagelprobe ist die Frage, ob die Geschäftsführung einer Einrichtung bereit ist, für die Realisierung ethischer Reflexion Geld auszugeben. Das beginnt schon bei der Frage, ob Fallbesprechungen und Sitzungen des Ethikkomitees zur bezahlten Arbeitszeit gehören. Stehen personelle Ressourcen zur Verfügung? Sind die Moderatoren gut ausgebildet? Sind die Mitarbeiter geschult? An diesen harten Fakten hängt das Gelingen in erheblichem Maße.

5.11.4 Diskursiver Charakter – Hierarchie

Ein wesentlicher Faktor, der dem Gelingen ethischer Fallbesprechungen entgegensteht, sind stark ausgeprägte Hierarchien. Der diskursive Charakter der Ethischen Fallbesprechung erfordert eine Kultur des gegenseitigen Respekts und der Anerkennung der verschiedenen Kompetenzen, eine Kultur der herrschaftsfreien Kommunikation, wenigstens als Utopie.

> Der interdisziplinäre Austausch über Meinungen und Haltungen in einem System, in dem Konkurrenzen und Abhängigkeiten eine große Rolle spielen, ist nicht risikofrei für die Beteiligten und kann unangenehme Folgen haben.

In einer Fallbesprechung zeigt sich schnell, ob zwischen Pflegenden und Ärzten ein wertschätzender Umgang herrscht oder gegenseitige Zuschreibungen die Atmosphäre prägen, und ob der junge Assistenzarzt sich mit einer konträren Meinung zu Wort meldet und gehört wird oder vom Chefarzt sogleich verbal »abgewatscht« wird. Nicht selten ist zu beobachten, dass Pflegende freier reden als Assistenzärzte. Oft gibt es längere gemeinsame Berufszeiten der Pflegenden mit Chef- und Oberärzten, wodurch die Folgen offener Kontroversen besser einzuschätzen sind. Berufs- und lebenserfahrene Pflegende können aufgrund ihrer Persönlichkeit zu wichtigen Autoritäten werden. Die Person des Chefarztes prägt allerdings durch seinen Kommunikationsstil entscheidend den Kommunikationsstil einer Abteilung. Je starrer die Hierarchien, umso schlechter stehen die Chancen für das Gelingen eines interprofessionellen und interdisziplinären Diskurses.

5.11.5 Offenheit im Prozess – Sicherheit durch Struktur

Im Leben der Organisation Klinik werden Gefühle, ethisches Unbehagen und Empathie in hohem Maße abgespalten. Werden Räume zur Besprechung geöffnet, neigen die Gefühle, Intuitionen, das Unbehagen, aber auch Empathie dazu, sich machtvoll Bahn zu brechen. Wird der Raum zu einer ganzheitlichen Wahrnehmung eines Patienten eröffnet, können meist in kurzer Zeit viele wichtige Aspekte zusammengetragen werden. Die Rationalisierung des Arbeitsalltags führt meist dazu, dass die Mitarbeitenden auf ihrer Einfühlung »sitzen bleiben«, Orte des Austauschs fehlen. In einer Fallbesprechung steht das Anliegen, eine konkrete ethische Frage zu klären, im Konflikt mit der Sehnsucht, eine möglichst umfassende Sicht auf den betroffenen Menschen zu finden und dem Druck, der durch den eigenen Gefühlsstau entsteht. Der Fallbesprechungsbogen mindert Angst durch Berechenbarkeit des Gesprächsverlaufs. Er erlaubt, am gewohnten rational geprägten Umgangsstil anzuknüpfen, und fordert dennoch, sich mit den eigenen Haltungen und Einstellungen zu zeigen.

> ❯ Auch in einer sehr strukturierten Fallbesprechung bahnen sich die Emotionen ihren Weg. Die Arbeit mit einer vorgegebenen Struktur sollte dafür Raum lassen. Ein allzu striktes Einhalten der Struktur setzt die gewohnte Abspaltung fort.

5.12 Bedingungen für die organisationsethische Wirksamkeit von Supervision

Supervisionsprozesse können gerade durch Langfristigkeit und Regelmäßigkeit einen wichtigen Beitrag dazu leisten, die Kultur in einer Abteilung tiefgehend zu reflektieren und auf diese Weise auch ethisch relevant zu sein.

Peter Heintel hat mit seinen grundlegenden Darlegungen zur Prozessethik aufgezeigt, dass ethische Reflexion nicht eigens in Supervisionsprozesse integriert werden muss, sondern dass Supervision von vornherein als »ethisches Arrangement« verstanden werden kann. Als Beratungsform, die Praxis kritisch reflektiert, stellt sie eine Differenz zu dieser Praxis her. Im kritischen Überprüfen und Beurteilen zeigen sich normative Werturteile, die das Handeln der Beteiligten prägen, ohne offen besprochen zu sein:

> ❯❯ Im selbstreflexiven Akt der Praxisdistanzierung ist immer die Frage nach dem Guten versteckt; ohne dass wir sie unbedingt und von vornherein im Auge haben, macht sie sich bemerkbar. Supervision […] stellt – wenigstens indirekt – immer auch die Frage: ‚Wollen wir es (die Praxis) so, wie es ist; ist es gut für uns?' (Heintel 2003) ❮❮

Indem Supervisoren helfen, die Komplexität der eingebrachten Situationen wahrzunehmen und die Perspektiven der verschiedenen Akteure auf unterschiedlichen Handlungsebenen einzubeziehen, fördern sie das Erleben der impliziten Wertekonflikte. Die Individuen können ihr Handlungspotenzial besser erfassen, ihre Einstellungen klarer verstehen und Handlungsziele deutlicher für sich bestimmen. Sie können sich stärker als Handlungssubjekte erleben und im guten kantischen Sinn ihre Autonomie zur Geltung bringen. Das gilt natürlich nicht nur für die Individuen, sondern auch für das Handeln im Team und die Gestaltung der gesamten Organisation. Wird von denen, die als Team in gemeinsamer Verantwortung stehen, der beste Weg kritisch diskutiert, findet zwangsläufig ein Abwägen verschiedener Werte statt. Ethisch sensible Supervisoren werden apodiktische Wertsetzungen, die oft indirekt zum Ausdruck gebracht werden, kritisch hinterfragen und auch die in die organisatorischen Strukturen eingeflossenen Werte thematisieren. So kann ein Prozess des Nachdenkens über die Ziele der Organisation und über die richtige Ausrichtung angeregt werden, der natürlich in größeren Zusammenhängen fortgesetzt werden muss, um fruchtbar werden zu können.

Supervision ist in einem organisationsethischen Prozess ein wichtiges Beratungsinstrument, das vor allem dann hilfreich sein kann, wenn die oben beschriebenen Abwehrprozesse stark ausgeprägt sind. Angebote innerhalb der Berufsgruppe können ein sehr geeigneter geschützter Raum sein, um das Wissen um das eigene Handlungspotenzial zu stärken und die eigenen Haltungen zu formulieren. Gerade Pflegenden verschlägt es in einer interprofessionellen Situation häufig die Sprache.

5.13   Fazit

Für eine nachhaltige ethisch begründete wertbezogene Ausrichtung einer Institution ist mehr notwendig als Ethische Fallbesprechung oder Supervision. Die Erfordernisse organisationsethischer Prozesse werden in jüngster Zeit zunehmend diskutiert (vgl. Krobath u. Heller 2010; Heinemann u. Maio 2010).

Allerdings ist die Existenz und regelmäßige Nutzung von Settings, in denen konkrete Fragen, Probleme und Konflikte bearbeitet werden, die Nagelprobe für die tatsächliche Wirksamkeit einer Klinischen Ethik bzw. Organisationsethik.

Das Wissen um die Bedeutung ethischer Reflexion und das Wissen um die existentielle Verwurzelung von Wertbindungen bei den Beratern unterstützt den Prozess und bewahrt ihn vor Zufälligkeit.

Literatur

Bauer A, Gröning K (1995) Institutionsgeschichten, Institutionsanalysen. Sozialwissenschaftliche Einmischungen in Etagen und Schichten ihrer Regelwerke. Tübingen

Dinges S (2010) Organisationsethik – Ethikberatung in der Organisation Krankenhaus. In: Dörries et al. (2010), S. 142–162

Dinges S, Heimel K, Heller A (2005) OrganisationsEthik in unterschiedlichen Beratungssettings. In: Forum Supervision 26 (2005), S. 25–41

Dörries A, Neitzke G, Simon A, Vollmann J (Hrsg.) (2010) Klinische Ethikberatung. 2. Auflage. Stuttgart

Frewer A, Bruns F, Rascher W (Hrsg.) (2010) Hoffnung und Verantwortung. Herausforderungen für die Medizin. Jahrbuch Ethik in der Klinik (JEK) 3. Würzburg

Gärtner H (2007) Ethik und Organisation – eine spannende Partnerschaft. In: Gut denken, gut entscheiden, gut machen: Wie kommt Ethik in die Organisation – wie kommt Organisation in die Ethik? Tagungsband zur MTG-Fachtagung Ethik 16. und 17. November 2007. S. 19–27

Gärtner H (2010) Ethik und Organisation – Anmerkungen zu einem spannungsreichen Verhältnis. In: Heinemann, Maio (2010), S. 40–58

Glasl F (2005) Ethische Konflikte im Gesundheitswesen. In: Forum Supervision 26 (2005), S. 5–24

Heinemann W (2010) Ethische Fallbesprechung als eine interdisziplinäre Form klinischer Ethikberatung. In: Heinemann, Maio (2010), S. 103–128

Heinemann W, Maio G (Hrsg.) (2010) Ethik in Strukturen bringen. Denkanstöße zur Ethikberatung im Gesundheitswesen

Heintel P (2003) Supervision und ihr ethischer Auftrag. In: Supervision 1 (2003) S. 32–39

Heintel P (2007) Supervision und Prozessethik. In: Supervision 4 (2007) S. 35–47

Heintel P (2010) Prozessethik. Zur Organisation ethischer Entscheidungsprozesse. Wiesbaden

Heintel P (2010) Organisation der Ethik. In: Krobath, Heller (2010), S. 453–483

Krobath T, Heller A (Hrsg.) (2010) Ethik organisieren. Handbuch der Organisationsethik. Freiburg im Breisgau

Krobath T, Heller A (2010) Ethische Naivität durch Organisation der Ethik überwinden. In: Heinemann, Maio (2010), S. 12–39

Leuschner G (1993) Wechselseitige Abhängigkeit und Diskurs. Aspekte angewandter Gruppendynamik in der Supervisionsausbildung. In: Forum Supervision 1 (1993)

Müller-Pozzi H (1991) Psychoanalytisches Denken. Bern u. a.

Nadig M (1992) Die verborgene Kultur der Frau. Frankfurt/M.

Neitzke G (2010) Aufgaben und Modelle von Klinischer Ethikberatung. In: Dörries et al. (2010), S. 56–73

Rappe-Giesecke C (1994) Supervision. Ein Leitfaden für Trägervertreter, leitende Mitarbeiter und Mitarbeiter. 2. überarbeitete und erweiterte Auflage. Berlin

Steinkamp N, Gordijn B (2005) Ethik in Klinik und Pflegeeinrichtung. Ein Arbeitsbuch. 2. überarbeitete Auflage. Neuwied

Professionalisierung und Standardisierung der Ethikberatung

Organisationsformen – Prozesse – Modelle

Arnd T. May

Anfang der 1990er Jahre intensivierten sich Initiativen der Klinischen Ethikberatung an Krankenhäusern. So führte der damalige Klinikseelsorger Reploh »Consensusgespräche über die weitere Therapie« im St.-Josef-Hospital Bochum, Universitätsklinikum Bochum, auf der von Anästhesie und Chirurgie gemeinsam geführten Intensivstation ein (Zumtobel u. Finke 1994, S. 98). Diese disziplinübergreifenden Gespräche haben unter der Moderation des Klinikseelsorgers inter- und intraprofessionelle Konfliktsituationen bearbeitet – und waren damit eine sehr frühe Form Klinischer Ethikberatung, die sich seitdem sukzessive weiter entwickelt und immer stärker differenziert hat.

6.1   Einführung

Die gemeinsame Empfehlung des Deutschen Evangelischen Krankenhausverbands e.V. und des Katholischen Krankenhausverbands Deutschlands e.V. aus dem Jahr 1997 übte einen richtungsweisenden Impuls auf die Entwicklung der institutionalisierten Ethikberatung in Deutschland aus. Nach dieser Empfehlung ist das Ethikkomitee »in einem Krankenhaus angesiedelt, das ethische Konflikte kennt und bewusst angehen will« (DEKV/KKVD 1997, S. 16). Zu diesem Ziel sollen Einzelfälle besprochen und begutachtet werden, um »nach bestem Wissen und Gewissen im gemeinsamen Diskurs die relativ beste Lösung zu finden« (ebd., S. 13). Wenn sprachlich die Begutachtung als Begriff in die Richtung einer Bewertung gehen sollte, so wird dies in der Empfehlung als diskursives Verfahren unter Beteiligung des Antragstellers bzw. Ratsuchenden konkretisiert. Die Voten des Ethikkomitees sollen »das Urteil der Entscheidungsträger wohl erhellen, aber nicht ersetzen« (ebd., S. 20).

Die konfessionelle Empfehlung enthält weiterhin Vorschläge zu Arbeitsweise und Besetzung eines Ethikkomitees. Dieses soll interdisziplinär und ausgewogen mit Vertretern des ärztlichen, pflegerischen Bereiches, dem Verwaltungsbereich und dem Sozialdienst besetzt sein. Als externe Mitglieder sollen ein Bürger mit »gesundem Menschenverstand« und christlicher Grundhaltung, ein Jurist und ein Seelsorger im Komitee vertreten sein. Für die konfessionellen Krankenhausverbände entspricht die Einführung von Ethikkomitees »dem Bedürfnis eines christlichen Menschenbildes« (DEKV/KKVD 1997). Mit der Empfehlung der konfessionellen Krankenhausverbände wurde ein Impuls zur Einrichtung und Professionalisierung von Ethikberatung in Krankenhäusern in katholischer oder evangelischer Trägerschaft gesetzt. Zahlreiche lockere Zusammenschlüsse oder Arbeitsgruppen wurden als Ethikkomitee professionalisiert und mit einer klaren Aufgabenstellung versehen – der Prozess der Implementierung und Standardisierung von Ethikberatung in Deutschland wurde damit begonnen.

Die Bezeichnungen für Gremien der Ethikberatung sind von den sie einrichtenden Organisationen unterschiedlich gewählt. Neben dem eingeführten Begriff des Ethikkomitees sind folgende Begriffe zu finden: Ethikkommission, Ethikarbeitskreis, Ethikbeirat, Ethikforum, Ethikarbeitsgruppe, Ethikberater, Ethikrat, Ethikkonsil, Ethikgruppe, Ethikteam, Ethikprojektgruppe, Ethikkreis, Qualitätszirkel Ethik, Ethik-Cafe, Gesprächskreis Ethik und andere. An einigen Kliniken wurden speziell für Ethikberatung Planstellen geschaffen.

Auch wegen der expliziten Frage nach Formen von Ethikberatung bei der Zertifizierung von Krankenhäusern durch die Kooperation für Transparenz und Qualität im Krankenhaus (KTQ) erhalten Krankenhäuser Impulse für die Einrichtung Klinischer Ethikkomitees:

Die »Frage 5.4.1« formuliert:

>> Durch welche organisatorischen Maßnahmen ist die Berücksichtigung ethischer Problemstellungen im Krankenhaus gewährleistet (z. B. durch die Einrichtung eines Ethikkomitees im Krankenhaus oder anderer Gruppen mit der gleichen Zielsetzung, ggf. unter Einbeziehung der Krankenhausseelsorge)? (KTQ 2004) **

Klinische Ethikberatung im konkreten Einzelfall widmet sich ethischen Fragen aus dem Alltag der Behandlung und Pflege von Patienten. Zur **Beratung** ethischer Probleme in der Patientenversorgung hat eine zunehmende Zahl von Kliniken professionelle Strukturen der Ethikberatung installiert. Einige Einrichtungen haben eine Einzelperson als Ethikberater benannt. Die Mehrzahl der Universitätskliniken hat Klinische Ethikkomitees eingerichtet. Im Jahr 2006 hat die Zentrale Ethikkommission bei der Bundesärztekammer (ZEKO) zur Ethikberatung in der klinischen Medizin fehlende Standards der Ethikberatung angemahnt und in ihrer Stellungnahme Hinweise auf die Arbeitsweise von Klinischen Ethikkomitees gegeben (ZEKO 2006). Insbesondere sieht die Zentrale Ethikkommission in Ethikberatung einen »praxisrelevanten Beitrag zur besseren Versorgung von Patienten« (ebd., A 1707).

Zur Qualitätssicherung der Ausbildung von Mitgliedern eines Klinischen Ethikkomitees wurde 2005 von der Arbeitsgruppe »Ethikberatung im Krankenhaus« ein Curriculum vorgestellt (Simon et al. 2005). Das Curriculum ist aus Erfahrungen mit Ethikberatung in unterschiedlichen Krankenhäusern entstanden und der beschriebene Grundkurs vermittelt für die Ethikberatung im Krankenhaus grundlegende Kenntnisse, Fähigkeiten und Fertigkeiten in den Bereichen Ethik, Organisation und Beratung. Für Einrichtungen der ambulanten oder stationären Altenhilfe wurden 2007 Eckpunkte für ein Curriculum vorgestellt (Bockenheimer-Lucius u. May 2007).

Der Vorstand der Akademie für Ethik in der Medizin e.V. (AEM) hat Anfang 2010 nach Vorbereitung durch eine Arbeitsgruppe **Standards für Ethikberatung in Einrichtungen des Gesundheitswesens** vorgestellt. Die Akademie für Ethik in der Medizin (AEM) ist eine interdisziplinäre und interprofessionelle medizinethische Fachgesellschaft. Ihre Standards für Ethikberatung in Einrichtungen des Gesundheitswesens beschreiben Qualitätskriterien und Basisanforderungen für jede Form von Ethikberatung. Dabei ist Ethikberatung in Deutschland ein relativ neuer Ansatz zur Verbesserung der Versorgungsqualität von kranken und pflegebedürftigen Menschen. Ethikberater sind als Mitglieder in Ethikkomitees in Krankenhäusern oder in Einrichtungen der ambulanten oder stationären Altenhilfe und weiteren Einrichtungen aktiv (vgl. Bockenheimer-Lucius u. May 2007; Bockenheimer-Lucius et al. 2012).

Der Begriff der Ethikberatung ist jedoch nicht eindeutig, da teilweise Ethikberatung in einem engen Sinne verstanden wird und damit nur die Einzelfallberatung als Ethik-Fallberatung im indi-

viduellen Konfliktfall. Überwiegend wird Ethikberatung in einem weiten Sinne verstanden als Ethik-Fallberatung, Entwicklung von Leitlinien und Fortbildungen zu ethischen Themen. Für die weitere Auslegung des Begriffs Ethikberatung spricht die Begriffsverwendung durch den Vorstand der medizinethischen Fachgesellschaft.

Bei der Ethik-Fallberatung stellt sich die Frage nach erforderlichen Kenntnissen der Ethikberater. Zweifellos sind Kompetenzen aus angrenzenden Bezugswissenschaften wie Medizin, Philosophie, Theologie, Beratungswissenschaft oder Rechtswissenschaft hilfreich. Aber in welchem Umfang sind für Ethikberater Kenntnisse aus diesen Bereichen erforderlich?

Insbesondere erforderliche und sinnvolle Kenntnisse bzw. Kompetenzen professioneller Ethikberater sind in der Diskussion. Hauptamtlich Tätige in der Ethikberatung in Einrichtungen des Gesundheitswesens sollten Feldkompetenzen aufweisen und in Klinischer Ethik aus- oder fortgebildet sein.

6.2 Ziele und Aufgaben von Ethikberatung

Ethikberatung dient der Information, Orientierung und Beratung der verschiedenen an der Versorgung beteiligten bzw. davon betroffenen Personen, z. B. Mitarbeitende und Leitung der Einrichtung, Patienten bzw. Bewohner, deren Angehörige und Stellvertreter im Sinne des Bevollmächtigten oder rechtlichen Betreuers. Dabei wirkt Ethikberatung als Beratung in moralischen Konfliktfällen nicht allein im Bereich einer Organisationseinheit unter isolierter Beteiligung der dort Tätigen, sondern verfolgt einen weiteren Ansatz.

Ziele in Einrichtungen des Gesundheitswesens
Allgemeine Ziele von Ethik:
- Sensibilisierung für ethische Fragestellungen
- Vermittlung von medizin- und pflegeethischem Wissen
- Erhöhung der Kompetenz im Umgang mit ethischen Problemen und Konflikten.

Spezifische Ziele von Ethikberatung:

- Unterstützung eines strukturierten Vorge-hens bei ethischen Konflikten
- Verbesserung der Sprachfähigkeit und der kommunikativen Kompetenz bezüglich ethischer Konflikte
- Systematische Reflexion über ethische Fragestellungen und Konflikte
- Umsetzung allgemeiner moralischer Werte (z. B. Menschenwürde, Autonomie, Verant-wortung, Fürsorge, Vertrauen) und spezi-fischer Werte der jeweiligen Einrichtung, die u. a. in Leitbildern und professions-spezifischen Traditionen verkörpert sind, in reflektiertes Handeln
- Lösungswege bei Konflikten zwischen unterschiedlichen individuellen und/ oder institutionell gefassten Werten und Moralvorstellungen zu suchen und durch gemeinsame Reflexion zu tragfähigen Entscheidungen zu gelangen und diese umzusetzen

Als übergeordnetes Ziel dient Ethikberatung dazu, Entscheidungsprozesse hinsichtlich ihrer ethischen Anteile transparent zu gestalten und an moralisch akzeptablen Kriterien auszurichten, d. h. eine »gute« Entscheidung in einem »guten« Entschei-dungsprozess zu treffen. Dabei zielt Ethikberatung auf die Stärkung der ethischen Kompetenz des Ein-zelnen. Sie trägt zur Qualitätssicherung in der Ver-sorgung von Patienten und Bewohnern bei.

Zentrale Aufgaben von Ethikberatung

- Durchführung individueller ethischer Fall-besprechungen (Ethik-Fallberatung)
- Erstellung von internen Leitlinien bzw. Empfehlungen (Ethik-Leitlinien)
- Organisation von Veranstaltungen zu medizin- und pflegeethischen Themen für Mitarbeitende, Patienten und Bewoh-ner sowie die interessierte Öffentlichkeit (Ethik-Fortbildung)

6.3   Implementierung und Organisation

Ethikberatung ist in ihren Inhalten und in der Ge-staltung des vereinbarten Vorgehens nicht wei-sungsgebunden, wohl aber Teil der Organisation. Es ist eine besondere Herausforderung der Ethik-beratung, eine angemessene Balance zwischen ins-titutioneller Einbindung und Unabhängigkeit her-zustellen.

> Als organisatorische Verortung und als Handlungsgrundlage sind für ein Gre-mium zur Ethikberatung eine Satzung und/oder eine Geschäftsordnung erfor-derlich. Ein multiprofessionell besetztes Ethikkomitee besteht meist aus 5–20 Mit-gliedern. Erforderlich sind Mitglieder mit ärztlicher, pflegerischer und medizin- bzw. pflegeethischer Ausbildung.

Anzustreben ist darüber hinaus die Mitgliedschaft von Menschen mit einem juristischen, seelsorger-lich-religiösen, psycho-sozialen und administrati-ven beruflichen Hintergrund. Wünschenswert ist zusätzlich eine Patientenperspektive, die durch Pa-tientenfürsprecher, Personen aus Selbsthilfegrup-pen, die Krankenhaushilfe oder durch engagierte Bürger eingenommen wird.

6.4   Umsetzung und Ausgestaltung der Aufgaben

Ethikberatung identifiziert Probleme und Konflik-te in einer Einrichtung und trägt dazu bei, diese Schwierigkeiten möglichst einvernehmlich zu lö-sen sowie die erarbeitete Lösung praktisch umzu-setzen.

Ethik-Fallberatungen   Ethik-Fallberatungen dienen der Unterstützung in schwierigen Entscheidungs- bzw. Behandlungssituationen. Sie können von allen an der Entscheidung bzw. Behandlung Beteiligten beantragt werden (z. B. Mitarbeitende aus den ver-schiedenen Berufsgruppen, Patienten und Bewoh-ner, deren Angehörige und Stellvertreter). Bei einer Ethik-Fallberatung verbindet sich die Technik der Moderation mit ethischer Expertise. Aufgabe der

Berater ist es einerseits, alle für die Bewertung des Falles erforderlichen Details sichtbar zu machen und allen Anwesenden Raum zur Beteiligung zu geben, andererseits die ethischen Fragen herauszuarbeiten und die Möglichkeiten des weiteren Vorgehens nach ethischen Kriterien zu gewichten. Für das weitere Vorgehen sind die theoretischen Aspekte und die realen Gegebenheiten abzuwägen. Ein Konsens ist anzustreben. Die Ergebnisse einer Ethik-Fallberatung, welche konkrete Auswirkungen auf die weitere Behandlung oder Betreuung des Patienten bzw. Bewohners haben, sind schriftlich in den (Kranken-)Unterlagen zu dokumentieren.

Ethik-Leitlinien Ethik-Leitlinien sind Handlungsempfehlungen, die sich aus stets wiederkehrenden Situationen (z. B. Umgang mit Patientenverfügungen, PEG-Sonde, Reanimation, Therapiezieländerung) ableiten und die als Orientierungshilfe für Einzelfallentscheidungen dienen. Ethik-Leitlinien werden durch Mitglieder des Gremiums zur Ethikberatung themenbezogen unter Einbeziehung von sachkundigen Personen aus der Einrichtung oder von außerhalb erarbeitet und von der Leitung der Einrichtung verabschiedet.

Ethik-Fortbildungen Ethik-Fortbildungen zu medizin- und pflegeethischen Themen dienen der Sensibilisierung für ethische Fragestellungen, der Vermittlung von ethischem Wissen und der Erhöhung der Kompetenz im Umgang mit ethischen Problemen und Konflikten. Zielgruppen sind u. a. die Mitarbeitenden der Einrichtung, die Patienten/ Bewohner und deren Angehörige sowie die interessierte Öffentlichkeit.

6.5 Professionalisierung der Ethikberatung

Die American Society for Bioethics and Humanities (ASBH) hat die erstmals 1998 veröffentlichten »Core Competencies For Health Care Ethics Consultation« 2011 in zweiter Auflage vorgestellt. Dabei betont die ASBH die Ziele von Ethikberatung als Hilfestellung bei der Identifikation, Analyse und Lösung ethischer Probleme. Hierzu müssen Ethikberater über Fähigkeiten (skills), Kenntnisse

(knowledge) sowie entsprechende Charaktereigenschaften (charactertraits) verfügen. Als Fähigkeiten beschreiben die ASBH-Empfehlungen u. a., das ethische Problem zu erfassen und zu analysieren, den Beratungsprozess organisatorisch zu leiten, zu evaluieren und kommunikativ zu führen. Der Zugriff auf Literatur zu Ethik, auf Richtlinien und Leitlinien wird ebenso angesprochen und empfohlen wie die effektive Zusammenarbeit mit anderen Personen, Kliniken oder Abteilungen in der Organisation des Krankenhauses.

> **Als erforderliche Kenntnisse schlagen die ASBH-Kernkompetenzen in neun Blöcken u. a. vor: Ethisches Argumentieren und Grundkenntnisse von Ethiktheorien und Prinzipien, Medizinethik, Medizin- und Gesundheitswesen, Religionen und Weltanschauungen, einschlägige Gesetze, Richtlinien, Kodices etc.**

Bei den erforderlichen Charakterzügen für die Mitwirkung an der Ethikberatung sind insbesondere zu finden: Toleranz, Geduld, Mitgefühl, Ehrlichkeit, Offenheit und Selbstkritik, Mut, Besonnenheit und Bescheidenheit sowie Rechtschaffenheit (ASBH 2011).

Zur Professionalisierung von Ethikberatung gehören eine Strukturierung der Ethik-Fallberatungen und Überlegungen in Bezug auf die Anwendung eines Strukturinstruments. Als ein solches Strukturinstrument für die Bearbeitung moralischer Konflikte wurde 1986 der »Bochumer Arbeitsbogen zur medizinethischen Praxis« von Sass und Viefhues vorgestellt (Sass 1989, S. 371–375). Dieser Bochumer Arbeitsbogen ist in drei Schritte unterteilt: Erst wird eigenständig der medizinisch-wissenschaftliche Befund erhoben, dann der medizinethische Befund, um in einem dritten Schritt zu einer optimalen Entscheidung des konkreten Einzelfalls nach Abwägung der erhobenen Befunde zu kommen und dies auch transparent im Sinne des analytisch-diskursiven Ansatzes darzustellen. In diesem Dreischritt werden die relevanten Aspekte zur medizinischen Versorgung (medizinisch-wissenschaftliche Befunderhebung) und zum Willen des Patienten (medizinisch-ethische Befunderhebung) geklärt und dabei stets die Kontrollfrage der nicht hinreichend bekannten Begriffe und Sachverhalte gestellt. Der dritte Schritt führt nach Sass »Blutbild«, »Röntgenbild« und »Wertbild« zusammen auf der Suche nach »Optionen für eine individualisierte und patientenorientierte Behandlung« (Sass 2006 sowie Sass, Viefhues 1989).

Der Fragebogen der Nijmegener Methode stellt eine Weiterentwicklung des Bochumer Arbeitsbogens zur medizinethischen Praxis dar. Zu Beginn der Fallberatung wird das Problem benannt. In einer nächsten Phase wird die Faktensammlung zu medizinischen, pflegerischen Gesichtspunkten und zur weltanschaulichen, sozialen und organisatorischen Dimension der Fallkonstellation vorgenommen. Dabei wird insbesondere die Pflege angesprochen. In einer weiteren Phase der Bewertung werden Wohlbefinden, Autonomie des Patienten und die Verantwortlichkeit von Ärzten, Pflegenden, Betreuenden mit dem Prinzip der Gerechtigkeit kombiniert. In der Phase der Beschlussfassung wird die Empfehlung für das weitere Vorgehen formuliert (Steinkamp u. Gordijn 2003).

Als Besonderheit fragt der Bogen der Nijmegener Methode für ethische Fallbesprechung am Ende der Fallbesprechung, wie das ethische Problem nun lautet, und weist damit darauf hin, dass sich die ethische Fragestellung mitunter durch den Diskursprozess verändert haben könnte. Die Anwendung der Strukturinstrumente erfordert ein intensives Training der Ethikberater, und dafür spricht sich etwa auch die Arbeitsgruppe um Nancy Dubbler aus (Dubbler et al. 2009, S. 33).

6.6   Pluralität der Modelle zur Ethikberatung

Die Implementierung Klinischer Ethikberatung setzt ein planvolles Verfahren voraus. Dazu gehört die Festlegung der Arbeitsweise des Klinischen Ethikkomitees. Die Zentrale Ethikkommission bei der Bundesärztekammer beschreibt die Vielfalt der Formen von Ethikberatung wie folgt:

» Außer der ‚klassischen Form' der Ethikberatung, dem Klinischen Ethikkomitee, bildeten sich in den Krankenhäusern u. a. Ethikarbeitsgruppen, Ethikausschüsse und Ethikforen. Die Moderation von Einzelfallberatungen auf Station übernahmen Untergruppen des Klinischen Ethikkomitees, mobile Ethikberatungen oder beauftragte Einzelpersonen (Ethikberater). (ZEKO 2006, S. A1703) «

Bezogen auf die Klinische Fallberatung muss eine Interaktion mit den Ratsuchenden festgelegt werden, die einen moralischen Konflikt an das Ethikberatungsgremium herantragen. Als Expertenmodell wird die Beratung der Anfrage ohne Beteiligung des Ratsuchenden im Diskussionsprozess des Ethikberatungsgremiums bezeichnet (Neitzke 2010, S. 61–62). Bei diesem Modell bleibt die Diskussion gänzlich intransparent[1] und die Ethikberater beraten nach Aktenlage ohne die Möglichkeit der Rückfrage an den Antragsteller. Dieser erhält dann das Beratungsergebnis mitgeteilt und hat nur begrenzte Möglichkeiten der Rückfragen an das Beratungsteam.

In der Literatur werden auch »Delegationsmodell«, »Konsilmodell« und »Prozessmodell« diskutiert. Beim Delegationsmodell wird ein Gesprächspartner der Station zur Ethik-Fallberatung durch die Mitglieder des Ethikkomitees eingeladen und hat die Aufgabe, die unterschiedlichen Ansichten des Behandlungsteams zu repräsentieren, was in der Praxis verständlicherweise zu einer Überlagerung weiterer Wertvorstellungen durch die eigene Meinung und Überzeugung führt. Trotz möglicher organisatorischer Vorteile überwiegen bei diesem Modell die inhaltlichen Einschränkungen des Diskurses. Als Konsilmodell wird zumeist bezeichnet, wenn ein Ethikberater als Einzelperson mit dem Behandlungsteam eine Ethikberatung durchführt. Dies Modell weist organisatorische Vorteile durch eine schnelle Reaktionszeit auf, wobei der Ethikberater seine eigene Perspektive mit dem entsprechenden professionellen Hintergrund in die Ethikberatung einbringt. Eine Perspektivenvielfalt gelingt jedoch nur bei mehreren Ethikberatern.

Hier ist die Empfehlung der UNESCO richtungsweisend, die zwischen einem Beratungsteam von mindestens zwei Mitgliedern des Ethikkomitees und einer Arbeitsgruppe des Ethikkomitees mit mindestens drei Mitgliedern des Ethikkomitees

---

1   Teilweise ist wegen der Intransparenz des Beratungsprozesses die Bezeichnung »Orakel von Delphi-Modell« zu finden.

unterscheidet (UNESCO 2005, S. 35). Mit dieser Empfehlung der UNESCO wird die direkte Interaktion von Mitgliedern des Behandlungsteams und den Mitgliedern des Ethikkomitees betont. Dieser integrative Ansatz wird besonders dann zu einem intensiven argumentativen Austausch führen, wenn die Mitglieder des Ethikkomitees den kompletten Beratungsprozess mit dem Stationsteam durchführen. Sonst erforderliche Rückfrageschleifen können entfallen und Mythen über den Beratungsprozess hinter »verschlossenen Türen« können so gar nicht erst entstehen.

Ein Implementierungsprozess Klinischer Ethikberatung in einem Krankenhaus wird zumeist mit der Gründung einer Projektgruppe beginnen. Nach der wesentlichen Projektarbeit steht die Überführung in ein Klinisches Ethikkomitee an, um der Ethikberatung eine institutionelle Form zu geben. Dazu können drei Modelle Anwendung finden.

Bestandsmodell Im Bestandsmodell werden allein jene Mitarbeiter des Hauses Mitglieder im Ethikkomitee, welche auch Mitglieder der Projektgruppe waren. Dazu werden in einem internen Verfahren die Mitglieder der Projektgruppe zu ihrer Bereitschaft zur weiteren Mitwirkung befragt. Vorteilhaft ist dieses interne Verfahren zur Besetzung des Ethikkomitees durch den gleichen Ausbildungsstand der Mitglieder und die von vornherein begrenzte mögliche Zahl der Mitglieder. Problematisch kann die fehlende Mitwirkungsmöglichkeit für neue, interessierte Personen gesehen werden. Dadurch können sich Vorbehalte zur Besetzung des Ethikkomitees bilden durch ein intransparentes Verfahren, an dem man selbst nicht mitwirken konnte. Möglicherweise wurde die Mitarbeit in einem flexiblen Arbeitskreis als weniger attraktiv angesehen als die Mitgliedschaft in einem in die Struktur des Krankenhauses eingepassten Ethikkomitee.

Ansprachemodell Als Ansprachemodell wird die Situation bezeichnet, wenn die Projektgruppe in ein Ethikkomitee überführt wird und weitere interessierte, neue Mitglieder im Haus von den Mitgliedern der Projektgruppe angesprochen werden. Das interne Verfahren zur Abfrage der Mitwirkungsbe-

reitschaft im Ethikkomitee setzt die Kenntnis des persönlichen Interesses an Ethikberatung der neuen Mitglieder voraus. Die Motivation zur Mitwirkung an der Ethikberatung im Ethikkomitee kann insbesondere dann verdeckt sein, wenn in einem Haus Vorbehalte gegenüber Ethikberatung seitens einiger meinungsprägender Personen wie Chefärzte oder Oberärzte bestehen. In einem solchen für Ethikberatung rauen Klima kommt es auf das bereits signalisierte Interesse an der Mitarbeit in der Ethikberatung an. Vorteilhaft ist die Mitwirkung von zusätzlichen interessierten Personen, wenn sie denn angesprochen wurden. Möglicherweise wird dieses Verfahren als intransparent wahrgenommen. Damit kann sich ein Akzeptanzproblem bilden, wenn das Ethikkomitee als abgegrenztes Expertengremium angesehen wird.

Ausschreibungsmodell Beim Ausschreibungsmodell wird die Projektgruppe in ein Ethikkomitee überführt, und es wird öffentlich im Haus zur Mitgliedschaft im Ethikkomitee aufgerufen. Durch dieses Verfahren wird Transparenz geschaffen. Die Kriterien zur Auswahl der zukünftigen Mitglieder des KEK nach Repräsentation von Berufsgruppen und Arbeitsbereichen sollte die Projektgruppe im Vorfeld festlegen und aus den Bewerbern eine Liste der vorgeschlagenen Mitglieder erstellen. Bei dieser Auswahl kann sich eine Mischung ergeben aus strategisch wichtigen »Meinungsführern« im Haus, die aber kaum an einer Ethik-Fallberatung teilnehmen werden, und aktiven Mitgliedern, die sich bei Ethik-Fallberatungen engagieren. Damit wird einerseits eine Unterstützung durch hilfreiche Funktionsträger erreicht und die Verfügbarkeit von qualifizierten Ethikberatern für die praktische Ethikberatung im Eilfall gesichert. Dies Modell zeigt neuen, interessierten Personen Mitwirkungsmöglichkeiten auf und ist geprägt von partizipativen Elementen. Als gewünschter Nebeneffekt wird das »Projekt KEK« öffentlich und durch den Aufruf der Bekanntheitsgrad von Ethikberatung gesteigert. Neue Mitglieder werden über ihre Mitwirkung im Ethikkomitee berichten und dienen als weitere Multiplikatoren. Die Weiterbildung der neuen Mitglieder des Ethikkomitees kann die Motivation innerhalb der Projektgruppe fördern, wenn die Projektgruppe die

Ausbildung der neuen Mitglieder wahrnimmt und dabei ggf. auf die Unterstützung von externen Referenten zurückgreift.

■ **Regelmatrix**

Obschon die Vielfalt der Beratungsmodelle stets betont wird, gibt es für das diskursive Modell der gemeinsamen Beratung gute Argumente. Kettner beschreibt in der Regelmatrix zur Modellierung der Aktivität ethischer Beratungsorgane in der dritten Gruppe die Regeln der Deliberation und meint damit (Kettner 2005, S. 12):

1. Problemsortierungsregeln
2. Nichtthematisierungsregeln
3. Regeln der Integration normativer Grundlagen
4. Spezifische Ablaufregeln (z. B. für Einzelfallberatung, Leitlinienentwicklung, Versuchsplanbeurteilung, Politikberatung).[2]

Für konfessionelle Einrichtungen wurde im März 2007 durch die Handreichung des Verbandes der Diözesen Deutschlands und der Kommission für caritative Fragen der Deutschen Bischofskonferenz auf die Notwendigkeit einer klaren ethischen Positionierung für soziale Einrichtungen in kirchlicher Trägerschaft auf der Grundlage des christlichen Menschenbildes hingewiesen. In der Folge hat eine Arbeitsgruppe von Ethikbeauftragten konfessioneller Träger von Gesundheitseinrichtungen ein Curriculum zur Qualifizierung für Mitglieder von Ethik-Komitees in kirchlichen Einrichtungen des Gesundheitswesens vorgestellt (May et al. 2010). Dabei wird ausdrücklich auf das christliche Menschenbild und die christliche Sozialethik Bezug genommen; ein fairer Diskurs soll die Werte und Vorgaben berücksichtigen, die sich aus der biblischen und kirchlichen Tradition begründen (ebd., S. 250).

6.7   Organisationsethik als integrativer Faktor

Die Krankenversorgung in Einrichtungen des Gesundheitswesens ist von der Mitwirkung vieler Menschen abhängig. Diese Menschen bringen ihre Wertvorstellungen mit. Aber auch durch Trägervorgaben oder das Handeln von meinungsprägenden Menschen wird die Wertebasis einer Institution geprägt. Eine Organisation lässt sich jedoch nicht auf die Wertvorstellungen ihrer Mitarbeiter reduzieren. Organisationsethik kann als ethische Querschnittsaufgabe verstanden werden, da mitunter spezifische Belange der individuellen Gesundheitsfürsorge mit den wirtschaftlichen Belangen eines Krankenhauses in Spannung stehen können. Für Wehkamp ist die Einrichtung für die Gewährleistung ethischer Kompetenz mitverantwortlich und darf dies nicht allein den Mitarbeitern überlassen (Wehkamp 2010, S. 399). Mithilfe von Organisationsethik soll die moralische Integrität der Gesundheitsfürsorge erhalten oder gestärkt werden. Bezogen auf Krankenhäuser bedeutet Organisationsethik die Integration umfassender Moralperspektiven wie die Klinische bzw. Behandlungsethik, zweitens eines professionsmoralischen Horizonts, also ärztliche Standesethik und Ethik der Pflege, und drittens der Horizont der Wirtschafts- und Unternehmensethik.

Diese organisationsethischen Herausforderungen können in den vier Prinzipien von Beauchamp und Childress abgebildet werden: Respekt vor Selbstbestimmung (autonomy), Nicht-Schaden (nonmaleficence, primum nil nocere), Gutes tun/Fürsorge (beneficence, bonumfacere, Hilfsgebot) und Gerechtigkeit (justice). In der konkreten fallbezogenen Anwendung sind die vier Prinzipien auf ihre Bedeutung und Relevanz hin zu prüfen. Durch diesen Abgleich der Relevanz und inhaltlichen Auslegung der Prinzipien kommen die individuellen Wertvorstellungen zum Ausdruck, wenn für manche Diskussionsteilnehmer die Autonomie des Patienten im Vordergrund steht, wohingegen andere Gesprächsteilnehmer die Fürsorge stärker betont sehen wollen. Das Prinzip der Gerechtigkeit berührt Aspekte von Organisationsethik, da die handelnden Akteure am Fortbestand der Organisation Interesse haben müssen.

▶ **Ethikberatung trägt zur Entwicklung von Organisationsethik bei, wenn Ethikberatung die Versorgungsqualität der Patienten erhöht und gleichzeitig das Vertrauen**

---

2   Eine frühere Fassung findet sich bei May u. Kettner (2002), S. 189–192.

der Patienten in das Krankenhaus stärkt, da dort die Bedeutung der Patientenrechte hoch angesiedelt ist.

6.8   Schlussüberlegungen und Fazit

Klinische Ethikberatung im konkreten Einzelfall grenzt sich von Forschungsethik-Kommissionen ab, welche für die Bewertung von Studien nach AMG oder MPG zuständig sind. In derartigen Studien wird biomedizinische Forschung mit Menschen durchgeführt durch die Anwendung von Methoden unmittelbar am Menschen, Nutzung körpereigenen entnommenen Gewebes, Einsatz von Fragebögen oder Verwendung personenbezogener Daten. Neben der ethischen Vertretbarkeit prüfen die Ethik-Kommissionen nach Bundes- oder Landesrecht die wissenschaftliche Qualität und die rechtliche Zulässigkeit des Forschungsvorhabens.

Die vom Weltärztebund im Jahre 1975 in Tokio verabschiedete »Revidierte Deklaration von Helsinki« fordert, dass ein eindeutiges Versuchsprotokoll »einem besonders berufenen unabhängigen Ausschuss zur Beratung, Stellungnahme und Orientierung zugeleitet« werden sollte. Die Arbeit der nach Landesrecht gebildeten Ethik-Kommissionen wurde in den Folgejahren harmonisiert, wozu der 1983 gegründete »Arbeitskreis Medizinischer Ethik-Kommissionen in der Bundesrepublik Deutschland« wesentlich beigetragen hat. Insbesondere die Verfahren zur Entscheidungsfindung wurden angeglichen und Verfahrensfragen geklärt. Im Bereich der klinischen Studien ist eine Professionalisierung und Harmonisierung der Arbeitsweisen von Ethik-Kommissionen gelungen. Bei Klinischen Ethikkomitees steht dieser Prozess im Wesentlichen noch aus.

Die Implementierung von Ethikberatung leistet einen Beitrag zur Verbesserung der Versorgungsqualität in Einrichtungen des Gesundheitswesens. Durch die Reflexion über ethische Fragestellungen und Konflikte wird eine strukturierte Problemlösung möglich. Somit können persönliche Gewissensnöte zeitnah diskutiert und gelöst werden. Die Möglichkeit zur Klärung persönlicher Sichtweisen auf problematische Behandlungssituationen schafft Handlungssicherheit, vermindert Konflikte und

fördert die persönliche Arbeitszufriedenheit. Nicht zuletzt wird durch Ethikberatung auch die Autonomie und Selbstbestimmung von Patienten und Bewohnern gefördert. Eine professionelle Ethikberatung ist Zeichen einer planvollen Auseinandersetzung mit unterschiedlichen Wertvorstellungen in einer multikulturellen und pluralistischen Gesellschaft. Dazu ist ein Ethikkomitee nach Heinemann nicht der »Erfinder« von Ethik in der Einrichtung, nicht das »Gewissen des Unternehmens«, sondern ein Ort zur Besprechung von Wertkonflikten (Heinemann 2010, S. 156).

Die Vielfalt der Wertvorstellungen sowohl von Patienten bzw. Bewohnern als auch von Mitarbeitenden erfordert eine Klärung der individuellen moralischen Werte in der konkreten Situation, damit individuelle Behandlung und Versorgung in Einrichtungen des Gesundheitswesens gelingen kann. Der Respekt vor den Wertvorstellungen des Gegenübers macht die planvolle und umsichtige Implementierung von professionellen Strukturen der Ethikberatung erforderlich.

Die unterschiedlichen Konzepte von Ethikberatung im Gesundheitswesen zeigen eine Vielfalt der Arbeit und Wirksamkeit Klinischer Ethikberatung. Die Standards zur Ethikberatung im Gesundheitswesen des Vorstandes der AEM stellen fest, dass Ethikberatung in Einrichtungen des Gesundheitswesens nicht allein die Klinische Ethik-Fallberatung meint. Damit Klinische Ethikberatung erfolgreich in einer Einrichtung implementiert werden kann, ist eine Aufgabenklärung ebenso hilfreich wie die Schaffung einer Arbeitsgrundlage durch eine Geschäftsordnung oder Satzung. Zur Beschreibung der Arbeitsweise Klinischer Ethikberatung sollte auf die Abläufe, Schweigepflicht (vgl. Frewer u. Fahr 2007) und auf die Dokumentation der Ergebnisse von Ethikberatung (Fahr et al. 2011) Wert gelegt werden.

Die Professionalisierung Klinischer Ethikberatung wird weiterhin der Unterstützung der Leitung der Institution bedürfen, und ein planvolles Einführen von Ethikberatung setzt einen umfassenden Bewusstwerdungsprozess voraus. Zu den unterschiedlichen Konzepten und Modellen von Ethikberatung in Organisationen des Gesundheitswesens muss ein Austausch zu den jeweiligen Erfahrungen intensiviert werden. Richtungsweisend ist

z. B. die Aufnahme eines Ethikbeauftragten in die Organisationsstruktur eines jeden Krankenhauses in Hessen.[3] Die inhaltliche Ausgestaltung der Qualifikationen von Ethikbeauftragten ist ebenso eine Frage der Professionalisierungsbestrebungen wie die Organisation von Ethikberatung in Ethikkomitees. Damit Ethikberatung zur Verbesserung der Versorgung in der Praxis beiträgt, sind inhaltliche und strukturelle Entscheidungen der Verantwortlichen erforderlich.

Ein Austausch über Modelle und Strukturen von Ethikberatung sollte auch bundesweit erfolgen. Dies ist ein Ziel der Deutschen Gesellschaft für Ethikberatung im Gesundheitswesen (DGEG) e.V., deren inhaltliche Aktivitäten 2011 in Erlangen weiterentwickelt wurden und deren wesentliches Ziel die Vernetzung und Debatte über Qualität der Ethikberatung im Sinne der Klinischen Ethikberatung im Gesundheitswesen ist.

Literatur

American Society for Bioethics and Humanities (ASBH) (2011) Core competencies for health care ethics consultations. 2. Auflage. Glenview, IL

Anderweit S, Ilkilic I, Meier-Allmendinger D, Sass, H-M, Cheng-tek Tai M (2006) Checklisten in der klinisch-ethischen Konsultation. Bochum

Beauchamp TL, Childress JF (2009) Principles of biomedical ethics. 6. Auflage. New York, Oxford

Bockenheimer-Lucius G, Dansou R, Sauer T (2012) Das Ethikkomitee im Altenpflegeheim. Theoretische Grundlagen und praktische Konzeption. Frankfurt/M.

Bockenheimer-Lucius G, May A (2007) Ethikberatung – Ethik-Komitee in Einrichtungen der stationären Altenhilfe (EKA). In: Ethik in der Medizin 19 (2007), S. 331–339

Bollig G (2010) Ethik und ethische Herausforderungen im Pflegeheim. In: Krobath, Heller (2010), S. 641–658

Brand A, von Engelhardt D, Simon A, Wehkamp K-H (Hrsg.) (2002) Individuelle Gesundheit versus Public Health. Münster

Bruns F, Frewer A (2010) Fallstudien im Vergleich. Ein Beitrag zur Standardisierung Klinischer Ethikberatung. In: Frewer et al. (2010), S. 301–310

Deutscher Evangelischer Krankenhausverband e.V. und Katholischer Krankenhausverband Deutschlands e.V. (Hrsg.) (1997) Ethik-Komitee im Krankenhaus. Freiburg

Dörries A, Neitzke G, Simon A, Vollmann J (Hrsg.) (2010) Klinische Ethikberatung. Ein Praxisbuch für Krankenhäuser und Einrichtungen der Altenpflege. 2. Auflage. Stuttgart

Dubbler N, Webber M, Swiderski D, and the faculty and the National Working Group for the Clinical Ethics Credentialing Project (2009) Credentialing, privileging, quality, and evaluation in clinical ethics consultation. In: Hastings Center Report 6 (2009), S. 23–33

Düwell M, Neumann J (Hrsg.) (2005) Wieviel Ethik verträgt die Medizin? Paderborn

Fahr U, Herrmann B, May A, Reinhardt-Gilmour A, Winkler E (2011) Empfehlungen für die Dokumentation von Ethik-Fallberatungen. In: Ethik in der Medizin 23 (2011), S. 155–159

Frewer A, Bruns F, Rascher W (Hrsg.) (2010) Hoffnung und Verantwortung. Herausforderungen für die Medizin. Jahrbuch Ethik in der Klinik, Bd. 3. Würzburg

Frewer A, Fahr U (2007) Clinical ethics and confidentiality. Opinions of experts and ethics committees. In: HEC FORUM 19, No. 4 (2007), S. 275–289

Frewer A, Fahr U, Rascher W (Hrsg.) (2008) Klinische Ethikkomitees. Chancen, Risiken und Nebenwirkungen. Jahrbuch Ethik in der Klinik, Bd. 1. Würzburg

Groß D, May A, Simon A (Hrsg.) (2008) Beiträge zur Klinischen Ethikberatung an Universitätskliniken. Münster

Heinemann W (2010) Das Klinische Ethikkomitee – ein Beratungsgremium für wertorientierte Unternehmen im Gesundheitswesen. In: Heinemann, Maio (2010), S. 129–158

Heinemann W, Maio G (Hrsg.) (2010) Ethik in Strukturen bringen. Denkanstöße zur Ethikberatung im Gesundheitswesen. Freiburg

Hick C (Hrsg.) (2007) Klinische Ethik. Heidelberg

Kettner M (2005) Ethik-Komitees. Ihre Organisationsformen und ihr moralischer Anspruch. In: Erwägen – Wissen – Ethik 1 (2005), S. 3–16

Kettner M, May A (2005) Eine systematische Landkarte klinischer Ethikkomitees in Deutschland. Zwischenergebnisse eines Forschungsprojektes. In: Düwell, Neumann (2005), S. 235–244

Kettner M, May A (2002) Organisationsethik – das nächste Paradigma im Gesundheitswesen? In: Brand et al. (2002), S. 209–219

Krobath T, Heller A (Hrsg.) (2010) Ethik organisieren. Handbuch der Organisationsethik. Freiburg

May A, Beule G, Gollan K, Heinemann W, Oestermann B (2010) Curriculum zur Qualifizierung für Mitglieder von Ethik-Komitees in kirchlichen Einrichtungen des Gesundheitswesens. In: Heinemann, Maio (2010), S. 247–264

May A, Geißendörfer S, Simon A, Strätling M (Hrsg.) (2002) Passive Sterbehilfe: besteht gesetzlicher Regelungsbedarf? Impulse aus einem Expertengespräch der Akademie für Ethik in der Medizin e.V. Impulse aus

---

3   Hessisches Krankenhausgesetz 2011 (HKHG 2011) vom 21.12.2010: § 6 Abs. 6: Das Krankenhaus hat eine Ethikbeauftragte oder einen Ethikbeauftragten zu bestellen. Ethikbeauftragte haben die Aufgabe, in ethischen Fragestellungen Entscheidungsvorschläge zu machen. Sie sind im Rahmen dieser Aufgabe der Geschäftsführung unterstellt.

einem Expertengespräch der Akademie für Ethik in der
Medizin e.V. Münster

May A, Kettner M (2002) Beratung bei der Entscheidung zum
Therapieabbruch durch Ethik-Konsil oder Klinisches
Ethik-Komitee, In: May et al. (2002), S. 179–192

Neitzke G (2010) Aufgaben und Modelle von Klinischer Ethikberatung. In: Dörries et al. (2010), S. 56–73

Sass H-M (Hrsg.) (1989) Medizin und Ethik. Stuttgart

Sass H-M, Viefhues H (1989) Bochumer Arbeitsbogen zur
medizinethischen Praxis. In: Sass (1989), S. 371–375

Simon A, May A, Neitzke G (2005) Curriculum »Ethikberatung
im Krankenhaus«. In: Ethik in der Medizin 17 (2005),
S. 322–326

Steinkamp N, Gordijn B (2003) Ethik in der Klinik – ein
Arbeitsbuch. Zwischen Leitbild und Stationsalltag.
Neuwied

UNESCO (2005) Establishing bioethics committees, Guide
No. 1. Genf

Verband der Diözesen Deutschlands und Kommission für caritative Fragen der Deutschen Bischofskonferenz (2007)
Soziale Einrichtungen in katholischer Trägerschaft und
wirtschaftliche Aufsicht, Arbeitshilfen Nr. 182. Bonn

Vorstand der Akademie für Ethik in der Medizin e.V. (AEM)
(2010) Standards für Ethikberatung in Einrichtungen des
Gesundheitswesens. In: Ethik in der Medizin 22 (2010),
S. 149–153

Wehkamp K-H (2010) Konfliktfeld Organisationsethik – Erfahrungen aus deutschen Kliniken 1996–2006. In: Krobath,
Heller (2010), S. 389–401

Zentrale Ethikkommission bei der Bundesärztekammer
(ZEKO) (2006) Stellungnahme der Zentralen Kommission zur Wahrung ethischer Grundsätze in der Medizin
und ihren Grenzgebieten (Zentrale Ethikkommission)
bei der Bundesärztekammer zur Ethikberatung in der
klinischen Medizin. In: Deutsches Ärzteblatt 103 (2006),
S. A1703–1707

Modelle und Beispiele der Implementierung von Ethikberatung

Medizinethik an der Universität Erlangen-Nürnberg

Gründung und Aufgaben des Klinischen Ethikkomitees

Andreas Frewer, Florian Bruns und Wolfgang Rascher

Die Universität Erlangen-Nürnberg hat eine besondere Beziehung zu den Bereichen Medizin und Ethik. In der Gegenwart wird die Metropolregion Nürnberg, zu der auch Erlangen und Fürth gehören, oft als »Medical Valley« bezeichnet, in dem Wissenschaft und Wirtschaft für das Gesundheitswesen eng verzahnt sind. Die Medizinische Fakultät und das Universitätsklinikum Erlangen leisten Patientenversorgung, akademische Ausbildung und wissenschaftliche Forschung auf höchstem Niveau.

7.1   Zu Vorgeschichte und Kontexten

Der Standort Erlangen steht als »Spitzencluster« bzw. »Nationales Exzellenzzentrum« für neue Verfahren etwa bei computergestützter Bildgebung sowie für Pionierleistungen u. a. in Transplantations- und Reproduktionsmedizin: 1966 gab es eine der frühen Nierenverpflanzungen und 1982 kam hier das erste deutsche »Retortenbaby« auf die Welt. Nürnberg besitzt zudem das größte städtische Klinikum Deutschlands und mehrere mit der Universität in enger Verbindung arbeitende Lehrstühle, Institute und Forschungseinrichtungen.

In gleicher Weise erinnert die Nennung der Stadt Nürnberg aber auch an schwierige Kapitel der Medizin- und Zeitgeschichte: Untrennbar bleibt die Region mit der historischen Phase des Nationalsozialismus verbunden, allgemein als Stadt der Reichsparteitage, speziell als Ort der Verabschiedung der »Nürnberger Rassengesetze« (1935) wie auch als Schauplatz der Verhandlung gegen die (Kriegs-)Verbrecher des NS-Staats. »The voluntary consent of the human subject is absolutely essential« – diese erste und zentrale Forderung des »Nuremberg Code of Medical Ethics« wird als Kernaussage der Medizinethik ebenso häufig zitiert, wie ihr Kontext vielfach unbekannt ist. Der Satz verknüpft die Aufforderung zum Respekt vor der Würde und Autonomie einer Person für die Fragen der Forschung mit den Anforderungen in der klinischen Praxis. Diese Maxime gehört als normatives Gebot seit Jahrzehnten zum ethischen Standard der Richtlinien für Humanexperimente wie auch des Umgangs mit dem Patienten im Krankenhaus. Die historischen Hintergründe kennen dabei nur noch wenige.

Der Arzt und Medizinhistoriker Werner Leibbrand (1896–1974) verbindet in seiner Person in besonderer Weise die Gebiete Medizingeschichte und Medizinethik am Standort Erlangen-Nürnberg (vgl. Wittern-Sterzel 1998; Unschuld et al. 2005). Im Zweiten Weltkrieg musste er wegen der Verfolgung seiner jüdischen Ehefrau in Bayern untertauchen; 1945 wurde er von den Amerikanern als Leiter der Heil- und Pflegeanstalt in Erlangen eingesetzt. Leibbrand war jedoch nicht nur als Psychiater an beiden Standorten tätig, in den Jahren 1946/47 wurde er der einzige deutsche Gutachter im Ärzteprozess, dem ersten der zwölf Nachfolgeverfahren der Nürnberger Prozesse. Noch während der Phase seiner gutachterlichen Aussage vor dem Militärtribunal bemühte er sich, den Aufbau eines Instituts für Geschichte der Medizin an der Universität Erlangen voranzubringen.[1] Das Ministerium bestätigte schließlich 1948 die Einrichtung eines »Seminars für Geschichte der Medizin«, zwar noch ohne eigenen Etat, aber doch mit der Perspektive einer sukzessiven Entwicklung und Aufwertung des Faches Medizingeschichte. 1998 feierte das Institut sein 50-jähriges Bestehen (Ruisinger 1998), drei Jahre später wurde es um eine Professur für Ethik in der Medizin ergänzt und damit zum Institut für Geschichte und Ethik der Medizin erweitert. Hier konnten schließlich auch die Ethikberatung und das Klinische Ethikkomitee angesiedelt werden. Dieser Institutionalisierung waren jedoch wichtige Ereignisse in der Medizin und an der Universität vorausgegangen – im Rahmen des vorliegenden Beitrags sollen sie mit Blick auf die Entwicklung der Klinischen Ethik kurz skizziert werden.

7.2   Schwangerschaften deutscher Medizinethik: »Erlanger Babys«

Die komplexe und weit zurückreichende Entstehungsphase der Medizinethik in Deutschland lässt erkennen, dass die von amerikanischen Autoren auf die 1960er Jahre terminierte »Geburt der

---

1   Die Vereinigung zur »Friedrich-Alexander-Universität Erlangen-Nürnberg« erfolgte erst 1961 mit Eingliederung der Hochschule für Wirtschafts- und Sozialwissenschaften Nürnberg.

Bioethik«[2] historisch zu kurz gegriffen ist (Jonsen 1998; ▶ Kap. 2). Die weltweit erste Zeitschrift zur Medizinethik wurde in Deutschland gegründet und von 1922 bis 1938 herausgegeben (Frewer 2000). Unterricht zur Medizinethik wurde erstmals Ende der 1930er Jahre fest in das Medizinstudium integriert unter dem Titel »Ärztliche Rechts- und Standeskunde« (Frewer u. Bruns 2004; Bruns 2009). Die Instrumentalisierung durch die NS-Ideologie und die Verbrechen im »Dritten Reich« führten jedoch zu einer langen Verzögerung der Beschäftigung mit ethischen Fragen ärztlichen Handelns.

In besonderer Weise hat das sog. »Erlanger Baby« Impulse für Debatten um die Klinische Ethik in Deutschland gesetzt. Was war geschehen? Am 5. Oktober 1992 verunglückte die 18-jährige Marion P. mit dem Auto. Sie erlitt ein Schädel-Hirn-Trauma mit Gesichtsverletzungen und wurde per Hubschrauber in das Universitätsklinikum Erlangen geflogen. Drei Tage später diagnostizierte man dort den Hirntod, zu diesem Zeitpunkt war die junge Frau in der 15. Woche schwanger. Die Ärzte entschieden sich dafür, intensivmedizinische Maßnahmen weiterzuführen. Es wurde ad hoc eine Art »Ethik-Konsilium« aus fünf Personen eingerichtet, die weitere Schritte begleiten sollten.

In Deutschland löste der Fall weit reichende Diskussionen zur Medizinethik aus. Die Würde des Sterbens, das Recht des ungeborenen Kindes und die moralische Zulässigkeit des ärztlichen Handelns standen im Mittelpunkt öffentlicher Kontroversen. Hinzu kamen die Grundsatzfrage des Hirntods verbunden mit Problemen der Transplantationsmedizin sowie auch feministische Perspektiven: Die Frauenzeitschrift »Emma« etwa kritisierte das Vorgehen als »Erlanger Menschenversuch«. Der ehemalige Erlanger Chirurg Julius Hackethal – u. a. mit alternativen Therapien und Ansichten selbst eine polarisierende Persönlichkeit – erstattete gar Anzeige gegen die behandelnden Ärzte des Universitätsklinikums und führte als Gründe »Körperverletzung, Vergiftung und Misshandlung von Schutzbefohlenen« an. Moniert wurde in der Öffentlichkeit auch immer wieder das Verhalten der Ärzte bei der Entscheidungsfindung: Sie hätten sich

an die »Ethikkommission« des Klinikums wenden sollen, stattdessen sei in einem kleinen exklusiven Kreis von männlichen Wissenschaftlern hinter verschlossenen Türen über das weitere Vorgehen entschieden worden. Man vermisste Transparenz und legitimierte Gremien.

Auch wenn die Ethik**kommission** – in der Öffentlichkeit ist dies meist wenig bekannt – satzungsgemäß nur für Fragen der Forschung und Humanexperimente zuständig ist – und ein Klinisches Ethik**komitee** noch nicht existierte, war die Informationspolitik der Klinik sicherlich von diversen Schwierigkeiten überlagert. Die Eltern der hirntoten Schwangeren fühlten sich offenbar nicht ausreichend beraten und in einzelnen Situationen von den Ärzten übergangen, was den Vater von Marion P. dazu brachte, sich an Presse und Populärmedien zu wenden. Demonstrationen vor der Klinik artikulierten zudem das Unwohlsein der Öffentlichkeit beim Vorgehen im Fall des »Erlanger Babys«; an die Wände wurden diffamierende Parolen geschmiert und teils sogar vermeintliche Parallelen zur Zeit der NS-Medizin gezogen.

Das angerufene Amtsgericht Hersbruck setzte einen Betreuer ein und kam am 16. Oktober zu dem Entschluss, dass bei einer Güterabwägung zwischen dem postmortalen Persönlichkeitsschutz der toten Frau und dem selbständigen Lebensrecht des ungeborenen Kindes das Recht auf Leben vorgehe. Die Schwangerschaft wurde mit intensivmedizinischen Maßnahmen weiter aufrechterhalten. In den folgenden Wochen verschlechterte sich jedoch der Zustand der hirntoten Schwangeren. Ein verletztes Auge musste wegen Entzündung entfernt werden, die Versorgung gestaltete sich schwierig, und über das intrauterine Erleben des Kindes wurde in Öffentlichkeit und Fachwelt viel spekuliert (vgl. Petersen 1993; Bockenheimer-Lucius u. Seidler 1993). Bei einem Spontanabort in der 19. Schwangerschaftswoche starb der Fötus am 16. November 1992; die intensivmedizinischen Maßnahmen für die Patientin wurden daraufhin eingestellt. Die Akademie für Ethik in der Medizin veranstaltete ein eigenes Forum zu diesem Fall und brachte einen Band zur Dokumentation der Hintergründe heraus (Bockenheimer-Lucius u. Seidler 1993). Eine überaus

---

2   Zur Geschichte der Medizin- und Bioethik siehe Frewer (2011) sowie Eissa u. Sorgner (2011).

breite und vielstimmige Debatte[3] in der Öffentlichkeit führte dazu, dass die Gesellschaft für deutsche Sprache den Ausdruck »Erlanger Baby« zu einem der Wörter des Jahres 1992 wählte. Wichtige Hintergründe bildeten sicherlich auch die differenzierten Debatten über Kriterien des Hirntodes, ethische Voraussetzungen und rechtliche Legitimität der Transplantationsmedizin. Erst 1997 wurde letztlich das erste (gesamt)deutsche Gesetz zur Organverpflanzung verabschiedet, seinerzeit spielten Unsicherheiten wie auch gesellschaftliche Kontroversen zu diesen Themen eine noch wesentlich größere Rolle als in der Gegenwart.[4]

7.2.1 Singer-Debatte

In diesem Kontext verwundert es nicht, dass weitere zentrale Diskussionen zur Ethik in der Medizin besonders emotional geführt wurden; auch hier spielte Erlangen eine spezifische Rolle. Der seinerzeit in Australien lehrende Bioethiker Peter Singer war durch utilitaristische Positionen in seinem Werk »Praktische Ethik« sowie durch das zusammen mit seiner Schülerin Helga Kuhse verfasste Buch »Muß dieses Kind am Leben bleiben?« in den Brennpunkt der Aufmerksamkeit geraten (Singer 1984; Kuhse u. Singer 1993). Die Autoren stellten nicht nur die Frage, ob für schwerstgeschädigte Neugeborenen in jedem Fall alles getan werden muss, um Leben zu erhalten, sondern konstatierten auch, dass es Fälle geben könne, in denen es moralisch geboten sei, das Leben eines Neugeborenen aktiv zu beenden.

Es sei letztlich humaner, in derartigen Situationen durch direktes Handeln einen schnellen Tod herbeizuführen, anstatt ein langsames Sterben abzuwarten. Verbunden mit den Thesen zu einem möglichen höheren Wert eines Hundes oder Schweins im Vergleich etwa zu einem schwergeschädigten einjährigen Kind, die Singer bereits im Werk »Praktische Ethik« propagiert hatte, führte dies zu heftigen Kontroversen in Öffentlichkeit und Fachwelt. Vergleiche zur NS-»Euthanasie« und der Verweis auf Gefahren einer Lebenswert-Debatte mit »Schiefer Ebene« erregten die Gemüter und lösten tiefe Grabenkämpfe zwischen verschiedenen Fraktionen aus. In besonderer Weise fühlten sich die Menschen mit Behinderung in ihren Grundrechten tangiert. Während viele Philosophen und Theologen die Positionen Singers kritisch sahen, gab es auch Stimmen, die für unbedingte Rede- und Meinungsfreiheit eintraten (vgl. Hegselmann u. Merkel 1992; Birnbacher 2002).

Der Rowohlt Verlag brachte eine geplante Übersetzung des Buches von Singer und Kuhse schließlich doch nicht heraus, der in Erlangen ansässige Harald Fischer Verlag entschied sich für eine deutsche Übersetzung. Während Singer bei Tagungen andernorts ausgeladen oder sogar die ganze Konferenz – wie 1990 in Bochum geschehen – ins Ausland verlegt wurde, konnte der umstrittene Moraltheoretiker in Erlangen mit Polizeischutz einen Vortrag im Kontext der deutschen Ausgabe von »Should the baby live?« halten. Parallel fanden alternative und kritische Veranstaltungen statt, etwa von Seiten der »Erlanger Lebenshilfe« oder durch den 1990 in Erlangen und Freiburg gegründeten »Studentenverband Ethik in der Medizin« (SEM).[5] Dieser thematisierte zahlreiche Fragen von der Pränataldiagnostik bis zur Sterbehilfe, um das seinerzeit noch unzureichende Angebot im Medizinstudium und

---

3 Vgl. auch Schöne-Seifert (1993) und Kiesecker (1996). Eine an der Professur für Ethik in der Medizin in Vorbereitung befindliche Dissertation von Karolina Miedaner wird diese Debatte nochmals genauer darstellen.

4 Dies lässt sich auch daran ablesen, wie die deutsche Öffentlichkeit auf den »Erlanger Jungen« des Jahres 2009 reagierte. »15 Jahre später war ein ähnlicher Versuch erfolgreich: Im Jahr 2008 gelang es Erlanger Medizinern, die Schwangerschaft einer nach einem Herzinfarkt ins Koma gefallenen 40-Jährigen fortzusetzen. Nach 22 Wochen, in der 35. Schwangerschaftswoche, wurde ein gesunder Junge durch einen Kaiserschnitt entbunden.« (http://de.wikipedia.org/wiki/Erlanger_Baby, 23.08.2011). Nicht zuletzt aufgrund der differenzierteren Berichterstattung und guter Zusammenarbeit mit dem Ethikkomitee blieben negative Reaktionen in diesem aktuellen Fall aus.

5 Der in Erlangen und Freiburg initiierte Studentenverband verbreitete sich mit Regionalgruppen u. a. auch in Aachen, Berlin, Heidelberg und Würzburg, wo aktive Gruppen Veranstaltungen organisierten und auf eine Integration der Medizinethik in das Curriculum der Ärzteausbildung hinwirkten. Ein erster Bundeskongress in Bonn (1990) etwa widmete sich dem Thema »Ethik im Studium der Medizin«, in Würzburg wurde eine Tagung zu ethischen Problemen der Behinderung ausgerichtet, dokumentiert bei Kleinert et al. (1997).

die gesellschaftlichen Debatten zu ergänzen (vgl. Frewer 1993, 1994). Auf den Ladentischen der Erlanger Buchhandlungen lag dann pikanterweise die Ausgabe des kritisierten Singer-Buches neben der Dokumentation der ersten »Erlanger Studientage zur Ethik in der Medizin« zum Thema »Person und Ethik«, die gerade explizit kritische Positionen – etwa des Philosophen Robert Spaemann (1993) oder des Juristen Jan C. Joerden (1993) – im Kontrast zum Präferenzutilitarismus des Bioethikers brachten (vgl. Frewer u. Rödel 1993).

7.2.2 Initiativen und Strömungen

Auch Vertreter der Medizinischen Fakultät der Universität Erlangen-Nürnberg engagierten sich seinerzeit für Fragen medizinischer Ethik. Der Erlanger Rechtsmediziner Hans-Bernhard Wuermeling wurde 1986 Gründungspräsident der »Akademie für Ethik in der Medizin e.V.«, die ihren ersten Sitz in Erlangen hatte. Er bot zudem Veranstaltungen zum Thema »Ärztliche Ethik und Bioethik« an, um Studierende für diese Grundfragen zu sensibilisieren. Am Institut für Geschichte der Medizin wurde unter der Medizinhistorikerin Renate Wittern die Lehre zur Medizinethik vorangebracht und Anfang der 1990er Jahre eine erste Assistentenstelle zur Medizinethik besetzt. Gemeinsam mit Initiativen der Studierenden gab es jedes Semester ein Veranstaltungsprogramm mit Vorträgen und Diskussionsforen, die brisante Fragen vom Schwangerschaftsabbruch bis zum Hirntod thematisierten. Die daraus entstandene Fachbuchreihe »Erlanger Studien zur Ethik in der Medizin« war eine der ersten speziellen Publikationsreihen mit Schwerpunkt Medizinethik in Deutschland und erreichte bis Ende der 1990er Jahre sieben Bände. In Erlangen gab es zudem mehrere Foren zum Thema Ethik im Medizinstudium und auch erste Publikationen zu diesem Gebiet, lange bevor das Querschnittsfach »Geschichte, Theorie, Ethik der Medizin« offiziell in das Medizinstudium aufgenommen wurde (2002).

Eine weitere Initiative, die den Standort Erlangen-Nürnberg im Bereich Medizinethik charakterisiert, ist die Kongressreihe »Medizin und Gewissen«. Zum 50. Jahrestag des Nürnberger Ärzteprozesses 1996 wurde erstmals eine große Konferenz zum Thema ärztliche Verantwortung ausgerichtet. Foren zur Erinnerung an die historischen Verbrechen im Nationalsozialismus wurden verbunden mit aktuellen Diskussionen zur Ethik im Gesundheitswesen. Veranstalter waren die Internationalen Ärzte für die Verhütung eines Atomkriegs/Ärzte in sozialer Verantwortung (IPPNW), die mit großem Engagement in lokalen Gruppen eine viel besuchte Konferenz mit nationalen wie auch internationalen Fachleuten organisierten. Fünf Jahre später wurde eine zweite Tagung unter dem gleichen Titel mit breiter Resonanz in Erlangen ausgerichtet, 2006 dann erneut in Nürnberg – und im Herbst 2011 fand mittlerweile der vierte Kongress »Medizin und Gewissen« (http://www.medizinundgewissen.de) wiederum in Erlangen statt (vgl. Kolb et al. 1998; Gerhardt et al. 2008). Diese verschiedenen Initiativen und Strömungen bildeten den Hintergrund sowohl für die 2001 erfolgte Institutionalisierung der Professur für Ethik in der Medizin an der Universität als auch für die Einrichtung des Klinischen Ethikkomitees am Universitätsklinikum Erlangen.[6]

7.3 Der Gründungsprozess für das Ethikkomitee am Universitätsklinikum

Nach dieser Darstellung der allgemeinen Vorgeschichte und wichtiger Kontexte für die Region Erlangen-Nürnberg soll im folgenden Abschnitt die Genese der Gründung des ersten Klinischen Ethikkomitees am Universitätsklinikum genauer beleuchtet werden. Zu den bisher bereits genannten wichtigen Standortfaktoren wie den Instituten für Geschichte der Medizin und Rechtsmedizin, dem Studentenverband Ethik in der Medizin und anderen Initiativen muss insbesondere auch noch die Klinikseelsorge und die Leitung des Universitäts-

---

6   Hingewiesen sei in diesem Zusammenhang auch auf die professionelle Ethikberatung am Klinikum Nürnberg: Ausgehend vom engagierten »Ethikkreis« an der 4. medizinischen Klinik (Nephrologie) ist inzwischen auch ein Ethikforum sowie eine mobile Ethikberatung für andere Einrichtungen der Nürnberger Klinik entstanden. Eine Dissertationsstudie von Stephan Kolb ist hierzu in Vorbereitung.

klinikums hinzugerechnet werden. Kontakte zwischen diesen Ebenen führten im Herbst 2000 zu Gesprächen über die Weiterentwicklung der Medizinethik (vgl. Eunicke 2009).[7] Der damalige ärztliche Direktor des Universitätsklinikums, Prof. Rolf Sauer, und der Sprecher der Evangelischen Klinikseelsorge, Pfarrer Johannes Eunicke, vereinbarten eine noch stärkere Vernetzung von Klinik und Seelsorge und fassten einen Gesprächskreis für Ärzte und Pflegende zu übergreifenden Themen von seelsorgerischer und ethischer Bedeutung ins Auge. Eunicke berichtete in diesem Zusammenhang von Erfahrungen mit Ethikkomitees und Ethikberatungen, die er als Klinikseelsorger in den USA gemacht hatte (1993–1995 in Houston/Texas). Der ärztliche Direktor griff diese Idee als Desiderat für das Erlanger Universitätsklinikum auf. Zusammen mit Pastoralreferent Hans Baumgartner (Katholische Klinikseelsorge) wurde die Einführung einer ähnlichen Einrichtung in Erlangen angestrebt.

Anfang 2001 fand ein erstes Treffen zur Gründung eines Klinischen Ethikkomitees statt, an dem Vertreter der Anästhesie, Pädiatrie, Medizingeschichte, Rechtsmedizin sowie Klinikseelsorge und Pflegedirektion beteiligt waren. Im Teilnehmerkreis wurden Instrumente sowohl zur kurzfristigen Konsultation (»Ethik-Feuerwehr«) als auch zur begleitenden Beratung bereits im Vorfeld von Entscheidungskonflikten diskutiert. Zudem spielten Fragen der Außenwirkung für das Klinikum eine gewisse Rolle.[8] Für das Ethikkomitee wurden

schließlich Fallbesprechungen und programmatische Arbeit zu zentralen Themen[9] als wichtigste Aufgabenbereiche definiert.

Im Rahmen weiterer Treffen erörterte die unter dem Namen »Arbeitskreis Ethik im Klinikum« firmierende Kerngruppe bereits konkret, welche Mitglieder für das Ethikkomitee nominiert werden sollten. Im Mai 2001 stießen der Justiziar des Klinikums Albrecht Bender und Jochen Vollmann (seinerzeit noch Professor an der Evangelischen Fachhochschule in Berlin) zu diesem Kreis hinzu. Letzterer hatte einen Ruf nach Erlangen auf das neu eingerichtete Extraordinariat für Ethik in der Medizin erhalten.

Themen und Inhalte des Arbeitskreises kamen der Arbeit eines Klinischen Ethikkomitees bereits sehr nahe, so gab es Fallvorstellungen und strukturelle Überlegungen zur Weiterentwicklung der Ethik am Universitätsklinikum. In der zweiten Jahreshälfte 2001 stießen infolge einer klinikweiten Ausschreibung noch weitere Interessierte aus Pflege und Sozialdienst sowie Ärzte aus Psychiatrie und Strahlentherapie hinzu, ergänzt durch einen Philosophen.[10]

Im Rahmen des sechsten Arbeitskreis-Treffens im November 2001 wurde entschieden, dass der »Arbeitskreis Ethik im Klinikum« das Klinische Ethikkomitee (KEK) bilden und die Mitglieder vom Vorstand des Klinikums für drei Jahre berufen werden sollten. Als zentrale Aufgaben des Gremiums wurden Ethikberatung in Einzelfällen, Leitlinienentwicklung sowie Fort- und Weiterbildung formuliert. Konsens bestand über die Notwendigkeit einer interdisziplinären Besetzung. Die Geschäftsführung wurde der Professur für Ethik in der Medizin übertragen, in Berufungsverhand-

---

7   Die folgenden Abschnitte zur Vorgeschichte des Klinischen Ethikkomitees (KEK) am Universitätsklinikum Erlangen basieren auf Zeitzeugenberichten und schriftlichen Quellen (Archiv der Geschäftsstelle des KEK). Neben anderen Beiträgen sei hier insbesondere auf die noch unpublizierte Zusammenstellung von Pfarrer Johannes Eunicke (Evangelische Klinikseelsorge Erlangen) hingewiesen, der diese freundlicherweise der Geschäftsführung des Ethikkomitees zur Verfügung gestellt hat.

8   Ein Artikel in der Lokalpresse (Erlanger Nachrichten vom 22.02.2001) hatte über einen Patienten berichtet, der nach einer Transplantation verstorben war. Eine Nachrichtensendung hatte den Fall aufgegriffen. Da keine medizinischen Fehler nachgewiesen werden konnten, wurde das nach Strafanzeige von den Angehörigen eingeleitete Verfahren zur Frage fahrlässiger Tötung jedoch eingestellt. Der Umgang mit den Angehörigen bei Überbringung der Todesnachricht war ein weiterer Aspekt der Kritik.

9   Seinerzeit wurden die Themen Sterbehilfe (mit Bezug zur Debatte in den Niederlanden), Patientenverfügungen und der Verzicht auf Wiederbelebung (»VaW-Order«) als vordringlich angesehen.

10 Einen wichtigen Anteil an der Entwicklung des Klinischen Ethikkomitees hatte die Einbindung des Lehrstuhls Systematische Theologie II (Ethik). Der inzwischen emeritierte Fachvertreter ist Sozialethiker und bringt sich bis heute engagiert in die Arbeit des Klinischen Ethikkomitees ein. Die Kombination der praktischen Beschäftigung mit Fragen der Medizinethik mit einer fundierten wissenschaftlichen Ausrichtung universitärer Ethik, ist für die Reflexion im Ethikkomitee sehr wichtig.

lungen konnten hierfür eine Mitarbeiter- und eine Sekretariatsstelle geschaffen werden. Die offizielle konstituierende Sitzung wurde für den Januar 2002 festgelegt, wobei die 18 anwesenden Mitglieder des Arbeitskreises dann auch den Stamm der 20 Mitglieder des Ethikkomitees bildeten. Neben der Vorstellung eines Faltblatts »Klinische Ethikberatung (Ethikkonsil)« wurden bei dieser konstituierenden Sitzung vier Arbeitsgruppen zu den Themen Sterbebegleitung, Therapiebegrenzung, Präimplantationsdiagnostik und Ethikberatung eingesetzt.

Zusammenfassend lässt sich feststellen, dass für die Implementierung des Ethikkomitees am Universitätsklinikum Erlangen sowohl Elemente des »Bottom-up«-Prozesses – breite Diskussionen, Initiativen aus einzelnen Abteilungen, Studentenverband u. a. – als auch der »Top-down«-Gründung – Aufnahme der Idee durch Institutsleitungen und ärztliche Direktion etc. – wirksam waren. Die vielschichtigen Debatten lassen sich an dieser Stelle nur kurz und in groben Zügen skizzieren.

7.4 Arbeit und Weiterentwicklung des Ethikkomitees

> Übergreifendes Ziel des Klinischen Ethikkomitees war es – im Unterschied zur **Ethikkommission** der Medizinischen Fakultät, die Anträge zur Forschung am Menschen begutachtet, – ein Forum für Debatten zu klinisch-ethischen Fragen zu schaffen, die sich aus der Behandlung von Patienten in der Praxis ergeben.

Klinische Ethikberatung und Klinische Ethikkomitees waren bis dato vorwiegend in den USA und dann erst in wachsender Zahl in Europa eingerichtet worden. In Deutschland existierten zur Zeit der Gründung des Erlanger Klinischen Ethikkomitees nur einige Dutzend Gremien, primär an Häusern mit konfessioneller Trägerschaft (vgl. Kettner u. May 2002; ► Kap. 2, 3 u. 6).

Die Geschäftsführung des Klinischen Ethikkomitees am Universitätsklinikum Erlangen obliegt

der Professur für Ethik in der Medizin;[11] ärztliche und kaufmännische Leitung des Klinikums stellen Personal- und Sachmittel zur Verfügung (Vollmann u. Weidtmann 2003). Die vorgeschlagenen Mitglieder des Klinischen Ethikkomitees werden jeweils offiziell vom Klinikumsvorstand berufen. Eine große Stärke des Ethikkomitees ist seine Interdisziplinarität:

Mitglieder des Klinischen Ethikkomitees (in alphabetischer Reihe, Stand: 6/2011)[12]

- Hans Baumgartner, Pastoralreferent, Katholische Klinikseelsorge (*z. Zt. freigestellt*)
- Helga Bieberstein, Pflegedienstleitung in Frauen-, Kinderklinik und Palliativstation
- Dr. med. Florian Bruns, Ethik in der Medizin, Geschäftsstelle des Ethikkomitees
- Karolina Clauss, Pflege, Interdisziplinäre Operative Intensivmedizin
- Pfarrer Johannes Eunicke, Evangelische Klinikseelsorge (*z. Zt. freigestellt*)
- Prof. Dr. Andreas Frewer, M.A., Professur für Ethik in der Medizin, Geschäftsführung
- Pfarrerin Christine Günther, Evangelische Klinikseelsorge
- Astrid Kaa, Ethikberaterin, Pflege Palliativmedizin
- Pfarrerin Regina Korn-Clicqué, Evangelische Klinikseelsorge
- Dipl.-Pflegewirt Ludger Kosan, stellvertretender Pflegedirektor
- Dr. med. Anne Mackensen, Patientenangelegenheiten, Entgelte und DRG-Koordination
- Maria Melchert, Pflege, Innere Medizin

---

11 Prof. Andreas Frewer, M.A., hat die Professur seit dem Sommersemester 2006 kommissarisch vertreten (parallel zur Leitung in Hannover), seit 2007 ist er Stelleninhaber und Nachfolger von Prof. Jochen Vollmann (jetzt Bochum).

12 Die höhere Zahl als 20 ist bedingt durch eine Vertreterregelung der Klinikseelsorge und Pflege. Des Weiteren ist aktuell ein Wechsel im Amt des Patientenfürsprechers zu verzeichnen, die Nachfolgerin ist noch nicht in das Ethikkomitee berufen worden. Darüber hinaus gibt es eine engere Zusammenarbeit mit dem Justiziariat des Universitätsklinikums.

- Prof. Dr. med. Christoph Ostgathe, Leiter der Abteilung für Palliativmedizin
- Prof. Dr. med. Dr. h.c. Wolfgang Rascher, Direktor Kinder- und Jugendklinik, Vorsitz
- Thomas Schimmel, Pastoralreferent, Katholische Klinikseelsorge
- Anne-Karin Simbeck, Pflege, Interdisziplinäre Operative Intensivstation
- Dipl.-Psych. Hannelore Sinzinger, Psychoonkologie, Kopfklinik/Psychosomatik
- Anette Steinhausen, Krankenschwester, Intensivstation der Kinderklinik
- Dr. med. Axel Stübinger, Oberarzt, Gefäßchirurgie/Chirurgische Klinik
- Prof. em. Dr. theol. Hans G. Ulrich, Lehrstuhl für Systematische Theologie (Ethik)
- Dr. med. Andreas Wehrfritz, Arzt, Anästhesiologie und Intensivmedizin
- Prof. em. Dr. phil. Renate Wittern-Sterzel, Lehrstuhl für Geschichte der Medizin

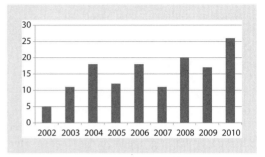

◘ **Abb. 7.1**   Übersicht der umfangreichen Ethikberatungen des KEK am Universitätsklinikum Erlangen (2002–2010)

Das Klinische Ethikkomitee trifft sich seit Beginn seiner Arbeit einmal monatlich zu einer Sitzung. Als 20-köpfiges Gremium bildet es darüber hinaus zusätzliche Arbeitsgruppen zur Vertiefung einzelner Themenbereiche; die Ergebnisse dieser begleitenden Aktivitäten werden in den Sitzungen vorgestellt und diskutiert, Stellungnahmen oder Leitlinien verabschiedet und dem Klinikvorstand zur Veröffentlichung empfohlen. Neben der Arbeitsgruppe Ethikberatung wurden die Themen Therapiebegrenzung, Sterbebegleitung, Präimplantationsdiagnostik, Palliativmedizin, Aufklärung und Einwilligung eingerichtet, mittlerweile hat sich dieses Spektrum noch erweitert durch Gruppen etwa zu den Themen »Klinische Ethik und Patientenperspektive« und »Klinische Ethik und Ökonomie« (vgl. Wernstedt u. Vollmann 2005, Frewer et al. 2008).

Der Erfolg der Projektarbeit in den Arbeitsgruppen bzw. im Klinischen Ethikkomitee zeigt sich auch an der Erarbeitung von Leitlinien. So wurden »Empfehlungen zur Therapiebegrenzung auf Intensivstationen« und »Empfehlungen zur Anordnung eines Verzichts auf Wiederbelebung (VaW)« verfasst, die wesentliche gesetzliche Vorgaben und den aktuellen medizinethischen Diskus-

sionsstand zusammenfassen. Diese Leitlinien dienen den Ärzten am Universitätsklinikum Erlangen als Unterstützung, um sich bei schwierigen moralischen Konfliktsituationen in der täglichen Praxis zurechtzufinden und im Interesse der Patienten ethisch fundiert zu handeln. Auch eine Stellungnahme »Zur Diskussion um ‚aktive Sterbehilfe' und assistierten Suizid« wurde erarbeitet. In zunehmendem Maße werden die Leitlinien »Verzicht auf Wiederbelebungsmaßnahmen« und »Therapiebegrenzungen« in die praktische Arbeit am Universitätsklinikum Erlangen eingebracht, wobei die Umsetzung auf den Stationen natürlich in unterschiedlichem Ausmaß erfolgt.

In den zahlreichen Anfragen anderer Kliniken zur Übernahme der Empfehlungen sieht das Klinische Ethikkomitee eine Bestätigung seiner Arbeit. Mit mehreren klinikinternen und öffentlichen Foren war zudem das Thema Patientenverfügung wiederholt inhaltlicher Schwerpunkt gut besuchter Veranstaltungen.

7.5   Zentrale Aufgabe: Beratung im Einzelfall

Die Arbeitsgruppe Ethikberatung umfasst aktuell zehn Mitglieder, die in der Mehrzahl eine Zusatzausbildung als Ethikberater/in im Gesundheitswesen absolviert haben. Die Ethikberatung hat mittlerweile einen festen Platz am Universitätsklinikum Erlangen, zwischen 2002 und 2011 wurden über 160 Fallberatungen durchgeführt (◘ Abb. 7.1). Nicht immer vermag jedoch die Anzahl der Beratungen den Zeit- und Arbeitsaufwand im Einzelfall

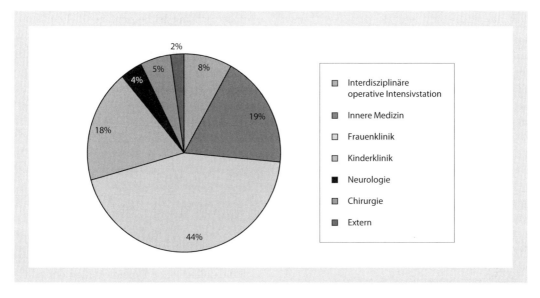

Abb. 7.2   Aufteilung der Ethikberatungen des KEK auf die Kliniken (Stand 6/2011)

widerzuspiegeln (Beckmann et al. 2009).[13] Hinzu kommen überdies diverse telefonische Anfragen aus externen Kliniken oder Praxen.

> Schwerpunkte der Ethikberatung liegen an den Lebensgrenzen. Beratungsfälle in der Frauenklinik bzw. der Kinder- und Jugendklinik sowie auf den Intensivstationen nehmen zahlenmäßig den größten Raum ein.

Ausführliche Ethikberatungen finden insbesondere in der Frauenklinik bei der Entscheidungsfindung im Rahmen später Schwangerschaftsabbrüche nach der 22. Schwangerschaftswoche statt. Hierzu ist in Zusammenarbeit zwischen Ethikkomitee, Arbeitsgruppe Ethikberatung und Erlanger Frauenklinik ein eigenes Modell entwickelt worden, das den rechtlichen Rahmen berücksichtigt und zur Lösung der ethisch schwierigen Fragen bei Schwangerschaftskonflikten beitragen soll (Wernstedt et

al. 2005; Fahr et al. 2008). Die verantwortlichen Vertreter der Frauenklinik haben in diesem Zusammenhang die Kooperation mit dem Klinischen Ethikkomitee gesucht und gefunden.

Neben der Fallberatung in den jeweiligen Kliniken – die Verteilung im Einzelnen geht aus ◘ Abb. 7.2 hervor – gibt es eine Reihe weiterer Beratungen auf verschiedenen Ebenen, etwa bei Wünschen zu speziellen Fortbildungen oder überregionalen Anfragen zur Unterstützung für neu entstehende Ethikkomitees an anderen Krankenhäusern. Diese Gründungsberatungen werden üblicherweise in Form von »Inhouse-Schulungen« in den betreffenden Kliniken durchgeführt.

7.5.1   Die Ethiktage der Professur für Ethik in der Medizin und des Ethikkomitees

Einmal im Jahr wird ein sog. »Ethiktag« als öffentliche Konferenz abgehalten. In den ersten Jahren war er vorwiegend darauf ausgerichtet, den Mitarbeitern des Universitätsklinikums die Arbeit des Klinischen Ethikkomitees darzustellen und interessierte Gäste, meist aus benachbarten Kliniken, zu informieren und mit ihnen zu diskutieren. Die

---

13   Der Fall einer schwangeren Frau, die aufgrund eines Herzinfarkts ins Wachkoma fiel und schließlich nach 22 Wochen von einem gesunden Jungen entbunden werden konnte, war dabei einer der umfangreichsten Beratungsfälle (vgl. ► Abschn. 7.2) – dieser zählt aber trotz diverser Beratungstermine in der Statistik nur als »ein« Fall.

folgende ▶ Übersicht zeigt die jährlichen Themenschwerpunkte.

Die Ethiktage und ihre Themen im Überblick

- 2002: Erster Ethiktag des Klinischen Ethikkomitees
- 2003: Zweiter Ethiktag des Klinischen Ethikkomitees
- 2004: Therapiebegrenzung
- 2005: Klinische Ethikzirkel, Schmerztherapie und Patientenverfügungen
- 2006: Klinische Ethikkomitees: Nutzen, Risiken und Nebenwirkungen?
- 2007: Patientenverfügung und Ethikberatung in der Praxis
- 2008: Ethik im klinischen Alltag
- 2009: Hoffnung und Verantwortung in der klinischen Praxis
- 2010: Ethik in der Medizin zwischen Empathie und Ökonomie
- 2011: Emotion und Ethik in der Medizin

Den 5. Ethiktag hat das Klinische Ethikkomitee am Universitätsklinikum Erlangen auch aus Anlass der 50. Sitzung im Juni 2007 zu einer Standortbestimmung genutzt; durch die Neubesetzung der Professur (2006 kommissarisch, 2007 endgültig) war eine entsprechende Zäsur gegeben. Während die ersten vier Tagungen eher einen kleineren Teilnehmerkreis aufwiesen, sollte das Forum des Ethiktags weiter entwickelt werden und bewusst nicht nur lokale Resonanz, sondern überregionale Beteiligung erzielen. Dazu wurde auch eine größere Zahl externer Referenten eingeladen und das Forum breiter und länger gestaltet.

Ziel des 5. Ethiktages war eine Bestandsaufnahme, welche Entwicklungsprozesse in Gang gesetzt wurden bzw. noch in Gang gesetzt werden müssen, damit Klinische Ethikkomitees in die Organisation moderner Krankenhäuser und Kliniken mit dem Ziel eingebunden werden, die ethische Kultur und Organisation positiv und effektiv zu beeinflussen. Im ersten Teil des Ethiktages wurden die ethischen wie auch politischen Rahmenbedingungen und Auswirkungen Klinischer Ethikkomitees genauer betrachtet: Welche Erwartungen verbinden sich aus

ethischer Sicht mit der Einrichtung von Ethikkomitees? Wie können Klinische Ethikkomitees durch staatliche Einrichtungen und die Ärztekammern gefördert werden? Im zweiten Abschnitt wurden in Vorträgen zentrale Ergebnisse vorgestellt, die im Rahmen der beiden größten deutschen Studien zur Arbeit Klinischer Ethikkomitees gewonnen wurden. Im dritten Teil wurde über die Wirkung der Arbeit des Klinischen Ethikkomitees am Universitätsklinikum Erlangen auf die Sensibilisierung der Pflege für ethische Fragen berichtet und wie am Beispiel der Anästhesiologischen Klinik sich die Arbeit des Klinischen Ethikkomitees in der alltäglichen Praxis auswirken kann.

Eine nicht unerhebliche Neuerung seit Wiederbesetzung der Professur für Ethik in der Medizin ist auch die differenzierte Dokumentation der Ethiktage im Rahmen des neu gegründeten »Jahrbuch Ethik in der Klinik«. Dort werden die wichtigsten Beiträge der öffentlichen Veranstaltungen sowie weitere Fachartikel und ausgewählte Fallstudien publiziert. Auf diese Weise stellen sich das Ethikkomitee und die Professur für Ethik in der Medizin dem öffentlichen Diskurs (vgl. Frewer et al. 2008, 2009, 2010, 2011). Ein besonderes Forum bildete dabei ein »Tag der offenen Tür« mit »Sprechstunde« des Klinischen Ethikkomitees im Rahmen des 7. Ethiktags 2008 (vgl. Leonhardt 2009). Des Weiteren gab es Aktivitäten im Rahmen der regionalen Veranstaltung »Lange Nacht der Wissenschaften« in den Jahren 2007, 2009 und 2011 mit öffentlichen Foren u. a. zu den Themen »Klinisches Ethikkomitee«, »Formen der Ethikberatung« und »Patientenverfügungen«.

7.6   Medizinethik am Lebensende: Die strukturelle Förderung der Palliativmedizin

Die Unterstützung und Begleitung von Patienten am Lebensende sowie die notwendige Institutionalisierung von Hospiz und Palliativmedizin waren von Beginn an ein Ziel des Ethikkomitees. Wenn kurative therapeutische Maßnahmen nicht mehr greifen, müssen Behandlungskonzepte und -ziele angepasst werden, um den Patienten Linderung zu bringen. Dabei spielen individuelle Schmerzthe rapie, aber auch psychosoziale und spirituelle Betreuung eine wichtige Rolle. Das Klinische Ethikkomitee hatte bereits 2003/04 in der Arbeitsgruppe Palliativmedizin ein zentrales Positionspapier zur Etablierung der Palliativmedizin am Universitätsklinikum Erlangen entwickelt. Der 4. Erlanger Ethiktag im Herbst 2005 war zudem speziell dem Thema gewidmet. Die Foren dienten dazu, Strukturen für die Palliativmedizin am gesamten Universitätsklinikum bekannt zu machen und zu etablieren. Es war darüber hinaus notwendig, dass der Planungsausschuss für Hochschulklinika den Antrag auf die Einrichtung einer stationären Versorgungseinheit für Palliativmedizin am Universitätsklinikum Erlangen gebilligt hat und die Ziele des Klinischen Ethikkomitees zur Verbesserung der Patientenversorgung umgesetzt wurden.

Mit Förderung der Deutschen Krebshilfe wurden schließlich 2010 eine Stiftungsprofessur und eine Palliativstation eingerichtet. Der Stelleninhaber, Prof. Dr. Christoph Ostgathe (vormals Köln), ist seit 2011 auch Mitglied des Klinischen Ethikkomitees. Während in Erlangen somit die Medizinethik die Implementierung der Palliativmedizin initiiert und begleitet hat, gibt es andernorts auch die genau umgekehrte Reihenfolge der Impulse: In Göttingen etwa wurde das Klinische Ethikkomitee nach einer langen Verzögerung aus dem Fach der Palliativmedizin unterstützt und aufgebaut – dies zeigt punktuell Verbindungen und ähnliche Ziele in Bezug auf eine ganzheitliche Betreuung des kranken Menschen (▶ Kap. 9).

7.7 Ethikkomitee und Klinische Ethik: Perspektiven

Die Neubesetzung der Professur für Ethik in der Medizin und die Leitung der Geschäftsstelle haben die Arbeit des Klinischen Ethikkomitees konsolidiert und gleichzeitig in mehrerlei Hinsicht neue Perspektiven gegeben: Die Zahl der Ethikberatungen hat sich im jährlichen Durchschnitt erhöht, die Präsenz in der Klinik konnte über eine Vielzahl von Veranstaltungen und Foren verstärkt werden. Durch die Anfertigung eines professionellen Flyers zur Darstellung der Angebote – Fallberatung, Leitlinienarbeit und Fortbildung – mit Bildern jedes

Mitglieds wie auch Beispielen für Beratungsinhalte konnten die Innen- und Außenwirkung nochmals verbessert werden.

Mit dem Umzug der Geschäftsstelle des Ethikkomitees in die Universitätsstraße 40 als dem im Rahmen der Berufungsverhandlungen erhaltenen Gebäude der Professur für Ethik in der Medizin (neben dem Hauptgebäude Glückstraße 10) ist eine neue Phase der Ausweitung der Arbeit zur Klinischen Ethik begonnen worden. Die Erweiterung der Ethiktage, zusätzliche Veranstaltungen und Sonderforen haben den Bereich der Angewandten Ethik in der Medizin differenziert. Besondere Etappen waren das – möglicherweise weltweit erste – öffentliche Forum eines Klinischen Ethikkomitees (vgl. Leonhardt 2009) sowie die mittlerweile 100. Sitzung, die ebenfalls zusammen mit einer Veranstaltung zur Sensibilisierung der Bevölkerung durchgeführt wurde. Die Ausrichtung einer Klausurwoche »Klinische Ethik« hat zusätzlich zur Vertiefung und Vernetzung der Arbeit beigetragen (vgl. Imhof u. Mattulat 2011). Wissenschaftliche Projekte zur Evaluation und Erforschung der Inhalte Klinischer Ethik und Ethikberatung sind wichtig zur wissenschaftlichen Fundierung der praktischen Arbeit.

Die im Rahmen der Dokumentation in Fachzeitschriften sowie insbesondere dem gut etablierten »Jahrbuch Ethik in der Klinik« erreichte Differenzierung und Transparenz soll weitere Impulse für die Entwicklung von Ethikberatung in anderen deutschen Kliniken geben. Spezifische Projekte wie etwa das Beispiel »Inter-KEK« mit der komparativen Fallstudienanalyse und der direkten Beratung gemeinsam mit anderen Ethikkomitees tragen zu Erfahrungen und Reflektion in diesem Bereich bei (Frewer u. Bruns 2011; Bruns u. Frewer 2011; ASBH 2011).

Die zahlreichen Anfragen zur Unterstützung im Aufbau befindlicher Gremien und die hohe Zahl an Einladungen zu Vorträgen oder Fortbildungsseminaren zeigen die positive Resonanz.

> ❯ **Eine an Menschenwürde, Patientenrechten und Prinzipien der Medizinethik orientierte Vorgehensweise sowie die Berücksichtigung der Perspektiven aller Beteiligten prägen die inhaltliche Praxis**

der Ethikberatung, für die medizinische und ethische Expertise ebenso wichtig ist wie Sensibilität bei Gesprächsführung und Fallmoderation.

Literatur

American Society for Bioethics and Humanities (ASBH) (2011) Core competencies for health care ethics consultation. Glenview

Beckmann MW, Engel J, Goecke TW, Faschingbauer F, Oppelt P, Flachskampf F, Schellinger PD, Rascher W, Schüttler J, Frewer A (2009) Schwangerschaft, Herzinfarkt, Hirnschädigung. Medizinische und ethische Fragen beim Umgang mit Mutter, Kind und sozialem Kontext. In: Frewer et al. (2009), S. 215–225

Birnbacher D (Hrsg.) (2002) Bioethik als Tabu? Toleranz und ihre Grenzen. Münster

Bockenheimer-Lucius G, Seidler E (Hrsg.) (1993) Hirntod und Schwangerschaft. Dokumentation einer Diskussionsveranstaltung der Akademie für Ethik in der Medizin zum Erlanger Fall. Baden-Baden

Bruns F (2009) Medizinethik im Nationalsozialismus. Entwicklungen und Protagonisten in Berlin (1939–1945). Stuttgart

Bruns F, Frewer A (2010) Fallstudien im Vergleich. Ein Beitrag zur Standardisierung Klinischer Ethikberatung. In: Frewer et al. (2010), S. 301–310

Bruns F, Frewer A (2011) Klinische Ethikberatung und palliative Sedierung. Ein Vergleich unterschiedlicher Perspektiven. In: Frewer et al. (2011), S. 259–264

Bruns F, Goecke T, Korn-Clicqué R, Frewer A (2010) Wunsch nach Spätabbruch der Schwangerschaft bei Trisomie 21 und fetalem Herzfehler. In: Frewer et al. (2010), S. 277–278

Die behandelnden Ärzte (1993) Kontroverse Hirntod und Schwangerschaft. Abschließende Pressemitteilung der Chirurgischen Klinik mit Poliklinik und des Institutes für Anästhesiologie der Universität Erlangen-Nürnberg. In: Ethik in der Medizin 5 (1993), S. 24–28

Ebbinghaus A, Dörner K (Hrsg.) (2001) Vernichten und Heilen. Der Nürnberger Ärzteprozeß und seine Folgen. Berlin

Eissa T-L, Sorgner SL (Hrsg.) (2011) Geschichte der Bioethik. Eine Einführung. Paderborn

Eunicke J (2009) Die Vorgeschichte des Erlanger Klinischen Ethikkomitees (KEK) am Universitätsklinikum Erlangen. Zusammengestellt von Pfarrer Johannes Eunicke, Evang. Klinikseelsorge (unveröffentlicht, drei Seiten)

Fahr U, Link K, Schild R (2008) Das Erlanger Beratungsmodell bei späten Schwangerschaftsabbrüchen und seine Entwicklung in den Jahren 2005 und 2006. In: Wewetzer, Wernstedt (2008), S. 185–208

Frewer A (Hrsg.) (1993) Ethik im Studium der Humanmedizin. Lehrsituation und Reformperspektive an deutschen Universitäten, Teil I. Erlangen, Jena

Frewer A (Hrsg.) (1994) Ethik im Studium der Humanmedizin. Lehrsituation und Reformperspektive an deutschen Universitäten, Teil II. Erlangen, Jena

Frewer A (2000) Medizin und Moral in Weimarer Republik und Nationalsozialismus. Die Zeitschrift »Ethik« unter Emil Abderhalden. Frankfurt/M., New York

Frewer A (2011) Zur Geschichte der Bioethik im 20. Jahrhundert. Entwicklungen – Fragestellungen – Institutionen. In: Eissa, Sorgner (2011), S. 415–437

Frewer A, Bruns F (2004) »Ewiges Arzttum« oder »neue Medizinethik« 1939–1945? Hippokrates und Historiker im Dienst des Krieges. In: Medizinhistorisches Journal 38 (2004), S. 313–336

Frewer A, Bruns F (2011) »Inter-KEK«. Strukturfragen der Ethikberatung in komparativer Analyse. In: Frewer et al. (2011), S. 225–228

Frewer A, Bruns F, Rascher W (Hrsg.) (2010) Hoffnung und Verantwortung. Herausforderungen für die Medizin. Jahrbuch Ethik in der Klinik (JEK), Bd. 3. Würzburg

Frewer A, Bruns F, Rascher W (Hrsg.) (2011) Gesundheit, Empathie und Ökonomie. Kostbare Werte in der Medizin. Jahrbuch Ethik in der Klinik (JEK), Bd. 4. Würzburg

Frewer A, Fahr U, Rascher W (Hrsg.) (2008) Klinische Ethikkomitees. Chancen, Risiken und Nebenwirkungen. Jahrbuch Ethik in der Klinik (JEK), Bd. 1. Würzburg

Frewer A, Fahr U, Rascher W (Hrsg.) (2009) Patientenverfügung und Ethik. Beiträge zur guten klinischen Praxis. Jahrbuch Ethik in der Klinik (JEK), Bd. 2. Würzburg

Frewer A, Gress M, Schäuble B (1990) Der Studentenverband Ethik in der Medizin (SEM). In: Ethik in der Medizin 2 (1990), S. 94–95

Frewer A, Oppitz U-D et al. (Hrsg.) (1999) Medizinverbrechen vor Gericht. Das Urteil im Nürnberger Ärzteprozeß gegen Karl Brandt und andere sowie aus dem Prozeß gegen Generalfeldmarschall Erhard Milch. Erlanger Studien zur Ethik in der Medizin, Bd. 7. Erlangen, Jena

Frewer A, Rödel C (Hrsg.) (1993) Person und Ethik. Historische und systematische Aspekte zwischen medizinischer Anthropologie und Ethik. Erlanger Studien zur Ethik in der Medizin, Bd. 1. Erlangen, Jena

Frewer A, Rödel C (Hrsg.) (1994) Prognose und Ethik. Theorie und klinische Praxis eines Schlüsselbegriffs der Ethik in der Medizin. Erlanger Studien zur Ethik in der Medizin, Bd. 2. Erlangen, Jena

Gerhardt M, Kolb S et al. (2008) Medizin und Gewissen. Zwischen Markt und Solidarität. Frankfurt/M., S. 55–71

Hegselmann R, Merkel R (Hrsg.) (1992) Zur Debatte über Euthanasie. Beiträge und Stellungnahmen. Frankfurt/M.

Heinemann W, Maio G (Hrsg.) (2010) Ethik in Strukturen bringen. Denkanstöße zur Ethikberatung im Gesundheitswesen. Freiburg

Imhof C, Mattulat M (2011) Klinische Ethik: Konzepte, Kasuistiken und Komitees. Bericht zur BMBF-Klausurwoche vom 12.–19.09.2010 an der Universität Erlangen-Nürnberg. In: Ethik in der Medizin 23 (2011), S. 163–168

Joerden JC (1993) Strafrechtsschutz an den Grenzen des menschlichen Lebens als Funktion des rechtsethischen Personbegriffs. In: Frewer, Rödel (1993), S. 111–127

Jonsen AR (1998) The birth of bioethics. New York, Oxford

Kettner M, May A (2002) Ethik-Komitees in Kliniken – Bestandsaufnahme und Zukunftsperspektiven. In: Ethik in der Medizin 14 (2002), S. 295–297

Kiesecker R (1996) Die Schwangerschaft einer Toten. Strafrecht an der Grenze von Leben und Tod – der Erlanger und der Stuttgarter Baby-Fall. Recht & Medizin, Bd. 34. Frankfurt/M.

Kleinert S et al. (Hrsg.) (1997) Der medizinische Blick auf Behinderung. Ethische Fragen zwischen Linderung und Minderung. Würzburg

Kolb S, Seithe H, IPPNW (Hrsg.) (1998) Medizin und Gewissen. 50 Jahre Nürnberger Ärzteprozess. Eine Kongressdokumentation. Frankfurt/M.

Kuhse H, Singer P (1993) Muß dieses Kind am Leben bleiben? Das Problem schwerstgeschädigter Neugeborener. Überarbeitete und erweiterte Ausgabe. [Orig.: Should the baby live?, Oxford 1985]. Erlangen

Leonhardt D (2009) Ethik im klinischen Alltag. Erste Öffentliche Sitzung eines Ethikkomitees. 7. Ethiktag des Klinischen Ethikkomitees in Erlangen (2008). In Frewer et al. (2009), S. 309–312

Mildenberger F (2005) Das moralische Gewissen der deutschen Medizin – Werner Leibbrand in Nürnberg (1943–1953). In: Unschuld et al. (2005), S. 81–102

Mitscherlich A, Mielke F (Hrsg.) (1978) Medizin ohne Menschlichkeit. Dokumente des Nürnberger Ärzteprozesses. Frankfurt/M.

Petersen P (1993) Psychotherapie und Gynäkologische Psychosomatik. In: Bockenheimer-Lucius, Seidler (1993), S. 48–54

Rascher W (2008) Das Klinische Ethikkomitee am Universitätsklinikum Erlangen. In: Frewer et al. (2008), S. 117–122

Ruisinger MM (Hrsg.) (1998) 50 Jahre jung! Das Erlanger Institut für Geschichte der Medizin (1948–1998). Erlangen

Schöne-Seifert B (1993) Der »Erlanger Fall« im Rückblick: eine medizin-ethische Lektion? In: Ethik in der Medizin 5 (1993), S. 13–23

Seidel R (2001) Die Sachverständigen Werner Leibbrand und Andrew C. Ivy. In: Ebbinghaus, Dörner (2001), S. 358–404

Singer P (1984) Praktische Ethik. [Orig.: Practical ethics. Cambridge 1979]. Stuttgart

Spaemann R (1993) Der Personbegriff im Spannungsfeld von Anthropologie und Ethik – Sind alle Menschen Personen? In: Frewer, Rödel (1993), S. 13–27

Unschuld PU, Weber MM, Locher WG (Hrsg.) (2005) Werner Leibbrand (1896-1974). »… ich weiß, daß ich mehr tun muß, als nur ein Arzt zu sein …«. Germering bei München

Vollmann J, Weidtmann A (2003) Das Klinische Ethikkomitee des Erlanger Universitätsklinikums. Institutionalisierung – Arbeitsweise – Perspektiven. In: Ethik in der Medizin 15 (2003), S. 229–238

Wernstedt T, Beckmann M, Schild R (2005) Entscheidungsfindung bei späten Schwangerschaftsabbrüchen. In: Geburtshilfe und Frauenheilkunde 8 (2005), S. 761–766

Wernstedt T, Vollmann J (2005) Das Erlanger Klinische Ethikkomitee. Organisationsethik an einem deutschen Universitätsklinikum. In: Ethik in der Medizin 17 (2005), S. 44–51

Wewetzer C, Wernstedt T (Hrsg.) (2008) Spätabbruch der Schwangerschaft. Praktische, ethische und rechtliche Aspekte eines moralischen Konflikts. Frankfurt/M., New York

Wittern-Sterzel R (1998) Werner Leibbrand und die Gründung des Erlanger Instituts für Geschichte der Medizin. In: Ruisinger (1998), S. 4–11

Wuermeling H-B (1993) Fallbericht (Rechtsmedizin). In: Bockenheimer-Lucius, Seidler (1993), S. 22–33

Klinisches Ethikkomitee Düsseldorf-Gerresheim

Exemplarische Analysen zu sieben Jahren Fallbesprechungen

Beate Welsch

Der folgenden Ausführungen leisten einen Beitrag zur »Anamnese«, zur »Geschichte Klinischer Ethik« (Frewer 2010). Sie geben einen Überblick über die Implementierung und die Arbeit des Klinischen Ethikkomitees (KEK) am Krankenhaus Düsseldorf-Gerresheim, das die Verfasserin mitbegründen sowie mitgestalten konnte und dessen Vorsitz sie im Jahr 2009 übernahm. »Es ist durchaus nicht selbstverständlich, dass eine so anspruchsvolle Praxis, wie ethisches Nachdenken und ethische Beratung in einer Einrichtung wie der Klinik eine entsprechende institutionelle Form erhält. Dies ist mit den Ethikkomitees geschehen, und dies bedeutet, dass es in solchen Kliniken dann tatsächlich einen eigenen Ort gibt, an dem ausdrücklich ethische Praxis eingeübt und ausgeübt wird« (Ulrich 2008, S. 135).

8.1   Einführung

Der Schwerpunkt liegt auf dem Bericht über die ersten sieben Jahre Arbeit des Klinischen Ethikkomitees des Gerresheimer Krankenhauses in Düsseldorf. In dieser Klinik werden ca. 20 ethische Fallbesprechungen pro Jahr durchgeführt. Sie werden an Hand von sieben Kriterien analysiert. Die Vorstellung, dass der sachgerechte Einsatz medizinischen Wissens dem Wohl des Patienten dient, kann dank des medizinischen Fortschritts nicht mehr einfach als deckungsgleich angenommen werden. Durch vielschichtige neue Handlungsmöglichkeiten müssen für zunehmend komplexer werdende Entscheidungssituationen Rahmenbedingungen geschaffen werden, insbesondere, wenn Patienten sich nicht selbst äußern können (vgl. Inthorn 2010, S. 9).

>> Unser medizinisches Wissen sagt uns nur, was wir tun **können** […], nicht aber, was wir tun **sollen**. (Marckmann 2000, S. 74) **《**

Hier liegt das Kernproblem, denn ethische Fragestellungen erfordern den Rückgriff auf moralische Normen und Überzeugungen, die jedoch unsicher und widersprüchlich sein können.

> Klinische Ethikkomitees können, wollen und müssen ein Forum darstellen, das die multiprofessionelle, interdisziplinäre und Hierarchie übergreifende Zusammensetzung nutzt, um in einer aus ethischer Sicht schwierigen Situation viele Perspektiven, Möglichkeiten und Konsequenzen bei einer anstehenden Entscheidung zu berücksichtigen.

Klinische Ethikkomitees dienen der Entwicklung der ethischen Kompetenz in Institutionen des Gesundheitswesens und der Erarbeitung ethischer Leitlinien. Sie sind sowohl Mitarbeitern als auch Patienten und deren Angehörigen bzw. Betreuern Ansprechpartner und Berater. May und Kettner bezeichnen Ethikkomitees kurz als auf Moralfragen spezialisierte Beratungsgremien (vgl. May u. Kettner 2002, S. 184). Im medizinischen und pflegerischen Berufsalltag entstehende moralisch kritische Einzelsituationen werden über Disziplin-, Hierarchie- und Statusgrenzen hinweg diskursiv erörtert.

>> Mehr als Antworten sind es Fragen, die Menschen miteinander verbinden. Das Klinische Ethikkomitee zeigt dies besonders deutlich – zumindest dort, wo es aus direktem Interesse an der ethischen Frage gegründet wurde. (DEKV u. KKVD 1999, S. 17) **《**

So formulierten die christlichen Krankenhausverbände 1999 die wichtigste Intention zur Gründung eines Klinischen Ethikkomitees. Es geht darum, »die Sachlogik unterschiedlicher Lebens- und Handlungsbereiche und das Wechselspiel zu würdigen zwischen tradierten moralischen Standards und gesellschaftlicher wie individueller Praxis zu analysieren« (Körtner 2007, S. 5).

>> Die tiefgreifenden Entwicklungen der modernen Medizin und ihrer Organisationen konfrontieren uns mit wachsender Komplexität, die noch zunehmen wird. Die Zahl der realisierbaren Entscheidungen, die konkret in jedem Einzelfall zu treffen sind, steigt dramatisch an. In diese Entscheidungsprozesse bringen die beteiligten Personen (Patienten und deren Angehörige, Ärzte, Pflegende und letztendlich auch das Verwaltungspersonal) ihre individuellen Wertvorstellungen ein. All diese Menschen sind beeinflusst von Erfahrungen aus ihrer Biographie, von Sympathien und Antipathien, von Vorurteilen, Ängsten und Abwehr, von Niederlagen

und Versagen, von geglückten und missglückten Entscheidungen, kurz, von Lernerfahrungen aus früheren Auseinandersetzungen mit komplexen Entscheidungsdilemmata. Sie haben auch erfahren, dass nach jeder Entscheidung eine neue Geschichte beginnt […]. All dies haben die Akteure in unserem Gesundheitssystem schon konflikthaft erlebt. Aber sie haben dieses Erlebte nur selten im Diskurs geordnet und reflektiert. (Sponholz u. Baitsch 2011, S. 27) **

Hier will das Klinische Ethikkomitee Unterstützung geben. Es hat keine Entscheidungsbefugnis.

Das Votum Klinischer Ethikkomitees dient vorrangig der Beratung des behandelnden Arztes, der die Verantwortung für sein Handeln bei der Therapie des Patienten sowie deren Folgen trägt. Das Ethikkomitee ist kein Disziplinargremium. Es bewertet und diszipliniert weder die Voten einzelner Mitglieder in einer ethischen Fallbesprechung noch eine durch den behandelnden Arzt getroffene Entscheidung. Ziel ist die Herbeiführung eines Konsenses über die von allen Beteiligten anzuerkennenden Handlungsvoraussetzungen und Handlungsziele. Es geht immer auch darum, inwieweit sich ein situativ einmaliges Handeln moralisch rechtfertigen lässt (vgl. Remmers 2002, S. 8). Derartige Situationen sind tagtäglich in Kliniken anzutreffen. Die Probleme sind oft gemeinsame Probleme der Mitglieder des Behandlungsteams, die etwa denselben Patienten oder dieselbe Situation betreffen. Wenn sie auch im Allgemeinen häufiger auf der Intensivstation auftreten, stellen Pace und McLean (1996) fest, dass eine Differenzierung der Problemstellungen nach der Behandlungs- und Pflegeintensität nicht notwendig sei:

**» At heart then, all these issues come back to the same principles that nursing in general relies on in order to the focus on its moral basis. We do not need to create a special ethics for intensive care. What we work with already in nursing will suffice, it is only the cases and the context that differ, the principles transcend the setting. (Pace u. Mc Lean 1996, S. 141) **

Es liegt nahe, dass die moralische Urteilsbildung und gemeinsame, Berufsgruppen übergreifende

ethische Reflexion eine größere Bedeutung erhalten muss (vgl. Rehbock 2005, S. 127). Auf Grundlage der Voten in konkreten Einzelfällen können Leitlinien bzw. Leitfäden erstellt werden, die den Beteiligten in ähnlich gelagerten Fällen eine Orientierungshilfe bieten.

**» Der Mehrwert, den ein Ethikkomitee einbringen kann, liegt […] gerade darin, dass die ethischen Fragen in Organisationen des Gesundheitswesens im Mittelpunkt stehen sollen. Diese sind nicht dasselbe wie die Prognose im hier verstandenen Sinne. (Steinkamp u. Gordijn 2010, S. 102) **

Klinische Ethikkomitees zielen darauf ab, moralische Probleme bewusst zu machen, sowie zur Entwicklung und Förderung der ethischen Kultur eines Krankenhauses beizutragen. Die Zentrale Ethikkommission bei der Bundesärztekammer (ZEKO) empfiehlt 2006 in ihrer Stellungnahme zur Ethikberatung in der Klinischen Medizin die Implementierung von Klinischen Ethikkomitees in Krankenhäusern (ZEKO 2006, S. A 1703). Allerdings ist angesichts hoher Erwartungshaltungen an Klinische Ethikkomitees

**» …Bescheidenheit im Anspruch der modernen Medizinethik angeraten. Ethik ist eine Disziplin der Reflexion. Als solche hat sie die Aufgabe, darüber nachzudenken, auf welchen Grundannahmen und Vorverständnissen die Probleme bestehen, die im Alltag der Klinik und der sozialen Einrichtungen auftauchen. Ethik kann nicht mehr tun als Probleme zu klären, sie vielleicht etwas verständlicher zu machen, aber sie kann nicht als Ethik ein praktisches Problem lösen. Sie kann allenfalls dazu beitragen, dass die Menschen, die im Krankenhaus tätig sind, etwas reflektierter entscheiden. (Maio 2010, S. 59) **

Dementsprechend ist Sensibilität eine unabdingbare Voraussetzung, wie Kovács formuliert:

**» Therefore, institutionalization of ethics consultation is a very sensitive issue in hospitals. (Kovács 2010, S. 71) **

8.2 Das Klinische Ethikkomitee des Gerresheimer Krankenhauses

8.2.1 Entwicklung und Aufbau

Das Krankenhaus Gerresheim ist seit Mai 2007 ein Betriebsteil der Sana Kliniken Düsseldorf GmbH, wobei 51% der Gesellschaftsanteile der Sana Kliniken AG und 49% der Landeshauptstadt Düsseldorf zuzurechnen sind. Neben dem Krankenhaus Gerresheim gehören ein weiteres Krankenhaus, zwei Seniorenzentren sowie zwei Medizinische Versorgungszentren zur Gesellschaft, die etwa 1.400 Mitarbeiterinnen und Mitarbeiter beschäftigt. Die Krankenhäuser sind Akademische Lehrkrankenhäuser der Heinrich-Heine-Universität Düsseldorf.

Das Krankenhaus Gerresheim wurde im August 1971 eröffnet und ist ein Krankenhaus der Grund- und Regelversorgung mit Schwerpunktbildung. Es verfügt bei 357 Planbetten über die Fachdisziplinen Anästhesiologie und Intensivmedizin, Allgemein-, Thorax- und Unfallchirurgie, Gefäßchirurgie, Innere Medizin, Gynäkologie und Geburtshilfe, ein Interdisziplinäres Brustzentrum mit den Kliniken für Senologie und Plastische Chirurgie, Radiologie, Kinderneurologie mit Phoniatrie und Pädaudiologie. Im Bereich der HNO-Heilkunde werden ambulante Operationen durchgeführt. Jährlich werden ca. 12.000 Patienten stationär und 20.000 Patienten ambulant versorgt. Die beiden Krankenhäuser der Gesellschaft wurden im Oktober 2007 nach KTQ zertifiziert.

Das Klinische Ethikkomitee des Gerresheimer Krankenhauses wurde im Jahr 2004 gegründet, am 8. September fand die konstituierende Sitzung statt. Das Gremium arbeitet gemäß seiner Satzung. Diese Arbeitsgrundlage wurde selbst erstellt, im März 2005 verabschiedet und von der Geschäftsführung in Kraft gesetzt. Sie regelt die Zusammenarbeit im KEK, die Arbeitsweise sowie die Position innerhalb des Krankenhauses.

> **Das Klinische Ethikkomitee ist multiprofessionell, interdisziplinär und Hierarchie übergreifend besetzt.**

Die Mitglieder treten einmal monatlich zu ca. einstündigen Sitzungen zusammen. Die frühen Wurzeln dieses KEK liegen in verschiedenen Fortbildungsaktivitäten des Krankenhauses zum Thema Sterben und Tod, wodurch die Entwicklung der ethischen Kompetenz der Mitarbeitenden unterstützt und erweitert wurde und wird: im Jahr 1990 fand unter der Leitung des damaligen Pastoralassistenten und katholischen Krankenhausseelsorgers, Josef Mauzer, das erste Seminar zum Thema »Umgang mit Schwerkranken und Sterbenden in der Klinik« statt. Zielgruppe waren die Mitarbeiter aller Bereiche des Krankenhauses sowie Medizinstudenten im Praktischen Jahr. Im Laufe der folgenden Jahre wurden die Fortbildungen regelmäßig angeboten und durch Aufbauseminare erweitert. Viele Pflegefachkräfte des Krankenhauses Gerresheim sowie einige weitere Mitarbeiter aus anderen Berufsgruppen haben zumindest an einem Grundseminar teilgenommen.

Im Mai 1992 wurde eine Tagesveranstaltung für Mitarbeitende der Klinik zum Thema »Neue Sterbekultur« mit verschiedenen Vorträgen durchgeführt. Daraus konstituierte sich ein monatlicher Gesprächskreis zum Thema »Umgang mit Schwerkranken, Sterbenden und deren Angehörigen«. Hier wurden unter der Federführung der Leitenden Diplom-Psychologin des Kinderneurologischen Zentrums, Margit Schröer, und der Krankenhausseelsorge mit sechs bis zehn regelmäßig Teilnehmenden verschiedener Bereiche des Krankenhauses aktuelle, belastende Situationen des Krankenhausalltags reflektiert und die ethische Kompetenz durch Fortbildungen erweitert. Einige der Teilnehmenden wurden später in das Klinische Ethikkomitee berufen. Der damals schon bestehende Standard »Umgang mit Verstorbenen und Begleitung der Angehörigen« wurde von dieser Gruppe unter ethischen Aspekten überarbeitet und in dritter Version im März 2004 von der Betriebsleitung verabschiedet.

Im April 2003 setzten Geschäftsführung und Betriebsleitung der Klinik mit der Unterstützung des Beauftragten für Berufsethik an Einrichtungen des Gesundheitswesens im Erzbistum Köln, dem Diplom-Theologen Ulrich Fink, unter dem Thema »Aufgaben, Möglichkeiten und Grenzen einer Klinischen Ethikkommission« erste Impulse zur Einrichtung eines Klinischen Ethikkomitees.

Im Jahr 2003 nennen Steinkamp und Gordijn erstmals zwei verschiedene Modelle zur Gründung von Ethikkomitees: »Top-down«-Modell und »Bottom-up«-Modell (Steinkamp u. Gordijn 2010, S. 130ff). Das Top-down-Modell beschreibt die Einführung eines Klinischen Ethikkomitees durch die Unternehmensspitze. Anlass dazu gibt meist eine bevorstehende Zertifizierung, bei der nach einer solchen Einrichtung gefragt und diese positiv bewertet wird. Beim Bottom-up-Modell existieren bereits Aktivitäten, wie z. B. ein regelmäßiger Austausch zu ethischen Themen, die aus der Sicht der dort Tätigen institutionalisiert werden sollen. Nur das Engagement aus **beiden** Richtungen kann langfristig Bestand haben. Mit großer Berechtigung erwähnen dies die christlichen Krankenhausverbände:

» Eine erfolgreiche Arbeit ist für ein Komitee nur mit der aktiven Unterstützung der Krankenhausleitung **und** der Mitarbeiter ‚vor Ort' möglich. (ZEKO 2006, S. A 1704) «

Die Erfahrung zeigt, dass eine Kombination beider Modelle den Weg für eine kontinuierliche Arbeit ebnet. Wenn die Gründungsidee in den verschiedenen Hierarchieebenen aktiv vorhanden ist, können geeignete Mitglieder für eine effektive Arbeit gewonnen werden.

Retrospektiv markiert die Gründung des KEK des Gerresheimer Krankenhauses, basierend auf der Kombination der beiden vorgenannten Modelle »bottom up« und »top down«, einerseits einen ersten Meilenstein in der Klinischen Ethik und andererseits den Ausgangspunkt für die weitere strukturierte, konkrete Arbeit. »Ethik ist die Verantwortung für den Anderen.« Diesen Satz von Hans Jonas wählte das Klinische Ethikkomitee zu seinem Leitspruch. Im Sinne von Jonas gehören die Gegebenheit von Verantwortung und die Fähigkeit, diese zu übernehmen, untrennbar zum Menschsein (vgl. Jonas 1979, S. 185).

Für Kettner und May zählen gerade in nichtkonfessionellen Häusern ein starkes persönliches Engagement der Mitglieder und die Unterstützung durch den Träger sowie professionelle Begleitung zu den Voraussetzungen, um ein Klinisches Ethikkomitee zu gründen und aufrecht zu erhalten. Es muss immer ein individueller Weg der Imple-

mentierung gefunden und begangen werden (vgl. Kettner u. May 2005, S. 238). Diese Aussagen decken sich mit der Erfahrung der Vorsitzenden des KEK des Gerresheimer Krankenhauses. Auf eine externe, professionelle Begleitung wurde wegen vorhandener Expertise verzichtet: zwei Mitglieder hatten an der Fernuniversität Hagen Medizinethik studiert, ein Mitglied hatte bereits eine Moderatorenausbildung absolviert.

8.2.2 Arbeitsweise

Seit der Gründung des KEK im September 2004 finden die monatlichen Sitzungen gemäß einer einheitlichen Struktur statt: nachdem die Tagesordnung genehmigt ist, erfolgt die Verabschiedung des Protokolls der vorherigen Sitzung, das alle Mitglieder ca. eine bis zwei Wochen vor dem aktuellen Sitzungstermin erhalten. Danach werden die ethischen Fallbesprechungen, die seit der letzten Sitzung stattgefunden haben, dargestellt und reflektiert. Im weiteren Verlauf der Sitzung folgen z. B. die Erarbeitung ethischer Leitlinien zu verschiedenen Themen oder die Besprechung aktueller Themen, die die Klinik oder z. B. den aktuellen Stand der Gesetzgebung betreffen oder Referate zu bestimmten Themen und die Erörterung verschiedener Anliegen der Anwesenden. Abschließend erfolgt die Festlegung und Bekanntgabe von Terminen für z. B. Fortbildungen und sonstige Veranstaltungen zu ethischen Themen.

Der Zweck des Klinischen Ethikkomitees des Gerresheimer Krankenhauses ist in der Präambel der Satzung (2005, S. 2) erklärt:

» Das KEK soll einen Beitrag zur Kultur, zum Klima und zum Stil in der Patientenversorgung des Gerresheimer Krankenhauses leisten. Es trägt dazu bei, dass insbesondere Verantwortung, Selbstbestimmungsrecht, Vertrauen, Respekt, Rücksicht, Würde und Mitgefühl als gelebte ethische Werte die Entscheidungen in unserem Haus prägen. Das KEK […] trägt zur Identitätsbildung innerhalb und außerhalb des Gerresheimer Krankenhauses bei. «

8.2.3 Zusammensetzung und Qualifikation

Die multiprofessionelle Zusammensetzung Klinischer Ethikkomitees ist vorteilhaft, empfehlenswert und unabdingbare Voraussetzung. Es erscheint sinnvoll, die Berufsgruppen ihrer Größe in der Institution entsprechend im KEK zu vertreten. Dies wird von den christlichen Krankenhausverbänden ebenso wie von der ZEKO empfohlen. Weitere Autoren, die sich mit dem Thema befassen, unterstützen dies nahezu übereinstimmend. Multidisziplinär besetzte ethische Komitees sind nach Erny Gillens Aussage ein »Garant dafür, dass einseitige moralische Standpunkte im klinischen Alltag überwunden werden oder erst gar nicht aufkommen« (Gillen 2005, S. 227). Über die Berücksichtigung der Interdisziplinarität und zusätzlich der Repräsentativität innerhalb der Klinik (vgl. Kettner u. May 2001, S. 497) hinaus ist es hilfreich darauf zu achten, dass die Berufsgruppen von verschiedenen Hierarchiestufen und Tätigkeitsmerkmalen her berücksichtigt werden.

>> Im Klinischen Ethikkomitee sollen verschieden Disziplinen vertreten sein. Auch soll die Zusammensetzung eine möglichst breite Abstützung des Komitees und in seinem Umfeld gewährleisten. (Körtner 2004, S. 176) **«**

Auf dieser Basis kann ein effektiver ethischer Diskurs stattfinden, der zu einem Beratungsergebnis führen und dem behandelnden Arzt Hilfestellung in seiner Entscheidung geben kann. Bei den Berufsgruppen handelt es sich um die der Behandlung des Patienten am nächsten Stehende wie Ärzte, Pflegefachkräfte, Krankenhausseelsorger, Psychologen, Sozialarbeiter, Physiotherapeuten und ebenso auch um patientenfernere wie Mitarbeiter der Verwaltung sowie externe Mitglieder, wie z. B. Patientenfürsprecher.

>> Wünschenswert ist zusätzlich eine Patienten- bzw. Bewohnerperspektive, die durch […] die Krankenhaushilfe oder durch engagierte Bürger eingenommen wird. (AEM 2010) **«**

Auf Grund der engen Verbindung zwischen Ethik und Recht ist die Unterstützung eines Juristen idealerweise auf der Basis einer Mitgliedschaft von großer Wichtigkeit. May weist ebenfalls auf diesen Vorteil hin:

>> Klinische Ethikkomitees der neueren Prägung legen meist Wert auf unterschiedliche professionelle Perspektiven, und meist ist ein Jurist anzutreffen, der für juristische Klarheit sorgen kann. (May 2004, S. 249) **«**

Die ZEKO empfiehlt eine Mitgliederzahl von ca. sieben bis 20, für eine Amtsperiode von drei Jahren als unabhängiges, nicht weisungsgebundenes Gremium, das durch die Krankenhausleitung berufen wird (vgl. ZEKO 2006, S. A 1704).

Die qualitativen Voraussetzungen der Mitglieder eines KEK, vor allem auch des Moderators, bestehen neben dem Interesse an einer Mitgliedschaft und der Identifikation mit der Einrichtung in Fähigkeiten wie einer hohen sozialen und kommunikativen Kompetenz, einschlägiger Lebens- und Berufserfahrung und »sensibler moralischer Wahrnehmungsfähigkeit« (Kettner 2008, S. 21), denn – so stellt Wagner die Frage:

>> Wie lässt sich [sonst] in so einem Gremium über hauseigene Hierarchien hinweg sozusagen herrschaftsfrei kommunizieren? Wie lassen sich die pluralen, inkongruenten ethischen und beruflichen Perspektiven im Gremium so aufeinander beziehen, dass es zu konsensfähigen Lösungen kommt? (Wagner 2004, S. 86) **«**

Die genannten Aspekte müssen unbedingte Beachtung finden, da jedes einzelne interne Mitglied außerhalb der Ethikberatungssituation selbst in die Hierarchie des Krankenhauses eingebunden ist und damit unter Umständen denselben Mitarbeitern, die als Behandlungsteam beraten werden oder ebenfalls dem Beratungsteam angehören, weisungsgebunden oder weisungsbefugt ist. Mit dieser Situation muss verantwortlich, ohne Druckausübung auf die Beteiligten, umgegangen werden. Dies gilt auch bei Anrufung der ethischen Beratung. Im KEK sollten Hierarchien aufgehoben sein. Alle Mitglieder gelten als moralisch gleichwertig, wie auch Gillen betont (vgl. Gillen 2005, S. 234). Damit ist die gegenseitige Akzeptanz als eine Komponente der sozialen Kompetenz eine grundlegende Voraussetzung der gemeinsamen Arbeit. Alle Mitglieder bringen ihre persönliche und berufliche Kompetenz in das Gremium ein.

>> Die Gesprächsbedingungen innerhalb der Beratung des KEK durch eine konstruktive, die Gleichheit der Gesprächspartner achtende Auseinandersetzung müssen in hierarchisch strukturierten Organisationen, wie in einem Krankenhaus, besondere Beachtung finden. Dies ist eine besondere Aufgabe des Moderators oder Vorsitzenden des KEK […]. Dabei ist es gewollt, dass die Komiteemitglieder ihren eigenen Standpunkt ‚im Spiegel der Standpunkte' anderer Teilnehmer konturieren. (May 2004, S. 248–249) <<

Die Mitglieder des Gremiums zeichnen sich Vollmanns Angaben zufolge weniger durch ethisches Expertenwissen aus. Er bezeichnet sie vielmehr als Multiplikatoren, die via Leitfaden und Empfehlungen mehr Moral in den Berufsalltag bringen sollen (vgl. Vollmann 2004, S. 84).

>> Mit der Verwendung einer gemeinsamen Sprache und Methode der ethischen Analyse wird zugleich ein Beitrag zur Förderung eines Professionen übergreifenden ethischen Dialogs in der Klinik geleistet. (Reiter-Theil 1999, S. 231) <<

Integrität und Glaubwürdigkeit als weitere wichtige Voraussetzungen beziehen sich einerseits auf jedes einzelne Mitglied selbst und andererseits auf das Ethikkomitee als Beratungsorgan und dessen Arbeit.

> Die Unabhängigkeit und Glaubwürdigkeit des Gremiums müssen durch die personelle Zusammensetzung und die organisatorische Stellung innerhalb der Institution gewährleistet sein.

Diese übergeordneten Ziele werden im Krankenhaus Gerresheim verfolgt und durch den kollektiven Sachverstand – auf theoretischer und praktischer Ebene – neun verschiedener Berufsgruppen untermauert. Neben den bereits genannten Be-

rufsgruppen wird Wert auf die Mitgliedschaft des Ärztlichen Direktors gelegt. Zusätzlich sollen der Patientenfürsprecher sowie ein Patientenvertreter Mitglieder des KEK sein.

Die Berücksichtigung der genannten Aspekte und anspruchsvollen Kriterien sind noch kein Garant, wohl aber wichtige Voraussetzungen für eine kompetente Arbeit und unterstreichen die Bedeutung der Multiprofessionalität, durch die diese Form der Beratung derjenigen durch einen einzigen Experten überlegen ist.

8.2.4 Aufgaben

Das Klinische Ethikkomitee des Gerresheimer Krankenhauses nimmt auf drei verschiedenen Ebenen Aufgaben wahr:

Aufgaben des Klinischen Ethikkomitees (Satzung 2005, S. 3)
1. Die Beratung in ethischen Grundsatzfragen und die Erstellung von Leitlinien, die eine verbindliche Orientierung in wiederholt auftretenden Problemsituationen bieten sollen.
2. Die Unterstützung bei der Ausbildung ethischer Kompetenz durch die Thematisierung ethischer Fragestellungen sowie durch die Durchführung von Fort- und Weiterbildungen.
3. Die fallbezogene Beratung durch ethische Fallbesprechungen in schwierigen und eventuell kontrovers diskutierten, ethisch belastenden Entscheidungssituationen (Ethikkonsile, § 9).

Die Beratung in ethischen Grundsatzfragen erfolgt in den monatlichen Sitzungen zur Vorbereitung der zu bearbeitenden Themen des KEK oder an Hand aktueller Themen z. B. der Presse. Dazu gehören Diskurse, die sich mit den Themen Schwangerschaftsabbruch, Patientenverfügungen, Patientenrechte usw. beschäftigen. Leitlinien werden aus speziellen, sich wiederholenden Fragestellungen erarbeitet, um in vergleichbaren Fällen auf der Grundlage normativer Vorgaben der Rechtsordnung und der Standesorganisationen ein den Werten der Organisation entsprechendes Vorgehen aufzuzeigen (vgl. May 2010, S. 92). Die Leitlinien beziehen sich auf die Voraussetzungen und den Prozess der Entscheidungsfindung sowie auf die Kommunikation, Dokumentation und Umsetzung. Der Charakter der situativen Einmaligkeit wird trotz des Geltungsbereiches in jedem Fall beachtet. Leitlinien wurden, teilweise in Arbeitsgruppen zur Vorbereitung und Vertiefung (vgl. Rascher 2008, S. 118; ▶ Kap. 7), zu den folgenden Themenbereichen er- bzw. überarbeitet und erlangten im Krankenhaus Gerresheim Allgemeingültigkeit:

Leitlinien

- Umgang mit Verstorbenen und Begleitung der Angehörigen
- Nichtdurchführung später Schwangerschaftsabbrüche
- Pflegestandard »Umgang mit Sterbenden«
- Klinikeigene Patientenverfügung
- Patientenrechte im Krankenhaus (vgl. Bundesministerium der Justiz und Bundesministerium für Gesundheit 2005)
- Umgang mit Patientenverfügungen
- Perkutane Endoskopische Gastrostomie (PEG)-Sonden
- Verzicht auf Wiederbelebung[1]

Aus-, Fort- und Weiterbildungen unterstützen die ethische Kompetenzerweiterung durch die Thematisierung ethischer Fragestellungen und werden regelmäßig angeboten. Die Mitglieder des Klinischen Ethikkomitees haben einerseits die Aufgabe, sich selbst auf den Gebieten der Medizinethik und des Medizinrechts für ihre Aufgabe fortzubilden. Andererseits ist es die Aufgabe des Klinischen Ethikkomitees, Fort- und Weiterbildungen für Mitarbeiter, für Patienten sowie deren Angehörige und für die interessierte Öffentlichkeit anzubieten. Methodisch kann dies z. B. durch die anonymisierte retrospektive Reflexion durchgeführter ethischer Fallbespre-

chungen erfolgen oder durch Informationen und Hinweise via Intranet/Internet. Weitere, den Alltag begleitende Möglichkeiten sind »Fortbildungen vor Ort« auf den Stationen, wenn ethisch schwierige Situationen im persönlichen Gespräch angesprochen werden. Eine bewährte Praxis ist die Erörterung der ethischen Fallbesprechungen in der darauf folgenden monatlichen Sitzung des KEK. Hier werden zur Intensivierung der ethischen Kompetenz der Mitglieder neben der Darstellung der Fälle auch deren Ergebnisse und weitere Krankheitsverläufe vorgestellt und reflektiert. Hinzu kommen Veranstaltungen, die das KEK selbst organisiert: Im Februar 2006 stellte sich das Klinische Ethikkomitee unter dem Thema »Hilfe im Ernstfall« allen Beschäftigten des Krankenhauses Gerresheim vor und erläuterte seine Arbeit. Im April 2008 lautete das Thema »Ethik im Krankenhaus Gerresheim – Hilfe im Ernstfall!? Aufgaben und Arbeit unseres Klinischen Ethikkomitees«. Im darauf folgenden Jahr fand im Mai 2009 die Fortbildung »Ethik im Krankenhaus Gerresheim – Einführung zweier neuer Leitlinien, Tätigkeitsbericht des Klinischen Ethikkomitees« statt. Im Jahr 2010 wurde mit großer Resonanz eine Fortbildung zum neuen Gesetz zur Patientenverfügung[2] aus juristischer, ethischer, psychologischer und ärztlicher Sicht durchgeführt.

8.2.5 Durchführung ethischer Fallbesprechungen

Die Durchführung der ethischen Fallbesprechungen erfolgt gemäß dem »Prozessmodell« (Neitzke 2010, S. 60).

》 Prozessmodelle von Ethikberatung sind insbesondere für die prospektive Fallberatung auf der Station geeignet. Prozessmodelle sind dadurch gekennzeichnet, dass auf Antrag bestimmte Personen für das KEK auf die anfragende Station gehen und dort, vor Ort, mit den Beteiligten und Betroffenen einen gemeinsamen Beratungsprozess durchlaufen. (Ebd., S. 64) **《**

---

1   Als Orientierung für die Leitlinie dienten die »Empfehlungen für die Anordnung des Verzichts auf Wiederbelebung (VaW-Anordnung)« des Universitätsklinikums Erlangen. Version 2.1, Januar (2004); siehe auch hierzu die neue Version 2009 in Frewer et al. (2009), S. 313–320.

2   Es handelt sich um das Dritte Gesetz zur Änderung des Betreuungsrechts vom 29.07.2009. Bundesgesetzblatt Jahrgang 2009, Teil I, Nr. 48. Ausgegeben zu Bonn am 31.07.2009.

Im Krankenhaus Gerresheim findet sich jeweils eine kleine interdisziplinäre Gruppe des Klinischen Ethikkomitees, welche die notwendige Flexibilität und Interdisziplinarität gewährleistet. Die ZEKO stellt zu dieser Praxis fest, dass sich kleine Teams bewährt haben, die praxisnah arbeiten und als Untergruppen des Klinischen Ethikkomitees oder als dezentrale Initiativen in einzelnen Bereichen tätig sind (vgl. ZEKO 2006, S. A 1704). »Vorteilhaft ist, wenn diese Gruppe zeitnah verfügbar und auf einer Station praktisch einsatzfähig ist.« (Neitzke 2009, S. 45). Diese Konstellation macht deutlich, dass Ethikberatung und die Erweiterung der ethischen Kompetenz ein Thema aller Mitarbeitenden ist (vgl. ZEKO 2006, S. A 1705).

Im Krankenhaus Gerresheim treten drei bis vier, maximal sechs jeweils kurzfristig verfügbare Mitglieder, die aus unterschiedlichen Berufsgruppen kommen müssen, darunter je ein Vertreter der Medizin und Pflege, nach Rücksprache mit dem Antragsteller, spätestens jedoch innerhalb von 24 Stunden zur Beratung zusammen. Der Vorsitzende, eine seiner Stellvertreterinnen oder ein Seelsorger übernimmt die Moderation – die weiteren anwesenden Mitglieder sind Komoderatoren, wie die ZEKO (2006) empfiehlt – und beachtet beim Diskurs, dass die verschiedenen Gesprächspartner ihre fachlichen und berufsethischen Standpunkte deutlich und verständlich in die Runde einbringen und keinen Druck ausüben. Die Gleichheit aller Teilnehmer wird damit gewährleistet.

Dem Moderator fällt zu, die vorgebrachten Argumente und Argumentationsketten auf ihre Kohärenz hin zu überprüfen. Er zieht weitere Betroffene ggf. zum Gespräch dazu, damit möglichst viele Standpunkte zur Sprache kommen. In diesem Forum der Entscheidungsfindung ist er dem Entscheidungsträger bei der Formulierung seiner Entscheidung ggf. behilflich, macht das Gewicht der verschiedenen Argumente transparent und weist auf deren Konsequenzen hin. Ein anderes Mitglied führt die Dokumentation. Diesem fällt die Aufgabe zu, an Hand des Protokollbogens verantwortlich den Überblick mit dem Ziel zu behalten, dass alle wichtigen Aspekte angesprochen werden. Die Dokumentation der ethischen Fallbesprechung dient darüber hinaus der Nachvollziehbarkeit des Bera-

tungsprozesses und -ergebnisses und zusätzlich der Qualitätssicherung, wie May feststellt:

>> Die Dokumentation des Beratungsergebnisses schafft Klarheit über die Entscheidungsgrundlagen und -optionen, aus denen der Entscheidungsträger ausgewählt hat. (May 2004, S. 249) **

In rechtlich nicht eindeutigen Situationen wird der Jurist als Mitglied des Klinischen Ethikkomitees hinzugezogen.

Im Verlauf einer ethischen Fallbesprechung erfolgt im Krankenhaus Gerresheim der Diskurs der Beratergruppe im Allgemeinen **gemeinsam** mit dem Behandlungsteam, was laut Frewer einen durchaus gangbaren Weg darstellt:

>> In der Gegenwart […] sollen die Klinischen Ethikkomitees gerade auf Transparenz und offene Debatten hinarbeiten, Gleichheit und Gerechtigkeit als Prinzipien unterstützen sowie gute Entscheidungen und ethische Begründungen erarbeiten. (Frewer 2008, S. 48) **

Im Idealfall mündet der Diskurs in einem Konsens über die weitere Behandlung des Patienten. Fast immer konnte dieses Ziel erreicht werden.

Das Behandlungsteam besteht mindestens aus dem behandelnden Arzt und der Pflegefachkraft, die den Patienten kennt und betreut. Es werden ggf. weitere Experten hinzugezogen. Inhaltlich weist May für die Beratungssituation auf den kleinsten gemeinsamen Nenner der Anwesenden hin, indem er zugrunde legt, »dass es zum vernünftigen moralischen Argumentieren gehört, eine unparteiliche Perspektive einzunehmen und alle Argumentationspartner […] als solche gleichberechtigt zu behandeln« (Kettner u. May 2001, S. 491). Ein weiterer wesentlicher Aspekt besteht darin, dass nicht nur der behandelnde Arzt eine Entscheidungshilfe erhält, sondern alle Mitglieder des Behandlungsteams bei deren moralischen Bedenken eine Entlastung finden können. Auf diese Weise kann die ethische Fallbesprechung auch vor dem Hintergrund der unterschiedlichen Sichtweisen von Ärzten und Pflegefachkräften zu einem Instrument werden, das der Zusammenarbeit zwischen den Berufsgruppen dient. Die Feststellung von Reiter-

Theil, dass ein Faktor der Zufriedenheit mit dem Ethikkonsil darin liegt, dass jedem Teilnehmer eine aktive und kompetente Rolle zukommt, ist nachvollziehbar (vgl. Reiter-Theil 1999, S. 231).

Die Erfahrung des Klinischen Ethikkomitees des Gerresheimer Krankenhauses entspricht der Feststellung Vollmanns, dass die ersten Anträge für ethische Fallbesprechungen etwa ein Jahr nach Gründung des KEK eingehen (vgl. Vollmann 2006, S. 33). Die erste ethische Fallbesprechung fand, nach einer solitären Anfrage im Jahr 2004, am 11. August 2005 statt. Bis zum 31. Dezember 2010 wurden insgesamt 108 Anträge gestellt, in 93 Fällen kam es zu einer Fallbesprechung. Die Durchführung erfolgt systematisch und strukturiert an Hand des Frage- und Protokollbogens. Dabei werden medizinische, pflegerische, psychosoziale und spirituelle Gesichtspunkte, die Patientenautonomie sowie organisatorische und ökonomische Aspekte erfragt, in einem ethischen Diskurs reflektiert, die Fakten bewertet, ein Ergebnis formuliert und schließlich eine Empfehlung abgegeben. Die ausführliche Dokumentation erfolgt simultan.

> **Es hat sich bewährt, nach dem Informationsaustausch mit dem Behandlungsteam die Angehörigen bzw. Betreuer einzubeziehen, um die Wertehaltungen des Patienten zu erfassen. Angehörige erleben und äußern dies als Vertrauensbeweis, während das Beratungsteam ein umfassendes Bild des Patienten erhält.**

Dies konnte in Studien von Oer (1996) und Schneidermann et al. (2003) belegt werden und findet Erwähnung in der Stellungnahme der Zentralen Ethikkommission bei der Bundesärztekammer zur Ethikberatung in der Klinischen Medizin:

» Empirische Untersuchungen über den Effekt klinischer Ethikberatung im Einzelfall konnten nicht nur eine hohe Zufriedenheit der Betroffenen belegen, sondern auch eine verbesserte klinischethische Entscheidungsfindung. (vgl. ZEKO 2006, S. A 1704) «

Die Durchführung ethischer Fallbesprechungen als herausragende Aufgabe des KEK wird im Krankenhaus Gerresheim ein bis zwei Mal pro Monat in An-

spruch genommen. Der Antrag wird vom Vorsitzenden oder einem seiner Stellvertreter entgegengenommen. Die Angesprochenen entscheiden, ob ein vorgebrachtes Problem ethischer Natur ist und in Form der ethischen Fallbesprechung bearbeitet wird oder ob es auf andere Weise gelöst werden kann. Die Einwilligung des Patienten, seiner Angehörigen oder seines gesetzlichen Vertreters erfolgt nach vorhandener Möglichkeit und ist situationsabhängig (ebd., S. A 1706). Der Moderator übernimmt abschließend die Aufgabe, den Antragsteller über das Beratungsergebnis zu informieren.

Das Klinische Ethikkomitee des Gerresheimer Krankenhauses legt Wert darauf, niemandem die Möglichkeit auf Antrag einer ethischen Fallbesprechung vorzuenthalten.

» Alle an der Behandlung eines Patienten Beteiligten sowie die Angehörigen des Patienten können eine ethische Fallbesprechung beantragen. Die Organisation der Fallbesprechung obliegt der oder dem Vorsitzenden des KEK. (Satzung 2005, S. 6) «

Das Angebot ist entsprechend niedrigschwellig: ein telefonischer Antrag ist ausreichend.

8.3   Analyse der ethischen Fallbesprechungen

Die Analyse der ethischen Fallbesprechungen gibt einen Überblick über die auf den Einzelfall bezogene Arbeit im Zeitraum der ersten Jahre des KEK seit seiner Gründung. Sieben Kriterien wurden dafür zu Grunde gelegt:

Die sieben Analysekriterien

- Anzahl der ethischen Fallbesprechungen und Differenzierung nach Anlass
- Altersverteilung der Patienten
- Antragsherkunft, differenziert nach Berufsgruppen und medizinischen Disziplinen
- Teilnehmerkreis bei ethischen Fallbesprechungen
- Anwesenheit der Angehörigen
- Besuch des Patienten am Krankenbett
- Patientenverfügungen

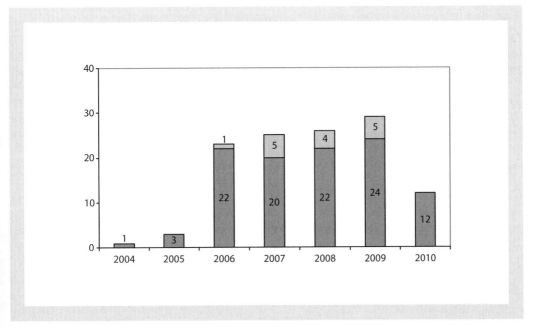

○ **Abb. 8.1** Anzahl der Anträge auf ethische Fallbesprechungen (dunkelgrau=durchgeführt; hellgrau=nicht durchgeführt)

Abschließend werden im achten Punkt die weiteren Verläufe der Patientenschicksale fokussiert.

8.3.1 Anzahl der ethischen Fallbesprechungen und Differenzierung nach Anlass

○ Abb. 8.1 gibt eine Gesamtübersicht über die durchgeführten ethischen Fallbesprechungen, differenziert nach Kalenderjahren.

Jährlich werden, nach einem geringfügigen Rückgang im Jahr 2007 und 2010, ca. 20 ethische Fallbesprechungen beantragt, von denen ca. 85% besprochen werden.

Die Anlässe sind für die Ratsuchenden vielfältig und lassen sich folgendermaßen klassifizieren:
- Konfliktsituationen in Zusammenhang mit ungeborenem Leben,
- ethisch schwierige Situationen bei der Therapie am absehbaren Lebensende,
- die Frage nach der Anlage einer PEG-Sonde,
- Unsicherheiten über den Willen und/oder das Wohl eines Patienten und
- Umgang mit Patienten.

○ Tab. 8.1 zeigt eine detaillierte quantitative Übersicht über die Gesamtheit der Anfragen, klassifiziert nach Anlässen.

Wenn die medizinische Indikation feststeht und der Patient aktuell seinen Willen nicht äußern kann, wird, falls vorhanden, auf vorherige schriftliche Äußerungen wie eine Patientenverfügung zurückgegriffen und der mutmaßliche Wille für die eingetretene Situation erkundet.

Die dem klinischen Alltag entsprechend am häufigsten gestellte Frage ist die nach der Vertretbarkeit und dem Ziel von Therapieoptionen:

» In keiner Frage, so scheint es, treffen unterschiedliche ethische Überzeugungen, unterschiedliche Vorstellungen vom Heilen und vom Wohl des Patienten so kontrovers aufeinander wie bei der Frage der Therapiebegrenzung. (Frewer u. Winau 2002, S. 124) «

» Die Medizin darf sich nicht der Einstellung hingeben, die sagt, dass es immer noch etwas zu tun gibt und Sterben eigentlich erst dann zugelassen wird, wenn auf etwas verzichtet wird, was vielleicht noch möglich wäre. (Müller-Busch 2005, S. 34) «

◘ Tab. 8.1   Ethische Fallbesprechungen im Krankenhaus Gerresheim. Stand: 31.12.2010: nb=109 Anfragen, davon nd=93 durchgeführte Konsile

	2004	2005	2006	2007	2008	2009	2010	Gesamt (1 Doppelnennung)
Anträge auf ethische Fallbesprechung	1	3	22	20	22	29	12	109
Durchgeführte ethische Fallbesprechungen	1	3	21	15	18	24	12	94
Nicht durchgeführte ethische Fallbesprechungen	–	–	1	5	4	5	–	15
1) Schutz des ungeborenen Lebens	–	–	2	–	–	–	–	2
2) Frage nach der weiteren Therapie	1	3	13	10	11	20	10	68
3) Unsicherheit in Zusammenhang mit dem Willen des Patienten	–	–	2	–	2	2		6
4) Frage nach der PEG-Sondenanlage	–	–	2	4	2	2	2	12
5) Umgang mit Patienten	–	–	–	1	–	–	–	1
6) Suizidgefährdung	–	–	2	–	–	–	–	2
7) Sonstige	–	–	1	–	3	–	–	4

Es ist die Aufgabe des Ethikkomitees, Hilfestellung bei der Suche nach einer guten und richtigen Therapieentscheidung zu geben. Die deutlich seltener, aber am zweithäufigsten gestellte Frage ist die nach einer PEG-Sonden-Anlage. Die Fragen zum Schutz ungeborenen Lebens und zur Suizidgefährdung geben in einzelnen Fällen den Anlass.

Von 109 beantragten ethischen Fallbesprechungen wurden 15 nicht durchgeführt. Die Ursachen hierfür sind unterschiedlich. Beispielsweise nahm in einem Fall die Pflegedienstleitung den Antrag von einer Pflegefachkraft einer Allgemeinstation entgegen. Hier konnte die ethisch schwierige Situation durch ein Gespräch mit dem behandelnden Arzt über die Perspektive der Pflege, die die Sichtweise der Patientin und ihrer Angehörigen eingenommen hatte, gelöst werden.

Fallbeispiel

Die auf einer chirurgischen Station liegende Patientin der Inneren Medizin sollte auf eine internistische Station verlegt werden. Da das Eintreten des Todes bei der Patientin absehbar war, wollten die Pflegenden, die eine Beziehung zu der Patientin und deren Angehörigen aufgebaut hatten, der Verlegung nicht zustimmen. Es stellte sich ein mangelnder Informationsfluss als Ursache heraus, so dass das Problem rasch gelöst werden konnte, indem die Patientin auf der Station verblieb.

Bei einigen Anträgen kam es nicht zu einer ethischen Fallbesprechung, da sich die Frage entweder durch einen eindeutigeren Allgemeinzustand oder durch eine Veränderung des Allgemeinzustandes des Patienten nicht mehr stellte.

8.3.2   Altersverteilung der Patienten

Die Altersverteilung der betroffenen Patienten stellt sich wie folgt dar: in nahezu zwei Drittel der zu beratenden Fälle waren die Patienten in einem Alter zwischen 71 und 90 Jahren, gefolgt von Patienten der Altersgruppe zwischen 51 und 70 Jahren. In

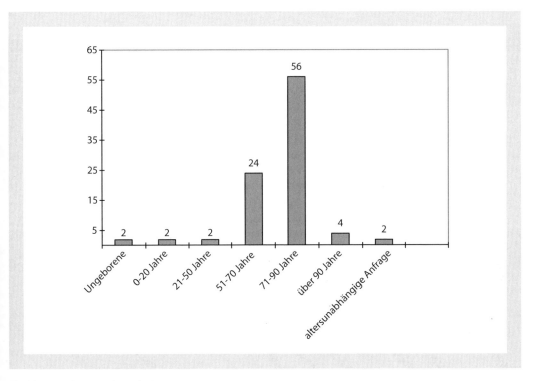

■ **Abb. 8.2** Altersverteilung der Patienten

zwei Fällen wurde über ungeborenes Leben diskutiert, vier Fallbesprechungen betrafen Patienten jenseits des 90. Lebensjahres. In 2010 wurden tendenziell mehr »Fälle« jüngerer Patienten zwischen 51 und 70 Jahren beraten (■ Abb. 8.2).

8.3.3 Antragsherkunft nach Berufsgruppen und medizinischen Disziplinen

Die **durchgeführten** ethischen Fallbesprechungen wurden überwiegend von Ärzten beantragt, meist von denen der Intensivstation bzw. der Anästhesieabteilung, gefolgt von denen der Gefäßchirurgie und der Inneren Medizin sowie der Chirurgie. Die Gynäkologie, Geburtshilfe und Senologie stellten vereinzelt Anfragen. Die Pflegenden zeigen bei der Antragstellung eher Zurückhaltung und werden häufiger ermutigt, entsprechende Fragen zu stellen, was sich im Laufe der Zeit in leicht zunehmender Zahl an Anträgen dieser Berufsgruppe zeigt. Eben-

so sollen Angehörige über die Möglichkeit informiert werden, das Klinische Ethikkomitee anrufen zu können, was auch zunehmend wahrgenommen wird. Die Information erfolgt in einzelnen Fällen über ein persönliches Gespräch und allgemein über den Flyer, der öffentlich im Eingangsbereich der Klinik und auf allen Stationen ausliegt. Einige Anfragen wurden z. B. von Angehörigen mit Unterstützung der Seelsorge gemeinsam gestellt.

Die Wertschätzung der Antragstellenden und der Anträge selbst sowie die Durchführung ethischer Fallbesprechungen stellen eine wichtige Voraussetzung für die Entwicklung der ethischen Kompetenz im Krankenhaus dar. Die Intentionen der Antragsteller sind unterschiedlich. Einige erbitten die Beratung in moralisch schwierigen Entscheidungssituationen, in denen der nächste Behandlungsschritt noch offen ist, einige in scheinbar aussichtslosen Situationen. Andere wiederum haben für sich tendenziell eine Entscheidung gefällt, die aber einer breiteren Diskussionsbasis zugeführt werden soll. Die Beratenden sollten darauf

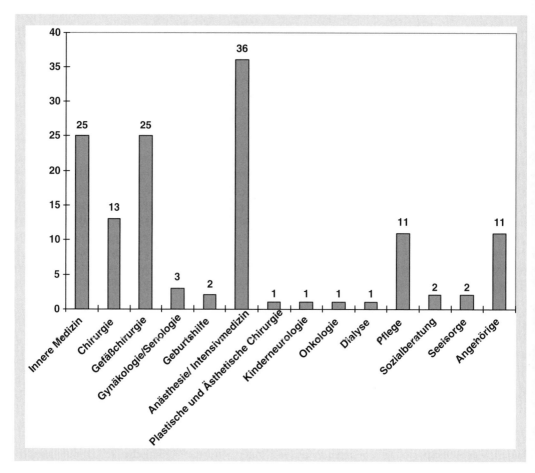

◻ **Abb. 8.3** Absolute Verteilung der Antragsteller nach medizinischen Disziplinen (Mehrfachnennungen möglich); beantragte Fallbesprechungen

achten, den Diskurs mit einem offenen Ergebnis zu beginnen und sich nicht vorab von möglicherweise feststehenden Entscheidungen des Behandelnden beeinflussen zu lassen.

◻ Abb. 8.3 zeigt die Verteilung der Antragstellungen, differenziert nach den Antrag stellenden Berufsgruppen.

8.3.4 Teilnehmerkreis bei ethischen Fallbesprechungen

Im Krankenhaus Gerresheim werden die ethischen Fallbesprechungen beim Vorsitzenden des KEK bzw. bei dessen Stellvertretung beantragt. Zur Beratung stehen diejenigen Mitglieder zur Verfü-

gung, die jeweils im Krankenhaus anwesend und verfügbar bzw. telefonisch abrufbar sind. Durchschnittlich sind dies drei bis fünf Mitglieder der verschiedenen Berufsgruppen. Das grundsätzliche Ziel, welches sehr häufig erreicht wird, ist die Anwesenheit je eines Arztes und einer Pflegekraft sowohl aus dem Behandlungsteam als auch aus dem Ethikkomitee. Für eine ethische Fallbesprechung sind im Beratungsteam mindestens drei verschiedene Berufsgruppen vertreten. Externe Mitglieder des Klinischen Ethikkomitees werden aus praktischen Gründen in der Regel nicht zu ethischen Fallbesprechungen hinzugezogen, wobei jederzeit die Möglichkeit besteht, gegebenenfalls beim Juristen telefonischen Rat einzuholen. Die Seelsorge ist rund um die Uhr erreichbar und nimmt an nahezu jeder ethischen Fallbesprechung teil. So konnte bereits in mehreren Fällen dem aktuellen seelsorgerischen Gesprächsbedarf der Angehörigen nachgekommen werden.

8.3.5 Anwesenheit der Angehörigen

Die Angehörigen des Patienten werden einerseits auf deren Wunsch hin einbezogen und andererseits nach Möglichkeit vom KEK hinzugezogen, um im Falle fehlender Äußerungsfähigkeit ein möglichst umfassendes Bild über seinen mutmaßlichen Willen, seine Lebenseinstellung und Weltanschauung zu erhalten. Die ethische Fallbesprechung beginnt zunächst ohne Angehörige durch das Behandlungsteam mit der Darstellung der Diagnose, des aktuellen Zustands und der Prognose des Patienten. Es werden Fragen geklärt, der »Fall« wird diskursiv erörtert, so dass jedes Mitglied des KEK seine Perspektive einbringen und die Situation nachvollziehen kann. Sodann werden die Angehörigen mit einbezogen. Im Dialog wird der Geschichte und dem Lebensentwurf des Patienten besondere Bedeutung gegeben, um den mutmaßlichen Willen zu eruieren (Heinemann 2010, S. 103). Die Fragestellungen an die Angehörigen müssen so formuliert sein, dass sich diese nicht in eine Position gedrängt fühlen, aus der heraus das Gefühl entstehen könnte, eine Entscheidung für oder gegen eine Therapiezieländerung für ihren erkrankten Angehörigen treffen zu müssen. Es gilt ausschließlich, im Gespräch möglichst viele Informationen aus der bisherigen Lebenssituation und über die Wertvorstellungen des Patienten zu erhalten.

» The moral background of decision-making has become obscure, and deliberation with patients about values and life concepts has become essential for a »best possible« decision. (Kovács 2010, S. 70) **«**

So kann eine ethische Fallbesprechung mit den Angehörigen durch diesen ausführlichen Austausch eine Hilfestellung sein, die ihnen deutlich macht, dass Entscheidungen aus vielen Perspektiven moralisch reflektiert sind und im Zweifel nicht allein der Erfahrung oder sogar der Willkür eines Einzel-

nen unterliegen, sondern ein Berufsgruppen übergreifendes Gremium zur Beratung zur Verfügung steht. Darüber hinaus erhalten die Angehörigen auf Wunsch konkrete Hilfeangebote wie z. B. ein Gespräch mit Seelsorgemitarbeitern, andere Gesprächsangebote oder über die Sozialberatung Informationen über weitere Dienste und in Frage kommende Institutionen. Die Erfahrung zeigt, dass das Gespräch für alle Beteiligten eine Bereicherung darstellt und die Angehörigen über die Wertschätzung, die dem Kranken mit der multiprofessionellen ethischen Fallbesprechung zuteil wird, beeindruckt und diese dankbar sind. Sie sind in ca. 60% der Fälle anwesend.

Die Zusammenarbeit des KEK mit den Angehörigen ist auf dieser Basis sehr positiv. In den meisten Fällen konnten Fragen zum mutmaßlichen Willen des Patienten und zu seiner Einstellung bezüglich seiner Lebensqualität geklärt werden.

8.3.6 Besuch des Patienten am Krankenbett

Eine Ergänzung der ethischen Fallbesprechung ist der Besuch des Patienten am Krankenbett, um neben allen theoretisch erfahrbaren Aspekten ein klinisches Bild des Betroffenen zu erhalten »und dem Leiden Ansicht zu geben« wie Pott et al. (2004) formulieren. In jedem einzelnen Fall wird abgewogen, ob das gesamte Beratungsteam oder ein Teil des Teams den Besuch durchführt oder darauf verzichtet wird. Als Kriterium gilt die Frage, ob der klinische Eindruck eines Patienten wichtige Aspekte zur Abgabe des Votums beitragen kann. Außerdem spielen der Wunsch der Angehörigen sowie der Wachheitsgrad des Patienten eine Rolle. Etwa 60% der Patienten werden am Krankenbett aufgesucht.

Fallbeispiel

Beispielsweise schien im Fall einer Patientin, bei der ausschließlich eine operative Hüftgelenksexartikulation Hoffnung auf Heilung zugelassen hätte, der Besuch spontan neue Aspekte zu bringen. Ihr Allgemeinzustand wurde im Laufe der Fallbesprechung als sehr schlecht und dem Tode nah geschildert. Bei dem Besuch fand das Beratungsteam eine wache, agile Patientin vor, deren fortgeschrittene

◻ **Tab. 8.2**   Absolute Anzahl der Patientenverfügungen bei den ethischen Fallbesprechungen

	2004	2005	2006	2007	2008	2009	2010	Gesamt
Durchgeführte ethische Fallbesprechungen	1	3	21	15	18	24	12	94
Patientenverfügung lag vor								
Ja	–	–	5	4	3 (1 fragl. gültig)	3	4	19
Nein	1	3	12	10	13	21	6	66
Nicht zu ermitteln	–	–	1	–	–	–	1	2
Keine Relevanz	–	–	3	1	1	–	–	5
Vorsorgevollmacht	–	–	–	–	2	6	4	12

8

Demenz sich im Gespräch sehr deutlich zeigte. Aus medizinischer Sicht war ein kurativer Eingriff nicht möglich. Die notwendige Operation wäre sehr komplikationsbehaftet gewesen und hätte mit großer Wahrscheinlichkeit zum Tode geführt, so dass im Konsens des Behandlungs- mit dem Beratungsteam und den Betreuern/Angehörigen von der Operation Abstand genommen wurde.

8.3.7 Patientenverfügungen

Im analysierten Zeitraum lag sogar mit leicht rückläufiger Tendenz in nur weniger als 20% der durchgeführten ethischen Fallbesprechungen eine Patientenverfügung vor. In 70% lag keine vor, bei einigen wenigen Fragestellungen hatte sie keine Relevanz. Es kann jedoch in zunehmender Zahl das Vorliegen einer Vorsorgevollmacht festgestellt werden, was auf eine verstärkte Auseinandersetzung der Menschen mit Fragen der Entscheidungen am Lebensende hinweist. In zwei Fällen war nicht zu ermitteln, ob der Patient eine Verfügung erstellt hatte (◻ Tab. 8.2).

8.3.8 Ergebnisse der ethischen Fallbesprechungen

Das Klinische Ethikkomitee hat sich die Aufgabe gestellt, die weiteren Krankheitsverläufe der in ethischen Fallbesprechungen erörterten Patientensituationen nach zu verfolgen.

An dieser Stelle seien die Verläufe der Behandlungen bzw. die Ergebnisse der Jahre 2005 bis 2009 kurz dargestellt:

Von den insgesamt 81 Patienten, bei denen eine ethische Fallbesprechung durchgeführt wurde, handelte es sich bei 58 um die Frage nach der weiteren Therapie am absehbaren Lebensende. Von diesen verstarben 48 innerhalb einer kurzen darauf folgenden Zeit noch während des stationären Krankenhausaufenthaltes auf Grund der Therapiezieländerung in Form eines Verzichts auf weitere Maßnahmen. Zehn Patienten wurden aus dem Krankenhaus nach Hause oder in eine andere Institution entlassen.

Bei zehn Patienten wurde die Frage nach der Anlage einer PEG-Sonde gestellt. In neun Fällen wurde ablehnend entschieden. Drei dieser neun Patienten verstarben noch während desselben Krankenhausaufenthaltes, sieben wurden entlassen bzw. in andere Institutionen verlegt. Von diesen verstarben zwei Patienten innerhalb drei Wochen nach der Entscheidung an den Folgen der Grunderkrankungen. Bei fünf Patienten konnte die orale Nahrungsaufnahme weiter geführt bzw. wieder aufgenommen werden.

In drei Situationen wurde trotz vorliegenden Patientenwillens eine ethische Fallbesprechung einberufen, um den Verzicht auf medizinisch mögliche Therapien ethisch zu reflektieren und zu fundieren.

Die Schicksale der beiden Patientinnen, bei denen es um den Schutz des ungeborenen Lebens ging, konnten nicht weiter nachverfolgt werden, da keine weitere Möglichkeit der Kontaktaufnahme bestand. Das KEK riet in beiden Fällen den behandelnden Ärzten unter Abwägung der Risiken für Mutter und Ungeborenes (»schweren Herzens«) zum Schwangerschaftsabbruch.

Zwei Situationen, die den Umgang mit Patienten betrafen, konnten in Gesprächen gelöst werden. In drei Situationen wurden Beiträge zu wissenschaftlichen Forschungen dem Ethikkomitee gemeldet und abgestimmt, nachdem die Ethikkommission bereits zugestimmt hatte. Bis auf einen Fall folgten die behandelnden Ärzte dem Beratungsergebnis des KEK.

8.4   Zusammenfassung

Im Verlauf der Arbeit des Klinischen Ethikkomitees des Gerresheimer Krankenhauses wurden verschiedene Maßnahmen aus der Erfahrung heraus eingeleitet und institutionalisiert, die im Folgenden zusammengefasst werden.

- Für die verbindliche multiprofessionelle Teilnahme an den monatlichen Sitzungen wurde für die Zukunft vereinbart, professionsentsprechende Vertretungen der ärztlichen Mitglieder zuzulassen.
- Als zusätzliches Modul zur Stärkung der ethischen Kompetenz können Mitarbeiter des Krankenhauses nach vorheriger Absprache und mit Zustimmung der Mitglieder an den Sitzungen des KEK teilnehmen.
- Studenten im Praktischen Jahr wird ermöglicht, an einer ethischen Fallbesprechung teilzunehmen.
- Während der Sitzung werden inzwischen, auf Grund der relativ hohen Anzahl, ausschließlich wesentliche ethische Fallbesprechungen reflektiert, die neue Aspekte ethischer Betrachtungsweisen beinhalten.
- Die bislang von der Berufsgruppe der Pflege zurückhaltend genutzte Antragstellung auf ethische Fallbesprechungen wird im Klinikalltag gezielt unterstützt.

- Vor der Durchführung einer ethischen Fallbesprechung wird sichergestellt, dass der Chefarzt der primär behandelnden Abteilung über die Anfrage informiert ist. Dieses Vorgehen gilt als vertrauensbildende Maßnahme für die interprofessionelle Zusammenarbeit sowie für die Ethikarbeit in der Klinik.
- Die meisten Patienten konsultieren regelmäßig einen Hausarzt ihres Vertrauens und pflegen mit diesem einen intensiven Austausch. Im Zusammenhang mit ethischen Fallbesprechungen wird nach Möglichkeit der Hausarzt telefonisch kontaktiert, um einerseits Informationen über den Patienten zu geben und andererseits Informationen über die Einstellung des Patienten zu seiner Gesundheit/Krankheit und den Therapieoptionen zu erhalten sowie nach der Fallbesprechung über das Ergebnis zu informieren.
- Bei der Zusammensetzung des Klinischen Ethikkomitees ist es wichtig darauf zu achten, dass ausreichend Mitglieder vor Ort in der Klinik tätig sind, um kurzfristig das Beratungsteam zusammenstellen zu können. Dieses soll sich jeweils aus mindestens drei verschiedenen Berufsgruppen zusammensetzen.
- Es hat sich bewährt, den Krankenhaussozialdienst bei der Mitgliedschaft zu berücksichtigen, da diese Berufsgruppe ebenfalls unmittelbar mit dem Patienten und seinen An- und Zugehörigen arbeitet.
- Beim Teilnehmerkreis für eine ethische Fallbesprechung ist es empfehlenswert, die Berufsgruppen der Ärzte **und** Pflege in das Beratungs- **und** Behandlungsteam einzubeziehen. Auf diese Weise kann das »gemeinsame Gespräch über Problemwahrnehmungen und moralische Meinungsverschiedenheiten« (Kettner 2008, S. 26) gefördert werden.
- Die Einbeziehung der Angehörigen bzw. Betreuer ist oft eine wertvolle Hilfestellung im Beratungsprozess und wird aus deren Perspektive als vertrauensbildende Maßnahme gewertet.
- Ein Besuch des Patienten am Krankenbett gibt, nach Abwägen der Ziele, die Möglichkeit, dem individuellen Menschen, über den be-

raten wird, zu begegnen (vgl. ZEKO 2006, S. A 1705; ▶ Abschn. 8.3.6).

— Falls in einer ethischen Fallbesprechung ein Informationsdefizit bestehen bleibt und/oder kein Votum abgegeben werden kann, empfiehlt sich eine weitere Besprechung zu einem späteren Zeitpunkt. Mehrzeitige Fallbesprechungen sind berechtigterweise in Erwägung zu ziehen.

Neben diesen Maßnahmen, die sich seit Bestehen des Klinischen Ethikkomitees als wichtig und sinnvoll gezeigt haben und erfolgreich realisiert wurden, gibt es Erfolgsfaktoren, die zum guten Gelingen beitragen und bei der Gründung eines solchen Gremiums Berücksichtigung finden sollten:

— Idealerweise muss die Einrichtung den ethischen Dialog selbst beginnen (top down und bottom up). Hier sind zwei bis drei Mitarbeiter als Initiatoren und spätere Mitglieder im KEK als »Motoren« vonnöten. »Eine hohe Motivation und der berufliche Idealismus, gemeinschaftlich und interdisziplinär Argumente oder Verfahrensweisen ethisch zu reflektieren und klinische Entscheidungen transparenter zu treffen sind für den Prozess der Institutionalisierung einer wirklich gewollten Beratungsstruktur essenzielle Elemente, können aber auch bei Fachleuten nicht grundsätzlich vorausgesetzt werden.« (Frewer 2008, S. 66)

— Bereits bei den ersten Gründungsgedanken sollten Informationen über die Arbeit eines KEK in verschiedenen Gremien und Medien (Betriebsleitung, Chefarztkonferenz, Abteilungsleitungskonferenz, Stationsleitungskonferenz, Intranet, interne Printmedien) gegeben werden. Es ist immens wichtig, eventuelle Widerstände frühzeitig zu erkennen und wirkungsvolle Gegenmaßnahmen einzuleiten.

— Für alle Mitarbeitenden der Einrichtung sollten rechtzeitig Fortbildungen erfolgen und selbstverständlich sollten die Mitglieder die Gelegenheit zu eigenen thematischen Fortbildungen erhalten.

— Die Integrität und Glaubwürdigkeit aller Mitglieder ist eine Voraussetzung für die erfolgreiche Arbeit. Die Mitglieder sind unabhängig von ihrer Funktion und Stellung im Unter-

nehmen tätig. Diese Aspekte müssen bei der Auswahl der Mitglieder berücksichtigt werden.

— Es ist ratsam, von Beginn an einen Juristen als Mitglied ins Gremium zu berufen, der kurzfristig zu rechtlichen Fragen Stellung nehmen kann.

— Die ethische Fallbesprechung sollte als niedrigschwelliges Angebot (»Anruf genügt«) implementiert werden, so dass Fallbesprechungen innerhalb kurzer Zeit bis maximal innerhalb von 24 Stunden durchgeführt werden können.

— Bei Bedarf werden weitere Professionen, die nicht Mitglied im KEK sind, zur Beratung hinzugezogen.

— Ein **gemeinsamer** Diskurs mit dem Behandlungsteam gewährt die Möglichkeit einer umfassenden Reflexion der Situation des Patienten und sensibilisiert die Anwesenden für das Thema. Eine aufrichtige Kommunikation innerhalb des KEK und in der Klinik ist hier gleichermaßen bedeutsam. Zudem werden von allen die Empfehlungen mitgestaltet und transparenter für die Nichtteilnehmer.

— Eine vertrauensvolle Zusammenarbeit ist zugleich Voraussetzung und Auswirkung einer erfolgreichen Arbeit des KEK.

— Es empfiehlt sich ein »follow up«, das die Entwicklung der Krankheitsverläufe der Patienten nachverfolgt. Die Ergebnisse werden in den regelmäßigen Sitzungen des KEK vorgetragen; sie haben Fortbildungscharakter.

— Abschließend sei erwähnt, dass die Implementierung eines Klinischen Ethikkomitees Geduld erfordert.

May stellte bereits 2004 fest, dass »die Präsenz eines Ethikkomitees in der Klinik […] die Arbeitszufriedenheit [erhöht], da die Partizipation die Möglichkeiten zur Bewältigung von »**moralischem Stress**« verbessert« (May 2004, S. 244).

Der Zeitaufwand der ehrenamtlichen Tätigkeit beträgt im Krankenhaus Gerresheim pro Monat etwa 30 Stunden. Die monatliche Sitzung dauert ca. eine Stunde, hinzu kommt die Zeit für die Protokollerstellung. Eine Einzelfallberatung in der Form der ethischen Fallbesprechung dauert ebenfalls ca. eine Stunde; die Dokumentation erfolgt zeitgleich. Hinzu kommen die Organisation sowie die Vor-

und Nachbereitung. Nach Möglichkeit werden die Mitglieder für die Zeit der Sitzungen oder Beratungen von anderen Aufgaben freigestellt. Weitere Zeitressourcen erfordern die Vorbereitung und Durchführung von Fortbildungen sowie die Aktivitäten in kleinen Arbeitsgruppen.

8.5 Ausblick

In Zukunft zu bearbeitende Themen sind z. B. »Der ältere Patient«, die Fixierung von Patienten und Einbeziehung des Betreuungsgerichtes. Zu diesem Thema hat ein Workshop unter Moderation des Juristen des KEK stattgefunden. Im Jahr 2011 wurde vereinbart, strukturierte Ethikvisiten auf der multidisziplinären Intensivstation bei jenen Patienten durchzuführen, deren Verweildauer auf der Intensivstation 30–45 Tage überschreitet. Weitere Themen sind beispielsweise die Schmerztherapie bei sterbenden Patienten, die Aufklärung von Patienten unter dem Aspekt »Medizin und Wahrhaftigkeit« sowie das Thema »Umgang mit Konflikten und Fehlern«. Außerdem wird eine Verfahrensanweisung für ethische Fallbesprechungen erarbeitet.

Seit 2004 ist das Klinische Ethikkomitee des Gerresheimer Krankenhauses ein fester Bestandteil im Klinikalltag und stellt hier eine Beratungsoption sowohl für die an der Behandlung der Patienten Beteiligten als auch für die An- und Zugehörigen und Betreuer dar. Die gewonnenen Erfahrungen flossen im Rahmen des Stellenwechsels der Verfasserin im Jahr 2010 in die Gründung des Klinischen Ethikkomitees der Städtischen Kliniken Mönchengladbach ein, die im Folgenden skizziert wird:

8.5.1 Klinisches Ethikkomitee der Städtischen Kliniken Mönchengladbach

» Jedes Ethik-Komitee hat seine eigene Entwicklungsgeschichte, Identität, Struktur und Arbeitsweise, die von den Mitgliedern und den Besonderheiten des jeweiligen Krankenhauses […] geprägt sind.« (vgl. Vollmann 2006, S. 28) **«**

Die Städtischen Kliniken Mönchengladbach GmbH gründete 2010 das »Klinische Ethikkomi-

tee der Städtischen Kliniken Mönchengladbach«, dessen Vorsitz die Autorin inne hat. Verschiedene Initiativen waren dem vorausgegangen: So findet u. a. seit mehreren Jahren innerbetrieblich ein Fortbildungsangebot zum Thema »Umgang mit Sterbenden« statt. Im August 2009 erfolgte die Vorbereitung der ersten Sitzung, und 2010 absolvierten sieben pflegerische Mitarbeiterinnen die Weiterbildung »Palliative Care«. Im April desselben Jahres lud der Förderverein zu einem Vortrag »Klinische Ethik – welche Rolle spielt die Patientenverfügung?« ein.

Im Juni 2010 fand die erste gemeinsame Sitzung des Klinischen Ethikkomitees statt. 16 Mitglieder aus acht verschiedenen Berufsgruppen treten seither monatlich zusammen: Ärzte (einschließlich Palliativmedizin), Pflegekräfte, Mitarbeitende aus Verwaltung und Sozialdienst stellen die internen Mitglieder, Seelsorge, Jurisprudenz, Patientenvertreter und die unabhängige Patientenbeschwerdestelle die externen Mitglieder. Einen Einstieg in die Thematik erhielten diese mit der »Stellungnahme der Zentralen Kommission zur Wahrung ethischer Grundsätze in der Medizin und ihren Grenzgebieten (Zentrale Ethikkommission) bei der Bundesärztekammer zur Ethikberatung in der klinischen Medizin« vom 24.01.2006 und den »Standards für Ethikberatung in Einrichtungen des Gesundheitswesens« vom Vorstand der Akademie für Ethik in der Medizin e.V. vom 12.03.2010. Darüber hinaus nehmen die Mitglieder an einzelnen Informations- und Fortbildungsveranstaltungen teil.

Die Satzung wurde im Oktober 2010 verabschiedet. Bewusst wurden ökonomische Aspekte aufgeführt, die möglicherweise thematisch zukünftig im KEK eine Rolle spielen könnten. »Der grundsätzlich interessante Punkt ist, dass KEK's eine sich im Prinzip auf alle möglichen Bereiche erstreckende Zuständigkeit haben, solange klar ist, dass dort Fragen entstehen, die als moralisch irritierende Fragen imponieren.« (Kettner 2008, S. 17). Zur Dokumentation der ethischen Fallbesprechung wurden verschiedene bereits vorhandene Frage- und Protokollbögen herangezogen, u. a. der des KEK des Gerresheimer Krankenhauses. Eine kleine Arbeitsgruppe bereitete einen Entwurf vor, der in den Sitzungen zur Diskussion gestellt und im März 2011 verabschiedet wurde. Aufgrund der in 2009 veränderten Gesetzgebung zum Betreuungsrecht wurde der Autonomie des Patienten, direkt im Anschluss an die Frage nach der medizinischen Indikation, ein zentraler Fokus eingeräumt. Ein Leitfaden zum Umgang mit Patientenverfügungen wurde verabschiedet. In verschiedenen Medien (Print und TV) wird das Klinische Ethikkomitee zunehmend bekannt gemacht.

» It has been shown to be useful to launch the clinical ethics committee in connection with a kick-off event held within the hospital. (Vollmann 2010, S. 102) «

Der Implementierungsprozess wird auf verschiedenen Ebenen gefördert, denn laut Reiter-Theil (2011, S. 172) sind angemessene Grundkenntnisse erforderlich, »damit klinische Mitarbeiter ein ethisches Problem, welches in einer Ethikkonsultation erörtert werden sollte, zuverlässig diagnostizieren können«. Im November 2010 wurde erstmals eine ethische Fallbesprechung beantragt, die ein mehrzeitiges Vorgehen erforderte. Ein ebensolches Vorgehen wurde in der zweiten ethischen Fallbesprechung im Januar 2011 realisiert; ein weiterer Antrag wurde auf anderer Ebene gelöst. Im weiteren Verlauf wird sich das KEK mit den Themen »Verzicht auf Wiederbelebung«, Sterbehilfe, Sterbebegleitung, einem Bericht der Weiterbildungsabsolventen in Palliative Care und Psychoonkologie und der »PEG-Sonde« beschäftigen.

Wie bereits oben erwähnt, muss jede Einrichtung ihren individuellen Weg der Implementierung eines Klinischen Ethikkomitees finden, verfolgen und die vertrauensvolle Zusammenarbeit im multiprofessionellen Team aufbauen, um den Ratsuchenden Hilfestellung leisten zu können, damit sie gute und richtige Entscheidungen treffen.

Literatur

Akademie für Ethik in der Medizin e.V. (2010) Standards für Ethikberatung in Einrichtungen des Gesundheitswesens. In: Ethik in der Medizin 22 (2010), S. 149–153

Bundesministerium der Justiz und Bundesministerium für Gesundheit und Soziale Sicherung (2005) Patientenrechte in Deutschland – Leitfaden für Patientinnen, Patienten und Ärztinnen, Ärzte. 3. Auflage. Bonn

Deutscher Evangelischer Krankenhausverband und Katholischer Krankenhausverband Deutschlands e.V. (1999) Ethik – Komitee im Krankenhaus. Erfahrungsberichte zur Einrichtung von Klinischen Ethik-Komitees. Freiburg

Dörries A, Neitzke G, Simon A, Vollmann J (Hrsg.) (2010) Klinische Ethikberatung. Ein Praxisbuch für Krankenhäuser und Einrichtungen der Altenpflege. Stuttgart

Drittes Gesetz zur Änderung des Betreuungsrechts vom 29.07.2009. Bundesgesetzblatt Jahrgang 2009 Teil I Nr. 48, Ausgegeben zu Bonn am 31.07.2009

Düwell M, Neumann JN (Hrsg.) (2005) Wie viel Ethik verträgt die Medizin? Paderborn

Frewer A, Winau R (Hrsg.) (2002) Ethische Kontroversen am Ende des menschlichen Lebens. Erlangen, Jena

Frewer A (2008) Ethikkomitees und Beratung in der Medizin. Entwicklung und Probleme der Institutionalisierung. In: Frewer et al. (2008), S. 47–74

Frewer A (2010) Programm Erlanger Sommerkurs. BMBF-Klausurwoche. Klinische Ethik: Konzepte, Kasuistiken und Komitees. 12.–19.09.2010. Erlangen

Frewer A, Fahr U, Rascher W (Hrsg.) (2009) Patientenverfügung und Ethik. Beiträge zur guten klinischen Praxis. Jahrbuch Ethik in der Klinik, Bd. 2. Würzburg

Frewer A, Fahr U, Rascher A (Hrsg.) (2008) Klinische Ethikkomitees. Chancen, Risiken und Nebenwirkungen. Jahrbuch Ethik in der Klinik, Bd. 1. Würzburg

Gillen E (2005) Vom Rat zur Tat – Moralisch handeln und denken. In: Düwell, Neumann (2005), S. 227–234

Heinemann W (2010) Ethische Fallbesprechung als eine interdisziplinäre Form klinischer Ethikberatung. In: Heinemann W, Maio G (Hrsg.) Ethik in Strukturen bringen. Denkanstöße zur Ethikberatung im Gesundheitswesen. Freiburg im Breisgau 2010, S. 103–128

Heinemann W, Maio G (Hrsg.) (2010) Ethik in Strukturen bringen. Denkanstöße zur Ethikberatung im Gesundheitswesen. Freiburg im Breisgau

Inthorn J (Hrsg.) (2010a) Richtlinien, Ethikstandards und kritisches Korrektiv. Eine Topographie ethischen Nachdenkens im Kontext der Medizin. Edition Ethik, Bd. 7. Göttingen

Inthorn J (2010b) Ethik in der Medizin: alte und neue Fragen – eine Einleitung. In: Inthorn J (Hrsg.) Richtlinien, Ethikstandards und kritisches Korrektiv. Eine Topographie ethischen Nachdenkens im Kontext der Medizin. Edition Ethik. Anselm R, Körtner UHJ (Hrsg.). Bd. 7. Göttingen, S. 7–15

Jonas H (1979) Das Prinzip Verantwortung. Versuch einer Ethik für die technologische Zivilisation. Frankfurt am Main

Kettner M (2008) Autorität und Organisationsformen Klinischer Ethikkomitees. In: Frewer et al. (2008), S. 15–26

Kettner M, May AT (2001) Ethik-Komitees in der Klinik. Zur Moral einer neuen Institution. In: Rüsen, J (2001), S. 487–499

Kettner M, May AT (2005) Eine systematische Landkarte Klinischer Ethikkomitees in Deutschland. Zwischenergebnisse eines Forschungsprojektes. In: Düwell, Neumann (2005), S. 235–244

Klinisches Ethik-Komitee des Gerresheimer Krankenhauses (2005) Satzung des Klinischen Ethik-Komitees des Gerresheimer Krankenhauses, Version 1.0

Körtner UHJ (2004) Grundkurs Pflegeethik. Wien

Körtner UHJ (2007) Ethik im Krankenhaus. Vortrag vor Krankenhausseelsorgerinnen und -seelsorgern der Ev. Kirchenkreise Gladbeck-Bottrop-Dorsten und Recklinghausen am 16.03.2007 in Recklinghausen. In: http://www.krankenhausseelsorgewestfalen.de, a_z, material, koertner-ethik-im-krankenhaus.pdf [Stand: 13.04.2007]

Kovács L (2010) Implementation of clinical ethics. Consultation in conflict with professional conscience? Suggestions for reconciliation. In: Schildmann et al. (2010), S. 65–77

Maio G (2010) Zur Orientierungslosigkeit einer Medizin ohne ethische Reflexion. In: Heinemann, Maio (2010) (Hrsg.) Ethik in Strukturen bringen. Denkanstöße zur Ethikberatung im Gesundheitswesen. Freiburg im Breisgau. S. 59–77

Marckmann G (2000) Was ist eigentlich prinzipienorientierte Medizinethik? In: Ärzteblatt Baden-Württemberg 12 (2000), S. 74

May AT (2004) Ethische Entscheidungsfindung in der klinischen Praxis. Die Rolle des klinischen Ethikkomitees. In: Ethik in der Medizin 16 (2004), S. 242–252

May AT (2010) Ethikberatung – Formen und Modelle. In: Heinemann, Maio (2010) (Hrsg.) Ethik in Strukturen bringen. Denkanstöße zur Ethikberatung im Gesundheitswesen. Freiburg im Breisgau, S. 247–264

May AT, Geißendörfer S, Simon A, Strätling M (Hrsg.) (2002) Passive Sterbehilfe: Besteht gesetzlicher Regelungsbedarf? Münster

May AT, Kettner M (2002) Beratung durch Ethikkonsil oder Klinisches Ethik-Komitee (KEK). Beratung bei der Therapieentscheidung durch Ethikkonsil oder Klinisches Ethik-Komitee (KEK). In: May et al. (2002), S. 179–192

Müller-Busch C (2005) Thematische Grundlegung. Ethische Konflikte im Spannungsfeld von Fürsorge und Selbstbestimmung – Wie finde ich den richtigen Weg? In: Schäfer, R, Schuhmann, G (Hrsg.) »Muss das alles noch sein?!« Wege zur ethischen Entscheidungsfindung am Krankenbett. Würzburg, S. 33–51

Neitzke G (2009) Formen und Strukturen Klinischer Ethikberatung. Klinische Ethikberatung in Deutschland. In: Vollmann, J, Schildmann, J, Simon, A (Hrsg.) Klinische Ethik. Aktuelle Entwicklungen in Theorie und Praxis. Frankfurt am Main, New York, S. 37–56

Neitzke G (2010) Aufgaben und Modelle von Klinischer Ethikberatung. In: Dörries A, Neitzke G, Simon A, Vollmann J (Hrsg.) Klinische Ethikberatung. Ein Praxisbuch für Krankenhäuser und Einrichtungen der Altenpflege. Stuttgart, S. 56–73

Oer R, Morton K, de Leon D, Fals J (1996) Evaluation of an ethics consultation service: Patient and family perspective. The American Journal of Medicine 1996, 101: S. 135–141

Pace N, Mc Lean S (1996) Ethics and the law in intensive care. Oxford u. a.

Pott G, Greber H, Pohl J (2004) Der angesehene Patient. Ein Beitrag zur Ethik in der Palliativmedizin, Stuttgart

Rascher W (2008) Das Klinische Ethikkomitee am Universitätsklinikum Erlangen In: Frewer et al. (2008), S. 117–122

Rehbock T (2005) Personsein in Grenzsituationen. Zur Kritik der Ethik medizinischen Handelns. Paderborn

Reiter-Theil S (1999) Ethik in der Klinik – Theorie für die Praxis: Ziele, Aufgaben und Möglichkeiten des Ethik-Konsils. In: Ethik in der Medizin 11, 4 (1999), S. 222–232

Reiter-Theil S (2011) Das Ausbalancieren der Perspektiven oder: (Wie) Kann und soll man Patienten und Angehörige in die Ethikberatung einbeziehen? In: Stutzki et al. (2011), S. 169–184

Remmers H (2002) Pflegewissenschaft II, Studienbrief 8: Ethik und Pflege II: Probleme und Anforderungen. Studienbrief der Hamburger Fernhochschule. Hamburg

Rüsen J (Hrsg.) (2001) Jahrbuch 2000, 2001. Kulturwissenschaftliches Institut im Wissenschaftszentrum NRW. Essen

Schneidermann L, Gilmer T, Teetzel H, Dugan D, Cohn F, Young E (2003) Effect of ethics consultation of nonbeneficial life-sustaining treatment in the intensive care setting. Randomized controlled study trial. In: Journal of the American Medical Association 290 (2003), S. 1166–1172

Schildmann J, Gordon J-S, Vollmann J (Hrsg.) (2010) Clinical ethics consultation. Theories and methods, implementation, evaluation. Farnham

Sponholz G, Baitsch H (2011) »Man müsste es probieren.« Das Ulmer Modell der ethischen Einzelfalldiskussion. In: Stutzki et al. (2011), S. 27–43

Steinkamp N, Gordijn B (2010) Ethik in Klinik und Pflegeeinrichtung. Ein Arbeitsbuch. 1. Auflage 2003. 3., überarbeitete Auflage. Köln

Stutzki R, Ohnsorge K, Reiter-Teil S (Hrsg.) (2011) Ethikkonsultation heute – vom Modell zur Praxis. Münster u. a.

Ulrich H (2008) Ethikkomitees – vorbildliche Institutionen? In: Frewer et al. (2008). S. 135–140

Vollmann J (2004) Ethik-Beratung im Krankenhaus. Konzepte und Modelle In: Tagungsbericht der Tagung in der Evangelischen Akademie in Tutzing, 24.–25. September 2003: »Ethik und Organisation im Krankenhaus«. In: Ethik in der Medizin (2004), S. 83–88

Vollmann J (2006) Klinische Ethikkomitees und klinische Ethikberatung im Krankenhaus. Ein Praxisleitfaden. Medizinethische Materialien, Heft 164. Bochum

Vollmann J (2010) The implementation of clinical ethics consultation: concepts, resistance, recommendations. In: Schildmann et al. (2010), S. 65–77

Wagner E (2004) Tagungsbericht der Tagung in der Evangelischen Akademie in Tutzing, 24.–25. September 2003: »Ethik und Organisation im Krankenhaus«. In: Ethik in der Medizin 16, 1 (2004), S. 83–88

Zentrale Ethikkommission (2006) Stellungnahme der
    Zentralen Kommission zur Wahrung ethischer Grund-
    sätze in der Medizin und ihren Grenzgebieten (Zentrale
    Ethikkommission) bei der Bundesärztekammer zur
    Ethikberatung in der klinischen Medizin (24. Januar
    2006) Deutsches Ärzteblatt, Jg. 103, Heft 24, 16. Juni
    2006, A 1703–A 1707

8

Implementierung eines Klinischen Ethikkomitees

Erfahrungen aus der Universitätsmedizin Göttingen

Gabriella Marx, Friedemann Nauck und Bernd Alt-Epping

An der Universitätsmedizin Göttingen (UMG) wurde im Herbst 2010 ein Klinisches Ethikkomitee gegründet. Damit reiht Göttingen sich in die vor allem im vergangenen Jahrzehnt stetig gewachsene Anzahl universitärer Kliniken ein, die ein solches Gremium an ihrem Hause einrichten (vgl. Frewer et al. 2008; Dörries 2010).

9.1   Einleitung

Die Notwendigkeit Klinischer Ethikberatung und damit die Implementierung Klinischer Ethikkomitees in den Krankenhäusern wird seit Mitte der 1970er Jahre international diskutiert und ist zunehmend in den Mittelpunkt der Aufmerksamkeit gerückt (Neitzke 2009, Fahr 2008). In Deutschland gingen erste Impulse Mitte der 1990er Jahre von konfessionellen Häusern aus, die ersten universitären Klinischen Ethikkomitees wurden 2000 an der Medizinischen Hochschule Hannover und 2002 an der Universität Erlangen-Nürnberg etabliert (vgl. Neitzke 2009; ► Kap. 3).[1]

Für die rasante Verbreitung Klinischer Ethikkomitees seit Mitte der 1990er Jahre sind im Wesentlichen zwei Gründe zu nennen:

1. Der naturwissenschaftliche und technische Fortschritt und die damit verbundene Vielfalt medizinischer Handlungsoptionen einerseits, die wachsende Bedeutung des Selbstbestimmungsrechts der Patienten und die Wertevorstellungen in einer pluralistischen und multikulturellen Gesellschaft andererseits, führen in der alltäglichen klinischen Praxis zu einem erhöhten Bedarf an ethischer Reflexion in der Medizin (Simon u. Neitzke 2010). Die durch das Aufeinandertreffen verschiedener Wert- und Moralvorstellungen innerhalb der medizinischen Versorgung entstehenden ethischen Fragen und Konflikte machen eine rationale Begründung von Handlungsentscheidungen notwendig (Nassehi 2008). Die

Klinische Ethikberatung hilft in diesen Fällen durch ethische Reflexion des Konfliktes, eine Qualitätssicherung medizinischen Handelns nach innen herzustellen.

2. Im Zusammenhang mit dem auch nach außen hin sichtbaren Nachweis einer qualitativ hochwertigen Versorgung stehen viele Krankenhäuser unter dem Druck, die Standards durch externe Zertifizierungen nachzuweisen. Da der Beleg eines sorgfältigen Umgangs mit ethischen Konflikten auch Teil von Zertifizierungsverfahren ist (beispielsweise nach »KTQ, Kooperation für Transparenz und Qualität im Gesundheitswesen«), werden Klinische Ethikkomitees auch auf dieser Motivationsgrundlage eingerichtet. Diese unterschiedlichen Motive zur Gründung eines Klinischen Ethikkomitees sind eng verbunden mit den Impulsgebern. Der Implementierungsprozess kann zum einen als handlungspraktische Notwendigkeit, beispielsweise aufgrund wiederholter Erfahrungen mit schwer lösbaren ethischen Konflikten, von der Basis ausgehen (bottom-up) oder zum anderen als qualitatives »Aushängeschild« von der Führungsebene initiiert (top-down) sein.[2]

Anhand des Implementierungsprozesses an der Universitätsmedizin Göttingen soll im Folgenden der Ablauf beispielhaft vorgestellt und mögliche Probleme sowie die gewählten Vorgehensweisen und Schwerpunktsetzungen erläutert werden.

9.2   Implementierungsprozess

Der erste Ansatz zur Implementierung eines Klinischen Ethikkomitees an der UMG erfolgte im Zeitraum 1998/99 (damals noch Universitätsklinikum Göttingen – UKG). Zu der Zeit gab es wiederholte Anfragen zu konkreten ethischen Fragestellungen, die aus Ermangelung anderer Möglichkeiten an die für die Einhaltung forschungsethischer Richtlinien zuständige Ethik-Kommission gerichtet worden waren. Seitens der Ethik-Kommission wurde die Notwendigkeit zur Einrichtung eines eigens für

---

1   Eine 2007 durchgeführte Umfrage ergab, dass bis dahin bereits 18 Universitätskliniken in Deutschland über ein Klinisches Ethikkomitee verfügten oder dabei waren eines aufzubauen; vgl. hierzu Vollmann (2008).

2   Zum Prozess der Implementierung vgl. Vollmann (2010).

die Klärung dieser praxisbezogenen Fragestellungen und Konflikte zuständigen Gremiums bestätigt und kurz darauf eine Untergruppe mit dem Auftrag betraut, die Strukturen sowie eine Satzung für ein Klinisches Ethikkomitee zu entwerfen und den Implementierungsprozess einzuleiten (vgl. Frewer 2008).

Wie notwendig es ist, dass ein Ethikkomitee nicht nur von den Mitarbeitern, sondern ebenso von der Leitung gewünscht wird, zeigt der weitere damalige Verlauf in Göttingen: aufgrund personeller Hindernisse in der Leitungsebene wurde der Implementierungsprozess abgebrochen. Es wäre jedoch falsch, Einzelpersonen sowohl für einen Erfolg als auch für ein Scheitern verantwortlich zu machen. Über die Bewertung einer rein sachlich-argumentativen Ebene hinaus muss sicherlich auch die inhaltlich-praktische Notwendigkeit der vorgetragenen Gründe überzeugend sein. Da die Möglichkeit besteht, dass ein »von oben« verordnetes Ethikkomitee von der Basis nicht genutzt wird, sollte von Beginn an überlegt werden, worin die Gründe hierfür liegen und wie die Klinikleitung für eine aktive Unterstützung gewonnen werden kann (vgl. Simon 2010).

Nachdem der erste Versuch in Göttingen scheiterte, waren die strukturellen und personellen Bedingungen knapp zehn Jahre später offenkundig besser. Mit der Einrichtung der Abteilung Palliativmedizin im Zentrum für Anästhesiologie, Rettungs- und Intensivmedizin und der Übernahme der Stiftungsprofessur und des Lehrstuhls für Palliativmedizin der Deutschen Krebshilfe wurde 2008 die Diskussion um die Implementierung durch den Lehrstuhlinhaber wieder aufgenommen.[3] Die Bewegung kam also erneut aus der Praxis heraus (bottom-up) und zudem aus dem Kontext der Versorgung am Lebensende, in dem sich ethische Konflikte häufen (▶ Kap. 11).[4] Aber auch

zu diesem Zeitpunkt kam es aufgrund personeller Hindernisse in der Leitungsebene erneut zu einem »Top-down«-Problem und zu zeitlichen Verzögerungen. Schließlich konnten 2009 die Vorbereitungen mit Unterstützung der Klinikleitung begonnen werden.[5]

9.3 Vorbereitung und Genehmigung des Konzeptes

Zur Vorbereitung eines ersten Konzeptes formierte sich eine Vorbereitungsgruppe, an der die Direktoren der Abteilungen Ethik und Geschichte der Medizin und Palliativmedizin, sowie einzelne Mitarbeiter der Abteilungen Palliativmedizin, Anästhesie/Intensivmedizin, Ethik und Geschichte der Medizin sowie zwei Pflegekräfte und eine Seelsorgerin beteiligt waren. Durch die räumliche Nähe zur Geschäftsstelle der Akademie für Ethik in der Medizin (AEM) konnte diese ebenfalls für die Vorbereitung gewonnen und deren großes Erfahrungspotenzial genutzt werden. Inhalte des Konzeptes waren **Ziele** (u. a. Sensibilisierung für ethische Fragestellungen, Stärkung der Kompetenz im Umgang mit ethischen Fragen), **Aufgaben** (u. a. Unterstützung bei prospektiven und retrospektiven ethischen Fallbesprechungen, Durchführung von Fortbildungsveranstaltungen) und **Struktur** (Koordination der Aufgaben und Ziele auf der Ebene der Organisation, Durchführung von ethischen Fallbesprechungen auf der Ebene der Station) des Klinischen Ethikkomitees. Ferner wurden die weiteren Schritte der **Umsetzung** (Auftrag des Vorstandes, Informationsveranstaltungen, Aufbau des Klinischen Ethikkomitees und Berufung der Mitglieder) sowie die benötigten **finanziellen Ressourcen** (u. a. für eine wissenschaftliche Hilfskraft oder die Durchführung von Ethik-Fortbildungen) dargelegt. Für die Mitarbeit in der Vorbereitungsgruppe standen keine zusätzlichen finanziellen Mittel zu Verfügung.

Der Vorstand nahm das Konzept zwar positiv auf, es kam dann aber zu Verzögerungen hinsichtlich der Einigung über die Bereitstellung des not-

---

3   Während in Erlangen das Klinische Ethikkomitee dafür sorgte, dass die Strukturen für die Palliativmedizin etabliert wurden (vgl. Rascher 2008), so hat in Göttingen die Palliativmedizin den Hauptimpuls zur Etablierung des Klinischen Ethikkomitees gegeben.

4   Aufgrund fehlender offizieller Strukturen wurde bis zur Implementierung des Ethikkomitees die praktische Ethikberatung durch die Abteilung Palliativmedizin übernommen.

5   Vgl. auch die sechs Stufen zur Implementierung eines Ethikkomitees von Neitzke (2010).

wendigen Budgets für Personal und Sachmittel.[6] Aufgrund intensiver persönlicher Fürsprache einzelner Personen wurde die Bereitstellung eines entsprechenden Budgets zugesagt. Das Konzept wurde schließlich genehmigt und der Auftrag zur Implementierung eines Klinischen Ethikkomitees durch die Klinikleitung erteilt.

Ein besonderes Anliegen der Vorbereitungsgruppe war es, die Einrichtung des Ethikkomitees wissenschaftlich zu begleiten. Deren ausdrückliches Ziel war es zum einen, die Mitarbeiter bereits vor der Gründung in die Vorbereitung einzubeziehen, und zum anderen, die Beratungstätigkeit in der Anfangsphase nach der Gründung zu evaluieren. Dies erforderte ebenfalls die Bereitstellung eines ausreichenden Budgets, das durch Beantragung und Bewilligung einer universitätsinternen Forschungsförderung umgesetzt werden konnte. Somit standen Forschungsgelder für zwei Jahre zur Verfügung. Insgesamt bestand die Vorbereitungsgruppe schließlich aus drei Ärzten, zwei Pflegekräften, einem Ethiker mit philosophischem Hintergrund, einer Ethikerin mit medizinischem Hintergrund, einer Seelsorgerin, einer Soziologin und einer wissenschaftlichen Hilfskraft.

9.4   Umsetzung des Konzeptes

Obgleich in Göttingen der Anstoß aus der Praxis, also »von unten« kam, sollte nicht nur die Klinikleitung von dem Vorhaben überzeugt werden, sondern auch ein möglichst großer Teil des gesamten Kollegiums der Klinik über das Vorhaben informiert werden. Für die Funktionalität eines Klinischen Ethikkomitees ist es letztlich nicht ausreichend, wenn nur ein kleiner Kreis des Kollegiums, d. h., nur ein Zentrum oder eine Abteilung von der Notwendigkeit ethischer Beratung überzeugt ist.

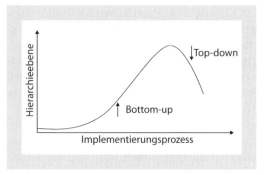

◘ Abb. 9.1   Wechselseitigkeit von bottom-up und top-down

> Gerade an einem großen und strukturell weit verzweigten Haus wie es Universitätskliniken häufig sind, ist es notwendig, die Kollegen aktiv in den Prozess der Implementierung einzubeziehen, um somit die breite Akzeptanz als notwendige Voraussetzung institutionalisierter Ethikberatung zu erreichen.

Die Unterstützung durch die Leitungsebene war allein deshalb wichtig, weil dies die institutionelle Einbindung insofern gewährleistet, als beispielsweise die Mitglieder durch sie berufen werden; aber auch für Fragen des Budgets oder zur Umsetzung von Leitlinien ist die Unterstützung der Leitungsebene von großem Vorteil. Ein ausgewogenes und wechselseitiges Verhältnis von **bottom-up** und **top-down** durch die Einbindung sowohl der Basis als auch der unterschiedlichen Hierarchieebenen im zeitlichen Verlauf des Implementierungsprozesses war somit angestrebt worden (◘ Abb. 9.1).

Nachdem der Auftrag zum Aufbau eines Klinischen Ethikkomitees durch den Vorstand an die Vorbereitungsgruppe erteilt wurde, stand mit Beginn des Jahres 2010 die parallele Umsetzung folgender Aufgaben im Mittelpunkt:

1. Durchführung von Informationsveranstaltungen,
2. Aufbau und Struktur des Klinischen Ethikkomitees
3. Berufung der Mitglieder
4. Durchführung einer wissenschaftlichen Begleitstudie

---

6   Die Annahme, ein Ethikkomitee lasse sich zur regulären Arbeitszeit quasi »nebenbei« erledigen, ist ein Trugschluss. Sowohl der inhaltliche als auch der administrative Aufwand erfordern zumindest eine Hilfskraftstelle zur Unterstützung der Vorbereitungsgruppe. Die Zusage einer finanziellen Förderung ist zudem als wichtiges internes Zeichen der Anerkennung zur Unterstützung der Etablierung zu werten.

9.4.1 Durchführung von Informationsveranstaltungen

Die insgesamt drei Informationsveranstaltungen hatten zum Ziel, die breite Mitarbeiterschaft über das Vorhaben, über die Aufgaben und Ziele des künftigen Ethikkomitees (vor allem auch in Abgrenzung zur Ethik-Kommission) aufzuklären sowie das Konzept für die UMG vorzustellen und dieses mit den Teilnehmern zu diskutieren. Zudem wurde durch einen externen Referenten von den Erfahrungen mit der Arbeit des Ethikkomitees einer anderen Universitätsklinik berichtet, wodurch die Notwendigkeit, aber auch die positive Wirkung eines Klinischen Ethikkomitees demonstriert werden sollten.

Die ersten beiden Informationsveranstaltungen waren universitätsintern und offen für alle Mitarbeiter. Die dritte Informationsveranstaltung fand einige Monate später statt und war für alle Bürger offen (eine Anzeige in der Lokalzeitung wies darauf hin). Ebenso wie auf den vorangegangenen Veranstaltungen wurde auch diesmal über Ziele, Aufgaben und Arbeitsweise des Ethikkomitees an der UMG sowie zusätzlich über die inzwischen erarbeitete Geschäftsordnung informiert. Ferner lagen zu diesem Zeitpunkt bereits erste Ergebnisse der Begleitstudie vor, die präsentiert wurden (▶ 9.2, S. 123). Als Besonderheit, und zur Integration der verschiedenen Struktur- und Hierarchieebenen im Sinne des ausgewogenen Verhältnisses von **bottom-up** und **top-down** wurden Gäste aus dem Vorstand Krankenversorgung, der Geschäftsführung Pflegedienst und dem Zentrum für Medizinrecht zur Kommentierung und anschließenden Diskussion des zuvor Vorgetragenen eingeladen.

Das Einbeziehen der Zuhörer in die Diskussionen der Informationsveranstaltungen wurde von der Vorbereitungsgruppe als elementar erachtet, um etwaige Vorbehalte der Mitarbeiter wahrnehmen und ggf. entkräften zu können, aber auch um Anregungen und Rückmeldungen für die bevorstehende Arbeit des Ethikkomitees zu erhalten. Die Möglichkeit zur Diskussion wurde in allen Veranstaltungen umfassend genutzt. Die Wortbeiträge der Zuhörer waren überwiegend positiv und die Implementierung des Klinischen Ethikkomitees wurde vor allem von externen Gästen erfreut aufgenommen, aber auch als dringende Notwendigkeit bezeichnet. Fragen zur Erreichbarkeit der Mitglieder des künftigen Ethikkomitees einerseits und der Ärzte andererseits waren für engagierte Bürger wichtig zu klären. In skeptischen Einwänden wurde der Erfolg der Arbeit des Ethikkomitees jedoch bezweifelt, da zunächst viel Überzeugungsarbeit notwendig sei und die letztendliche Entscheidung in Konfliktsituationen doch bei den Ärzten liegen würde.[7] Auf der dritten Veranstaltung wurde außerdem zu Bewerbungen für die Mitarbeit im Klinischen Ethikkomitee aufgerufen. Möglich waren Selbstbewerbungen, aber auch Empfehlungen durch Kollegen oder Vorgesetzte.

9.4.2 Aufbau und Struktur des Klinischen Ethikkomitees

Die weitere Ausdifferenzierung des ersten Konzeptes stellte eine wichtige Grundlage für die Erarbeitung und Ausformulierung der Geschäftsordnung dar. In der Geschäftsordnung sind u. a. die Ziele und Aufgaben des Ethikkomitees formuliert. Als grundlegendes Ziel wurde festgelegt, das Personal zu befähigen, einen »offenen und professionellen Umgang mit ethischen Fragen und Konflikten des klinischen Alltags« führen zu können und den »ethisch informierten Dialog« mit Patienten zu fördern. Die Mitarbeiter sollen somit in die Lage versetzt werden, ethische Konflikte selbstständig zur Zufriedenheit aller Beteiligten zu lösen. Dies soll dazu führen, dass die Qualität von Arbeitsprozessen gesichert und das Vertrauen der Öffentlichkeit in die Leistungen der UMG gestärkt wird. Zu den zentralen konkreten Aufgaben des Ethikkomitees gehört, gemäß nationaler und internationaler Standards (vgl. Vorstand der Akademie für Ethik in der Medizin e.V. 2010), »die Beratung in ethischen Konfliktfällen«, »die Entwicklung von Verfahrensempfehlungen für wiederkehrende ethische

---

7   Siehe auch weiter unten die Teilergebnisse der offenen Mitarbeiterbefragung zu Wünschen und Bedenken gegenüber einem Klinischen Ethikkomitee (▶ Abschn. 9.5.2).

Probleme« und »die Fortbildung zu medizin- und pflegeethischen Themen.«[8]

Angesichts des formulierten Ziels, die Handlungsfähigkeit des klinischen Personals in ethischen Konfliktsituationen zu stärken, ist das Ethikkomitee strukturell als Prozessmodell aufgestellt.[9] Das heißt, dass »das Ethikkomitee qualifizierte Personen auf die anfragende Station entsendet, und dass diese Personen sich dort in den Prozess der Entscheidungsfindung respektive moralischen Urteilsbildung einbringen« (Neitzke 2009, S. 43). Konkret wird nach den je spezifischen Erfordernissen des Falles eine kleine Untergruppe speziell weitergebildeter Mitglieder zusammengestellt, welche die Beratung übernehmen. Bei der Zusammenstellung ist darauf zu achten, dass eine Person aus der Pflege und ein Arzt anwesend sind, um die jeweiligen Perspektiven entsprechend zu berücksichtigen. Die Patientenperspektive wird je nach Konfliktfall beispielsweise durch eine Person aus dem Fachgebiet der Rechtswissenschaft, der Theologie oder durch ein Mitglied einer Selbsthilfegruppe einbezogen. Die Ethik wird grundsätzlich in jeder Besprechung vertreten sein.

Im Gegensatz zu dem Nimwegener Modell (vgl. Steinkamp u. Gordijn 2005) werden in Göttingen ausschließlich berufene Mitglieder des Ethikkomitees für die Ethikberatung eingesetzt. Die zentrale Aufgabe dieses Ethikkomitees ist, im Sinne eines **ethics facilitation approach**, die Herausarbeitung »moralisch akzeptabler Handlungsmöglichkeiten« (vgl. Simon 2010). Das bedeutet, dass der gefundene Konsens von allen am Konflikt beteiligten Personen (Behandlungsteam, Angehörige und Patienten) mitgetragen werden kann. Die Konfliktlösung kann durch Einzelfallberatungen, aber auch durch ethische Fort- und Weiterbildungsangebote oder die Erstellung von Leitlinien erfolgen. Für letzteres werden in einer Arbeitsgruppe des Ethikkomitees häufig gestellte Anfragen und deren ethisch reflektierte Lösungen in Form von Handlungsempfehlungen zusammengefasst. Um die fachspezifische

medizinische Expertise zu integrieren und damit den Praxisbezug zu sichern, wird eine Zusammenarbeit mit den entsprechenden Abteilungen, in denen das Problem gehäuft auftritt, angestrebt.[10]

> ❯ Um die Eigenständigkeit des Klinischen Ethikkomitees und die Objektivität der Beratung – beispielsweise die Unabhängigkeit von rein ökonomischen Zwängen und die Fokussierung auf fallbezogene ethische Aspekte – nach außen sichtbar zu machen, wurden ein eigenes Logo und eigenes Briefpapier entworfen.

Die Präsentation der strukturellen Eingebundenheit in das Klinikum und damit die Akzeptanz des Ethikkomitees durch den Vorstand ist dadurch gekennzeichnet, dass das Logo der Universitätsmedizin ebenfalls auf dem Geschäftspapier geführt wird.

9.4.3   Berufung der Mitglieder durch den Vorstand

Zu den Aufgaben der Vorbereitungsgruppe gehörte auch die Suche nach potenziellen Mitgliedern des Klinischen Ethikkomitees. Im Vorfeld wurde dazu aufgerufen, sich selbst für eine Mitgliedschaft zu bewerben oder Personen vorzuschlagen. Die Bewerbungen erfolgten förmlich mit einer ausführlichen Beschreibung der bisherigen Tätigkeit, der Erfahrung im Bereich der ethischen Konfliktlösung und Ethikberatung sowie der Motivation für eine Mitgliedschaft. Die Vorbereitungsgruppe hat nach den Kriterien der interdisziplinären sowie geschlechter- und hierarchieausgewogenen Zusammenstellung eine Vorauswahl von 25 Personen vorbereitet und zunächst der Klinikkonferenz der UMG zur Diskussion vorgelegt. Hierdurch sollte eine tiefere Verankerung auch in den klinischen Entscheidungsgremien und Strukturen erreicht werden. Auf dieser Grundlage wurden 20 Personen ausgewählt, die dem Vorstand zur Berufung

---

8   Die Zitate sind der Geschäftsordnung des Klinischen Ethikkomitees der Universitätsmedizin Göttingen entnommen; vgl. http://www.med.uni-goettingen.de/content/kek.html.

9   Für weitere Modelle der Struktur von Ethikkomitees vgl. z. B. May (2008), Neitzke (2009).

10   Winkler (2008) weist vor dem Hintergrund der Komplexität der Krankenhausversorgung auf die notwendigen Anforderungen bei der Erstellung und Implementierung ethischer Leitlinien hin, die neben dem Inhalt auch »den Prozess der Konsensbildung berücksichtigen« müssen; vgl. auch Neitzke (2009).

in das Klinische Ethikkomitee empfohlen wurden. Die Berufung im Herbst 2010 erfolgt für drei Jahre.

Das Ethikkomitee der Universitätsmedizin Göttingen hatte im Oktober 2010 seine konstituierende Sitzung, in welcher der Vorsitzende sowie zwei Vertreter gewählt, die Geschäftsordnung verabschiedet und das konkrete Vorgehen des Ablaufs der Ethikberatung (u. a. Dokumentation und Weiterleitung der Anfrage, Dokumentation der Ethikberatung) besprochen wurden. Das Ethikkomitee hat 20 Mitglieder, das Geschlechterverhältnis ist ausgewogen.

9.4.4 Wissenschaftliche Begleitstudie

Die Durchführung einer wissenschaftlichen Begleitstudie mit Beginn des Implementierungsprozesses des Ethikkomitees wurde von der Vorbereitungsgruppe als wichtiger Aspekt für die Umsetzung des Konzeptes angesehen, um die Perspektive der Mitarbeiter, beispielsweise ihre bisherigen Erfahrungen mit ethischen Konfliktsituationen oder die Einstellung gegenüber einem Klinischen Ethikkomitee, zu erfassen und – sofern notwendig – zeitnah berücksichtigen zu können.

9.5 Mitarbeiterbefragung

Aufgrund der zunehmenden Bedeutung von Klinischen Ethikkomitees auch in Deutschland ist die Frage nach der Qualität der Ethikberatung sehr wichtig (Winkler 2009). Inzwischen gehört es zum Standard Klinischer Ethikkomitees, die Arbeit ethischer Berater mit dem Ziel der Qualitätssicherung zu evaluieren (Vorstand der Akademie für Ethik in der Medizin e.V. 2010). Essenziell für die Arbeit Klinischer Ethikkomitees und anderer Ethikberatungsformen sind dementsprechend nicht nur die Klinische Ethikberatung im Einzelfall, die Entwicklung von Leitlinien sowie die Weiter- und Fortbildung in ethischen Fragen, sondern auch, im Sinne der Qualitätssicherung, die Evaluation der eigenen Arbeit und deren Ergebnisse.[11]

Eine empirische Erhebung im Vorfeld der Implementierung eines Klinischen Ethikkomitees gehört jedoch nicht zu den Standards – eine Internetrecherche hat bisher zu keinen entsprechenden Ergebnissen geführt. Unseres Wissens haben bisher nur das Universitätsklinikum Aachen und die Medizinische Hochschule Hannover entsprechende Untersuchungen zur Frage nach den Bedingungen, in denen ein Moraldiskurs stattfindet, dem Ausmaß eines professionellen Engagements für Ethik und den daraus abzuleitenden Modalitäten eines Angebots für Ethikberatung durchgeführt (Neitzke 2007; Pestinger et al. 2009).

In Göttingen formierte sich eine von der UMG geförderte wissenschaftliche Arbeitsgruppe, die den Implementierungsprozess und die Arbeit des Ethikkomitees in zwei Phasen begleitet:
1. eine Befragung der Mitarbeiter, auf deren Grundlage jene Bedingungen in die Umsetzung des Konzepts und die Gestaltung der späteren Ethikberatung einfließen können, und
2. eine qualitative Evaluation der Ethikberatung.

> ❯ **Konkretes Ziel der Begleitstudie ist es, die Arbeit des Ethikkomitees an den Bedürfnissen der Mitarbeiter auszurichten, die Akzeptanz des Gremiums zu steigern und deren strukturelle und inhaltliche Qualität zu sichern.**

Im Folgenden werden die qualitativen Teilergebnisse der Mitarbeiterbefragung (Phase 1) vorgestellt.

9.5.1 Methode

In Anlehnung an die Untersuchung von Neitzke (2007) wurden einige Items dieses Fragebogens für die Befragung an der UMG entnommen.[12] Allerdings stand im Mittelpunkt dieser Befragung nicht eine umfassende Erhebung des Status quo, so dass nur vier der insgesamt 17 Items übernommen wur-

---

11 Siehe in diesem Kontext insbesondere die Ausführungen von Dörries et al. (2008), Vollmann (2008a), Vor-

stand der Akademie für Ethik in der Medizin e.V. (2010), Zentrale Ethikkommission (2006).

12 Wir danken Gerald Neitzke für die freundliche Unterstützung.

den. Im Zentrum der Untersuchung stand vielmehr die offene Befragung nach Erwartungen und Wünschen sowie hinsichtlich der Bedenken gegenüber einem Klinischen Ethikkomitee. Im Folgenden sollen daher ausschließlich die Erhebung und die Ergebnisse dieser offenen Fragen vorgestellt werden, die in dieser Form erstmals in Deutschland durchgeführt wurde.

Der Fragebogen enthielt vier Items zur Ethik im Arbeitsbereich der Befragten. Es wurde danach gefragt, wie häufig ethische Konflikte erlebt wurden, wie wichtig diese Konflikte von den Berufsgruppen (Medizin und Pflege) genommen wurden und mit welchen Personen oder Institutionen ethische Konflikte oder Fragen besprochen wurden. Die Fragen fünf bis sieben bezogen sich auf das Klinische Ethikkomitee und die individuellen Erwartungen, Wünsche oder Bedenken. Im dritten Teil der Befragung wurde um Angaben zu Geschlecht, Alter und Beruf gebeten. Die Befragung erfolgte anonym unter Verwendung eines Zuordnungskodes. Alle Mitarbeiter der UMG wurden eingeladen, an der Befragung teilzunehmen. Die Einladungen erfolgten mündlich auf den Informationsveranstaltungen sowie schriftlich über die Abteilungsdirektoren und über die Pflegedienstleitung.

Im Zeitraum von Januar bis Juni 2010 wurden insgesamt 750 Fragebögen verteilt. Die Rücklaufquote betrug 16% (n=123).[13] Fünf der abgegebenen Fragebögen konnten aufgrund fehlender Angaben nicht gewertet werden, so dass insgesamt 118 Fragebögen in die Analyse eingeschlossen werden konnten.

Die Datenauswertung der offenen Fragen, um die es im Folgenden ausschließlich gehen soll, erfolgte in Anlehnung an die qualitative Inhaltsanalyse (vgl. Mayring 2007). Dazu wurde auf der Basis der freien Antworten ein Leitfaden entwickelt, der als Grundlage zur Kodierung aller Fragebögen diente. Es zeigte sich, dass die Differenzierung zwischen Erwartungen und Wünschen in dieser Befragung zu theoretisch war, denn die Antworten dieser beiden Fragen überschnitten sich in den meisten Punkten. Daher wurde ein Leitfaden zur Kodierung der Fragen nach den Erwartungen und Wünschen entwickelt, ein zweiter diente der Kodierung der Bedenken gegenüber einem Ethikkomitee. Nach Durchsicht von 53 Fragebögen (45%) war der Leitfaden gesättigt, d. h., es kamen keine neuen Antwortkodes mehr hinzu. Der Leitfaden zur Kodierung der Wünsche und Erwartungen beinhaltet 29 Kodes, der Leitfaden zur Kodierung der Bedenken beinhaltet 21 Kodes.[14] Diese Kodes wurden durch Formulierung von thematischen Ober- und Hauptkategorien weiter verdichtet, so dass auf der beschreibenden Ebene ein einfaches Kategoriensystem entstand.

In der Analyse wurde nicht nach Berufstätigkeit, Alter oder Geschlecht unterschieden. Ebenso wurde keine Häufigkeitsanalyse durchgeführt, da jede der Kategorien zunächst als gleichwertig hinsichtlich ihrer Relevanz anzusehen ist.

9.5.2 Ergebnisse

Wünsche und Erwartungen der Mitarbeiter

Die von den Studienteilnehmern geäußerten Wünsche und Erwartungen konnten zu sieben Hauptkategorien verdichtet werden:

Hauptkategorien zu Wünschen und Erwartungen
1. Keine Erwartungen
2. Kompetente Unterstützung
3. Strukturelle Einbindung

---

13 Persönliche Gespräche mit potenziellen Studienteilnehmern lassen vermuten, dass für die niedrige Rücklaufquote die zeitliche Überlastung des medizinischen und pflegerischen Personals verantwortlich ist. Dass dies nicht allein ein Problem der UMG ist, lassen die Zahlen der Hannoveraner Befragung vermuten, in der die Rücklaufquote mit 20% ebenfalls gering war.

14 Für eine spätere statistische Analyse wird jedem Kode eine Variable (Zahlwert) zugeordnet und alle Antworten der Fragebögen mit diesem Leitfaden kodiert, indem ihnen die entsprechende Variable zugeordnet wird. Diese kann dann in SPSS oder ein anderes Statistikprogramm eingegeben werden. An dieser Stelle interessiert jedoch die rein qualitative Verdichtung der Kodes zu Kategorien.

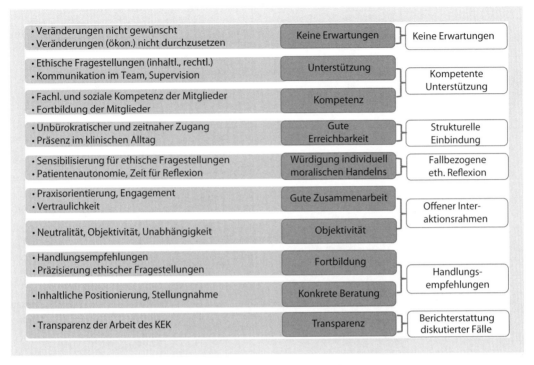

● **Abb. 9.2**   Wünsche und Erwartungen der Mitarbeiter an ein Klinisches Ethikkomitee

4.   Fallbezogene ethische Reflexion
5.   Offener Interaktionsrahmen
6.   Handlungsempfehlungen
7.   Berichterstattung diskutierter Fälle
    (● Abb. 9.2)

Die Ergebnisse zeigen, dass mit diesen Wünschen ein breites Spektrum angesprochen wird. Hier soll nur auf einzelne Aspekte eingegangen werden. Hinzuweisen ist vor allem auf den Bereich der kompetenten Unterstützung, womit angesprochen wird, dass nicht nur ein erheblicher Unterstützungsbedarf in den verschiedenen Bereichen (ethisch, rechtlich, medizinisch, sozial) erwartet wird, sondern die Berater auch über eine ausreichend hohe Kompetenz zur Erfüllung ihrer Aufgabe verfügen sollten. Das heißt, die Ethikberater sollten sich in dem jeweiligen medizinischen Fach (Chirurgie, Gynäkologie, Innere etc.) auskennen, ethisch geschult sein, rechtliche Fragen berücksichtigen können und über soziale Kompetenz verfügen, um auch zwischen den Berufsgruppen vermitteln zu

können. Offenbar ist die Interaktion verschiedener Berufsgruppen im Arbeitsalltag mit einem hohen Konfliktpotenzial verbunden. Das Beraterteam des Ethikkomitees sollte einen Kommunikationsrahmen schaffen, in dem alle Probleme offen angesprochen werden können und in dem ausreichend Zeit für die Diskussion aller Perspektiven der jeweiligen Moral- und Wertvorstellungen vorhanden ist. Zugleich besteht ein Bedarf an konkreten Handlungsempfehlungen für konflikthafte Situationen (um welche es sich handelt, wurde jedoch nicht weiter spezifiziert).

Die Kategorie »keine Erwartungen« ist sowohl positiv als auch negativ zu deuten. So ist davon auszugehen, dass einige Mitarbeiter keine expliziten Erwartungen oder Wünsche haben, weil sie beispielsweise keine genaue Vorstellung davon haben, was ein Ethikkomitee leisten kann oder weil sie mit der derzeitigen Situation zufrieden sind; andere hingegen glauben nicht daran, dass ein Ethikkomitee einen spürbaren Einfluss auf die täglichen Konfliktlösung haben wird.

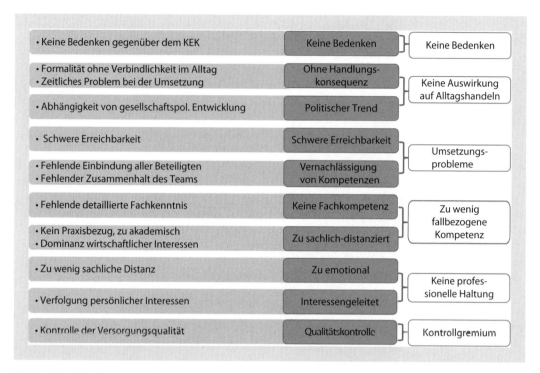

Abb. 9.3 Bedenken von Mitarbeitern gegenüber einem Klinischen Ethikkomitee

Bedenken der Mitarbeiter

Die Analyse der Bedenken der Mitarbeiter gegenüber einem Klinischen Ethikkomitee führte zu sechs Hauptkategorien.

Hauptkategorien zu Bedenken

1. Keine Bedenken
2. Keine Auswirkungen auf Alltagshandeln
3. Umsetzungsprobleme
4. Zu wenig fallbezogene Kompetenz
5. Keine professionelle Haltung
6. Kontrollgremium (■ Abb. 9.3)

Die oben nur angerissenen Bedenken bezüglich der Umsetzungsprobleme werden in dieser Frage nun explizit und verdienen besondere Beachtung, da mit ihnen die Handlungsfähigkeit des Ethikkomitees verbunden ist. Eine, wenn auch nur vermutete, schwere Erreichbarkeit der Ansprechpartner oder die Sorge, dass eine Fallberatung ohne Handlungskonsequenz bleibt, müssen bei der Planung eines Ethikkomitees berücksichtigt werden. Der Wunsch

nach kompetenter Unterstützung (■ Abb. 9.2) wird im Kontext dieser Frage weiter spezifiziert. Die fehlende Berücksichtigung der Kompetenzen aller am Fall beteiligten Berufsgruppen, ebenso wie die fehlende Fachkompetenz, die ein Verständnis für die Besonderheiten auf der entsprechenden Station beinhaltet, ist eine ebenso große Sorge wie die Befürchtung, dass die Beratung zu stark vom klinischen Praxisalltag abstrahiert oder im Sinne wirtschaftlicher Interessen, d. h. ohne ausreichendes Einbeziehen klinisch-praktischer Belange, durchgeführt wird. Ferner sollen die Ethikberater ein geeignetes Maß an fallbezogenem Interesse und professioneller Distanz vereinen. Die Sorge, das Gremium könnte die Funktion eines Kontrollgremiums haben, erfordert weitere Aufklärung über die Arbeit eines Klinischen Ethikkomitees.

Diskussion der Ergebnisse

Die Ergebnisse der Befragung zeigen, dass die strukturelle Einbindung des Klinischen Ethikkomitees in den klinischen Alltag gewünscht und notwendig ist, um eine fallbezogene, fachkompetente und zeitnahe Unterstützung zur Lösung ethischer Konflikte realisieren zu können und deren Handlungskonsequenzen zudem für die Beteiligten sichtbar zu machen. Eine Ethikberatung, die sich auf einem rein theoretisch-abstrakten Niveau mit der Reflexion des ethischen Konfliktes auseinandersetzt, wird von den Mitarbeitern nicht als hilfreich oder zielführend angesehen.

> **Wer Unterstützung anbietet, sollte ein umfassendes und ausgewogenes Maß an Hilfestellungen bieten, sowohl in Form eines offenen Austauschs als auch konkreter Handlungsempfehlungen.**

Die an der UMG gewählte Kombination aus Prozess-(Beratung) und Expertenmodell (Leitlinien, Fortbildung) entspricht somit den Bedürfnissen der Mitarbeiter. Die Vielzahl der geäußerten Bedenken gegenüber dem Gremium ist jedoch ein ernst zu nehmender Hinweis darauf, dass eine wiederholte und intensive Aufklärung zu Arbeit, Zielen und Struktur des Ethikkomitees über die bereits durchgeführten Informationsveranstaltungen hinaus auch nach Abschluss der Implementierung notwendig ist. Das Ethikkomitee sollte also nicht einen Selbstzweck darstellen, sondern in den Klinikalltag für die Mitarbeiter sicht- und spürbar integriert sein.

Zur Unterstützung des gesamten Teams als Ort der Entstehung ethischer Konflikte wird die gleichberechtigte Einbindung aller Berufsgruppen erwartet. Gerade dieser Aspekt ist vor dem Hintergrund der Rahmenbedingungen medizinischen Entscheidens zu betrachten, d. h., es geht um die institutionellen Bedingungen, unter denen medizinisches Handeln erfolgt und in denen ethische Konfliktsituationen entstehen. Hier können mehrere Ebenen unterschieden werden:

Auf der **institutionellen** Ebene wirken auf das Behandlerteam medizinische, ökonomische und rechtliche Anforderungen ein, die bei der Entscheidungsfindung und in der Kommunikation mit den Patienten und deren Angehörigen berücksichtigt werden müssen. Die hierarchisch angelegte Struktur der Versorgung im Krankenhaus führt zudem dazu, dass bestimmte Kommunikations- und Entscheidungswege formal berücksichtigt werden müssen, was den Entscheidungsprozess sicherlich

(nicht immer positiv) beeinflusst und sich auch auf die **interaktionelle** Ebene innerhalb des Behandlerteams auswirken kann. Den Ärzten obliegt zwar die letztendliche Behandlungsentscheidung und diese muss von ihnen verantwortet werden, die ärztliche Handlungsautonomie bewegt sich jedoch innerhalb der genannten, sich oft auch widersprechenden, institutionellen Anforderungen. In diesem Zusammenhang ist vor allem der Konflikt zwischen dem ärztlichen Ethos und der ökonomisch administrativen Wirklichkeit zu nennen, zugleich ist aber auch die Frage der juristischen Absicherung in jeder Entscheidungssituation latent vorhanden. Beide Bedingungen können sich als Konflikte vor allem innerhalb der ärztlichen Hierarchie zeigen, ohne dass diese jedoch immer explizit werden (vgl. Vogd 2004). Darüber hinaus müssen diese institutionellen Anforderungen mit dem Erhalt des eigenen Status' innerhalb des Teams abgewogen werden.

Die **Stationen** als organisatorische Einheiten medizinischen Handelns bilden die dritte Ebene. Die Diskurskultur der jeweiligen Station ist für den Modus der Entscheidungsfindung eine entscheidende Grundlage. Eine Kultur des offenen und reflexiven Meinungsaustausches innerhalb des gesamten Behandlerteams wird zu weniger Konflikten führen und die Last der Entscheidung verteilen. Stationen hingegen, die eine Kultur des personalisiert-hierarchischen Entscheidens haben, in der ein Diskurs nicht stattfindet, werden die Verantwortung für die Entscheidung an Einzelne abgeben – in der Regel wird dies der Leiter einer Abteilung sein (Vogd 2004). Dies führt nicht nur zur Handlungsunfähigkeit des Teams und zur Unzufriedenheit der Teammitglieder, sondern in letzterem Fall wird die Hierarchie zu einem Interaktionshemmnis, das letztlich zu Lasten der Patienten gehen wird.

Obwohl es nicht als eigentliche Aufgabe eines Klinischen Ethikkomitees angesehen wird, kommunikative Probleme zwischen den Mitarbeitern zu lösen (▶ Kap. 5), so kann dieses Problem ebenso wenig ignoriert werden wie die strukturellen Rahmenbedingungen einer Klinik. Es bleibt daher zu überlegen, ob es nicht doch ein Ziel sein kann, durch eine aufmerksame Moderation während der Ethikberatung und durch Demonstration einer strukturierten Auseinandersetzung mit der Konfliktsituation zu zeigen, wie Kontroversen mittels Reflexion gelöst werden können und inwiefern jede Berufsgruppe ihren Beitrag leisten kann und fachliche Anerkennung verdient (▶ Kap. 5). Dies vor allem, da das Ethikkomitee als multidisziplinär zusammengesetztes Gremium vorlebt, wie die unterschiedlichen Perspektiven konstruktiv zu einem Konsens und somit im optimalen Fall zu einer Entscheidung gebracht werden können.

> **Schließlich, und das ist erklärtes Ziel eines Klinischen Ethikkomitees, sollen Teams auch in die Lage versetzt werden, ethische Konflikte zukünftig selbstständig zu erkennen und wenn möglich zu lösen.**

Literatur

Dörries A (2010) Ethik im Krankenhaus. In: Dörries et al. (2010), S. 11–21

Dörries A, Neitzke G, Simon A, Vollmann J (Hrsg.) (2010) Klinische Ethikberatung. 2. überarbeitete und erweiterte Auflage. Stuttgart

Fahr U (2008) Philosophische Modelle klinischer Ethikberatung. Ihre Bedeutung für Praxis und Evaluation. In: Frewer et al. (2008), S. 75–98

Frewer A (2008) Ethikkomitees zur Beratung in der Medizin. Entwicklung und Probleme der Institutionalisierung. In: Frewer et al. (2008), S. 47–74

Frewer A, Fahr U, Rascher W (Hrsg.) (2008) Klinische Ethikkomitees. Chancen, Risiken und Nebenwirkungen. Jahrbuch Ethik in der Klinik (JEK), Bd. 1. Würzburg

Groß D, May AT, Simon A (Hrsg.) (2008) Beiträge zur Klinischen Ethikberatung an Universitätskliniken. Berlin

May AT (2008) Ethikberatung – Formen und Modelle. In: Groß et al. (2008), S. 17–30

Mayring P (2007) Qualitative Inhaltsanalyse. 9. Auflage. Weinheim, Basel

Nassehi A (2008) Die Praxis ethischen Entscheidens. Eine soziologische Forschungsperspektive. In: Frewer et al. (2008), S. 163–178

Neitzke G (2007) Ethische Konflikte im Klinikalltag – Ergebnisse einer empirischen Studie. Medizinethische Materialien Heft 177, Zentrum für Medizinische Ethik Bochum

Neitzke G (2009) Formen und Strukturen Klinischer Ethikberatung. In: Vollmann et al. (2009), S. 37–58

Neitzke G (2010) Das Beispiel einer Implementierung. In: Dörries et al. (2010), S. 134–162

Pestinger M, Groß D, Radbruch L (2009) Klinische Ethikberatung – Voraussetzungen und Hindernisse: Eine Bedarfsanalyse in der Gründungsphase eines Klinischen Ethikkomitees in einem Universitätsklinikum. In: Schreiber J, Förster J, Westermann S (Hrsg.). Auf der Suche

nach Antworten. 20 Jahre Forum Medizin & Ethik. Berlin, S. 127–136

Rascher W (2008) Das Klinische Ethikkomitee am Universitätsklinikum Erlangen. In: Frewer et al. (2008), S. 117–122

Simon A (2010) Qualitätssicherung und Evaluation von Ethikberatung. In: Dörries et al. (2010), S. 163–177

Simon A, Neitzke G (2010) Medizinethische Aspekte der Klinischen Ethikberatung. In: Dörries et al. (2010), S. 24–40

Steinkamp N, Gordijn B (2005) Ethik in Klinik und Pflegeeinrichtung. Ein Arbeitsbuch. 2. überarbeitete Auflage. Neuwied

Vogd W (2004) Ärztliche Entscheidungsfindung im Krankenhaus. In: Zeitschrift für Soziologie 33, S. 26–47

Vollmann J (2008) Ethikberatung an deutschen Universitätskliniken. In: Groß et al. (2008), S. 31–48

Vollmann J (2008a) Klinik – Aufgaben und Kriterien für Klinische Ethikkomitees. Bundesgesundheitsblatt – Gesundheitsforschung – Gesundheitsschutz 51, S. 865–871

Vollmann J (2010) Prozess der Implementierung. In: Dörries et al. (2010), S. 113–126

Vollmann J, Schildmann J, Simon A (Hrsg.) (2009) Klinische Ethik. Aktuelle Entwicklungen in Theorie und Praxis. Frankfurt/M., New York

Vorstand der Akademie für Ethik in der Medizin e.V. (2010) Standards für Ethikberatung in Einrichtungen des Gesundheitswesens. In: Ethik in der Medizin 22, S. 149–153

Winkler E (2008) Zur Ethik von ethischen Leitlinien: Sind sie die richtige Antwort auf moralisch schwierige Entscheidungssituationen im Krankenhaus und warum sollten Ärzte sie befolgen? In: Zeitschrift für medizinische Ethik 54, S. 161–176

Winkler E (2009) Sollte es ein favorisiertes Modell klinischer Ethikberatung für Krankenhäuser geben? Erfahrungen aus den USA. In: Ethik in der Medizin 21, S. 309–322

Zentrale Ethikkommission (2006) Ethikberatung in der Medizin. Stellungnahme der Zentralen Kommission zur Wahrung ethischer Grundsätze in der Medizin und ihren Grenzgebieten (Zentrale Ethikkommission) bei der Bundesärztekammer zur Ethikberatung in der klinischen Medizin. Deutsches Ärzteblatt 103, S. 1703–1707

9

Die Einrichtung der Klinischen Ethikberatung am Universitätsklinikum Ulm

Persönlicher Einsatz – Institutionelle Bereitschaft – Gesellschaftliche Strömungen

Christiane Imhof

Im Jahr 2010 hat sich auch das Universitätsklinikum Ulm der Reihe von Universitätskliniken in Deutschland angeschlossen, die ein Klinisches Ethikkomitee zu ihren Einrichtungen zählen. Damit folgte das Klinikum den Empfehlungen der Zentralen Ethikkommission bei der Bundesärztekammer zur Ethikberatung in der Klinischen Medizin. Ethik in der Klinik hat, zumindest was die Dynamik der Institutionalisierung betrifft, Konjunktur. Kurse zur Ausbildung von Ethikberatern, professionelle Beratungsangebote für die Implementierung von Ethikkomitees und Foren für den Austausch unter den Institutionen können als Zeichen dafür gelten, dass die Klinische Ethik sich nicht nur in den Vereinigten Staaten, sondern auch in Europa und anderen Teilen der Welt etabliert hat.

10.1   Einführung

Während die Etablierung Klinischer Ethikberatung in vielen, vor allem westlichen Ländern der Welt als fortgeschritten gilt, widmen sich die fachlichen Diskussionen zunehmend Fragen der Effektivität, Qualitätssicherung und Evaluation der Klinischen Ethikberatung. Bereits 2001 beobachteten Singer et al. Aktivitäten der Klinischen Ethik im Qualitätsmanagement und sprachen sich für ein fortgesetztes Engagement auf diesem Gebiet aus.[1]

Bei der Suche nach Erklärungen für den nach wie vor wachsenden »Ethikmarkt« lässt sich das Zusammenspiel folgender Entwicklungen ausmachen: Es scheint, dass zum einen die sich immer weiter ausdehnenden Spielräume der medizinisch-

technischen Behandlungsmöglichkeiten bei gleichzeitig zunehmend vielfältigen Wertvorstellungen in der Gesellschaft – auch unter den an der Krankenversorgung beteiligten Personen – zu mehr Unsicherheit in moralischen Fragen der Patientenversorgung führen und gleichzeitig moralische Konflikte durch den engeren ökonomischen Rahmen verstärkt werden, so dass der Bedarf an ethischer Reflexion größer wird.[2] Ergänzend ließe sich aus soziologischer Perspektive analog zur funktionalen Ausdifferenzierung der modernen Gesellschaft die Ursache für die wachsende Zahl Klinischer Ethik-Gremien und Beratungsangebote in einer zunehmenden funktionalen Ausdifferenzierung in der Medizin suchen, wie sie sich u. a. an der fortschreitenden Spezialisierung der medizinischen und pflegerischen Fachdisziplinen zeigt. Diese Verselbständigung der verschiedenen Arbeitsbereiche und Organisationsabläufe geht mit einem steigenden Bedarf an Kooperation und Integration einher. Der institutionalisierten Klinischen Ethik würde in diesem Kontext diese Integrationsfunktion zugeschrieben (vgl. Ley 2005; Anselm 2008).[3] An die sich in diesen Positionen spiegelnden Versuche einer Standortbestimmung der Klinischen Ethik schließen sich auch Fragen nach ihren Zielen und vordringlichen Aufgaben an.

Auch wenn in diesem Beitrag die Suche sicher nicht abgeschlossen werden wird, sollen einige individuelle, institutionelle und gesellschaftliche Faktoren identifiziert und betrachtet werden, die die Entwicklung zu einer Institutionalisierung der Klinischen Ethik am Universitätsklinikum Ulm be-

---

1   Zur fachlichen Diskussion: vgl. Saunders (2004), Nilson (2006), Dörries (2007), Fukuyama (2008), Kettner (2008), Pedersen (2008), Svantesson (2008), Tarzian (2009), Winkler (2010), Gaudine (2010), Larcher (2010). Einen knappen historischen Abriss über Klinische Ethik geben Ashcroft et. al. (2005), S. 1–6. Zur Klinischen Ethikberatung: z. B. Steinkamp u. Gordijn (2010), Dörries et al. (2008), Groß et al. (2008). Das Jahrbuch Ethik in der Klinik, hrsg. von Frewer et al. (2008), untersucht ausdrücklich neben erwünschten auch unerwünschte Wirkungen Klinischer Ethikkomitees. Außerdem »Clinical Ethics Consultation«, hrsg. von Schildmann et al. (2010), das aus einer internationalen Tagung in Bochum im Jahr 2008 hervorgegangen ist.

2   Zum Kontext vgl. die Ausführungen von Ley (2005), Kettner (2005), Vollmann (2006), Paul (2008), Vollmann (2008), Tarzian (2009), Schildmann et al. (2010).

3   Aus der Perspektive auf »die moderne Gesellschaft als funktional differenzierter Gesellschaft ohne ethische/moralische Zentralperspektive« identifiziert Nassehi (2006) Ethik-Gremien als Orte »entscheidungsorientierter, d. h. praxisrelevanter ethischer Reflexionsformen«, die eine in Abgrenzung zur akademischen Ethik eigene Form ethischer Reflexion darstellten. Allerdings sieht er die Entstehung dieser Ethik-Gremien nicht als Ergebnis einer arbeitsteiligen Ausdifferenzierung von Ethikern neben anderen Professionen, denn die dort ablaufenden Entscheidungsprozesse seien genuin interdisziplinäre, an denen sich unterschiedliche Berufsgruppen und nicht ausschließlich Ethik-Experten beteiligten.

einflusst haben. Hierzu gehört die Geschichte des Arbeitskreises Ethik in der Medizin, dessen Mitglieder seit den 1980er Jahren mit teils erheblichem persönlichem Einsatz zu einer Sensibilisierung für die medizinische Ethik in der Fakultät und im Klinikum beigetragen haben (Sponholz 2004).[4] Ferner hat die Verankerung des Faches Geschichte, Theorie und Ethik der Medizin im Medizinstudium von politischer und berufsständischer Seite zu einer Stärkung und deutlicheren Konturierung der Ethik auch an der Ulmer Medizinischen Fakultät geführt und diese zur Einrichtung eines Institutes für Geschichte, Theorie und Ethik der Medizin bewegt.[5] Schließlich scheint man von einem allgemeinen Interesse an Ethik in der Medizin – aus dem medizinischen Selbstverständnis heraus und auch in der Gesellschaft – ausgehen zu können. Was dabei jeweils unter Ethik verstanden wird, ist allerdings uneinheitlich.

Unter Berücksichtigung dieser drei Perspektiven – Engagement von Einzelpersonen und Gruppen, die von einem starken gemeinsamen Interesse angetrieben werden, berufspolitischen Einflüssen und ärztlich-gesellschaftlichen Strömungen – sollen die Geschichte des Ulmer Komitees für Klinische Ethikberatung nachgezeichnet und seine Entwicklungsmöglichkeiten skizziert werden.

10.2 (Eine) Ulmer Geschichte der Medizinethik

Ende der 1980er Jahre formierte sich in Ulm eine Gruppe von Klinik- und Universitätsangehörigen, die neben klinischer Expertise auch Erfahrungen aus Pädagogik, genetischer Beratung, Psychotherapie und Seelsorge mitbrachten, zum »Arbeitskreis Ethik in der Medizin«. Man war sich darin einig, »dass in die Ausbildung künftiger Ärztinnen und Ärzte auch der Wissens- und Erfahrungsbereich der Medizinethik einzubeziehen sei« (Sponholz 2004). Dieser Kreis förderte den Austausch zwischen Studierenden und Professorenschaft genauso

wie zwischen Pflege und Ärzteschaft und etablierte erfolgreich eine medizinethische Lehrveranstaltung in Form einer sequenzierten Falldiskussion. In Anlehnung an die von Habermas für die Diskursethik (vgl. Kessler 2003)[6] formulierten Argumentationsregeln und -voraussetzungen wurden in Kleingruppenseminaren medizinethische Fälle diskutiert und reflektiert sowie konkrete Handlungsoptionen durch Anwendung der durch die Dozenten eingeführten Normen und Prinzipien, z. B. der vier bioethischen Prinzipien und traditioneller medizinethischer Tugenden, wie Verantwortung, Wahrhaftigkeit etc., abgewogen. Anders als in der philosophischen Diskursethik ging es hierbei nicht vorrangig um die Begründung ethischer Normen, sondern der Diskurs bewegte sich auf der Handlungsebene der Normenanwendung (vgl. Kessler 2003, Gommel u. Glück 2005).

Geleitet von speziell für dieses Setting ausgebildeten Moderatoren wurde in den Seminaren von Ärzten, Pflegenden oder anderen Professionellen ein, häufig selbst erlebter, Fall vorgestellt, so dass sich ein Austausch zwischen praktizierenden und angehenden Ärzten ergab, von dem alle Beteiligten wechselseitig profitierten.

> ❯ Das fallorientierte Lernen wurde von den Studierenden positiv aufgenommen und daraufhin in verschiedenen Phasen des Medizinstudiums als Wahlpflichtfach verankert.

Dieses Ethikseminar »nach dem Ulmer Modell« wird bis heute im Wahlpflichtbereich des Medizinstudiums in Ulm angeboten und findet bei den Studierenden großen Anklang.[7] Dem Arbeitskreis schlossen sich Studierende an, die selber als Moderatoren in den Ethikseminaren aktiv wurden und auch als Multiplikatoren die Idee des ethischen Diskurses weiter trugen. Nachdem mit der 8. No-

---

4 Gründung 1989 durch Prof. Dr. Dr. Helmut Baitsch, PD Dr. Dr. Gerlinde Sponholz, Dr. Diana Meier-Allmendinger und Dr. Gebhard Allert.

5 Der erste Lehrstuhlinhaber ist seit Ende 2008 Prof. Dr. Heiner Fangerau.

6 Auf Grundlage des von Habermas ausformulierten Programms der Diskursethik legt Kessler die Grundgedanken der Diskursethik dar und analysiert, wie diese Eingang in das Konzept der Ethikseminare des Arbeitskreises gefunden hat.

7 Eine ausführliche Beschreibung der Organisation sowie der didaktischen Grundlagen dieser Lehrveranstaltung findet sich bei Gommel u. Glück (2005). Vgl. auch Gommel u. Raichle (2005)

velle der ÄAppO aus dem Jahr 2002 der Bereich Medizinethik zusammen mit der Geschichte und Theorie der Medizin fest in den Lehrkanon eingebunden wurde, zeichnete sich allerdings ab, dass der Arbeitskreis den Umfang der Lehraufgaben nicht bewältigen konnte ohne eine kontinuierliche stärkere strukturelle Unterstützung vonseiten der Fakultät.

Einen weiteren Schritt in Richtung klinischer Praxis unternahmen einzelne Mitglieder des Arbeitskreises, indem sie konsiliarisch auf den Stationen tätig wurden und beispielsweise regelmäßige »ethische Visiten« anboten. Im Jahr 1995 wurde schließlich das Diskussionsforum »Klinische Ethik« gegründet, das für alle Mitarbeiter des Klinikums offen ist und die Möglichkeit bietet, retrospektiv ethisch anspruchsvolle Fälle zu diskutieren. Ermutigt durch die Beobachtung, dass sich das Klima auf den Stationen, deren Mitarbeiter sich an ethischen Besprechungen beteiligten, positiv veränderte, fassten die Mitglieder des Arbeitskreises ins Auge, ethische Falldiskussionen auch für aktuell anstehende Entscheidungssituationen anzubieten. In Zusammenarbeit mit verschiedenen Abteilungen des Klinikums wurden in den Jahren 2005 bis 2007 in einzelnen Vortragsveranstaltungen die Chancen der Klinischen Ethikberatung beleuchtet und die Frage nach der zunehmend an Bedeutung gewinnenden Patientenverfügung aufgegriffen. Bis zur Einrichtung einer Struktur der Klinischen Ethikberatung sollte allerdings noch einige Zeit vergehen.

Eine Erhebung unter den ärztlichen Direktoren und Pflegedirektoren der Universitätskliniken in Deutschland im Jahr 2002/2003 ergab, dass in diesem Personenkreis die Funktion Klinischer Ethikkomitees teilweise noch nicht bekannt zu sein schien und nur wenige Befragte eine institutionalisierte Ethikberatung für sinnvoll erachteten (vgl. Vollmann u. Burchardi 2004). Der Bedarf zur Schaffung einer strukturierten ethischen Reflexionsmöglichkeit über Fragen der Patientenversorgung außerhalb der Aktivitäten des Arbeitskreises und einzelner Interessierter schien im Klinikum zu dieser Zeit nicht gesehen zu werden. Es bestätigt sich die vielfach geäußerte Feststellung, dass die erfolgreiche Implementierung einer Klinischen Ethikberatung zwar idealerweise vom Engagement

der Mitarbeiterschaft getragen werden sollte, aber ohne die Unterstützung der Klinikleitung kaum möglich ist.

Etliche Jahre später hat sich am Klinikum auf den Impuls des Klinikumsvorstands hin das »Komitee für Klinische Ethikberatung« gegründet. Verschiedene personelle, institutionelle und politische Faktoren haben diesen Institutionalisierungsprozess befördert.

10.3 Promotoren der Institutionalisierung

Die bereits erwähnte 8. Novelle der ÄAppO aus dem Jahr 2002, durch die das Fach Ethik in der Medizin von einem fakultativen Angebot zusammen mit der Geschichte und der Theorie der Medizin zu einem Pflichtfach im Querschnittsfach 2 avanciert ist, stellt einen Baustein in der Gründungsgeschichte des Komitees für Klinische Ethikberatung an der Universitätsklinik Ulm dar. In einem gemeinsamen Grundsatzpapier des Fachverbandes Medizingeschichte und der Akademie für Ethik in der Medizin e.V. aus dem Jahr 2009 zu den Inhalten des Querschnittsfachs wird der Bedarf an systematischer Reflexion der ärztlichen Tätigkeit und ihrer theoretischen Voraussetzungen vor dem Hintergrund ihrer historischen Entwicklung betont.[8]

Diese umfassende Perspektive wurde an der Universität Ulm im Dezember 2008 mit der Schaffung des Lehrstuhls für Geschichte, Theorie und Ethik der Medizin und der damit einhergehenden Gründung des Instituts mit demselben Namen in die Fakultät eingebracht. Damit hatte die Fakultät die vom Fachverband Medizingeschichte und der Akademie für Ethik in der Medizin e.V. geforderte Etablierung »einer Forschungs- und Lehreinrich-

---

8   Vgl. Grundsatzpapier des Fachverbandes Medizingeschichte und der Akademie für Ethik in der Medizin (2009): »Zu den Lehrzielen im Bereich der Fähigkeiten und Fertigkeiten zählen der sensible Umgang mit unterschiedlichen Perspektiven auf Gesundheit, Krankheit und Kranksein sowie mit verschiedenen Menschenbildern und medizinischen Konzepten, die Wahrnehmung moralischer Werte in Patientenversorgung und medizinischer Forschung und die Reflexion des eigenen Wissenschaftsverständnisses[…].«

tung […], der die Verantwortung für den komplexen Unterricht im Querschnittsbereich GTE übertragen wird« erfüllt. Es lag nahe, von dort aus den Anstoß zur ethischen Reflexion auch in das Klinikum hineinzutragen, z. B. in Form eines Ethikkomitees, zumal bei den in der Klinik tätigen Ärzten und Pflegenden in dieser Hinsicht ein gewisser Nachholbedarf vermutet werden konnte.[9]

Zudem hatten sich die klinikumsinternen Konstellationen und Rahmenbedingungen gewandelt. Ein Beispiel hierfür stellt die Einführung eines Beratungsangebots zur Patientenverfügung am Ulmer Klinikum dar. Eine gut besuchte Podiumsdiskussion im Jahr 2008, an der sich neben Mitarbeitern des Klinikums auch externe Referenten und ein Mitglied des Klinikumsvorstands beteiligten, mündete in die Gründung einer Arbeitsgruppe zum Umgang mit Patientenverfügungen. Die »Patientenverfügung« als medizinethisches Thema wurde und wird auch in der Öffentlichkeit wahrgenommen und breit diskutiert. In zunehmendem Maß wurden und werden Kliniker in Deutschland mit dieser Art der Willensbekundung konfrontiert, deren Anerkennung als Zeichen einer weiteren Stärkung der Patientenautonomie gewertet wird. Auch in Ulm erkannte man in weiten Bereichen der Organisation die Bedeutung der hiermit verbundenen Fragen und suchte Möglichkeiten zum Umgang damit. Ein aktuelles Thema mit unmittelbaren praktischen, juristischen und politischen Konsequenzen wurde also von einem erweiterten Personenkreis aufgegriffen, durch Impulse verstärkt und von der Leitungsebene als von wesentlicher Bedeutung anerkannt, wobei auch persönliche Faktoren eine Rolle gespielt haben mögen. Das Zusammenspiel dieser Faktoren kann als Katalysator für die Bereitschaft, die Ethik zu einem Element im Gefüge des Ulmer Klinikums zu machen, angesehen werden.

Einige Monate nach Gründung des Instituts für Geschichte, Theorie und Ethik der Medizin erhielt der neu berufene Institutsleiter Prof. Dr. Heiner

Fangerau vom Vorstand des Klinikums mit Beschluss vom 20. Mai 2009 den Auftrag, »Strukturvorschläge für eine Klinische Ethik-Kommission zu erarbeiten.« In dem Beschluss heißt es:

>> Der Vorstand verfolgt als Maßnahme der Qualitätssicherung am Universitätsklinikum Ulm das Ziel, eine Klinische Ethik-Kommission am Universitätsklinikum einzurichten. Zu diesem Zweck soll Herr Professor Dr. Fangerau, Direktor des Institutes für Geschichte, Theorie und Ethik der Medizin, als zuständiger Fachvertreter beauftragt werden, den Aufbau einer Klinischen Ethik-Kommission am Universitätsklinikum zu koordinieren. **«**

Relativ zeitnah musste der äußere institutionelle Rahmen für die Klinische Ethikberatung geschaffen werden, was jedoch nicht unabhängig von den Zielen und Aufgaben entsprechend den lokalen Gegebenheiten möglich war. So sah man sich vor die Herausforderung gestellt, in wenigen Monaten eine solide, gleichzeitig aber genügend flexible und offene Struktur schaffen zu müssen, die den Ulmer Bedingungen gerecht werden sollte.

10.3.1 Prozess der Implementierung

Es wurde eine interdisziplinäre Vorbereitungsgruppe zusammengestellt, in der sich Mitarbeiter des Klinikums, die sich im Vorfeld um die Etablierung einer Ethikberatung bemüht hatten und über langjährige klinische Erfahrung in für ethische Konflikte sensiblen Bereichen wie der Intensivmedizin und der Psychoonkologie verfügten, mit Vertretern des Faches Geschichte, Theorie und Ethik zusammenfanden. Im Zeitraum zwischen Juni 2009 und April 2010 traf sich die Gruppe in regelmäßigen Abständen im neu geschaffenen Institut für Geschichte, Theorie und Ethik der Medizin, um ein für das Ulmer Klinikum adäquates Strukturmodell des Ethikkomitees zu entwickeln. Hierbei stand die Formulierung von Zielen und Aufgaben des Ethikkomitees im Vordergrund.

---

9 Ob mit der Zeit durch die systematische medizinethische Ausbildung im Curriculum des Medizinstudiums und die Schaffung einer »Kultur« der ethischen Reflexion in der klinischen Arbeit der Bedarf an Klinischer Ethikberatung wieder zurückgehen könnte, diese – vielleicht auch hypothetische – Frage könnte zu späterer Zeit einmal aufgegriffen werden.

10.4   Ziele und Aufgaben des Ethikkomitees

— Äußere Struktur des Modells der Ethikberatung
— Information der Mitarbeiter
— Erarbeitung eines Konzeptes für ethische Fallbesprechungen

Bei der Planung wurden insbesondere die Empfehlungen der Zentralen Ethikkommission bei der Bundesärztekammer berücksichtigt (ZEKO 2006). Als oberstes Ziel setzte man sich, die Sensibilität der Mitarbeiter für ethische Aspekte der Krankenversorgung zu erhöhen und sie im Umgang mit ethischen Fragestellungen zu stärken und zu begleiten. In Übereinstimmung mit den theoretischen Arbeiten über die Funktion Klinischer Ethikdienste (vgl. Winkler 2009) wurden für die Erreichung dieses Ziels die drei Standardfunktionen Organisation und Durchführung ethischer Fallbesprechungen, das Angebot ethischer Fortbildungen sowie die Entwicklung hausinterner ethischer Leitlinien definiert. Man einigte sich darauf, den Begriff »ethische Handlungsempfehlungen« zu verwenden, um eine Assoziation mit den Leitlinien, die von den medizinischen Fachgesellschaften erarbeitet werden, zu vermeiden. Denn bei den erstgenannten geht es gerade nicht um isolierte fachliche Regelwerke, sondern um Empfehlungen, die fach- und professionsübergreifend Hilfestellung für alle Mitarbeiter bieten sollen.

10.4.1   Äußere Struktur des Modells der Ethikberatung

Die Besetzung des Komitees mit Vertretern verschiedener Berufsgruppen aus verschiedenen klinischen Abteilungen und unterschiedlicher Hierarchieebenen entspricht dem allseits empfohlenen professionsübergreifenden Ansatz in der Ethikberatung (vgl. May 2008; AEM 2010). Als ein anderes Beispiel gelingender interdisziplinärer Zusammenarbeit kann die schon seit dem Jahr 2006 unter dem Dach des »Comprehensive Cancer Center Ulm« koordinierte Einrichtung sog. »Tumor-Boards« zur Erarbeitung von Behandlungspfaden und Entscheidung über Therapieempfehlungen bei Tumorpatienten genannt werden, in denen auch ethische Gesichtspunkte eine Rolle spielen. Auch für diese institutionalisierten Besprechungen wurde bereits die Hilfe der Klinischen Ethikberatung in Anspruch genommen.

Das Ulmer Strukturmodell weist insofern eine Besonderheit auf, als von jeder Abteilung des Klinikums ein ärztlicher Vertreter zu benennen war. Auf diese Weise sollte gewährleistet werden, dass jeder Abteilungsleiter vor der Konstituierung über die Einrichtung des Komitees informiert war und zukünftig die Abteilungen über die jeweiligen Vertreter in die wesentlichen Entscheidungen, etwa zur Erarbeitung und Einführung von Handlungsempfehlungen, mit eingebunden werden. Obwohl im Ulmer Klinikum ein Trend zur infrastrukturellen Annäherung und interdisziplinären Zusammenarbeit, beispielsweise durch die Bildung von Zentren innerhalb der Disziplinen, aber auch disziplinübergreifend, zu beobachten ist, bestehen die Abteilungen relativ autonom nebeneinander und können nicht auf die gleiche Weise über zentrale Strukturen erreicht werden wie z. B. die Pflege über die Pflegedienstleitung. Indem also die einzelnen Disziplinen ihr spezifisches Fach- und Erfahrungswissen in die Diskussion einbringen und außerdem jede Abteilung repräsentiert ist, kann z. B. eine ethische Handlungsempfehlung mit dem entsprechenden Fachwissen unterfüttert und mit hinreichender Autorität umgesetzt werden (vgl. Winkler 2005). Eine Herausforderung ist in diesem Zusammenhang sicherlich, die abgesandten und damit möglicherweise nicht aus persönlicher Motivation teilnehmenden Mitarbeiter aktiv zu integrieren und ihr Interesse zu wecken.

Diskutiert wurde in der Vorbereitungsgruppe, ob die klinischen Bereiche, Disziplinen und Unterabteilungen, die sich in besonderem Maße mit ethischen Herausforderungen konfrontiert sehen, beispielsweise die Neonatologie, Intensivmedizin oder die Palliativstation, auch besonders stark im Komitee repräsentiert sein sollten. Man entschied sich schließlich gegen eine unterschiedliche Gewichtung der einzelnen Fachbereiche, ließ aber die Möglichkeit offen, dass weitere interessierte Mitarbeiter des Klinikums und der Universität in das Komitee aufgenommen werden können, und

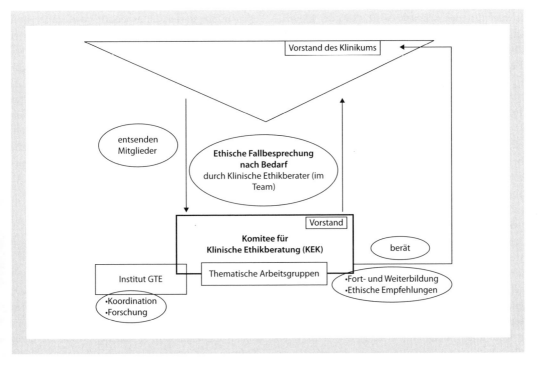

☐ Abb. 10.1   Strukturmodell des Komitees für Klinische Ethikberatung am Universitätsklinikum Ulm

hat somit partizipative Aspekte in das Modell integriert. Derzeit setzt sich das Gremium aus Vertretern der Pflege und Ärzteschaft aus operativen und nicht-operativen Bereichen, Mitarbeitern des Sozialdienstes und der Brückenpflege, einer Patientenvertreterin, Mitgliedern der evangelischen und katholischen Klinikseelsorge, einer externen Medizinjuristin und Vertretern der Philosophie sowie der Geschichte, Theorie und Ethik der Medizin zusammen. Durch diese breite Aufstellung des Komitees mit über 50 teils von den Abteilungsleitern benannten, teils aus eigenem Interesse beigetretenen Mitgliedern erhielt es den Charakter einer »Vollversammlung«. Diese tritt einmal im Semester zusammen. Aus der Vollversammlung wird eine sechsköpfige Sprechergruppe als Vorstand gebildet.

Ergänzt wird das Strukturmodell durch thematische Arbeitsgruppen zu spezifischen Themen wie dem Umgang mit Patientenverfügungen und dem Verzicht auf Wiederbelebung. Diese arbeiten eigenständig und können auch externe Fachleute hinzuziehen.

Dem Institut für Geschichte, Theorie und Ethik der Medizin kommt in diesem Strukturmodell die Koordinationsrolle und die Aufgabe der begleitenden Forschung zu. Die Mitglieder der Vorbereitungsgruppe wählten für das Komitee die Bezeichnung »Komitee für Klinische Ethikberatung«, die den beratenden und unterstützenden Charakter dieser Einrichtung deutlich machen und sie auch namentlich sichtbar von der Ethikkommission der Fakultät abgrenzen soll.

❯ Das »Komitee für Klinische Ethikberatung« arbeitet frei und unabhängig, es berichtet jedoch in regelmäßigen Abständen dem Vorstand des Klinikums über seine Arbeit. Das Komitee steht also im Austausch sowohl mit der Leitungsebene als auch – über die jeweiligen Vertreter – mit den verschiedenen Abteilungen des Klinikums (☐ Abb. 10.1).

Darüber hinaus strebt es eine Vernetzung mit schon bestehenden Arbeitsgruppen an, zu nennen ist hier u. a. der Arbeitskreis Ethik in der Medizin mit seinem »Diskussionsforum Klinische Ethik«, aber auch mit den Klinischen Ethikkomitees der Region und der Lehrkrankenhäuser.[10]

10.4.2 Information der Mitarbeiter

Nachdem ein strukturelles Konzept für die Ethikberatung entwickelt und die Einrichtung des »Komitees für Klinische Ethikberatung« im Dezember 2009 von der Leitungsebene des Klinikums beschlossen worden war, wurde eine Informationsveranstaltung für alle Mitarbeiter des Klinikums organisiert. Diese fand im Februar 2010 mit Unterstützung des Klinikumsvorstands statt und war als interne Veranstaltung konzipiert, die sich ausschließlich an Mitarbeiter und zukünftige Mitglieder des Komitees richtete. So bot sie einen geschützten Rahmen, in dem ohne Anwesenheit von Presse und Öffentlichkeit vergleichsweise offen über Bedürfnisse und Bedenken diskutiert werden konnte. Eine bezeichnende Erfahrung war die spärliche Teilnahme der Klinikärzte, die vermutlich zum Teil mangelndem Interesse, zum Teil auch der großen Arbeitsbelastung geschuldet war. Mit diesen Schwierigkeiten wird wohl auch im weiteren Verlauf der Arbeit zu rechnen sein.

Nach Impulsreferaten zu den Zielen und Charakteristika der Klinischen Ethikberatung und der Präsentation des Strukturmodells der Ulmer Ethikberatung wurde im Plenum über die Beteiligungsmöglichkeiten und Gestaltungsspielräume diskutiert, aber auch Raum gegeben für die Formulierung der Schwierigkeiten und Bedenken der Mitarbeiter. In diesem Zusammenhang wurden insbesondere der von Zeitdruck geprägte Klinikalltag und die Hürde, als nicht weisungsbefugter Mitarbeiter eine Beratung für das gesamte Team anzufordern, genannt. Es gelang ein offener und konstruktiver Austausch, der einen vorsichtigen Optimismus dahingehend erlaubte, dass mit etlichen interessierten Mitarbeitern im Komitee und seinen Arbeitsgruppen zu rechnen sein würde.[11]

Die konstituierende Sitzung Ende April des Jahres 2010 bestätigte diesen Eindruck. In Zusammenarbeit mit der Abteilung für Presse- und Öffentlichkeitsarbeit des Klinikums sowie der Universität wurde die Informationstätigkeit auf verschiedenen Wegen ergänzt durch Artikel in den Mitarbeiter- und Patientenzeitungen, die Gestaltung eines Informationsblattes und Veröffentlichungen im Intra- und Internet.

10.4.3 Konzept der ethischen Fallberatung

Für die ethische Einzelfallberatung wurde ein vorläufiges Strukturkonzept entwickelt, um die Zeit, bis eine ausreichend große Gruppe ausgebildeter Berater zur Verfügung steht, zu überbrücken. Der Ablauf der Fallberatung von der Annahme einer Anfrage bis zum abschließenden Bericht sieht die Durchführung eines Gesprächs vor Ort innerhalb spätestens 72 Stunden nach Eingang der Anfrage/des Anrufs vor, eine Gesprächsdauer von 45–60 Minuten und die Übermittlung eines Ergebnisberichts des Beratungsgesprächs als Brief in der Art eines Arztbriefes innerhalb von zwei Wochen nach der letzten Beratung. Dieser gliedert sich in vier Abschnitte: Auf die Schilderung des Falles mit seinen medizinischen Angaben und einer kurzen Wiedergabe der Situation, wie sie sich für die Beteiligten darstellt, folgt die Formulierung des ethischen Problems ebenfalls aus Sicht der Beteiligten. Im dritten Schritt schließt sich die ethische Analyse mit der Erörterung der Handlungsmöglichkeiten an. Mit der Darlegung des Beratungsergebnisses schließt der Bericht.

Die inhaltliche Analyse des Falles orientiert sich an einem Prozessmodell in sieben Schritten (vgl. Fangerau 2004; Fangerau u. Badura-Lotter 2010), in das neben Elementen medizinethischer Modelle der Entscheidungsfindung auch Ansätze aus der

---

10 Teilnehmer eines ersten regionalen Vernetzungstreffens im Februar 2011 waren die KEKs aus Aalen, Göppingen, Heidenheim, Kempten und Ravensburg. Kontakt besteht außerdem zur geriatrischen Agaplesion Bethesda Klinik in Ulm.

11 Zum Vergleich mit Erfahrungen anderer Kliniken in Deutschland bei der Implementierung Klinischer Ethikberatung siehe auch Dörries u. Hespe-Jungesblut (2007).

Didaktik der Wirtschafts- und Medienethik eingegangen sind und das von Mitarbeitern des Instituts für Geschichte, Theorie und Ethik weiterentwickelt worden ist.

Prozessmodell zur inhaltlichen Analyse

1. Die Beteiligten bringen alle für sie problematischen Punkte vor.
2. Anschließend werden diese hinsichtlich ihrer medizinisch-pflegerischen, juristischen und ethischen Aspekte verortet.
3. Es wird nun versucht, alle Betroffenen und ihre Interessen zu identifizieren. Hier sind auch etwaige institutionelle Einflüsse mit zu bedenken.
4. Analyse der Werte und Prinzipien, die auf dem Spiel stehen
5. Bei der Analyse der Handlungsmöglichkeiten steht hier zunächst in einer Art Brainstorming die spontane Sammlung aller Optionen an. Es können auch unkonventionelle Vorschläge diskutiert werden.
6. Die jeweiligen Konsequenzen der Handlungsoptionen werden durchgespielt, auch die Frage, wer von den Beteiligten bei der jeweiligen Option welche konkreten Konsequenzen zu tragen hätte, bis hin zu Fragen der persönlichen Haftung. Bei juristisch relevanten Fragen wird seitens des Beratungsteams immer darauf hingewiesen, diese mit der Rechtsabteilung des Klinikums abzuklären.[12]
7. Gesucht wird eine Handlungsoption, die von allen Beteiligten mitgetragen werden kann. Falls ein Dissens bestehen bleibt, kann dieser in einem Folgegespräch wieder aufgegriffen oder vom Team selbst weiter bearbeitet werden.

---

12 Generell gilt, dass Ethikberatung den Arzt nicht von seiner persönlichen Verantwortung für die inhaltliche Richtigkeit der Entscheidung gegenüber dem Patienten entlastet, siehe Rothärmel (2008). Andererseits wäre denkbar, dass Mitglieder eines KEK wegen (fahrlässiger) Nebentäterschaft für Ratschläge, die den strafrechtlichen Vorgaben widersprechen, strafrechtlich zur Verantwortung gezogen werden könnten, siehe Gaidzik (2005) und Kap. 15.

Dieses Modell bietet die Möglichkeit, die Perspektiven und Rollen der Beteiligten sowie ihre Verpflichtungen zu berücksichtigen. So befindet sich beispielsweise der verantwortliche Arzt in einer speziellen Situation, die seine Sichtweise charakteristisch beeinflussen könnte und auch durch den ausführlichen diskursiven Austausch aller Beteiligten vermutlich nicht vollständig aufzulösen ist, es sei denn, man übertrüge die Verantwortung einer anderen Person. Bei den Schritten drei, sechs und sieben besteht die Möglichkeit, organisationsspezifische Rahmenbedingungen zur Sprache zu bringen und in die Diskussion eingehen zu lassen. Welchen Spielraum sieht beispielsweise ein verantwortlicher Arzt, einen Patienten entgegen den ökonomischen Vorgaben und eventuellem »Bettendruck« in seiner Abteilung weiter zu betreuen, wenn dieser unter fachlichen Gesichtspunkten ausreichend therapiert und versorgt wurde, sein Gesundheitszustand jedoch eine weitere stationäre Versorgung nötig macht?

Der Moment der »Entschleunigung« durch eine Ethikberatung kann auch dazu beitragen, dass Handlungsspielräume offenbar werden, die vorher nicht gesehen wurden. Auf der anderen Seite bleibt kritisch zu bedenken, ob das Angebot einer gesonderten Beratung in ethischen Fragen zu einer Ausgliederung ethischer Reflexion aus den Behandlungsteams führt und damit Klinikmitarbeiter dazu verleitet, sich mit ethischen Erwägungen nicht mehr zu befassen, sondern diese, und damit auch ein Stück weit die Entscheidungsverantwortung, an die professionellen Berater zu delegieren.

Seit der Entstehungsphase des Ethikkomitees wurden zwölf Anfragen an das Komitee herangetragen, von denen sechs in eine Ethikberatung vor Ort mündeten und sechs auf andere Art und Weise, z. B. als kollegiale Beratung oder als interdisziplinäre Fallbesprechung unter Beteiligung von Mitgliedern des Ethikkomitees, bearbeitet wurden. In einem erheblichen Teil der Fälle spielten Zeit- und Entscheidungsdruck eine Rolle, und Fragen der Therapiebegrenzung standen oftmals im Vordergrund. Auch juristische Aspekte wurden in diesem Zusammenhang thematisiert, beispielsweise inwieweit und unter welchen Bedingungen die vorangegangenen Handlungen eines Patienten als Ausdruck seines Willens gewertet werden können, wenn dieser nicht mehr ansprechbar ist. Das Spektrum der ethischen Problemstellungen reicht von der Therapiebegrenzung bei Zustand nach schwerem Schädel-Hirn-Trauma bis zur Anlage einer perkutanen enteralen Gastrostomie (PEG-Sonde) und Dissens zwischen Betreuer und Patient.

Ein Beratungsgespräch kann eine Zäsur in der Alltagsroutine darstellen, die auch eine weitere Reflexion über die, oft nicht in ihrer Tragweite wahrgenommenen, handlungsbestimmenden Faktoren, wie z. B. Infrastrukturen, anstoßen kann. Diese können zwar im Gefolge von Einzelfallberatungen zumeist nicht, oder nur sehr geringfügig, modifiziert werden. Doch ermöglicht eine Bewusstwerdung ihrer Wirkmächtigkeit eine möglicherweise hilfreiche Distanznahme und eine angemessene Verortung der durch sie verursachten Probleme – als ersten Schritt. Als Beispiel soll an dieser Stelle einer der ersten Ulmer Beratungsfälle dienen, in dem es um die Frage der Anlage einer perkutanen endoskopischen Gastrostomie (PEG) zur künstlichen Ernährung ging:

Fallbeispiel

Ein etwa 80 Jahre alter Patient, der wegen einer kardiologischen Erkrankung aufgenommen und behandelt worden ist, leidet an Appetitmangel und Unterernährung, einer Depression und einer fraglichen Demenz. Er wird als nicht einsichtsfähig eingestuft. Der Betreuer des Patienten spricht sich für die ins Gespräch gebrachte PEG-Anlage aus, der Patient lehnt diese ab. Das Behandlungsteam hat Bedenken, sich über die Willensäußerung des Patienten hinwegzusetzen, sieht aber auch die Gefahr, dass der Patient ohne weitere Maßnahmen verhungern könnte. In der anschließenden ethischen Falldiskussion wird der Frage nach der Autonomie des Patienten noch einmal nachgegangen und schließlich ein dritter Weg eröffnet, indem Zeit gewonnen und auf andere Weise noch einmal versucht werden konnte, sich der Person des Patienten anzunähern. Angesichts der zögerlichen Haltung des Behandlungsteams, die PEG legen zu lassen, fragten sich die Beteiligten, ob nicht auch der Umstand eine Rolle gespielt haben könnte, dass der Patient nicht auf einer gastroenterologischen Station, auf der PEG-Anlagen zu den eher gewohnten medizinischen Maßnahmen gehören, sondern in

einer anderen Abteilung behandelt wurde, in der man sich nur selten mit diesem Problem konfrontiert sieht.

Mitarbeiter einer Abteilung, in deren Bereich bestimmte medizinische Maßnahmen fallen, entscheiden sich möglicherweise eher für diese Maßnahmen als Mitarbeiter anderer Abteilungen, die damit nicht so vertraut sind. Diese reagieren möglicherweise zurückhaltender und lassen sich eher von anderen Faktoren leiten.

Klinische Ethikberatung wird hier in dem Sinne verstanden, dass sie die Zusammenschau der unterschiedlichen Perspektiven der Beteiligten durch Moderation ermöglicht, jedoch auch Orientierung bietet und Hilfestellung bei der genauen Erfassung und Beschreibung des Einzelfalles, der Formulierung und Prüfung von Argumenten, der Identifizierung von Werthaltungen und der Spezifizierung ethischer Prinzipien und Normen leistet.

> **Klinische Ethikberatung stärkt im Idealfall die moralische Reflexionsfähigkeit und Urteilskraft der Beteiligten und bietet somit Hilfe zur Selbsthilfe (vgl. Boldt 2008; Gesang 2005; ASBH 2000).[13]**

Anders als in manchen US-amerikanischen Gremien der Klinischen Ethik (Hoffmann 2008)[14] werden durch die Mitglieder des »Komitees für Klinische Ethikberatung« keine Entscheidungen gefällt, und die Verantwortung für das Therapieangebot bleibt bei den behandelnden Ärzten. Die theoretische Unterfütterung dieses Konzepts der ethischen Beratung, die sich zwischen den Polen des direktiven, sog. Expertenmodells und des sog. Moderationsmodells, in dem sich die Berater einer per-

---

13   Fahr (2008) schlägt vor, Ethikberatung als Prozess zu sehen, »in dem ein [...] Berater einem oder mehreren Ratsuchenden gegenübertritt, um den Ratsuchenden in einem ergebnisoffenen und aufrichtigen Diskurs ein moralisch-praktisches Urteil über eine bestimmt moralische Handlungssituation X zu ermöglichen.« (S. 79)

14   So kommt in manchen US-Staaten den »HealthCare Ethics Committees« die Entscheidungsbefugnis als Stellvertreter für den Patienten in der Frage lebensverlängernder Maßnahmen zu, wenn Angehörige/Vertreter im Konflikt miteinander oder den behandelnden Ärzten sind oder kein rechtlich befugter Stellvertreter verfügbar ist.

sönlichen Positionierung vollkommen enthalten, bewegt, wird derzeit u. a. in einem Fortbildungsseminar für Mitglieder des Komitees diskutiert.

10.5 Ausblick

Nachdem der äußere Rahmen für die Klinische Ethikberatung am Universitätsklinikum Ulm geschaffen worden ist, besteht nun die Aufgabe darin, sie auch theoretisch in den passenden Rahmen einzubinden und ein den Ulmer Verhältnissen angemessenes, schlüssiges Modell der Ethikberatung zu entwickeln und kritisch zu begründen. Ansatzpunkte hierfür sind einerseits die Verortung der Klinischen Ethik im größeren Zusammenhang von Medizinethik und Philosophie, anderseits die genauere Bestimmung der Methode der ethischen Beratung. Auch wenn eine Neubestimmung der Medizinethik in diesem Rahmen nicht geleistet werden kann und auch nicht zur Debatte steht, so bewahrt doch die Berücksichtigung des theoretischen Bezugsrahmens der Medizin und seines historischen Wandels vor einer zu engen, allein auf pragmatische Entscheidungsfindung ausgerichteten Klinischen Ethik. Zu berücksichtigen wäre u. a., anhand welcher Kriterien heutzutage medizinische Entscheidungen getroffen werden, und welche, auch normative, Rolle der Arzt-Patient-Beziehung im klinischen Kontext heute zukommt.[15]

Für diese komplexe Aufgabe, die ein interdisziplinäres Vorgehen nahe legt, ist das Institut für Geschichte, Theorie und Ethik der Medizin ein geeigneter Kristallisationspunkt. Ausgehend von einem umfassenderen Blick auf die medizinische Praxis könnte ein theoretischer Bezugsrahmen für die Klinische Ethik aufgespannt werden, aus dem die Grundlagen des Beratungskonzeptes entwickelt und mit den Grundsätzen der philosophischen Beratung verknüpft werden können. Der für diese Herausforderung notwendige kritisch-konstruktive Dialog zwischen Theorie und Praxis findet im Komitee für Klinische Ethikberatung einen passenden Ort. Hier treffen klinische Erfahrung und philosophische Expertise unter interdisziplinärer Moderation mit der Geschichte, Theorie und Ethik der Medizin zusammen.

---

15 Vorschläge für eine Integration von Theorie und Praxis in einen klinisch-ethischen Ansatz in Anlehnung an die philosophische Hermeneutik finden sich z. B. bei ten Have (1994).

Literatur

Anselm R (2008) Common-Sense und anwendungsorientierte Ethik. Zur ethischen Funktion Klinischer Ethikkomitees. In: Frewer et al. (2008), S. 29–46

Ashcroft R, Lucassen A, Parker M, Verkerk M, Widdershoven G (Hrsg.) (2005) Case analysis in clinical ethics. Cambridge

Ashcroft R, Parker M, Verkerk M, Widdershoven G (2005) Philosophical introduction: case analysis in clinical ethics. In: Ashcroft et al. (2005), S. 1–6

Aulisio M, Arnold R, Youngner S, for the Society for Health and Human Values-Society for Bioethics Consultation Task Force on Standards for Bioethics Consultation (2000) Health care ethics consultation: Nature, goals, and competencies. A position paper from the Society for Health and Human Values-Society for Bioethics Consultation Task Force on Standards for Bioethics Consultation. Ann Intern Med 133 (2000), S. 59–69

Boldt J (2008) Klinische Ethikberatung: Expertenwissen oder Moderationskompetenz? Thesen und Erfahrungen aus der Freiburger Praxis. In: Groß et al. (2008), S. 81–90

Dörries A, Hespe-Jungesblut K (2007) Die Implementierung Klinischer Ethikberatung in Deutschland. Ethik Med 19, 2 (2007), S. 148–156

Dörries A, Neitzke G, Simon A, Vollmann J (Hrsg.) (2008) Klinische Ethikberatung. Ein Praxisbuch. Stuttgart

Düwell M, Neumann J (Hrsg.) (2005) Wie viel Ethik verträgt die Medizin? Paderborn

Fachverband Medizingeschichte, Akademie für Ethik in der Medizin (2009) Querschnittsbereich Geschichte, Theorie, Ethik der Medizin. Gemeinsames Grundsatzpapier des Fachverbandes Medizingeschichte und der Akademie für Ethik in der Medizin

Fahr U (2008) Philosophische Modelle klinischer Ethikberatung – Ihre Bedeutung für Praxis und Evaluation. In: Frewer et al. (2008), S. 75–98

Fangerau H (2004) Tod und Sterben. Herausforderung in der ärztlichen Praxis. In: Fangerau, Vögele (2004), S. 140–149

Fangerau H, Badura-Lotter G (2011) Ethische Aspekte der Kinder- und Jugendforensik. In: Hässler et al. (2011), S. 21–25

Fangerau H, Vögele J (Hrsg.) (2004) Geschichte, Theorie und Ethik der Medizin: Unterrichtsskript für die Heinrich-Heine-Universität Düsseldorf. Münster

Frewer A, Fahr U, Rascher W (Hrsg.) (2008) Klinische Ethikkomitees Chancen, Risiken und Nebenwirkungen. Würzburg

Fukuyama M, Asai A, Itai K (2008) A report on small team clinical ethics consultation programmes in Japan. J Med Ethics 34 (2008), S. 858–862

Gaidzik P (2005) Ethik-Komitees: Rechtliche Aspekte. Erwägen – Wissen – Ethik 16, 1 (2005), S. 26–28

Gaudine A, Thorne L, LeFort S (2010) Evolution of hospital clinical ethics committees in Canada. J Med Ethics 36 (2010), S. 132–137

Gesang B (2005) Sind Ethiker Moralexperten? Über die Verknüpfung zentraler Fragen der angewandten Ethik mit der Metaethik. In: Düwell, Neumann (2005), S. 125–134

Gommel M, Glück B, Keller F (2005) Didaktische und pädagogische Grundlagen eines fallorientierten Seminar-Lehrkonzepts für das Fach Medizinische Ethik. GMS Z Med Ausbild. 22, 3 (2005), Doc58

Gommel M, Raichle C, Müller P, Keller F (2005) Vom freiwilligen Seminar zur Q2-Pflichtveranstaltung. Ethik Med 17, 1 (2005), S. 21–27

Groß D, May AT, Simon A (Hrsg.) (2008) Beiträge zur Klinischen Ethikberatung an Universitätskliniken. Münster

Hässler F, Kinze W, Nedopil N (Hrsg.) (2011) Praxishandbuch Forensische Psychiatrie des Kindes-, Jugend- und Erwachsenenalters. Grundlagen, Begutachtung und Behandlung. Berlin

Junginger T, Perneczky A, Vahl C-F, Werner C (Hrsg.) (2008) Grenzsituationen in der Intensivmedizin – Entscheidungsgrundlagen. Berlin

Kessler H (2003) Die philosophische Diskursethik und das Ulmer Modell der Ethikseminare. Ethik Med 15, 4 (2003), S. 258–267

Kettner M (2005) Ethik-Komitees. Ihre Organisationsformen und ihr moralischer Anspruch. Erwägen – Wissen – Ethik 16, 1 (2005), S. 3–16

Kettner M (2008) Autorität und Organisationsformen Klinischer Ethikkomitees. In: Frewer et al. (2008), S. 15–28

Larcher V, Slowther A, Watson A (2010) Core competencies for clinical ethics committees. Clin Med. 10, 1 (2010), S. 30–33

Ley F (2005) Klinische Ethik – Entlastung durch Kommunikation? Ethik Med 17 (2005), S. 298–309

May A (2008) Ethikberatung – Formen und Modelle. In: Groß et al. (2008), S. 17–30

Nassehi A (2006) Die Praxis ethischen Entscheidens. Eine soziologische Forschungsperspektive. Zeitschrift für medizinische Ethik 52, 4 (2006), S. 367–377

Nilson E (2006) Reinvigorating ethics consultations: An impetus from the »quality« debate. HEC Forum 18, 4 (2006), S. 298–304

Paul N (2008) Klinische Ethikberatung: Therapieziele, Patientenwille und Entscheidungsprobleme in der modernen Medizin. In: Junginger et al. (2008), S. 207–217

Pedersen R, Akre V, Førde R (2009) What is happening during case deliberations in clinical ethics committees? A pilot study. J Med Ethics 35 (2009), S. 147–152

Rothärmel S (2008) Rechtsfragen Klinischer Ethikberatung. In: Dörries et al. (2008), S. 182–189

Saunders J (2004) Developing clinical ethics committees. Clin Med 4 (2004), S. 232–234

Schildmann J, Gordon J, Vollmann J (Hrsg.) (2010) Clinical ethics consultation. Theories and methods, implementation, evaluation. Farnham

Singer P, Pellegrino E, Siegler M (2001) Clinical ethics revisited. BMC Medical Ethics 2, 1 (2001), doi:10.1186, 1472–6939-2-1

Sponholz G, Baitsch H, Allert G (2004) Das Ulmer Modell der diskursiven Fallstudie – Entwicklungen und Perspektiven der Lehre in Ethik in der Medizin. Zeitschrift für medizinische Ethik 50, 1 (2004), S. 82–87

Steinkamp N, Gordijn B (2010) Ethik in Klinik und Pflegeeinrichtung – ein Arbeitsbuch. Köln

Svantesson M (2008) Learning a way through ethical problems: Swedish nurses' and doctors' experiences from one model of ethics rounds. J Med Ethics 34 (2008), S. 399–406

Tarzian A (2009) Credentials for clinical ethics consultation – Are we there yet? HEC Forum 21, 3 (2009), S. 241–248

Ten Have H (1994) The hyperreality of clinical ethics: A unitary theory and hermeneutics. Theoretical Medicine 15 (1994), S. 113–131

Vollmann J (2006) Ethik in der klinischen Medizin – Bestandsaufnahme und Ausblick. Ethik Med 18, 4 (2006), S. 348–352

Vollmann J (2008) Klinische Ethikkomitees und Ethikberatung in Deutschland: Bisherige Entwicklung und zukünftige Perspektiven. Bioethica Forum 1, 1 (2008), S. 33–39

Vollmann J, Burchardi N, Weidtmann A (2004) Ethikkomitees an Deutschen Universitätskliniken – Eine Befragung aller Ärztlichen Direktoren und Pflegedirektorinnen. Deut Med Wochenschrift 129 (2004), S. 1237–1242

Vorstand der Akademie für Ethik in der Medizin e.V. (2010) Standards für die Ethikberatung in Einrichtungen des Gesundheitswesens. Ethik Med 22, 2 (2010), S. 32–44

Winkler E (2005) Organisatorische Ethik – ein erweiterter Auftrag für klinische Ethikkomitees. In: Düwell, Neumann (2005), S. 259–273

Winkler E (2009) Sollte es ein favorisiertes Modell klinischer Ethikberatung für Krankenhäuser geben? Erfahrungen aus den USA. Ethik Med 21, 4 (2009), S. 309–322

10

Neue Anwendungsfelder und Herausforderungen der Zukunft

Ethikberatung für Hausärzte bei Patienten am Lebensende

Stand – Modelle – Perspektiven

Ildikó Gágyor

Vor dem Hintergrund der zunehmenden Pluralisierung der Gesellschaft, der fortschreitenden medizintechnischen Möglichkeiten, der Stärkung der Patientenautonomie und der damit einhergehenden Zunahme ethischer Konflikte bei der Patientenversorgung, ist es erfreulich, dass sich verschiedene Formen von Ethikberatung in den letzten Jahren enorm verbreitet haben. Einschränkend sei jedoch anzumerken, dass die Zielgruppe dieser Beratungsangebote jedoch in erster Linie Ärzte und Pflegekräfte aus der stationären Patientenversorgung sind.

11.1   Einleitung

Sollte ein Hausarzt in der Region Südniedersachsen mit einer konkreten ethischen Frage – z. B. nach der Legitimität künstlicher Ernährung in einer Palliativsituation – im Internet nach der Möglichkeit einer Ethikberatung suchen, findet er eine Vielzahl an Angeboten. Der Suchende stößt z. B. auf die Datenbank der Arbeitsgruppe »Ethikberatung im Krankenhaus« innerhalb der Akademie für Ethik in der Medizin (AEM) e.V. (vgl. Klinische Ethikkomitees und Liaisondienste: http://www.ethikkomitee.de). Hier finden sich gegliedert nach Region, Ort, Form der Beratung und Trägerschaft institutionalisierte Beratungsmöglichkeiten. Allerdings – wie der Name »Ethikberatung im Krankenhaus« bereits vermuten lässt – erstreckt sich das Angebot auf Konflikte oder Fragestellungen innerhalb der jeweiligen Kliniken. Eine ambulante Ethikberatung durch die Klinischen Ethikkomitees oder durch vergleichbare Strukturen findet, wenn überhaupt, nur informell oder inoffiziell statt. Die weiteren Treffer der Recherche verweisen auf ein breites Spektrum von Beratungsmöglichkeiten, das sich von Klinischen Ethikkomitees (KEKs) über Modelle wie die des »Runden Tisches« über diverse Konsiliardienste bis hin zu Beratungen durch freiberuflich tätige Einzelpersonen erstreckt. Welche dieser Organisationen und Personen zusätzlich zur klinisch-stationären auch eine Ethikberatung für den Kontext der hausärztlichen Versorgung durchführt, lässt sich anhand der elektronisch erreichbaren Informationen zumeist nicht erkennen.

Während in der klinisch-stationären Versorgung verschiedene Formen der Beratung bei ethischen Fragen und Konflikten am Lebensende zunehmend Einzug halten (Groß et al. 2008; Frewer et al. 2008; Schildmann et al. 2010), war eine vergleichbare Entwicklung im Bereich der hausärztlichen Versorgung bislang noch nicht wahrnehmbar. Erste Ansätze zur Förderung einer ambulanten Ethikberatung machten sich im Mai 2008 bemerkbar: Aufgrund eines Antrages aus den Reihen der Hausärzte, forderte der 111. Ärztetag die Bundes- und Landesärztekammern auf,

» …geeignete, aber auch berufsrechtskonforme Maßnahmen für eine ambulante Ethikberatung in Deutschland zu entwickeln, um Hausärzten bei ethischen Grenzfällen eine Unterstützung zur Einholung einer fachlichen Zweitmeinung oder eines Ethikvotums anbieten zu können. (Beschlussprotokolle der Bundesärztetage 2008) «

Folgende Ziele wurden für die ambulante Ethikberatung formuliert:
- Beratung bei medizinischen und ethischen Konflikten im Einzelfall,
- Koordination von Fort- und Weiterbildung zu ethischen Themen,
- Veröffentlichung ethischer Entscheidungen im Deutschen Ärzteblatt.

Beschluss und Ziele der ambulanten Ethikberatung wurden im Deutschen Ärzteblatt publiziert.[1] Die Zielformulierungen wirken noch recht zaghaft, und außer dem Wunsch nach Veröffentlichung von Beratungsfällen mangelt es an konkreten Ansätzen für eine ambulante Ethikberatung. Bemerkenswert ist auch, dass zwei wichtige Ansätze gar nicht thematisiert wurden: (1) die Entwicklung eines Curriculums für Beratende und (2) Leitlinien zu den häufigsten Problemfeldern und Fragestellungen in der hausärztlichen Versorgung Sterbender und Schwerstkranker.

Der vorliegende Artikel beschreibt den aktuellen Stand der Entwicklung hausärztlicher und

---

1   Vgl. Entschließungen zum Tagesordnungspunkt VI: Tätigkeitsbericht der Bundesärztekammer, Deutsches Ärzteblatt (2008).

damit ambulanter Ethikberatung im Vergleich zur klinisch-stationären Beratung bei ethischen Fragen und Konflikten in der Versorgung von Schwerstkranken und Sterbenden. Anschließend werden zwei Projektideen im Bereich der hausärztlichen Versorgung von Patienten am Lebensende vorgestellt, deren Ergebnisse Grundlage für die bedarfsgerechte Formulierung von Zielen und zur Etablierung von neuen Strukturen für die hausärztliche Ethikberatung sein sollen.

11.2 Aktueller Stand der Ethikberatung außerhalb der Krankenhäuser

Trotz unterschiedlicher Rahmenbedingungen der klinischen Patientenversorgung in Krankenhäusern und Alten- bzw. Pflegeheimen, ist es in den letzten Jahren gelungen, neben den Ethikkomitees in den Krankenhäusern auch in Alten- und Pflegeheimen Formen institutionalisierter Ethikberatung zu etablieren (Bockenheimer-Lucius u. May 2007). Obwohl die Fragestellungen Pflege und ärztliche Therapie gleichermaßen betreffen können, findet die Einbindung von Hausärzten in die Fallbesprechungen nur gelegentlich statt. Probleme mit der Koordination, Zeitmangel und fehlende Vergütung werden als Gründe für die seltene Beteiligung von Hausärzten vermutet (Simon et al. 2010). Ethikberatungen im stationären Hospiz sind wiederum eine vergleichsweise neue Entwicklung (▶ Kap. 13). Die ersten Erfahrungen sprechen für das Vorliegen eines bisher kaum wahrgenommen Bedarfs an Beratung und Fortbildung in diesem Bereich. Die Beratungen finden letztendlich im Rahmen einer stationären Patientenversorgung statt, in dem zweifelsfrei das betreuende Pflegeteam und weniger der Hausarzt Hauptinitiator der Fallbesprechungen ist (Simon et al. 2010).

Seit mehreren Jahren gibt es Bestrebungen, Qualitätsstandards für die Ethikberatung zu entwickeln, z. B. durch eigens dafür entwickelte Curricula. Die Entwicklung des Curriculums zur Ethikberatung im Krankenhaus (Simon et al. 2005) und nachfolgend des Curriculums zur Ethikberatung in der stationären Altenpflege (Bockenheimer-Lucius u. May 2007) sind erste Schritte auf diesem Weg.

Die Standards für Ethikberatung (Simon 2010) reihen sich organisch in diese Entwicklung ein, indem sie Ziele, Rahmen und Inhalte der Ethikberatung und zugleich auch die Kriterien für die Qualifizierungsmaßnahmen der Beratenden formulieren. Die in den Standards formulierten Arbeitsziele der Klinischen Ethikberatung und Modelle der Implementierung sollen nun näher betrachtet und ihre Übertragbarkeit auf die hausärztliche Situation überprüft werden.

11.3 Klinische Ethikberatung – ein Modell für die hausärztliche Versorgung?

Neben der unterschiedlichen Zusammensetzung, Größe und Arbeitsweise der einzelnen beratenden Gremien gibt es auch Gemeinsamkeiten, wie die Fallberatung, die Entwicklung von Leitlinien und die Organisation von internen und öffentlichen Fortbildungen, die die meisten Beratungsgremien als ihre Arbeitsziele formulieren (Neitzke 2010). Die Einzelfallberatung ist eine der Kernaufgaben, deren Inanspruchnahme zugleich ein Maß für die Akzeptanz innerhalb einer Klinik und einer Pflegeeinrichtung ist. Die Akzeptanz eines Beratungsgremiums wiederum hängt stark von der Gestaltung der Implementierung ab. Bisherige Erfahrungen mit der Gründung und Implementierung von KEKs haben gezeigt, dass dieser Prozess entweder von der Basis (im Sinne eines Bottom-up-Modells) initiiert oder von der Leitung einer Einrichtung (als Top-down-Modell) angestoßen werden kann und dass beide Prozesse Vor- und Nachteile mit sich bringen (Vollmann 2010). Werden bei der Implementierung beide Stoßrichtungen berücksichtigt, so hat das Projekt die besten Aussichten auf nachhaltigen Erfolg (▶ oben; ▶ Kap. 9). Die erfolgreiche Umsetzung der formulierten Arbeitsziele eines KEKs, der Implementierungsprozess und die gewünschte Akzeptanz der Klinischen Ethikberatung bedingen sich gegenseitig und sind in die klinisch-stationären Strukturen der jeweiligen Institution eingebettet.

Wenn es aber darum geht, eine strukturierte Ethikberatung für Hausärzte zu implementieren, muss berücksichtigt werden, dass sich die Arbeitsweise im Krankenhaus und im hausärztlichen Bereich teils grundlegend unterscheiden:

> **Im Gegensatz zu den Klinikärzten haben die Hausärzte in ihren eigenen Praxen einen weitaus größeren Handlungsspielraum, denn ihnen obliegt gleichzeitig die Leitung und Organisation der Praxis sowie die unmittelbare Arbeit mit den Patienten und deren Angehörigen.**

Ein weiteres Unterscheidungsmerkmal ist die in vielen Fällen über mehrere Jahre andauernde Betreuung der Patienten, mit umfassender Kenntnis ihrer Krankheitsgeschichte und ihres sozialen Umfeldes. Zu groß sind diese Unterschiede, als dass die Erfahrungen aus dem klinischen Bereich auf das hausärztliche Setting einfach zu übertragen wären. Also werden Ziele für die ambulante und die Klinische Ethikberatung einzeln betrachtet, um zu ermessen, inwieweit die geforderten Punkte umgesetzt sind. Darüber hinaus geht es um die Frage, welche Inhalte und Strukturen der bisherigen Klinischen Ethikberatung auf die hausärztliche Versorgungssituation übertragbar sind und welche neu bedacht werden müssen.

11.4   Ambulante Einzelfallberatung

Die eingangs beschriebene, hinsichtlich der ambulanten Ethikberatung als erfolglos zu bewertende Internetrecherche des Hausarztes legt die Vermutung nahe, dass es keine oder nur eine gering institutionalisierte ambulante Ethikberatung gibt. Eines der wenigen Beispiele für hausärztliche Ethikberatung gibt es in der Abteilung Palliativmedizin der Universitätsmedizin Göttingen, die neben einer stationären auch eine spezialisierte ambulante Patientenversorgung (SAPV) bereithält. Die Abteilung Palliativmedizin führt seit vielen Jahren ambulante Fallberatungen mit Hausärzten, Patienten und deren Angehörigen durch. Die strukturierten Beratungen werden auf einem modifizierten Formblatt nach Gordijn dokumentiert (Steinkamp u. Gordijn 2010).

Aktuell gibt es ein bis zwei Nachfragen pro Monat. Am häufigsten sind Fragen zu Therapieentscheidungen (z. B. zur Ernährungssonde) und

rechtliche Fragen (zu Betreuung und Vorsorgevollmacht), begründet in der Änderung des Therapieziels (Daten aus der Abteilung Palliativmedizin). Die Inanspruchnahme der Ethikberatung signalisiert den Beratungsbedarf in der hausärztlichen Patientenversorgung. Interessant ist, dass dieser Bedarf im Rahmen der ambulanten Palliativversorgung bereits Jahre vor der Implementierung des KEK der Universitätsmedizin Göttingen im November 2010 wahrgenommen und ihm – bei den entsprechenden Nachfragen – in Form von Einzelfallberatungen Rechnung getragen wurde (► Kap. 9).

Über dieses informelle Angebot hinaus gibt es deutschlandweit nur vereinzelt Initiativen. Dazu gehören das Rahmenprogramm der Palliativversorgung von Nordrhein-Westfalen aus dem Jahr 2005[2], in dem die ethische Beratung von Hausärzten als Aufgabe beschrieben und konsentiert wurde, die Beratungstätigkeit der Abteilung für Palliativmedizin der Universitätsklinik Bonn, die bereits auf eine 15-jährige Aktivität zurückblicken kann, oder das Angebot des KEK der Universitätsklinik in Erlangen. Seit seiner Gründung 2002 nimmt die Inanspruchnahme dieses Gremiums nicht nur innerhalb der Universitätsklinik, sondern auch durch den niedergelassenen Bereich zu, sodass neben der Ethikberatung innerhalb des Krankenhauses auch eine Beratung von Hausärzten stattfindet – wenn auch bisher nur in Einzelfällen.[3]

11.5   Weiterbildung zur Ethik und Veröffentlichung der Entscheidungen im Ärzteblatt

Der zweite Punkt des oben erwähnten Antrages des 111. Ärztetages war die Forderung nach Koordination von Fort- und Weiterbildungsveranstaltungen für Hausärzte zu ethischen Fragestellungen. Wie viele Veranstaltungen es tatsächlich gegeben hat, kann schwer geschätzt werden. Die Idee der Publikation von Fallvorstellungen, als drittes Ziel der ambu-

---

2   Das Rahmenprogramm ist einzusehen unter: http://www.kvno.de/downloads/palliativversorgung/rahmenprogramm_palliativ_NRW.pdf.

3   Mündliche Mitteilung der Geschäftsführung des Ethikkomitees am Universitätsklinikum Erlangen.

lanten Ethikberatung formuliert, ist bisher nicht umgesetzt, jedenfalls nicht in den von Hausärzten meist gelesenen deutschsprachigen Zeitschriften wie dem **Deutschen Ärzteblatt**, der **Zeitschrift für Allgemeinmedizin**, der **Deutschen Medizinischen Wochenschrift** und dem **Hausarzt**. Kein einziger Fall mit ethischen Fragestellungen wurde seit 2008 in den oben genannten Fachzeitschriften veröffentlicht.[4]

11.6 Entwicklung von Leitlinien für die hausärztliche Versorgung

Obwohl in dem Antrag von 2008 nicht explizit gefordert, könnte die Entwicklung von Leitlinien für die hausärztliche Versorgung von Patienten am Lebensende förderlich sein. Vor dem Hintergrund, dass in der Hausarztmedizin in den letzten Jahren eine Vielzahl von Leitlinien zu häufigen Behandlungsanlässen und Versorgungsfragen veröffentlicht wurde (http://leitlinien.degam.de), sollte darüber nachgedacht werden, ob die Qualität der hausärztlichen Versorgung von Patienten am Lebensende durch Leitlinien zu ethischen Fragen verbessert werden kann.

Die Entwicklung der hausärztlichen Leitlinie Palliativmedizin (vgl. Leitliniengruppe Hessen: Hausärztliche Leitlinie Palliativversorgung) zeigt bereits die Relevanz der Versorgung von Patienten am Lebensende im hausärztlichen Bereich. Eine kürzlich veröffentlichte Evaluation belegt zudem die hohe Akzeptanz der Leitlinie unter den befragten Hausärzten (Schubert et al. 2010).

Warum es trotz dieser Beispiele keine Leitlinien zu ethischen Fragestellungen gibt, dürfte verschiedene Gründe haben: Es gibt z. B. kaum wissenschaftliche Untersuchungen zu ethischen Konflikten und Fragen in der Hausarztmedizin und damit verbunden fehlt es an Evidenz. Zudem haben Hausärzte möglicherweise das Bedürfnis, bei ethischen Fragen ihrer Patienten individuell zu entscheiden.

11.7 Argumente für die hausärztliche Ethikberatung

Die Notwendigkeit, im Rahmen der palliativen Versorgung Klinikärzte zu beraten, wurde insofern erkannt, als die Klinische Ethikberatung international und national für die stationäre Versorgung zunehmende Verbreitung fand und dessen positiver Einfluss auf die Qualität der stationären Versorgung belegt wurde (Schneidermann et al. 2003; Mitchell 2008). Eine analoge Entwicklung bis hin zur Verbesserung der Versorgungsqualität auch im Bereich der hausärztlichen Versorgung von Schwerstkranken und Sterbenden liegt also nahe. Zum eigentlichen Bedarf an Beratung können zwar nur Vermutungen geäußert werden, es finden sich jedoch Hinweise aus der Fachliteratur, dass Hausärzte im Rahmen ihrer Arbeit mit ethischen Fragen und Konflikten konfrontiert sind (Nassehi 2008).

Darüber hinaus ist im Hinblick auf die gesetzliche Verankerung der Patientenverfügungen im Betreuungsrecht (BGB)[5] mit einer Zunahme ethischer Konflikte in der Patientenversorgung zu rechnen (Frewer u. Fahr 2009; Frewer et al. 2009). Patientenverfügungen werden überwiegend außerhalb der klinischen Versorgung verfasst; ihre Auslegung ist gerade auch im Rahmen der hausärztlichen und nicht nur in der stationären Patientenversorgung von Bedeutung.

> **Die von Patienten gewünschte Hilfe bei der Abfassung einer Patientenverfügung, aber auch deren Interpretation können eine erhebliche Herausforderung an das ethische Urteilsvermögen der behandelnden Ärzte darstellen.**

11.8 Modelle zur Versorgung von Schwerstkranken und Sterbenden

Hausärzte begleiten ihre Patienten in der Regel über einen längeren Zeitraum, häufig bis zum Lebensende der Patienten. So gehört die Betreuung von

---

4   Eine eigene Recherche nach entsprechenden Kasuistiken in den Archiven der Deutsches Ärzteblatt, Z Allg Med, DMW war ergebnislos.

5   Die Patientenverfügung ist seit dem 01.09.2009 in §§ 1901 a–b des BGB gesetzlich geregelt.

Schwerstkranken und Sterbenden zu den Kernaufgaben der hausärztlichen Versorgung – wenn notwendig und verfügbar, in Kooperation mit ambulanten Palliativpflegediensten (Simmenroth-Nayda u. Gágyor 2008). Auch wenn viele Menschen letztlich in Institutionen (Krankenhäusern, Pflegeheimen und Hospizen) versterben (Jaspers u. Schindler 2004), werden sie in den letzten Lebensmonaten überwiegend durch Hausärzte versorgt (Shipman et al. 2008).

Umso erstaunlicher ist es, wie wenig über die hausärztliche Versorgung von Schwerstkranken und Sterbenden bekannt ist. Weder über die Größe und die Zusammensetzung der entsprechenden Patientengruppe noch über das Spektrum der zum Tode führenden Erkrankungen, die Versorgung der Patienten und die Nutzung verschiedener Versorgungsstrukturen gibt es verlässliche Kenntnisse.[6]

Legt man bei der Darstellung der Versorgung von Patienten am Lebensende das Versorgungsmodell der Deutschen Gesellschaft für Palliativmedizin (DGP) zur Versorgung von Palliativpatienten zugrunde, ergibt sich folgendes Bild: Etwa 90% der Palliativpatienten benötigen eine Basisversorgung, während die übrigen eine spezialisierte Versorgung brauchen. Die Basisversorgung gilt im Gegensatz zur spezialisierten Versorgung als Bestandteil der allgemeinen Gesundheitsversorgung schwerstkranker und sterbender Patienten und wird ambulant überwiegend durch Hausärzte, hausärztlich tätige Internisten, Pflegedienste und häusliche Pflege sowie stationär durch Krankenhäuser oder Alten- und Pflegeheime geleistet. Mit der Gesundheitsreform von 2007 wurde in zwei neuen Paragraphen (§§ 37b und 132d SGB V) der individuelle Rechtsanspruch auf eine SAPV zwar gesetzlich verankert, die Versorgung von unheilbar kranken Menschen und Sterbenden in der allgemeinen Palliativversorgung jedoch in den neuen Paragraphen nicht berücksichtigt (Stellungnahmen DGP 6/2009).

Die SAPV steht jenen Patienten zur Verfügung, die aufgrund der Ausprägung ihrer Probleme und Bedürfnisse eine intensive Versorgung benötigen, also einer Minderheit. Die spezialisierte Versorgung stellt somit eine ideale Ergänzung der ambulanten Patientenversorgung dar und hat in den letzten Jahren – trotz einer bisher nur in Ansätzen umgesetzten Finanzierung durch die Krankenkassen (Stellungnahme DGP 11/2009) – einen enormen Zuwachs erfahren: Mittlerweile gibt es allein in Niedersachsen 40 Palliativstationen, 17 stationäre Hospize und 120 ambulante Hospiz- und Palliativdienste (inkl. SAPV).[7] Im Gegensatz dazu haben nur wenige Änderungen auch die hausärztliche Versorgung und damit die Mehrheit der Schwerkranken und Sterbenden erreicht. So hat die Hospizbewegung die hausärztliche Versorgung von Sterbenden strukturell verbessern können, weil die Versorgung der Hospizpatienten vielerorts durch Hausärzte wahrgenommen wird, selbst wenn Hospize überwiegend eine stationäre Versorgung anbieten. Es gibt nun Bestrebungen der DGP (http://www.dgpalliativmedizin.de/arbeitsgruppen/aapv-mit-dhpv.html.), analog zur SAPV auch die allgemeine ambulante Palliativversorgung (AAPV) strukturell zu fördern. Geplant ist, aus den Mitgliedern der DGP und des Deutschen Hospiz- und Palliativverbandes (DHPV) eine Arbeitsgruppe zur Entwicklung der AAPV zu gründen. In welcher zeitlichen Perspektive diese Pläne umgesetzt werden, bleibt abzuwarten. Bis dahin wird die Diskrepanz zwischen spezialisierter und allgemeiner Palliativversorgung sowohl strukturell als auch hinsichtlich ihrer Vergütung durch die Krankenkassen fortbestehen.

Da die Zahlenverhältnisse der DGP (90% hausärztliche vs. 10% spezialisierte Versorgung von Sterbenden) ein Modell darstellen, dürfen die Zahlen auf die Versorgung von Patienten am Lebensende nur vorsichtig übertragen werden. Es sollten dabei folgende Unterschiede berücksichtigt werden:

---

6   Die Daten zur Sterbestatistik werden durch das Statistische Bundesamt anhand der im Totenschein dokumentierten Angaben, wie z. B. die Todesursache, Begleiterkrankungen oder Sterbeorte, erhoben. Daten zur Versorgungssituation werden auf dem Totenschein nicht dokumentiert. Zudem ist die Feststellung der Todesursache in vielen Fällen nicht sicher möglich, besonders wenn den Totenschein nicht der behandelnde Arzt ausfüllt.

---

7   Zahlen aus dem Niedersächsischen Ministerium für Soziales, Frauen, Familie, Gesundheit und Integration. Siehe auch: http://www.ms.niedersachsen.de/live/live.php?navigation_id=5228&article_id=14219&_psmand=17.

Nicht alle hausärztlich betreuten Patienten werden zu Palliativpatienten. Bei einigen Menschen stellt sich der Tod plötzlich und unerwartet ein und eine intensivere hausärztliche Betreuung am Lebensende sowie eine Auseinandersetzung mit ethischen Fragen und Konflikten entfallen damit. Der Anteil dieser Menschen an der Gesamtzahl der Sterbenden ist jedoch nicht bekannt.

Sterbende in der hausärztlichen Versorgung können nur bedingt mit »klassischen Palliativpatienten« verglichen werden, da sich bei ihnen z. B. seltener Tumorerkrankungen finden lassen. Vielmehr überwiegen in der hausärztlichen Versorgung Patienten mit fortgeschrittenen chronischen Erkrankungen des Herz- und Kreislaufsystems, der Atemwege, des Nervensystems und der Psyche, der Verdauungsorgane, der Harnwege oder Patienten mit Stoffwechselerkrankungen. Der Übergang in die Palliativsituation ist oft schleichend oder vollzieht sich unbemerkt (Bleeker et al. 2007).

Trotz der beschriebenen Differenzen zeigt das Modell beispielhaft, dass den meisten Menschen an ihrem Lebensende eine Basisversorgung zukommt. Die ethischen Fragen und Konflikte in diesen Situationen sind im hausärztlichen Bereich noch weitgehend unerforscht. Auch der Bedarf an Beratung und Unterstützung der an der Versorgung maßgeblich beteiligten Hausärzte lässt sich anhand von Modellen nicht abschätzen. Hinzu kommt, dass die strukturellen und inhaltlichen Unterschiede zwischen klinischer und hausärztlicher Patientenversorgung zu groß und zu markant sind, als dass eine »Eins-zu-eins-Übertragung« der Erfahrungen aus der bisherigen Klinischen Ethikberatung auf die hausärztliche Versorgung möglich wäre. Zunächst ist es notwendig, die hausärztliche Versorgungssituation von Schwerstkranken und Sterbenden zu untersuchen, um erste Versorgungsdaten zu diesem Thema zu gewinnen. Zusätzlich sollten ethische Fragen und Konflikte im Zusammenhang mit der Versorgung dieser Patienten und ihr Kontext untersucht werden, um das ärztliche Handeln besser zu verstehen. Zwei Projekte der Abteilung Allgemeinmedizin der Universitätsmedizin Göttingen, die diese Forschungslücke füllen sollen, werden im Folgenden kurz vorgestellt.

11.8.1 Projektideen zur Vorbereitung einer bedarfsgerechten Ethikberatung für Hausärzte

Im ersten Projekt sollen Charakteristika der hausärztlichen Versorgungsstrukturen und der am Lebensende vorwiegend hausärztlich versorgten oder mitversorgten Patienten beschrieben werden. Im zweiten Projekt geht es um die systematische Darstellung ethischer Fragen und Konflikte von Hausärzten im Zusammenhang mit der Versorgung von Schwerstkranken und Sterbenden und ihren Angehörigen.

- **Hausärztliche Versorgung am Lebensende (HAVEL)**

In Deutschland sterben jährlich etwa 800.000 zumeist ältere Menschen (vgl. Statistisches Bundesamt). Die meisten von ihnen möchten ihren letzten Lebensabschnitt nach Möglichkeit zu Hause, in der vertrauten Umgebung verbringen (Lübbe 2008; Munday u. Dale 2007). Dies ist selbst bei schwer erkrankten und pflegebedürftigen Menschen möglich, wenn der Hausarzt die Palliativversorgung steuert oder in diese integriert ist. Die Voraussetzung für das Einleiten palliativer Maßnahmen ist das Erkennen der Palliativsituation. Bei einem Teil dieses Patientenkollektivs kann der Übergang von einer chronischen Erkrankung in eine palliative Phase fließend und die palliative Phase selbst länger sein als bei den Patienten auf der Palliativstation. Ein anderer Teil der Patienten wiederum benötigt womöglich keine intensivierte Betreuung am Lebensende durch den Hausarzt.

Die Versorgungssituation von Menschen, die außerhalb von spezialisierten Palliativeinrichtungen versterben, ist bisher in Deutschland wenig untersucht worden. Weder über die Zusammensetzung des hausärztlichen Patientenkollektivs noch über das Spektrum der zum Tode führenden Erkrankungen, die Betreuung der Patienten und die Nutzung verschiedener Versorgungsstrukturen (z. B. Pflegedienst, Palliativpflegedienst, SAPV, ambulanter Hospizdienst) gibt es ausreichende Kenntnisse. Bei den hausärztlich versorgten Patienten am Lebensende handelt es sich im Unterschied zur spezialisierten Palliativversorgung häufig um multimorbide Patienten, die oft an chronischen Erkrankungen im fortgeschrittenen Stadium wie beispielsweise COPD, Herzinsuffizienz oder Demenz leiden.

Eine Voraussetzung für die Verbesserung der Qualität der Patientenversorgung in der letzten Lebensphase und für jegliche weitere Forschung im Bereich der palliativen Basisversorgung ist die Erhebung entsprechender Basisdaten. Aus diesem Grund sollen in der hier vorgestellten Studie Hausärzte über die Situation ihrer in den letzten 12 Monaten verstorbenen Patienten befragt werden. Es werden Daten über Patienten-Charakteristika (z. B. Alter, Diagnosen, Symptome, Therapien), Sterbeorte, beteiligte Personen (z. B. Hausarzt, Notarzt, Klinikarzt, Pfleger, Angehörige), Institutionen (z. B. Pflegeheim, Klinik, Hospiz und Praxen) ausgewertet. 30 Hausärzte aus der städtischen und ländlichen Umgebung von Göttingen und Hannover werden in die Studie eingeschlossen. Bei geschätzten 10–20 verstorbenen Patienten pro Jahr in einer Praxis werden Daten von etwa 400–500 Patienten erwartet.

Der Fragebogen erhebt im ersten allgemeinen Teil Daten über die Hausarztpraxis; der patientenbezogene Teil des Fragebogens soll mithilfe der Praxisdokumentation ausgefüllt werden und damit eine hohe Datenqualität sichern. Die Entscheidung der Hausärzte, ob es sich bei dem Erkrankten um einen Palliativpatienten handelt oder nicht, wird oft eine Frage individuellen Ermessens sein und daher sehr heterogen ausfallen. In den Städten (in dieser Studie durch Göttingen und Hannover repräsentiert) könnte die häusliche Versorgung Sterbender durch ihre Angehörige seltener, jedoch die Anzahl ambulanter Palliativdienste und die Kooperation des Hausarztes mit Pflegepersonal und Psychologen aufgrund der guten Verkehrsanbindung gleichzeitig höher sein. Es sind auch Unterschiede in der Versorgung in Abhängigkeit von den Praxisstrukturen und der Qualifikation der Hausärzte (palliativmedizinische Weiterbildung) zu erwarten.

■ **Ethische Konflikte am Ende des Lebens (ETHEL)**

Ethische Konflikte in der medizinischen Entscheidungsfindung am Lebensende sind Gegenstand von zahlreichen theoretischen Diskursen und empirischen Auseinandersetzungen aus dem Blickwinkel verschiedener Fachdisziplinen (Schildmann 2006; Schildmann u. Vollmann 2009; Bosshard et al. 2005). Während der positive Einfluss von ethischer Beratung auf die Lebensqualität von hausärztlich-palliativmedizinisch betreuten Patienten bereits bestätigt wurde (Mitchell 2008), gibt es kaum Studien, die die hausärztliche Perspektive im Rahmen der Versorgung am Lebensende unter dem Fokus ethischer Fragestellungen und Konflikte untersucht haben.

Hilfreich sind die Darstellung möglicher ethischer Fragen und Konflikte im Rahmen der hausärztlichen Betreuung von Patienten am Lebensende und die Analyse ihres Entstehungskontextes. Die Datenerhebung orientiert sich an den Kriterien der »Grounded Theory« (Glaser u. Strauss 1969) und erfolgt in Form von narrativen Interviews mit Hausärzten. Im Zentrum steht die subjektive Bedeutung von ethischen Fragen und Konflikten im ärztlich-professionellen Handeln. Es werden Hausärzte in Südniedersachsen und Bayern interviewt. Wie in der interpretativ-qualitativen Forschung üblich, wird entsprechend des Forschungsprozesses entschieden, anhand welcher Kriterien die (weiteren) Studienteilnehmer ausgewählt werden. Grundlegend hierfür ist ein Vergleich von Fällen mit größtmöglicher Differenz hinsichtlich der Theoriebildung entscheidender Aspekte (denkbare Kriterien sind z. B. Geschlecht, Praxisorganisation, Zusatzqualifikation Palliativmedizin oder Praxisstandort). Die transkribierten und pseudonymisierten Interviews werden vollständig im Sinne der Grounded Theory in drei Schritten ausgewertet: offenes Kodieren (Konzeptualisierung der Daten), axiales Kodieren (Verdichtung der Daten zu Kategorien) und selektives Kodieren (Ermittlung einer oder mehrerer Schlüsselkategorien).

Eine inhaltlich und strukturell bedarfsgerechte Ethikberatung für Hausärzte hat das Ziel, die Qualität der Versorgung von Schwerstkranken und Sterbenden anhaltend zu verbessern. Von der Durchführung von Forschungsprojekten, wie oben beschrieben, erwarten wir, dass sie eine wissenschaftliche Grundlage für die pragmatische Verfolgung dieses Ziels darstellen, deren Ergebnisse den Boden für eine zeitnahe und erfolgreiche Implementierung der ambulanten Ethikberatung für

Hausärzte bilden – nicht nur in Erlangen und in Göttingen.

- **Danksagung**

Prof. Dr. disc. pol. Wolfgang Himmel, Gabriella Marx, M.A., und den Herausgebern sei für ihre Kritik und Anregungen zu diesem Artikel besonders gedankt.

Literatur

Bleeker F, Kruschinski C, Breull A, Berndt M, Hummers-Pradier E (2007) Charakteristika hausärztlicher Palliativpatienten. In: Zeitschrift für Allgemeinmedizin 83 (2007), S. 477–482

Bockenheimer-Lucius G, May AT (2007) Ethikberatung – Ethik-Komitee in Einrichtungen der stationären Altenhilfe (EKA). In: Ethik in der Medizin 19 (2007), S. 331–339

Bosshard G, Nilstun T, Bilsen J, Norup M, Miccinesi G, van Delden J. et al. (2005) Forgoing treatment at the end of life in 6 European countries. In: Archiv of Internal Medicine 165 (2005), S. 401–407

Bundesärztekammer: Beschlussprotokolle der Bundesärztetage http://www.bundesaerztekammer.de, page.asp?hi s = 0.2.23.6205.6342.6382.6387 (20.12.2010)

Deutsche Gesellschaft für Palliativmedizin e.V.: http//www.dgpalliativmedizin.de, arbeitsgruppen, aapv-mit-dhpv.html (20.12.2010)

Dörries A, Hespe-Jungesblut K (2007) Die Implementierung klinischer Ethikberatung in Deutschland. Ergebnisse einer bundesweiten Umfrage bei Krankenhäusern. In: Ethik in der Medizin 19 (2007), S. 148–156

Dörries A, Neitzke G, Simon A, Vollmann J (Hrsg.) (2010) Klinische Ethikberatung. Ein Praxisbuch. Stuttgart

Entschließungen zum Tagesordnungspunkt VI: Tätigkeitsbericht der Bundesärztekammer. Deutsches Ärzteblatt 105 (22) (2008), A 1224 http://www.aerzteblatt.de, v4, archiv, artikel.asp?src=suche&p=ambulante+ethikberatung&id=60377 (20.12.2010)

Ethikberatung im Krankenhaus: Internetportal für klinische Ethikkomitees und Liaisondienste: http://www.ethikkomitee.de (20.12.2010)

Field D (1998) Special not different: general practitioners' accounts of their care of dying people. In: Social Science and Medicine 46 (1998), S. 1111–1120

Frewer A, Fahr U (2009) Ethikberatung zu Patientenverfügungen. Erfahrungen und Beispiele am Universitätsklinikum Erlangen. In: Frewer et al. (2009), S. 111–128

Frewer A, Fahr U, Rascher W (Hrsg.) (2008) Klinische Ethikkomitees. Chancen, Risiken und Nebenwirkungen. Jahrbuch Ethik in der Klinik (JEK), Bd. 1. Würzburg

Frewer A, Fahr U, Rascher W (Hrsg.) (2009) Patientenverfügung und Ethik. Beiträge zur guten klinischen Praxis. Jahrbuch Ethik in der Klinik (JEK), Bd. 2. Würzburg

Glaser B, Strauss AL (1967) The discovery of grounded theory. Chicago: Aldine

Groß D, May AT, Simon A (Hrsg.) (2008) Beiträge zur klinischen Ethikberatung an Universitätskliniken. Münster

Jaspers B, Schindler T (2004) Stand der Palliativmedizin und Hospizarbeit in Deutschland und im Vergleich zu ausgewählten Staaten. Gutachten im Auftrag der Enquete-Kommission des Bundestages »Ethik und Recht der modernen Medizin«. Bonn, Geldern, http://www.lönsapo.de, ~pag-nds, dokument, gutachten-palliativ-brd.pdf (20.12.2010)

Leitlinien der Deutschen Gesellschaft für Allgemeinmedizin (DEGAM): http://leitlinien.degam.de (20.12.2010)

Leitliniengruppe Hessen: Hausärztliche Leitlinie Palliativversorgung: http://www.pmvforschungsgruppe.de, pdf, 03_publikationen, palliativ_ll.pdf (20.12.2010)

Lübbe A (2008) Die Unterbringung Alter und Sterbender: Der Wunsch und Wille des Patienten. Dtsch Ärztebl 105 (2008), S. 2462–2463

Meier DE, Back AL, Morrison RS (2001) The inner life of physicians and care of the seriously ill. JAMA 286 (2001), S. 3007–3014

Mitchell GK (2008) Do case conferences between general practitioners and specialist palliative care services improve quality of life? A randomized controlled trial. In: Palliative Medicine 22 (2008) S. 904–912

Munday D, Dale J (2007) Palliative care in the community. In: British Medical Journal 334 (2007), S. 809–810

Nassehi A (2008) Die Praxis ethischen Entscheidens. Eine soziologische Forschungsperspektive. In: Frewer et al. (2008), S. 163–178

Niedersächsisches Ministerium für Soziales, Frauen, Familie, Gesundheit und Integration http://www.ms.niedersachsen.de, live, live.php?navigation_id=5228&article_id=14219&_psmand=17 (20.12.2010)

Neitzke G (2010) Aufgaben und Modelle von Klinischer Ethikberatung. In: Vollmann et al. (2010), S. 56–72

Rahmenprogramm zur flächendeckenden Umsetzung der ambulanten palliativmedizinischen und palliativpflegerischen Versorgung in NRW – kooperatives integratives Versorgungskonzept (20.12.2010): http://www.kvno.de, downloads, palliativversorgung, rahmenprogramm_palliativ_NRW.pdf

Schildmann J, Vollmann J (2010) Evaluation Klinischer Ethikberatung: eine systematische Übersichtsarbeit. In: Vollmann et al. (2010) S. 71–86

Schildmann J (2006) Entscheidungen am Lebensende in der modernen Medizin: Zur Einführung. In: Schildmann et al. (2006), S. 9–18

Schildmann J, Fahr U, Vollmann J (Hrsg.) (2006) Entscheidungen am Lebensende in der modernen Medizin. Ethik Recht, Ökonomie und Klinik. Münster u. a.

Schildmann J, Vollmann J (2009) Empirische Forschung in der Medizinethik: Methodenreflexion und forschungspraktischen Herausforderungen am Beispiel eines mixed-method Projekts zur ärztlichen Handlungspraxis am Lebensende. In: Ethik in der Medizin 21 (2009), S. 259–269

Schneiderman LJ, Gilmer T, Teetzel HD, Dugan DO, Blustein J, Cranford R et al. (2003) Effect of ethics consultations on nonbeneficial life-sustaining treatments in the intensive care setting. A randomized controlled trial. In: Journal of the American Medical Association 290 (2003), S. 1166–1172

Scholz P (2010) Ethikberatung in der Altenpflege. In: Dörries et al. (2010), S. 196–207

Schubert I, Heymans L, Fessler J (2010) Akzeptanzbefragung zur hausärztlichen Leitlinie »Palliativversorgung«. In: Medizinische Klinik 105 (2010), S. 135–141

Shipman C, Gysels M, White P, Worth A, Murray SA, Barclay S et al. (2008) Improving generalist end of life care: national consultation with practitioners, commissioners, academics, and service user groups. In: British Medical Journal 337 (2008), a1720

Simmenroth-Nayda A, Gágyor I (2008) Wem gehört die ambulante Palliativmedizin? In: Zeitschrift für Allgemeinmedizin 84 (2008), S. 236–238

Simon A, Burger L, Goldenstein S (2010) Ethikberatung in der Altenpflege. In: Dörries et al. (2010), S. 186–207

Simon A (2010) Qualitätssicherung und Evaluation von Ethikberatung. In: Dörries et al. (2010), S. 163 177

Simon A, May AT, Neitzke G (2005) Curriculum »Ethikberatung im Krankenhaus«. In: Ethik in der Medizin 17 (2005), S. 322–326

Simon A, Burger L, Goldenstein S (2010) Ethikberatung in der Altenpflege. In: Dörries et al. (2010), S. 186–195

Statistisches Bundesamt Deutschland: Todesursachen http://www.destatis.de, jetspeed, portal, cms, Sites, destatis, Internet, DE, Navigation, Statistiken, Gesundheit, Todesursachen, Todesursachen.psml (20.12.2010)

Steinkamp N, Gordijn B (2010) Ethik in Klinik und Pflegeeinrichtung. 3. Auflage. Köln

Stellungnahmen der Deutschen Gesellschaft der Palliativmedizin e.V.: http://www.dgpalliativmedizin.de, diverses, stellungnahmen-der-dgp.html (20.12.2010)

Vorstand der Akademie für Ethik in der Medizin e.V. (2010) Standards für Ethikberatung in Einrichtungen des Gesundheitswesens In: Ethik in der Medizin 22, 2 (2010), S. 149–153

Vollmann J (2010) Implementierung einer klinischen Ethikberatung. Prozess der Implementierung. In: Dörries et al. (2010), S. 113–125

Vollmann J, Schildmann J, Simon A (Hrsg.) (2009) Klinische Ethik. Aktuelle Entwicklungen in Theorie und Praxis. Frankfurt/M., New York

11

Ethikberatung in der Altenhilfe

Theoretische und konzeptionelle Überlegungen

Timo Sauer, Gisela Bockenheimer-Lucius und Arnd T. May

Altenpflegeheime[1] sind keine Krankenhäuser. Das Handlungs- und Entscheidungsfeld **Altenpflege** verlangt von dem dort arbeitenden Personal neben den spezifischen beruflichen Fachqualifikationen ein hohes Maß an Sensibilität für die Lebenswirklichkeit **alter** Menschen in einer **stationären Einrichtung**, die sich stark von der Realität der Patienten in Krankenhäusern unterscheidet. Daraus resultiert auch die Notwendigkeit einer Differenzierung von Ethikberatung in der Altenhilfe gegenüber der Ethikberatung in der Klinik. Die besondere Vulnerabilität der betroffenen Menschen und das Altenpflegeheim als (zumeist) letzte Wohnstätte werfen in der Alltagsroutine spezifische ethische Fragen auf, die sich nicht alleine auf Fragen der Therapiebegrenzung beschränken. Inzwischen hat der erkennbare Bedarf an Ethikberatung (Bockenheimer-Lucius u. Sappa 2009) zunehmend zur Gründung von Ethikkomitees im Altenheim geführt.[2]

Im Folgenden werden einige allgemeine Überlegungen zur Struktur eines Ethikkomitees im Altenpflegeheim (1), zu den typischen Aufgaben eines Ethikkomitees (2), (3) und (4) und zu den (bereichsethischen) Spezifika der Ethik in der Altenpflege (5) erörtert. Am Ende folgen einige praktische Anmerkungen (6).

12.1   Allgemeine Überlegungen

Die Gründung eines Ethikkomitees geschieht in der Regel nach einem **Top-down**-Modell oder einem **Bottom-up**-Modell. Für das Altenpflegeheim entspräche das Top-down-Modell einer Etablierung durch die Heim- oder die Pflegedienstleitung. Das Bottom-up-Modell beruht dagegen auf der Initiative von Mitarbeitern, die sich aufgrund eigener Erfahrungen und Bedürfnisse um eine Ethikberatung bemühen. Jedes der beiden Modelle hat Vorteile, aber zugleich Probleme, mit denen die Beteiligten umzugehen lernen müssen.

Das **Top-down-Modell** ist zumeist wesentlich schneller umzusetzen, da die Einsicht in den Sinn einer Ethikberatung und die Bereitschaft der Geschäftsführung zu deren Implementierung bereits gegeben sind, allerdings ist Skepsis der Mitarbeiter gegenüber einem Komitee, das »von oben herab« eingerichtet wird, nicht immer vermeidbar. **Das Bottom-up-Modell** hat den großen Vorteil, dass die Mitarbeiter bereits für ethische Fragen sensibilisiert sind und nicht selten schon Erfahrungen mit der Diskussion ethischer Probleme sammeln konnten, allerdings oftmals sehr mühsam die Geschäftsführung von der Notwendigkeit einer Ethikberatung überzeugen müssen. Die erste Gründung eines Ethikkomitees im Altenpflegeheim in Frankfurt am Main erfolgte in Form eines **Top-down-und-Bottom-up-Modells**. Einerseits gab es von Anbeginn eine Projektleitung, die über die erforderlichen Kompetenzen zur Ethikberatung verfügte, sowie eine Heimleitung, die das als Modell konzipierte und gegründete Komitee in der eigenen Einrichtung erproben wollte. Andererseits wurden die Pflegenden bereits in einem Vorgängerprojekt mit anderem Schwerpunkt mit ethischen Fragestellungen konfrontiert, so dass sie für die Problematik sensibilisiert sowie zur Mitarbeit und zum Engagement in einem Komitee bereit waren.

Da ein multiprofessionelles Komitee nicht in jedem Altenheim eingerichtet werden kann und muss, bieten sich sog. **Joint Committees**, Verbundeinrichtungen, an. Beispielsweise können sich auf lokaler Ebene oder trägergebunden mehrere Heime zusammentun und ein gemeinsames Komitee gründen.

In Deutschland entstand mit zwei Ethikkomitees für 40 Altenpflegeheime das erste lokale und trägerübergreifende Netzwerk zur Ethikberatung in Frankfurt am Main (http://www.ethiknetzwerk-altenpflege.de). Ein Netzwerk kann sich aber auch

---

1   Im vorliegenden Text wird nicht zwischen Altenwohn- oder Altenpflegeheim oder zwischen stationärer oder nichtstationärer Versorgung unterschieden. Die Grundproblematik ist die gleiche: Je nach Ausprägung der Einrichtung kommt es zu einer Schwerpunktverschiebung im zu erwartenden ethischen Fall- und Themenspektrum. Ähnliches gilt für die Begriffe Altenpflege und Altenhilfe.

2   In Frankfurt am Main wurde im September 2006 im Franziska Schervier Altenpflegeheim ein Ethikkomitee (EKA) als Modellprojekt eingerichtet, 2008 wurde ein zweites Komitee gegründet, dessen Mitglieder aus verschiedenen Heimen der Stadt stammen. Im Herbst 2010 erhielt das Haus Schwansen in Rieseby einen Preis für die Einrichtung eines Ethikkomitees. Für einzelne Einrichtungen der Bremer Heimstiftung wurden seit 2004 ethische Fallbesprechungen durchgeführt.

dadurch entwickeln und wachsen, dass im Rahmen regionaler oder wertegebundener Institutionen (beispielsweise innerhalb eines Landkreises, eines Bistums oder einer Wohlfahrtsorganisation) ein Komitee etabliert wird, das alle angeschlossenen Heime, die noch keinerlei Erfahrungen mit Ethikberatung haben, bei der Etablierung eines Ethikkomitees unterstützt und beispielsweise über einen Beirat für alle bestehenden, vernetzten Komitees die jeweilige Arbeit und Weiterentwicklung begleitet.[3]

> **Die finanziellen und personellen Ressourcen müssen bei einer gemeinschaftlichen Etablierung und Nutzung nicht so umfangreich sein, und die vorhandenen Ressourcen können für die Ausbildung von Komiteemitgliedern effektiver eingesetzt werden.**

Die Einrichtung eines Ethikkomitees im Altenheim (EKA) kann nach den gleichen Regeln erfolgen, die sich in der Klinik bewährt haben und zum Standard geworden sind. Dies betrifft in erster Linie die interdisziplinäre Zusammensetzung, aber auch eine klar definierte Aufgabenstellung. Üblicherweise gelten Fortbildung, Ethikberatung und Leitlinienkonzeption als Hauptaufgaben eines Ethikkomitees (May 2008).

12.2 Fortbildung

Fortbildung des Personals ist eine wesentliche Aufgabe von Ethikkomitees. Dabei geht es darum, den Mitarbeitern für die berufliche Alltagspraxis relevante ethische Kenntnisse zu vermitteln (allgemeine Fortbildung), aber auch die Mitglieder des EKA zu befähigen, eigenständig EKA-Arbeit zu leisten (interne Fortbildung).

12.2.1 Allgemeine Fortbildung

Die Konzeption derartiger Fortbildungsmaßnahmen muss zwei Aspekte berücksichtigen:
- die spezifischen Fragestellungen der Altenpflege und
- das jeweils spezifische Bildungsniveau der verschiedenen Mitarbeiter.

Eingangs wurde bereits angedeutet, dass Altenpflegeheime keine Krankenhäuser sind und dass es in Einrichtungen der Altenpflege spezifische ethische Herausforderungen gibt. Vor diesem Hintergrund müssen die Inhalte der Maßnahmen an die Praxis angepasst werden. Zwar treten auch in der stationären Altenpflege die klassischen Konflikte der Medizinethik auf (beispielsweise Fragen zur Therapiebegrenzung), aber eben auch solche, die sich mit der herkömmlichen Terminologie nicht fassen lassen. Wesentliche Themenkomplexe sowohl aus dem klassischen als auch aus dem altenpflegespezifischen Bereich könnten sein:

Themenkomplexe
- Ethik in der Altenpflege
- Ethische und rechtliche Aspekte der »Nahrungsverweigerung« und der künstlichen Ernährung
- Patientenverfügung – gewünscht und umstritten
- Privatheit, Selbstbestimmtheit, Zwang. Ethische Probleme im Alltag eines Altenpflegeheims
- Ethikberatung und Ethikkomitee im Altenpflegeheim
- Sterben und Tod im Altenpflegeheim
- Gewalt in der Altenpflege
- Die gesetzliche Regelung zur Patientenverfügung. Eine Herausforderung für die Pflegeheime?
- Suizidalität im Altenpflegeheim

---

3 Vgl. etwa Sansone (1996) zum New York City Long-Term Care Ethics Network. Inzwischen haben sich auch in Deutschland einige Träger von Einrichtungen dieser besonderen Aufgabe der Ethikberatung in der Altenhilfe gestellt und wie etwa die Marienhaus GmbH der Waldbreitbacher Franziskanerinnen ein trägerweites Ethikkomitee für die Einrichtungen der Altenhilfe eingerichtet. Vgl. auch die Übersicht bei Heinemann (2010), S. 172.

— Alkohol, Nikotin, Tabletten. Suchtprobleme im Altenpflegeheim
— Sexualität im Altenpflegeheim[4]

Besondere Aufmerksamkeit muss auf die angemessene Aufbereitung der theoretischen und praktischen Inhalte gelegt werden. Aufgrund der strukturellen Bedingungen der Altenpflege gibt es kaum akademisch ausgebildete Mitarbeiter und eine schwankende Anzahl an Fachpflegenden. Hinzu kommen je nach Einrichtung angelernte Mitarbeiter und auch ein großer Anteil an Nichtmuttersprachlern. Wenn die Fortbildungsmaßnahmen erfolgreich und effektiv an die Praxis angepasst sein sollen, muss von der Leitung des EKA ein adäquates Bildungskonzept für diese besondere Zusammensetzung entwickelt werden. Sinnvoll ist zudem die Einbindung aller Komiteemitglieder in die Konzeption der Fortbildungsveranstaltung. Dies hat zum einen den Effekt einer Fortbildung im Kreis des Komitees, und zum anderen wird gegenüber den Teilnehmern der allgemeinen Fortbildung ein hohes Maß an Praxisnähe signalisiert, wenn Pflegende aus den Altenpflegeheimen Fortbildungen aktiv mit gestalten.

12.2.2 Interne Fortbildung

Um eine erfolgreiche Arbeit zu gewährleisten, gehört eine angemessene Qualifikation des Ethikberaters und/oder der Mitglieder eines Ethikkomitees zu den Grundvoraussetzungen.

> **Das Ethikkomitee sollte von einem professionellen Medizin- oder Pflegeethiker geleitet werden, der bereits Erfahrung in Bezug auf die Unterschiede zwischen Klinik und Pflegeeinrichtung gesammelt hat.**

Denkbar ist auch ein Mitarbeiter der Einrichtung, der durch entsprechend umfangreiche und über

ein Wochenseminar deutlich hinausgehende Schulung[5] für die Leitung eines EKA vorbereitet wurde. In jedem Fall ist jedoch die Beratung durch einen professionellen Medizin- und Pflegeethiker sehr zu empfehlen.

Aber auch die »einfachen« Mitglieder sollten durch interne Fortbildung befähigt werden, eigenständige EKA-Arbeit zu leisten, die neben der Ethikberatung und der Entwicklung von Leitlinien eben auch in der Konzeption und Durchführung von Fortbildungsveranstaltungen liegt. Im besten Fall begreift sich das EKA als eine Art »lernender Organismus«. Ein Curriculum zur Fortbildung der Mitglieder muss sich wie die Maßnahmen der allgemeinen Fortbildung an den organisatorischen Eigenheiten eines Altenpflegeheims mit seinen spezifischen ethischen Herausforderungen, aber auch am Bildungsniveau der Mitglieder orientieren (Bockenheimer u. May 2007). Die kritiklose Übernahme von Konzepten aus der Klinischen Ethik führt im besten Fall zu mäßigem Bildungserfolg, da bestimmte Aspekte überbetont (z. B. die Fragen der Therapiebegrenzung) und andere Aspekte ausgeblendet (z. B. Aspekte der Privatheit) werden. Im schlechtesten Fall werden die Bildungsinhalte als praxisfremde und abstrakte Materie erlebt, die bei den Mitgliedern auf Desinteresse stoßen und ggf. demotivierend wirken.

Das von Bockenheimer-Lucius und May entwickelte Curriculum umfasst Vorschläge zum Erwerb von grundlegenden Kenntnissen, Fähigkeiten und Fertigkeiten. Der danach ausgestaltete Grundkurs besteht aus den Einheiten **Ethik**, **Organisation** und

---

4   Diese Liste der möglichen Themen entspricht den durch das Frankfurter Netzwerk durchgeführten Fortbildungen. Die Impulse kamen insbesondere bei den altenpflegespezifischen Themen von den Mitarbeitern, die an den verschiedenen Veranstaltungen teilgenommen hatten.

5   Inzwischen existiert eine Reihe an Fort- und Weiterbildungsprogrammen. Auf Basis des Curriculums Ethikberatung (Simon et al. 2005, S. 332–336) findet in Hannover und anderen Orten an insgesamt fünf Tagen ein Basismodul für »Ethikberatung in der Altenpflege« statt. Der Fernlehrgang »Berater/in für Ethik im Gesundheitswesen« erstreckt sich über ein Jahr. Ein weiterbildender Masterstudiengang »Angewandte Ethik« an der Universität Münster dauert vier Semester. Weitere Universitäten bieten Masterstudiengänge an: Medizinethik (Universität Mainz); »Angewandte Ethik im Gesundheits- und Sozialwesen« (Kath. Fachhochschule Freiburg), »Erasmus Mundus Master of Bioethics« (Universitäten Nimegen, Leuven und Padua), »Master of Advanced Studies in Applied Ethics« (Universität Zürich).

Beratung. Die Besonderheiten der stationären Altenhilfe werden im Rahmen der Darstellung einer angemessenen Struktur der Ethikberatung in der Altenhilfe behandelt. Ein inhaltlicher Schwerpunkt widmet sich dem Altenpflegeheim als einer Institution mit potenziell erheblichem Zwangscharakter. Dazu soll im Grundkurs zwischen einer individuellen Wertanamnese und dem Wertanspruch der Organisation getrennt werden. Die Teilnehmer des Grundkurses können hier über die expliziten Werte ihrer Einrichtung (Leitbild) und die »ungeschriebenen Gesetze« ins Gespräch kommen und diese vor dem Hintergrund von Begründungsansätzen beurteilen. Das Selbstverständnis von Ethikberatung soll im Grundkurs ebenso behandelt werden und sinnvoll einzusetzende Strukturelemente sollen vorgestellt werden. Für Ethikberatung in der Altenhilfe sind Kenntnisse psychologischer, kommunikativer und interaktiver Elemente von Beratung hilfreich. Das Curriculum nennt Themen für inhaltliche Aufbaukurse, die sich speziell an der besonderen Situation der Altenhilfe orientieren (Bockenheimer u. May 2007).

12.3 Ethikberatung

Unter Ethikberatung wird gemeinhin die **prospektive ethische Fallbesprechung** verstanden, in der ein ethisch relevanter Entscheidungskonflikt bearbeitet wird. Er kann als intra- oder interpersoneller Konflikt auftauchen (Bockenheimer-Lucius et al. 2012). Ziel der prospektiven ethischen Fallbesprechung (Ethik-Fallberatung) ist die Überwindung der Konfliktsituation und darauf basierend eine ethisch begründete Handlungsempfehlung. Dies gilt in gleicher Weise für die Ethikberatung in der Altenpflege. Aufgrund der langen bzw. potenziell nur durch den Tod begrenzten Verweildauer von alten Menschen in Pflegeeinrichtungen bietet sich in Altenpflegeheimen mehr als in Krankenhäusern die Möglichkeit, präventive ethische Fallbesprechungen durchzuführen.

> **Präventive ethische Fallbesprechungen** zeichnen sich im Unterschied zur prospektiven Fallbesprechung dadurch aus, dass sie ein ethisch relevantes Entscheidungs-

problem zu einem Zeitpunkt aufgreifen, zu dem es noch nicht akut ist und noch keinen Konflikt heraufbeschworen hat.

Das hat den Vorteil, dass die Reflexion ohne Entscheidungsdruck und damit ggf. leichter durchzuführen ist. Sie ist ebenfalls als **Ethikberatung** zu betrachten, da das Beratungsergebnis potenziellen Einfluss auf eine möglicherweise anstehende Entscheidungsfindung hat. **Retrospektive ethische Fallbesprechung** kann nach dem gleichen Schema erfolgen. Da jedoch keine Entscheidung mehr zu treffen ist, ist sie nicht als Ethikberatung zu betrachten. Sie dient eher edukativen Zwecken und kann u. U. Grundlage für einen Leitfaden zur zukünftigen Bewältigung ähnlicher Fälle sein.

Zur Strukturierung der verschiedenen Formen der Fallbesprechung wurden zahlreiche Verfahrensanleitungen konzipiert und etabliert.[6] Aufgrund der Unterschiede zwischen Klinik und Altenpflegeheim, die sich sowohl in Bezug auf das Personal als auch auf die Themen und Fragestellungen zeigen, liegt es nahe, ein entsprechend angepasstes Verfahren zur ethischen Fallbesprechung im Altenheim zu etablieren. So wurde im Rahmen des Forschungsschwerpunktes EMMA[7] eine Verfahrensanleitung für eine Ethik-Fallberatung als **Strukturbogen zur Ethikberatung in Einrichtungen der stationären Altenhilfe** entwickelt, der sich strukturell und inhaltlich von den gängigen Verfahren unterscheidet. Der Ethik-Fallberatung ist eine organisatorische Checkliste vorgeschaltet, in welcher insbesondere neben der Frage zur Dringlichkeit Informationen zum kognitiven Status des Bewohners erhoben werden.

Die Verfahrensanleitung besteht aus den etablierten drei Elementen:

---

6   An dieser Stelle sei exemplarisch nur auf den Bochumer Arbeitsbogen zur medizinethischen Praxis, die Nimwegener Methode für ethische Fallbesprechung und den Fragenkatalog zum Entscheidungsfindungsmodell von Tschudin hingewiesen.

7   EMMA (= **E**thikberatung **M**oral **M**itgestalten **A**ltenhilfe) ist ein Gemeinschaftsprojekt zur Weiterentwicklung der Ethikberatung in der stationären Altenhilfe und wird von Arnd T. May, Gisela Bockenheimer-Lucius und Timo Sauer getragen. Vgl. http://www.ethikzentrum.de/ethikberatung/emma/.

- Informationserhebung,
- Abwägung der ethischen und juristischen Fragen und
- Beratungsergebnis.

Der Informationserhebung geht aber eine **intuitiv-emotionale** Beschreibung der Problematik durch einen Teilnehmer aus der ratsuchenden Gruppe voran. Diese Schilderung kann dann je nach Ausprägung vom Leiter der Ethikberatung in eines der fünf Elemente der Informationserhebung (medizinische Aspekte, pflegerische Aspekte, psychosoziale Aspekte, Wille des Bewohners/Patienten, Aspekte der Privatheit und des Lebensstils) übergeführt werden. Durch den freien Einstieg soll der Problematik Rechnung getragen werden, dass bei Ethikberatungen im Kontext der Altenhilfe deutlich öfter Angehörige, rechtliche Betreuer oder Vorsorgebevollmächtigte teilnehmen,[8] die nicht selten emotional stark beteiligt sind und durch eine rigide Formalisierung oder Systematik durch den Ethikberater abgeschreckt sein könnten. Der Übergang in die Systematik gelingt deshalb mühelos, weil die fünf Elemente der Informationserhebung verfahrenstechnisch untereinander gleichwertig sind (deshalb sind alle mit A bezeichnet; ◘ Abb. 12.1) und als Einstieg alle potenziell zu thematisierenden Aspekte abdecken. Darüber hinaus enthält die Informationserhebung das wesentliche Element der »Aspekte der Privatheit und des Lebensstils«, das dafür sorgen soll, dass die oft unauffälligeren, aber spezifischen ethisch relevanten Probleme der stationären Altenhilfe angemessen berücksichtigt werden.

Zur Abwägung der ethischen und juristischen Fragen haben sich die vier Prinzipien mittlerer Reichweite nach Beauchamp und Childress (Respektierung der Autonomie, Wohltun/Fürsorgepflichten, Nichtschadendürfen, Gerechtigkeit) bewährt (Beauchamp u. Childress 2009). Als letzter Schritt folgt das Beratungsergebnis als Empfehlung für das weitere Vorgehen. Dies kann gegebenenfalls die Änderung des Therapie- oder Pflegeziels mit einer entsprechenden Berücksichtigung der

Aspekte der Privatheit und des Lebensstils mit sich bringen.

12.4   Leitfadenentwicklung

Für den Bereich der Altenhilfe sind in den letzten Jahren einige Leitlinien entwickelt worden. Zu diesen besonders regelungsbedürftigen Sachverhalten gehören sicher der Umgang mit Patientenverfügungen und die Gestaltung der letzten Lebensphase. Dazu zählen für eine Einrichtung entsprechend standardisierte Ritualkoffer, in denen die Mitarbeiter Material für Abschiedsrituale finden, aber auch Gebete oder kurze Geschichten für den sterbenden Bewohner.

Ein weiterer Bereich für Leitfäden war die Erstellung von Informationsmaterialen für Angehörige mit Hintergrundinformationen über das Lebensende und Hinweise zur Sterbebegleitung (AWO Ostwestfalen-Lippe 2008).

Für den Bereich von Vorsorgedokumenten sind Leitlinien erarbeitet worden, in denen der Umgang mit vorgelegten Patientenverfügungen oder Vorsorgevollmachten beschrieben ist. In einigen Einrichtungen der stationären Altenhilfe der Stadt Aachen wurde im Rahmen einer gemeinsamen Initiative unter Einbeziehung des Palliativnetzes für die Städteregion Aachen ein Notfallbogen entwickelt, um die Handlungssicherheit der Mitarbeiter für einen Notfall zu stärken. Vereinzelt sind regelmäßig stattfindende Verabschiedungsfeiern in Leitfäden konzeptionell zusammengefasst. Insbesondere diese Veranstaltungen, bei denen der Verstorbenen eines bestimmten Zeitraumes gedacht wird, sind ein probates Mittel der Trauerarbeit.

12.5   Spezifische Aspekte: »Totale Institution« und »Autonomy in Community«

12.5.1   »Totale Institution«

Trotz aller unbestreitbaren Fortschritte gilt auch heute noch, dass man mit Blick auf die Lebenssituation alter Menschen in einer Pflegeeinrichtung eine »derart extreme Kumulierung von Abhängig-

---

8   Zum typischen Setting der Ethikberatung in der stationären Altenhilfe vgl. Bockenheimer-Lucius et al. (2012/in Vorb.).

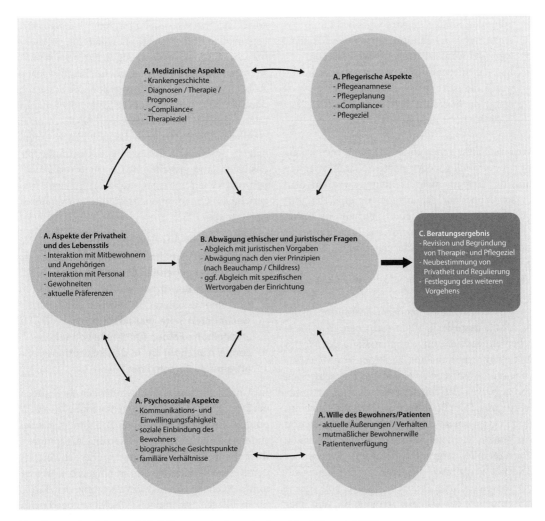

◘ **Abb. 12.1**   Leitfaden zur Ethik-Fallberatung in der stationären Altenhilfe nach EMMA

keiten […] schwerlich anderswo in unserer Gesellschaft« findet (von Eicken et al. 1990, S. 12). Dies verweist zugleich auf die sog. »Totale Institution« des Soziologen Erving Goffman, der u. a. neben Gefängnissen, Kasernen und »Arbeitslagern« auch »Altersheime« unter diesen Begriff fasst (Goffman 1971, S. 16):

》 Eine totale Institution lässt sich als Wohn- und Arbeitsstätte einer Vielzahl ähnlich gestellter Individuen definieren, die für längere Zeit von der übrigen Gesellschaft abgeschnitten sind und miteinander ein abgeschlossenes, formal reglementiertes Leben führen. (Ebd., S. 11) 《

Goffman beschreibt unter dieser Bezeichnung Einrichtungen mit den folgenden Charakteristika:

1. Alle Angelegenheiten des Lebens finden an ein und derselben Stelle unter ein und derselben Autorität statt.

2. Die Mitglieder der Institution führen alle Phasen ihrer täglichen Arbeit in unmittelbarer Gesellschaft einer großen Gruppe von Schicksalsgenossen aus, wobei allen die gleiche Behandlung zuteil wird und alle die gleiche Tätigkeit gemeinsam verrichten müssen.

3. Alle Phasen des Arbeitstages sind exakt geplant, eine geht zu einem vorher bestimmten Zeitpunkt in die nächste über, und die gesamte

Folge der Tätigkeiten wird von oben durch einen Stab von Funktionären in einem System expliziter formaler Regeln vorgeschrieben.

4. Die verschiedenen erzwungenen Tätigkeiten werden in einem einzigen rationalen Plan vereinigt, der angeblich dazu dient, die offiziellen Ziele der Institution zu erreichen.

Weitere Kennzeichen einer »totalen Institution« sind deren völlige oder relative Geschlossenheit und die fundamentale Trennung zwischen dem Personal und der gemanagten Gruppe der »Insassen«. Das Leben in einer solchen Institution hat weitreichende Folgen für das Individuum. Es kommt häufig zu Degradierungs- oder Entwürdigungseffekten und am Ende zu einer dauerhaften Veränderung der Persönlichkeit (Goffman 1971, S. 25).

Tatsächlich haben moderne Institutionen der Altenhilfe ausdrücklich den Anspruch, dem Menschen ein Zuhause im wahrsten Sinne des Wortes und eben nicht nur Räumlichkeiten zur »Verwahrung« für »Insassen« zu bieten, ganz zu schweigen von negativen Effekten der Degradierung und Entwürdigung. Dem Bewohner wird grundsätzlich mit Respekt vor seiner Person, vor seiner Privatheit und vor seinem Recht auf Selbstbestimmung begegnet. Vor diesem Hintergrund soll ihm ein umfassendes Angebot medizinisch-pflegerischer Versorgung gemacht werden, ergänzt durch entsprechend vielfältige Angebote der Lebensgestaltung, die weit über die bloße »Altenpflege« hinausgehen. Unabhängig von realen Missständen, die den eben skizzierten Grundsätzen ggf. grob widersprechen, kann man sagen, dass heutzutage ein fundamentaler Unterschied zu den Institutionen gegeben ist, die Goffman vor rund 50 Jahren vor Augen hatte. Inwieweit kann also dieses Szenario noch zu Goffmans Modell der »totalen Institution« in Beziehung gesetzt werden?[9]

Zwei Faktoren spielen bei der Realisierung des oben skizzierten Anspruchs eine wesentliche Rolle: Die chronische und eher zunehmende Knappheit der Ressourcen im Gesundheitswesen und die schwindenden körperlichen, kognitiven und psy-

chischen Ressourcen der Bewohner. Die Ressourcenknappheit führt auch in der stationären Altenhilfe zu einer Rationalisierung der Arbeitsabläufe, wie sie in nahezu allen gesellschaftlichen Bereichen zu beobachten ist. Unabhängig von der Frage, ob diese Tendenz selbst grundsätzlich kritikwürdig ist oder nur deren überschießenden Effekte, ist nicht erläuterungsbedürftig, dass das individuelle Eingehen auf Bewohnerpräferenzen und -gewohnheiten, das behutsame, gemeinsame Gestalten von Privatheit und Leben mit einer streng auf Effizienz ausgerichteten Organisationsstruktur kaum vereinbar sind.

> Die moderne Altenpflege steht unter dem Spannungsverhältnis zwischen einer immer weiter gehenden Orientierung an der Person des Bewohners auf der einen Seite und einer eskalierenden Effizienzlogik auf der anderen Seite, was letztlich nicht nur zweifelhafte Folgen für den Bewohner, sondern auch für das in den Institutionen arbeitende Personal hat.[10]

Im Unterschied zu den schwindenden Ressourcen der Bewohner ist die Ressourcenknappheit ein vom politischen System abhängiges Phänomen, das bei anderen strukturellen Voraussetzungen zumindest theoretisch lösbar sein könnte. Die schwindenden Ressourcen der Bewohner hingegen sind eine unhintergehbare Grundvoraussetzung der Realität in Pflegeeinrichtungen (Bockenheimer-Lucius et al. 2012). Bereits der Einzug eines Menschen in ein Altenheim geschieht meist nicht freiwillig, sondern erfolgt aus einer Notwendigkeit, etwa im Anschluss an einen Krankenhausaufenthalt, oder weil der alte Mensch in seinem häuslich-familiären Umfeld nicht mehr in der Lage ist, sein Leben im umfassenden Sinne selbstständig zu regulieren. »Regulierung« umfasst zunächst die ganz grundsätzlichen Dinge zur Aufrechterhaltung der physischen Existenz: Essen, Trinken, Körperpflege, das Schaffen einer sauberen und sicheren Umgebung etc. Der Mensch reguliert aber auch seine sozialen Beziehungen, seine Interessen und seine psychische Verfassung. In dem Maße, in dem Bewohner

---

9   Kritisch äußert sich Heinzelmann (2004) zur Anschlussfähigkeit des Begriffs von Goffman.

10   Kersting (1999) spricht vor diesem Hintergrund von einem »coolout« des Personals im Sinne einer moralischen Desensibilisierung.

ihre regulativen Fähigkeiten verlieren, springt die Institution ein, um dieses Defizit aufzufangen – in Bezug auf die physische Existenz, aber auch in Bezug auf die psychische Konstitution und das soziale Leben. Bei umfassendem Rückgang der regulativen Fähigkeiten, etwa in einem fortgeschrittenen demenziellen Syndrom oder auch im apallischen Syndrom, übernimmt die Institution tendenziell alle denkbaren regulativen Funktionen: Sie wird zur »totalen Institution«.

In diesem Sachverhalt liegt gewissermaßen eine Konstante der sozialen Realität der Altenpflege: Der Lebensabend geht einher mit einem Rückgang der Fähigkeiten und endet mit dem Tod. Es gibt für die Bewohner folglich auch keine Zeit nach der Abhängigkeit, wie beispielsweise für die Patienten in den Krankenhäusern.

> **Je abhängiger Bewohner sind, desto relativer ist auch die Offenheit der Institutionen. Die grundsätzlich weitgehende Offenheit moderner Altenpflegeeinrichtungen, die im Gegensatz zu den klassischen totalen Institutionen steht, wird vor dem Hintergrund der unumkehrbar zunehmenden Abhängigkeit mehr und mehr bedeutungslos.**

Die Institution wird sozusagen »wider Willen« zur »totalen Institution«.

Beide Faktoren, finanzielle Ressourcenknappheit und schwindende Ressourcen des alten Menschen, greifen ineinander und bilden so den Hintergrund der ethischen Probleme in der stationären Altenpflege. Das spezifische Arbeitsfeld der Altenpflege generiert neben den auch in der Krankenhauspraxis üblichen ethischen Problemen – die sich auch dort vor dem Hintergrund der Ressourcenverknappung verschärfen – spezifische Probleme, die nur in Einrichtungen der stationären Altenhilfe auftreten.

Blick hineingeworfen werden kann. Es gibt nächtliche Kontrollgänge, um das »Wohlergehen« der Bewohner zu kontrollieren. Es gibt teilweise bauliche Strukturen (gläserne Aufenthaltsbereiche oder Essräume), um dem Personal den Überblick über die Geschehnisse im Wohnbereich zu erleichtern etc.

- Das festgelegte Zeit- und Organisationsreglement: Mahlzeiten, Beschäftigung und soziale Kontakte sind fremdorganisiert und unterliegen einem definierten Zeitplan.
- Der gläserne Bewohner: Personenbezogene Daten sind für das Personal frei zugänglich. Der Schutz der Daten wird zwar formal eingehalten, da Bewohner aber über lange Zeiträume in Einrichtungen leben und mit der Zeit eine Art Vertrautheit zwischen ihnen und dem Personal entsteht, kommt es zu einem Aufweichen des Schutzes der Persönlichkeitsrechte,[12] insbesondere vor dem Hintergrund, dass hochbetagte oder auch demente Menschen z. T. weder wahrnehmen, dass mit ihren personenbezogenen Daten nicht sorgfältig genug umgegangen wird, noch die Einhaltung der Grundregeln des Persönlichkeitsschutzes einfordern können.
- Das Problem der Biografiearbeit: Verstärkt wird dieser Effekt der häufige Verletzung von Privatheit durch die Biografiearbeit, die selbst bei aufgeklärter und angemessener Anwendung tief in eine Sphäre eingreift, die sich außerhalb der Institution nahezu gänzlich der Überprüfung entzieht – von der unkritischen, formalisierten Anwendung zur bloßen Datenerhebung für die Optimierung der Pflegeabläufe ganz zu schweigen.[13]

Spezifische Probleme in der stationären Altenhilfe (Beispiele)
- Die potenziell alles umfassende Kontrolle:[11] Zimmer stehen offen, damit ab und zu ein

---

11 Richter u. Stöhr (2010) sprechen von der unerkannten »Allgegenwart von Machtstrukturen in der Pflege«.

12 Dieser Effekt wurde im Kontext des offenen Gesprächskreises in Frankfurt am Main oft angesprochen. Hierzu wäre es sinnvoll, quantitative oder auch qualitative Studien durchzuführen.

13 Hierzu arbeitet das Frankfurter Netzwerk Ethik in der Altenpflege derzeit schwerpunktmäßig.

Zu jedem der Beispiele lässt sich sagen, dass auf Wunsch von Bewohnern meist »Ausnahmeregelungen« etabliert werden können: In bestimmten Fällen verzichtet das Personal auf den nächtlichen Kontrollgang, bestimmten Bewohnern kann ein Frühstück außerhalb der Frühstückszeiten ermöglicht werden, manchmal werden nichteinsehbare Nischen geschaffen oder Zimmertüren bleiben verschlossen, und das ein oder andere Lebensdetail wird ohne den Zweck der Optimierung des Pflegeprozesses besprochen und nicht dokumentiert. Aber schon der Begriff, dass die »Normalität« in einer Altenpflegeeinrichtung von der Rationalität der Organisation abhängt. Hinzu kommt, dass das Auflehnen gegen die Rationalität der Institution bestimmte kognitive Fähigkeiten und eine bestimmte körperlich-psychische Konstitution erfordert, die im hohen Alter in sehr vielen Fällen im Verfall begriffen ist.

Die Einsicht in diese spezifische Dynamik ist insofern auch Grundlage für die erfolgreiche Implementierung der Ethik in den Einrichtungen der stationären Altenhilfe, als die besonderen Probleme der eingeschränkten Privatheit deutlich unauffälliger erscheinen als beispielsweise der fragliche Verzicht auf lebensverlängernde Maßnahmen. Vor diesem Hintergrund ist auch unmittelbar einleuchtend, dass der **klinisch** »sozialisierte« Ethiker zunächst die Tendenz haben kann, primär die klassischen Fürsorge-Autonomie-Konflikte in den Vordergrund zu rücken und die subtileren Konflikte des Altenpflegeheims zu übersehen.

12.5.2 »Autonomy in Community«

Für die gegenwärtige Diskussion um Freiwilligkeit, Privatheit und Selbstbestimmtheit im Altenpflegeheim ist es kennzeichnend, dass die Verpflichtung, dem Heimbewohner – soweit als irgend möglich – ein selbstständiges und selbstbestimmtes Leben zu ermöglichen, zum unverzichtbaren Standard der Altenpflege gehört. Dies ist beispielsweise im Sozialgesetzbuch XI in § 2 (1) verankert.[14]

---

14 Sozialgesetzbuch XI: »Die Leistungen der Pflegeversicherung sollen den Pflegebedürftigen helfen, trotz ihres Hilfebedarfs ein möglichst selbständiges und selbstbestimmtes Leben zu führen, das der Würde des Menschen entspricht«.

Selbstbestimmtheit fördern zu wollen, setzt jedoch den Respekt vor der **Autonomie** eines Menschen voraus, der im Umgang mit dem alten Menschen eine herausragende Bedeutung bekommen hat. Über den Begriff der Autonomie wird durch die Jahrhunderte der Philosophiegeschichte gestritten, und unterschiedliche Konzepte führen zu unterschiedlichen Gewichtungen. An dieser Stelle soll ein Begriff von Autonomie zugrunde gelegt werden, der das umfasst und als vorrangiges Prinzip versteht, was mit **Freiwilligkeit, Privatheit und Selbstbestimmtheit** als Ziel für das Altenpflegeheim und seine Bewohner anzustreben ist. In der Konsequenz führt dies allerdings nicht selten dazu, dass bei auftretenden Konflikten die Spannung zwischen dem Respekt vor der Autonomie des Bewohners und unbestreitbaren Fürsorgepflichten des Altenpflegeheims sowie seines Personals zu Tage tritt.

Vor allem müssen in der Situation der Gemeinsamkeit im Altenpflegeheim Autonomie und Gegenseitigkeit in Einklang zueinander gebracht werden. Die Autonomie des Einzelnen findet ihre Grenze an der Autonomie der anderen, ihn umgebenden Menschen. Die Entscheidungs- und Handlungsfreiheit des Heimbewohners ist entsprechend auch dann eingeschränkt, wenn er prinzipiell in der Lage ist, selbstbestimmte Entscheidungen zu treffen und selbstbestimmt zu handeln.

In der amerikanischen Diskussion taucht für diese Zusammenhänge der Begriff der »Autonomy in Community«, der »Autonomie in Gemeinschaft«, auf (Collopy et al. 1991, S. 7f) Er beruht auf der Intuition, den theoretischen Begriff der Autonomie kontextsensibel an die Praxis zu adaptieren. Dennoch kann er nicht überzeugen, denn in anderen Kontexten (beispielsweise in Familie, Schule, Akutkrankenhaus) gilt auch, dass Autonomie nicht schrankenlos sein kann, dass Abhängigkeiten und Rücksichtnahmen unvermeidbar – **und durchaus gewollt** – sind. Das Faktum des Lebens in der Gemeinschaft kann die Besonderheit des Autonomieproblems im Altenpflegeheim nicht ausreichend erklären.

Zunächst ist daher festzuhalten, dass Autonomie und Abhängigkeit **keine Gegensätze** sind. Vielmehr sind sie untrennbar verflochtene Facetten ein und desselben Lebens. In der Lebenswirklichkeit können wir keine Entscheidungen treffen, die nicht von äußeren Einflüssen mit geprägt sind. Im Umfeld von Familie, Schule, Krankenhaus sowie vielen anderen lang- oder kurzfristigen Lebensräumen gibt es jedoch jeweils weitere Lebenszusammenhänge, zusätzliche Beziehungen und Perspektiven. Selbstbestimmtheit als Ausdruck der Autonomie verwirklicht sich auch durch Wahlmöglichkeiten, durch eigenständige Kompromisse. Genau dies unterliegt im Altenpflegeheim ungleich engeren Bedingungen. Deshalb muss es eine beständige Herausforderung bleiben, nachzufragen, wie weit Einschränkungen des Heimbewohners zu rechtfertigen sind. Die Diskussion um die Charakteristika eines Altenpflegeheims und der Vorrang der Autonomie haben den Blick dafür geschärft, dass Ausrichtung und Zweck der Regeln für Pflegeheime beständig überprüft werden.

Ohne Zweifel handelt es sich um eine »Autonomie in zunehmender Abhängigkeit« und die unhintergehbare Dynamik der nachlassenden regulativen Fähigkeiten der Betroffenen müssen mit einem praxisnahen Begriff von Autonomie berücksichtigt werden. Ein Altenpflegeheim kann aber – bewusst oder unbewusst – die Realisierung der Autonomie seiner Bewohner in jeder Lebensphase sowohl auf der Ebene der Entscheidungen als auch der Handlungsmöglichkeiten entweder dadurch unterbinden, dass Alltagsroutine und Heimvorschriften die Freiheit beschneiden, oder dadurch, dass Angebote zur selbstbestimmten Lebensgestaltung fehlen (Caplan 1990, S. 45).

Bei der eingehenden Befassung mit dem Begriff der Autonomie und der Frage nach den Besonderheiten für die Bedingungen im Altenpflegeheim ist daher zu berücksichtigen, dass auch körperliche und kognitive Einschränkungen den Wert der Autonomie »in sich« nicht schmälern dürfen. Die Autonomie des Heimbewohners ist nämlich nicht dadurch gefährdet, dass sie ihre Grenze an der Autonomie der anderen findet, sondern durch Vorgaben der Institution, die die Realisierung autonomer Entscheidungen und Handlungen verhindern. Gegebenenfalls betrifft dies Entscheidungen, die ein alter Mensch zur Verwirklichung seines Lebensentwurfs in einer Patientenverfügung oder in Gesprächen mit seinen Nächsten festgehalten hat.

Damit kommt den Pflegenden grundsätzlich die Aufgabe zu, durch aufmerksamen und zugewandten Umgang mit dem Heimbewohner seine Lebenseinstellung und seine Lebenshaltung, möglicherweise auch ein »problematisches Verhalten«, zu erkennen und **richtig zu interpretieren** – eine in ethischer Hinsicht sehr anspruchsvolle Forderung. Dies gilt insbesondere für den sog. »natürlichen Willen«, der als Äußerung respektiert werden muss und sicherstellen soll, dass die tatsächlichen Wünsche des Betroffenen Anerkennung und Berücksichtigung finden (vgl. Jox 2006; Bockenheimer-Lucius 2011). Dies verlangt zweifellos große interpretatorische Bemühungen: Wie äußern sich positive, wie negative Gefühle? Wie sind emotionale Reaktionen, mimische oder gestische Zeichen einer Abwehr aus Unwissenheit oder Unlust von einer Abwehr aus Nichteinwilligung zu unterscheiden? Wie grundlegend wichtig jedoch der Respekt vor der Autonomie und Selbstbestimmtheit des alten Menschen ist, hebt ein Hinweis im Handbook for Nursing Home Ethics hervor, dass nämlich jeder alte Mensch so lange Entscheidungsfähigkeit besitzt, so lange nicht das Gegenteil bewiesen ist.[15]

Ein Begriff von Autonomie, der sie als »schrankenlos« definiert, vernachlässigt folglich die Bedeutung von Beziehungen und unabänderlichen Abhängigkeiten. Ein Begriff von Autonomie, der sie für den alten, nicht mehr zur eigenen Lebensgestaltung befähigten Menschen von vorn herein negiert und nicht zulassen will, propagiert notwendigerweise eine »verbarrikadierte« Autonomie.

> ❯ **Ein radikaler Perspektivenwechsel, der auch dem alten und völlig abhängigen Menschen uneingeschränkt Autonomie zugesteht, ermöglicht erst den aufrichtigen Respekt vor der Autonomie.**

In dieser Form ist Autonomie vorausgesetzt und Selbstbestimmtheit in jeder Lebensphase mithilfe anderer zu realisieren.

12.6   Erfahrungen aus der Praxis

Da in Frankfurt am Main seit 2007 das **Frankfurter Netzwerk Ethik in der Altenpflege** entstanden ist

---

15   Siehe Hoffman (1995), S. 208: »One assumption ethics committees ought to begin with is that people have decision making capacity until proven otherwise.«

und weiterentwickelt wurde,[16] können einige praktische Erfahrungen erläutert werden.

Besonders erfolgreich ist ein zunächst nur als ergänzendes Angebot konzipierter offener Gesprächskreis, in dem die Möglichkeit besteht, Fälle oder Themen aus der Praxis zu diskutieren. Einmal im Monat findet in einem der beteiligten (derzeit 40) Altenpflegeheime ein Treffen statt,[17] bei dem die Mitarbeiter der Einrichtungen spontan Fälle oder Themen aus der Praxis mit ethischen Bezügen thematisieren können. Charakteristisch für den Gesprächskreis sind die niedrige Zugangsschwelle und die Offenheit. Die meist retrospektiven Fallbesprechungen werden deutlich weniger formalisiert moderiert als in Ethikberatungen. Dennoch kommt es immer wieder vor, dass Mitarbeiter mit einem ganz konkreten Anliegen in den Gesprächskreis kommen, sodass auch prospektive oder präventive Fälle diskutiert werden. Aus Datenschutzgründen und aus Respekt vor der Privatheit wird strikt darauf geachtet, dass die Fälle ohne personenbezogene Daten besprochen werden. Die Dokumentation erfolgt nur grob und ebenfalls ohne Personenbezug. Die Auswertung der Protokolle hat gezeigt, dass das niedrigschwellige Angebot den Bedürfnissen der Pflegenden sehr entgegenkommt.

Ein weiterer beachtenswerter Umstand ist die Häufigkeit intrapersoneller moralischer Konflikte bei den Pflegenden in Altenheimen.[18] Als **intrapersonelle** Konflikte werden Zweifel an der normativen Richtigkeit der je eigenen, medizinisch-pflegerischen Alltagspraxis bezeichnet. Im Unterschied dazu handelt es sich bei **interpersonellen** Konflikten um relevante Auseinandersetzungen mit Kollegen der eigenen oder fremden Berufsgruppe mit entsprechenden Bezügen zur normativen Richtigkeit der Berufspraxis. Ethikberatungen haben in erster Linie den Sinn, den Weg für die »richtige« Entscheidung zugunsten des Bewohners

zu ebnen. Sie »entlasten«[19] die Einzelakteure von schwierigen Entscheidungen und sind darüber hinaus für alle Beteiligten Teil eines Lernprozesses. Aber auch die retrospektive Fallbesprechung entlastet die Teilnehmer. Zum einen, weil die beteiligten Mitarbeiter der Einrichtungen merken, dass sie nicht die einzigen sind, die ethische Probleme im Stations- oder Wohnbereichsalltag haben und zum anderen, weil sie in der Besprechung durch die Auseinandersetzung mit den Fällen Ressourcen bilden, die in zukünftig auftretenden Fällen von Nutzen sein können. In retrospektiven Fallbesprechungen stehen die Entlastung und der Lernprozess im Vordergrund, in der Ethikberatung die (normative) Richtigkeit der medizinisch-pflegerischen Entscheidung.

In der Praxis des **Frankfurter Netzwerks Ethik in der Altenpflege** hat sich gezeigt, dass nicht nur konkrete Fälle thematisiert werden, sondern auch allgemeine Themen, die mehr oder weniger mit Medizin- und (Alten-)Pflegeethik zu tun haben. Derartige Themen treten zwar fallunabhängig auf, sind aber dennoch von mittelbarer oder unmittelbarer Relevanz. Dazu gehören beispielsweise die immer wieder aktuelle und kontroverse Debatte um den Abbruch einer künstlichen Ernährung (vor allem in Einrichtungen kirchlicher Trägerschaft), Fragen zur Patientenverfügung, Gewalt in der Pflege, aber auch die bereits beschriebene Problematik, dass durch die Ressourcenverknappung im Gesundheitswesen auf der einen Seite und die Tendenz, dass die Bewohner immer älter und kränker werden auf der anderen Seite, die »Personenzentriertheit« der Pflege zunehmend schwerer zu realisieren ist. Bei der Erörterung zeigt sich, dass der kommunikative Austausch auch supervisorische Aspekte umfasst. Es ist zwar zwingend und theoretisch naheliegend, dass insbesondere die professionellen Ethiker sich gegen die Verfahren der Supervision oder der Konfliktmediation abgrenzen. Aus der Perspektive der Ethikberater darf aber nicht ignoriert werden, dass

---

16   Das Frankfurter Netzwerk Ethik in der Altenhilfe wurde zunächst von der BHF-BANK-Stiftung gefördert und wird jetzt als Teil des Frankfurter Programms »Würde im Alter« von der Stadt Frankfurt am Main unterstützt.

17   »Offen« bedeutet offen für die Mitarbeiter der 40 Frankfurter Einrichtungen.

18   Diese Differenzierung stammt von Nikolaus Menzel, zit. nach Körtner (2008), S. 111ff.

19   Ley weist darauf hin, dass die Funktion der »Komplexitätsreduktion« im Rahmen der Ethikberatung gemeinhin überschätzt wird und dass die »Entlastungsfunktion« sich stark darauf beschränkt, dass im Rahmen der Ethikberatung überhaupt erst ein Ort zur Thematisierung von ethischen Konflikten geschaffen wird (Ley 2005, S. 309).

diese systematische Trennung zwischen ethischer Fallbesprechung und Supervision oder auch Konfliktmediation aus der Sicht der Teilnehmer nicht zwingend besteht und sehr oft emotionale oder qualitative Aspekte der pflegerisch-medizinischen Alltagspraxis thematisiert werden und in die Diskussion einfließen (Hoffman 1995, S. 6).[20] Insofern ist eine völlige Abgrenzung aus formalen Gründen praktisch nicht möglich und aus pragmatischen Gründen auch nicht sinnvoll.

Inwieweit solche Inhalte zugelassen werden können, hängt zum einen von der konkreten Situation, aber auch von der Erfahrenheit der Ethikberater ab, im Verlauf der Ethikberatung das Ziel der normativen Richtigkeit einer Entscheidung beispielsweise gegenüber Organisationsproblemen nicht aus den Augen zu verlieren. Kritisch muss allerdings angemerkt werden, dass interne Bezüge und Wechselwirkungen leicht verschleiert werden können. So ist beispielsweise anzunehmen, dass ökonomische Interessen der Einrichtungen Einfluss auf den Umgang oder auch die Einstellung zum Problem der künstlichen Ernährung über eine Magensonde (PEG-Sonde) haben können. Gleiches gilt für das Problem, dass im Sinne einer »Defensivpflege« (Arbeitsgruppe Pflege und Ethik 2010, S. 23; Bockenheimer-Lucius et al. 2012), aus Angst vor juristischen Konsequenzen oder der Kontrolle durch die Heimaufsicht sowie den Medizinischen Dienst der Krankenkassen, Maßnahmen durchgeführt oder beibehalten werden, die nicht eindeutig indiziert sind bzw. dem erklärten oder mutmaßlichen Willen eines Bewohners tendenziell widersprechen.

Darüber hinaus wurden als spezifische Probleme im Altenpflegeheim u. a. diskutiert:

- Integration von dementen und nicht-dementen Menschen in einem Wohnbereich
- Sucht- und Suizidalitätsproblematik von Bewohnern im Altenpflegealltag
- Bisher nicht geregelte Anforderungen zur Forschungsethik bei Studien im Altenpflegeheim
- Offene Fragen zur Biografiearbeit

12.7 Perspektiven

Nach einer Phase der verstärkten Beschäftigung mit Fragen der Ethikberatung in Krankenhäusern ist nun seit einigen Jahren die Ethikberatung in der Altenhilfe in den Blickpunkt geraten. Dabei sind die für den klinischen Kontext erfolgreichen Konzepte nur eingeschränkt auf die Altenhilfe übertragbar. So ergeben sich aus der im Vergleich zum Krankenhaus längeren Aufenthaltsdauer und dem oftmals jahrelangen Kontakt zwischen Bewohnern und Pflegenden Herausforderungen für den professionellen Umgang mit Bewohnern in der Altenhilfe. Dazu gehören einerseits Fragen der adäquaten Versorgung der Krankheitsbilder der Bewohner, andererseits aber auch Fragen, die daraus resultieren, dass die Bewohner in ihrem neuen Zuhause auf Zeit auf vielfältige Hilfe angewiesen sind.

Ethikberatung in der Altenhilfe dürfte allerdings für verschiedene Personen unterschiedliche Bedeutungen haben. Es kann sein, dass sich Pflegende eine Unterstützung in ihrer restriktiven Position zum Umgang mit herausforderndem Verhalten eines Bewohners erhoffen. Bei changierender Einwilligungsfähigkeit und bei demenzieller Erkrankung des Heimbewohners kann die Frage, in welcher Form man ihn beispielsweise zur Medikamenteneinnahme »überzeugt«, bei anderen Pflegenden als Zwang wahrgenommen werden. Der durch Fürsorge motivierte Umgang mit Bewohnern kann zu Konflikten führen, und auch der »professionelle Umgang« kann in der »Institution Altenheim« als gewaltsam und machtvoll wahrgenommen werden.

> Für eine gelungene Ethikberatung in der Altenhilfe sind Kenntnisse der eigenen Wertvorstellungen wichtig, und ein strukturiertes Vorgehen hilft, den gemeinsamen Gesprächsprozess als herrschaftsfreien Diskurs zu leiten.

Insbesondere die gleichberechtigte Gesprächsteilnahme bei Ethik-Fallberatungen ist die Aufgabe

---

20 Friedrich Ley hat in einer umfangreichen Studie festgestellt, dass die Teilnehmer in einem Ethikkomitee ihr eigenes Engagement je nach Profession deutlich unterschiedlich beschreiben, Ärzte neigen im Rahmen der Ethikberatung zu einer »medizinrechtlichen Verengung« moralischer Fragen, die Pflegenden verstehen den Diskurs eher im Sinne einer »Supervision«; vgl. Ley (2005), S. 308.

des Moderators, um die Routine für das Formulieren von eigenen Wertvorstellungen bei den Teilnehmern zu fördern.

Ethikberatung in der Altenhilfe hat unterschiedliche Effekte. Durch das interdisziplinäre Vorgehen einer Ethik-Fallberatung können neben der aktuellen Befindlichkeit des Bewohners auch seine sozialen und spirituellen Bedürfnisse wahrgenommen werden. Aber auch das Verständnis für die Wahrnehmungen und Interessen der Angehörigen kann steigen.

Neben der Kernaufgabe der Ethikberatung nennt Heinemann die »Markenbildung« als mögliche Aufgabe von Ethikkomitees in der Altenhilfe. Darunter versteht er die Möglichkeit, dass Einrichtungen desselben Trägerverbandes sich »einheitlich in ideellen Fragen entwickeln und nach außen und innen darstellen« (Heinemann 2010, S. 185).

Neben trägerspezifischen Ethikkomitees können aber auch in trägerübergreifenden Ethikkomitees Wertfragen interdisziplinär besprochen werden, und die Vielfalt der Wertvorstellungen und Perspektiven fördert einen umfangreichen und offenen Gesprächsprozess. Aus Ethik-Fallberatungen kann neben der Lösung des moralischen Wertkonfliktes ein Impuls für die Klärung der Werte und Überzeugungen der jeweiligen Institution ausgehen, was im Diskurs mit Mitarbeitern anderer Einrichtungen zukünftig der Altenhilfe einen wertvollen zusätzlichen Impuls geben kann.

Literatur

AG Pflege und Ethik (Hrsg.) (2010) Essen und Trinken im Alter – mehr als Ernährung und Flüssigkeitsversorgung. Berlin

AWO Ostwestfalen-Lippe e.V. Projekt »Abschied leben« (Hrsg.) (2008) Die verbleibende Zeit. Sterbebegleitung in stationären Pflegeeinrichtungen. Bielefeld

Beauchamp T, Childress J (2009) Principles of biomedical ethics. 6. Auflage. Oxford

Bockenheimer-Lucius G (2011) Zur Problematik des »natürlichen Willens« bei Demenzkranken. In: Haberstroh, Pantel (2011), S. 393–400

Bockenheimer-Lucius G, Dansou R, Sauer T (2012) Das Ethikkomitee im Altenpflegeheim. Theoretische Grundlagen und praktische Konzeption. Frankfurt/M. [in Vorbereitung]

Bockenheimer-Lucius G, May A (2007) Ethikberatung – Ethikkomitee in der stationären Altenhilfe (EKA). In: Ethik in der Medizin 19, S. 331–339

Bockenheimer-Lucius G, Sappa S (2009) Eine Untersuchung zum Bedarf an Ethikberatung in der stationären Altenpflege. In: Vollmann et al. (2009), S. 107–124

Caplan A (1990) The morality of the Mundane: Ethical issues arising in the daily life of nursing home residents. In: Kane, Caplan (1990), S. 37–50

Eicken B von, Ernst E, Zenz G (1990) Fürsorglicher Zwang. Freiheitsbeschränkung und Heilbehandlung in Einrichtungen für psychisch kranke, für geistig behinderte und für alte Menschen. Rechtstatsachenforschung. Köln

Goffman E (1973) Asyle. Über die soziale Situation psychiatrischer Patienten. Frankfurt/M.

Groß D, May A, Simon A (Hrsg.) (2008) Beiträge zur Klinischen Ethikberatung an Universitätskliniken. Berlin

Haberstroh J, Pantel J (Hrsg.) (2011) Demenz psychosozial behandeln. Heidelberg

Heinemann W (2010) Ethikberatung in der stationären Altenhilfe. Organisierte Verantwortung für ein Altern in Würde. In: Heinemann, Maio (2010), S. 159–199

Heinemann W, Maio G (Hrsg.) (2010) Ethik in Strukturen bringen. Denkanstöße zur Ethikberatung im Gesundheitswesen. Freiburg

Heinzelmann M (2004) Das Altenheim. Immer noch eine totale Institution? Eine qualitative Untersuchung des Binnenlebens zweier Altenheime. Göttingen

Hoffman D, Boyle P, Levenson S (Hrsg.) (1995) Handbook for nursing home ethics committees. American Association of Homes and Services for the Aging. Washington

Jox R (2006) Der »natürliche Wille« als Entscheidungskriterium. Rechtliche, handlungstheoretische und ethische Aspekte. In: Schildmann et al. (2006), S. 73–90

Kane R, Caplan A (Hrsg.) (1990) Everyday ethics: Resolving dilemmas in nursing home life. New York

Kersting K (1999) Coolout im Pflegealltag. In: PflegGe 4 (1999), S. 53–60

Körtner U (2008) Evangelische Sozialethik. Grundlagen und Themenfelder. Stuttgart

Ley F (2005) Klinische Ethik. Entlastung durch ethische Kommunikation? In: Ethik in der Medizin 17 (2005), S. 298–309

May A (2008) Ethikberatung – Formen und Modelle. In: Groß et al. (2008), S. 17–30

May A, Buchholz H, Krafft A (Hrsg.) (2009) Selbstbestimmt leben, menschlich sterben, füreinander entscheiden. Münster

Richter K, Stöhr H (2010) »Ethik undercover« oder die Allgegenwart von Machstrukturen in der Pflege. In: AG Pflege und Ethik (2010), S. 114–131

Sansone P (1996) The evolution of a long-term care ethics committee. In: HEC Forum 8 (1996), S. 44–51

Sauer T (2010) Vier Seiten einer Entscheidung: Ethische Seite. In: AG Pflege und Ethik (2010), S. 24–25

Sauer T, May A (2011) Ethik in der Pflege für die Aus-, Fort- und Weiterbildung. Berlin

Schildmann J, Fahr U, Vollmann J (Hrsg.) (2006) Entscheidungen am Lebensende. Ethik, Recht, Ökonomie und Klinik. Münster u. a.

Vollmann J, Schildmann J, Simon A (Hrsg.) (2009) Klinische Ethik. Aktuelle Entwicklungen in Theorie und Praxis. Kultur der Medizin, Bd. 29. Frankfurt/M., New York

Ethikberatung im Hospiz

Zur Bedeutung einer individuums- und werteorientierten Pflege

Annette Riedel

Die Aufgaben professioneller Pflege ergeben sich nicht ausschließlich aus dem genuinen professionellen und pflegeberuflichen Auftrag heraus, sondern auch aufgrund externer und sozialpolitischer Anforderungen sowie gesellschaftlicher Ansprüche und Bedürfnisse. Handlungsfeldübergreifend besteht der Wunsch und das Bestreben der professionell Pflegenden, qualitätvolle Leistungen zu erbringen, die zugleich den aktuellen pflegewissenschaftlichen Erkenntnissen entsprechen und somit evidenzbasiert sind. Die Hospizarbeit – als ein bedeutsames pflegeberufliches Handlungsfeld – und das Hospiz – als eine gesellschaftlich anerkannte und viel beachtete Institution – fordern ihrerseits spezifische Ansprüche der pflegerischen Versorgung und professionellen Begleitung der Gäste in der letzten Lebensphase.

13.1   Einleitung

Die pflegebezogenen Handlungssituationen sind geprägt von den verschiedenen Lebenswelten, Lebensentwürfen und Lebenskontexten, sie werden beeinflusst von den subjektiven Betroffenheiten und auch von Widersprüchen, die für die jeweils Beteiligten auf der Basis ihrer persönlichen Werteorientierung jeweils Wahrheit und Gültigkeit beanspruchen. Die bestehende Wertepluralität unter den Beteiligten führt möglicherweise zu Spannungsfeldern, die das pflegeberufliche Handeln tangieren und bestimmen. Die sich daraus unter Umständen ergebenden Dilemmata appellieren an die professionell Pflegenden auf einer – oftmals weniger vertrauten – Ebene begründete Entscheidungen zu treffen: auf der Ebene der Pflegeethik. Neben dem pflegeberuflichen Anspruch der Individuumsorientierung gewinnt sodann die Werteorientierung – und in diesem Zusammenhang auch die (pflege-)ethische Reflexion – an Bedeutung und Aufmerksamkeit.

Zugleich fordern gerade die Entscheidungen am Ende des Lebens spezifische und gefestigte Reflexions-, Interaktions- und Begründungskompetenzen. Somit erstaunt es, dass bislang zu der Gesamtthematik – Ethikberatung im Hospiz – wenig publiziert und erforscht ist, bzw. dass es Stimmen

gibt, die eine Notwendigkeit von Ethikkomitees in der Hospizarbeit in Frage stellen. So vertritt Becker die Ansicht, dass ethische Entscheidungen »auf allen Ebenen ein integraler Bestandteil der Hospizkultur« sind. »Ethikkomitees als vom praktischen Arbeitsfeld losgelöste Instrumente würden hier […] störend wirken.« (Becker 2004, S. 11). Eine umfassende, strukturierte und institutionalisierte ethische Reflexion wird demnach per se in der Umsetzung der Hospizkultur vermutet und bedarf folglich – laut der Autorin – keiner spezifischen Rahmenbedingungen bzw. unterstützender strukturierender Prozesse. Auch sechs Jahre später wird in der gleichen Fachzeitschrift der Hospizarbeit zwar die Umsetzung von ethischen Fallbesprechungen beschrieben, deren Notwendigkeit in dem beruflichen Handlungsfeld Hospiz hingegen nach wie vor in Frage gestellt: So schreibt Bödiker in ihrem Beitrag: »So scheint es, dass in stationären Hospizen die ethische Fallbesprechung am häufigsten eingesetzt wird, aber am wenigsten benötigt wird.« (Bödiker 2010, S. 22).

Hervorzuheben ist, dass es im Folgenden nicht um eine Ethik im Hospiz als Selbstzweck geht, sondern um eine angewandte Ethik, die (pflege-)ethisch reflektierte, ethisch verantwortliche und begründete Entscheidungen ermöglicht und parallel eine individuums- und werteorientierte professionelle Pflege sichert.

Leitend für die folgenden Ausführungen ist das Grundverständnis, dass professionelle Pflege über einen moralischen Kern verfügt, der bislang allerdings in den pflegefachlichen Ausrichtungen und den pflegetheoretischen Handlungskonzepten vielfach weniger präsent ist bzw. weniger expliziert wird. Demnach liegen dem Beitrag drei übergreifende Ziele zugrunde, die bewusst und konsequent die professionell Pflegenden und das pflegeberufliche Handeln in den Mittelpunkt stellen.

Ziele
- Die zunehmende Signifikanz der Wertereflexion in der professionellen Hospizarbeit explizieren.
- Die Korrespondenzen der beiden Entscheidungsfindungsprozesse – Pflegeprozess und Ethik-Fallberatung – aufzeigen und die Bedeutsamkeit ihrer kombinierten

Einbindung in den Pflegealltag für eine individuums- und werteorientierte Pflege darlegen.
- Ethik-Fallberatung als unterstützendes Verfahren erfassen, das die Integration einer pflegeberuflichen Werteorientierung im Pflegealltag unterstützt.
- Förderliche Schritte zu einer nachhaltigen Implementierung von Ethikberatung im Hospiz aufzeigen.

Die Hospizarbeit steht hierbei exemplarisch für ein Handlungsfeld der Pflege. Die individuums- und werteorientierte Pflege ist hingegen in allen Handlungsfeldern gefordert und repräsentiert handlungsfeldübergreifend eine qualitätvolle Pflege und Begleitung der jeweiligen Zielgruppen. Auch die in Teil 3 beschriebenen Schritte der Implementierung von Ethikberatung sind mit entsprechenden institutionsspezifischen Anpassungen auf andere Handlungsfelder im Gesundheitswesen übertragbar.

Im ersten Teil des Beitrags wird die (Werte-)Orientierung der Hospizarbeit und der Pflege aufgegriffen und deren zentrale Diskurse und mögliche Spannungsfelder ausgeführt. Der zweite Teil des Beitrags greift insbesondere die Anforderungen und Bestrebungen einer individuums- und werteorientierten Pflege auf. In den Mittelpunkt rücken hierbei zwei Verfahren: der Pflegeprozess und die Ethik-Fallberatung. Zwei systematisierte und strukturierte Entscheidungsfindungsprozesse, die meines Erachtens – im Pflegealltag bewusst integriert und sich wechselseitig ergänzend – eine individuums- und werteorientierte Pflege sichern können. Der dritte Teil beschreibt in groben Zügen den Implementierungsprozess von Ethikberatung in einem Stuttgarter Hospiz. Im Vordergrund stehen hierbei die Implementierungsschritte, die in besonderer Weise die Perspektive der Pflegenden einbeziehen und berücksichtigen.

Die zugrunde liegende Literatur umfasst pflegeethische und pflegewissenschaftliche Publikationen sowie Literatur aus dem Bereich der Medizin- und Organisationsethik.

13.2 (Werte-)Orientierung in Hospizarbeit und professioneller Pflege reflektieren

Im ersten Teil dieses Gliederungspunkts werden Prämissen des Palliative-Care-Ansatzes ausgeführt, da diese grundlegend sind für das professionelle Pflegehandeln im Hospiz. Im zweiten Teil des Abschnitts geht es um zentrale pflegeethische Grundsätze, die die Berufsgruppe der Pflegenden leiten. Ergänzend werden zwei aktuell publizierte und diskutierte Chartas aufgegriffen.

Im Vordergrund steht hier das erste der drei eingangs genannten, dem Beitrag zugrunde liegenden Ziele: die zunehmende Signifikanz der Wertereflexion in der professionellen Hospizarbeit zu explizieren.

In der Literatur finden sich vornehmlich Ausführungen zur steigenden Zahl ethischer Fragestellungen und zu dem damit einhergehenden Entscheidungsdruck in der stationären Altenhilfe und im Klinikalltag (Steinkamp u. Gordijn 2010, S. 75–76). Vor diesem Hintergrund könnte fälschlicherweise der Eindruck entstehen, dass beim Einzug in ein Hospiz die zentralen ethischen Fragen bereits beantwortet sind. Meinerseits moderierte Ethik-Fallberatungen in einem stationären und ambulanten Hospiz hingegen machen deutlich, dass auch nach dem Umzug in das Hospiz nicht alle moralischen Fragen vollständig geklärt sind und/oder im zeitlichen Verlauf neue und/oder veränderte ethische Dilemmata auftreten. Zugleich zeigt sich, dass ethische Fragestellungen im Hospiz keineswegs auf das Sterben beschränkt sind, sondern sich ebenso auf die intensive Auseinandersetzung mit der Alltags- und Lebensgestaltung in der letzten Lebensphase beziehen.

> Die Phase des Abschieds – mit all ihrer Vulnerabilität und Unvorhersehbarkeit – weist per se eine Vielzahl an ethischen Fragestellungen auf, deren ethisch begründete Entscheidungen gerade am Lebensende eine große (pflegeberufliche) Herausforderung darstellen (Ohnsorge 2007, S. 104–107; Siegmann-Würth 2011, S. 94–96; Jox 2011; Gerhard 2011, S. 217–226).

So nennen Müller-Busch und Aulbert z. B. folgende zentrale ethische Spannungsfelder in der Lebensendphase: »Einverständnis bzw. informierte Zustimmung […], Behandlungsverzicht, Behandlungsverweigerung, Entscheidungs- bzw. Einwilligungsfähigkeit […], Wahrheit am Krankenbett, Schweigepflicht, […] Beendigung lebenserhaltender Maßnahmen, ethische Fragen der Kostendämpfung, Verteilung knapper Ressourcen«, zugleich beschreiben sie das Spannungsfeld zwischen Autonomie und Fürsorge (Müller-Busch u. Aulbert 2012, S. 45 u. 52–55). Sowohl das letztgenannte Spannungsfeld als auch die genannten ethischen Fragestellungen können auf die hospizliche Situation übertragen werden.

Offensichtlich ist: Ethische Fragestellungen prägen gleichermaßen den Pflege- und Betreuungsalltag im ambulanten und stationären Hospiz, dies auch und insbesondere aufgrund der Komplexität an beeinflussenden Faktoren und Bedürfnissen, die die letzte Lebensphase eines Menschen auszeichnet (Ohnsorge u. Rehmann-Sutter 2010, S. 255–256). Die differenzierte Auseinandersetzung mit Ethikberatung im Hospiz erscheint demnach schlüssig und konsequent.

- **Palliative-Care-Ansatz**

Bedauerlicherweise ist in Pflege und Medizin das Verständnis von Palliative Care weder einheitlich noch eindeutig (Steffen-Bürgi 2007, S. 30; Siegmann-Würth 2011, S. 20–22 u. 26–30). Besonders brisant ist diese Varianz vor dem Hintergrund, dass den einzelnen Definitionen von Palliative Care unterschiedliche Wertesysteme und theoretische bzw. professionelle Modelle zugrunde liegen. Übergreifend bedeutsam ist die aktuelle Definition der Weltgesundheitsorganisation:

>> Palliative Care ist ein Ansatz, mit dem die Lebensqualität der Patienten und ihrer Familien verbessert werden soll, wenn sie mit einer lebensbedrohlichen Krankheit und den damit verbundenen Problemen konfrontiert sind. Dies soll durch Vorsorge und Linderung von Leiden, durch frühzeitiges Erkennen und fehlerlose Erfassung und Behandlung von Schmerzen und anderen physischen, psychosozialen und spirituellen Problemen erfolgen. (WHO/DGP 2008, S. 14) **<<**

Die Besonderheit des Palliative-Care-Ansatzes besteht darin, dass dieser per se Wertvorstellungen bzw. »zentrale Werte« (Siegmann-Würth 2011, S. 94–95) beinhaltet, die einerseits die ethische Reflexion unterstützen und andererseits ethische Fragestellungen provozieren können. Vor diesem Hintergrund ist es unerlässlich, die Wertesysteme des Ansatzes zu erfassen und konsequent im pflegeberuflichen Alltag zu reflektieren.

Neben allgemeinen ethischen Fragestellungen und existenziellen Sinnfragen weist die palliative Pflege und Betreuung typische Problemfelder auf, die sich u. a. auf die Polarität der beiden Grundintuitionen des Palliative-Care-Ansatzes zurückführen lassen: einerseits die aktive Intuition »Leiden lindern« und andererseits die passive Intuition: »Warten können« (Monteverde 2007, S. 522–523). Diese beiden Grundintuitionen umfassen einen Spannungsbogen, der zugleich zu zwei Extremformen des Handelns oder – anders formuliert – zu konträren Handlungsoptionen führen kann.

Angelehnt an den Begriff »active total care«, der sich in der Originaldefinition der WHO wiederfindet (WHO/DGP 2008, S. 14), sind zwei weitere Ausrichtungen des Ansatzes zu erfassen: die ressourcenorientierte und salutogenetische Ausrichtung der Betreuung von Menschen in der letzten Lebensphase und die Abkehr von einem paternalistischen Betreuungsverständnis (Steffen-Bürgi 2007, S. 32). Das heißt, die individuellen Ressourcen des Menschen, seine Anteile zur Selbsthilfe und seine Selbstbestimmung stellen zentrale Werte im Betreuungs- und Versorgungskontext dar.

Als eine zentrale Zielsetzung und Aufgabe des Palliative-Care-Ansatzes wird die Verbesserung und/oder der Erhalt der Lebensqualität definiert (vgl. Ohnsorge 2007, S. 106; Voltz 2007, S. 6; Jox 2011, S. 204–205; Gerhard 2011, S. 75–78; Siegmann-Würth 2011, S. 41–44). Als Maßstab tritt nunmehr das subjektive Erleben und Befinden, die spezifische Individualität in den Mittelpunkt. Allerdings muss an dieser Stelle angemerkt werden, dass der vielfach strapazierte Begriff der Lebensqualität unbestimmt ist, es sich hierbei um einen multiplen und hochindividuellen Aspekt handelt, der letztlich nur seitens des jeweiligen Individuums definiert und bewertet werden kann.

Die Definition des Palliative-Care-Ansatzes der WHO (2002) enthält darüber hinaus weitere Prämissen, die ethisch relevant sind (Steffen-Bürgi 2007, S. 31):

- »Der Palliative-Care-Ansatz bejaht das Leben und betrachtet Sterben als einen normalen Prozess;
- Palliative Care beabsichtigt den Tod weder zu beschleunigen noch ihn hinauszuzögern;
- Palliative Care verschafft Linderung von Schmerzen und anderen belastenden Symptomen;
- Palliative Care reduziert diagnostische Maßnahmen auf das Notwendigste […]«.

Auf der Grundlage dieser Ausführungen wird bereits deutlich: Der Palliative-Care-Ansatz, der für die professionelle Arbeit des Hospizes grundlegend und leitend ist, indiziert eine stringente und verantwortliche (pflege-)ethische Reflexion, um möglicherweise kollidierende Wertvorstellungen und divergierende ethische Orientierungen sensibel wahrzunehmen (Ostgathe et al. 2010, S. 248–249).

- **Pflegeethische Grundsätze**

Auch der professionellen Pflege liegen ethische Grundsätze zugrunde. Am häufigsten zitiert und in unterschiedlichen internationalen Berufskodizes der Pflege zu finden sind die von Veatch und Fry (1987) formulierten Werte: Wohltätigkeit, Gerechtigkeit, Autonomie, Aufrichtigkeit und Loyalität (Fry 1995, S. 26–30). Zugleich wird die professionelle Pflege von der sog. »Care-Ethik« bzw. dem philosophischen Ansatz einer »Ethik der Achtsamkeit« beeinflusst, wie sie von Tronto (1993) und Conradi (2001) vertreten wird. Für die Pflege übersetzt Conradi das englische Care als »achtsame Zuwendung« und konstatiert, dass die »Ethik der Achtsamkeit« einen Teilbereich einer Ethik der helfenden Berufe beschreibt (Conradi 2001, S. 92–94).

Der international anerkannte Ethikkodex für Pflegende wurde vom International Council of Nurses (ICN) erstmals 1953 verabschiedet. Der ICN-Ethikkodex für Pflegende (in der Fassung von 2006) formuliert:

» Untrennbar von Pflege ist die Achtung der Menschenrechte, einschließlich dem Recht auf Leben, auf Würde, auf respektvolle Behandlung. […] Die Pflegende übt ihre berufliche Tätigkeit zum Wohle des Einzelnen, der Familie und der sozialen Gemeinschaft aus. (ICN 2006, S. 1) **«**

Der ICN-Ethikkodex für Pflegende sieht sich seinerseits als ein »Leitfaden«, »der die Grundlagen für ein Handeln nach sozialen Werten und Bedürfnissen setzt« (ICN 2006, S. 4). Das heißt, der Kodex bietet eine pflegeprofessionelle ethische Orientierung, einen Wertebezug und zeichnet sich durch einen gewissen »Maximencharakter« aus (Monteverde 2009, S. 56–59; Remmers 2003, S. 318; Remmers 2000, S. 238–239). Derartige Kodizes ersetzen somit in keiner Weise den individualisierten Zugang und die intendierte situationsbezogene ethische Reflexion.

- **Chartas**

Zwei Chartas, die zunehmend Einfluss auf die ethische Orientierung in den Einrichtungen des Gesundheitswesens nehmen und somit auch die professionelle Pflege und die Hospizarbeit tangieren, seien an dieser Stelle ergänzend aufgegriffen:

- Charta der Rechte hilfe- und pflegebedürftiger Menschen (Bundesministerium für Familie, Senioren, Frauen und Jugend, Bundesministerium für Gesundheit 2010)
- Charta zur Betreuung schwerstkranker und sterbender Menschen (DGP, DHPV, BÄK 2010)

Der Schwerpunkt der Analyse der beiden Chartas liegt im Folgenden auf den darin ausgewiesenen ethischen Werten, die Bezüge zu einer individuums- und werteorientierten Pflege ausweisen. So finden sich in den Überschriften der insgesamt acht Kapitel der ersten Charta des Bundesministeriums für Familie, Senioren, Frauen und Jugend sowie des Bundesministerium für Gesundheit (2010) folgende Werte: die Selbstbestimmung, die Privatheit, die Wertschätzung und die Teilhabe (S. 7–8). Artikel 1 fordert seinerseits in den ergänzenden Ausführungen die »Abwägungen zwischen Selbstbestimmungsrechten und Fürsorgepflichten« (ebd., S. 9). Artikel 8 ist überschrieben mit: »Palliative Begleitung, Sterben und Tod« und fordert:

>> Jeder hilfe- und pflegebedürftige Mensch hat das Recht, in Würde zu sterben. (Ebd., S. 20) <<

Der Gehalt dieses Artikels – inklusive der dazugehörigen Ausführungen – ist für die Hospizarbeit von besonderer Bedeutung.

Die zweite Charta umfasst insgesamt fünf Leitsätze, von denen vornehmlich der erste Leitsatz – unter der spezifischen Betrachtung des individuums- und werteorientierten professionellen Pflegehandelns – an dieser Stelle von Belang ist. So werden in Leitsatz 1 – im Zusammenhang mit der letzten Lebensphase eines Menschen – die Würde, die Fürsorge, die Beachtung der Werte und die Achtung des persönlichen Willens des Gegenübers als zentrale ethische Werte formuliert (DGP, DHPV, BÄK 2010, S. 6 und S. 8–9). In den Ausführungen zu diesem Leitsatz findet sich zugleich der explizite Hinweis auf die Bedeutsamkeit von »dialogische(n) Verfahren der Entscheidungsfindung«, insbesondere die ethischen Fragestellungen am Lebensende betreffend (ebd., S. 9).

In beiden Chartas werden folgende zentrale Werte analog benannt: die Würde, die Selbstbestimmung/Achtung des persönlichen Willens und die Fürsorge/Fürsorgepflichten.

Die Prinzipien der Klinischen Ethik haben in einigen Kodizes Vorbildcharakter für die Pflege, dies auch vor dem Hintergrund, dass in der Pflege selbst gegenwärtig keine klar definierten professionsspezifischen Werte oder Prinzipien existieren. Allerdings zeichnen sich – analog zu der oben erfolgten begrenzten Analyse – zentrale Eckpfeiler einer menschenwürdigen Pflege ab.

> **Autonomie (Selbstbestimmung, Achtung des persönlichen Willens) und Fürsorge (Wohltätigkeit, Tätigkeit zum Wohle) wie auch Würde sind immer wiederkehrende und prominente Werte einer menschenwürdigen Pflege.**

In den vergangenen Jahren ist die Achtung der Autonomie/Selbstbestimmung der pflegebedürftigen Menschen zu einer zentralen moralischen, gesellschaftlichen und rechtlichen Grundforderung geworden (Simon 2010, S. 88–90; Jox 2011, S. 126–133; Reiter-Theil 2012, S. 60–62 u. 68–69). Das in

der Folge für die Pflegepraxis häufig bestehende ethische Spannungsfeld zwischen den beiden Werten Autonomie und Fürsorge (häufig auch bezeichnet als Spannungsfeld zwischen Wille und Wohl) führt nicht selten zum Dilemma angesichts verschiedener werteorientierter Handlungsoptionen. Denn gerade die ausgeprägte Vulnerabilität von Menschen in der letzten Lebensphase bedingt ihr Angewiesensein auf eine fördernde Sorge. Gerade in Situationen der Schwäche, der Unterlegenheit, der Verletzlichkeit und der Hoffnungslosigkeit ist zugleich die Würde besonders verletzbar. Das heißt in der Konsequenz, diese für sich gesehen zunächst abstrakten Forderungen nach Autonomie und Respektierung der Selbstbestimmung sind, auf die jeweilige Pflege- und Entscheidungssituation bezogen, individuums- und werteorientiert zu präzisieren, zu reflektieren und verantwortungsbewusst in den Pflegeprozess zu integrieren. Dies insbesondere im Kontext der vielschichtigen Fragestellungen in der letzten Lebensphase eines Menschen (Wittwer et al. 2010, S. 226; Gerhard 2011, S. 249–255). Die Reflexionsprozesse zu derart komplexen und belangreichen pflegerelevanten ethischen Fragestellungen sind im Pflegealltag noch konsequenter zu systematisieren und zu sichern.

Die Auswahl der Publikationen macht deutlich, dass es für die Pflege Orientierungs- und Bezugspunkte für eine ethische Werteorientierung gibt. Es ist zugleich offenkundig: Die professionelle Pflege wie auch die Hospizarbeit werden nicht nur von den persönlichen Werteorientierungen der Gäste und der Pflegenden beeinflusst, zugleich implizieren leitende Ansätze – wie der Palliative-Care-Ansatz – und übergreifend gültige, wenngleich auch nicht verpflichtende Kodizes und Chartas einen konsequenten Wertediskurs und fordern ihrerseits eine stringente Reflexionsarbeit.

13.3 Individuums- und werteorientierte Pflege- und Entscheidungsprozesse sichern

Den folgenden Ausführungen liegt die Hypothese zugrunde, dass neben dem bereits seit vielen Jahren etablierten Verfahren des Pflegeprozesses Ethik-Fallberatung als ein ergänzendes – im Sinne von vervollständigendes – Verfahren, einen förderlichen und systematisierenden Beitrag zur individuums- und werteorientierten professionellen Pflege leisten kann. Zugleich ist zu konstatieren, dass jede Pflegesituation einmalig und individuell ist und von daher auch – neben der pflegebezogenen – immer eine spezifische ethische Betrachtung fordert. Das heißt im Umkehrschluss jedoch nicht, dass jede Pflegesituation ein ethisches Dilemma provoziert oder impliziert. Allerdings fordert Professionalität in der Konsequenz grundsätzlich eine Werteorientierung.

Über diesem Abschnitt steht das Ziel, die Korrespondenzen der beiden Entscheidungsfindungsprozesse – Pflegeprozess und Ethik-Fallberatung – aufzuzeigen und die Bedeutsamkeit ihrer kombinierten Einbindung in den Pflegealltag für eine individuums- und werteorientierte Pflege sowie den damit einhergehenden potenziellen Entscheidungsbedarf darzulegen.

Professionelles Pflegehandeln wird in diesem Beitrag verstanden als personenbezogenes und interaktives Handeln, das situationsbezogen – möglichst gemeinsam mit dem Gegenüber – ausgehandelt wird, bzw. das für den zu Pflegenden stellvertretend oder begleitend erfolgt. Die Komplexität vieler Pflegesituationen indiziert einen umfassenden Prozess der Informationssammlung, der Planung, parallel und kontinuierlich auch der Evaluation. In den vergangenen Jahren haben sich in der Pflege Verfahren und Instrumente etabliert, die indizierte Entscheidungsprozesse systematisieren und nachvollziehbar abbilden. Zwischenzeitlich ist der Pflegeprozess als zentrales Verfahren professionellen Pflegehandelns anerkannt und im Pflegealltag integriert, da er nachweislich eine systemische Individualpflege ermöglicht und sichert. Er umfasst fünf spezifische und international anerkannte Schritte:

1. Assessment, Anamnese, Informationssammlung
2. Erfassen der Ressourcen, Probleme und Ziele, Pflegediagnosen
3. Planung der Pflegeinterventionen
4. Durchführung der Pflegeinterventionen
5. Prozess- und Ergebnisevaluation (Fiechter u. Meier 1998; Brobst 2007)

In seiner Struktur ist der Pflegeprozess zunächst inhaltsleer und bedarf der theoretischen Fundierung und Ausrichtung, z. B. durch eine Pflegetheorie (Brobst 2007; Ziegler 1997).

Der individuumsorientierte Pflegeprozess fordert in der Umsetzung eine gezielte und systematische Integration der Gesichts- und Bezugspunkte, die für den zu Pflegenden die jeweils subjektiv erlebte, individuelle und einzigartige Pflegesituation charakterisieren und prägen. Hierunter fallen z. B. persönliche Gewohnheiten, die individuelle Tagesstruktur wie auch Prioritäten und Lebensentwürfe. Dieser Prozess von Datenerhebung, Datenanalyse und zielorientierter Maßnahmenplanung erfolgt nach Oevermann (1978) mit der Intention, die »Autonomie der Lebenspraxis« (Weidner 2003, S. 51) zu respektieren sowie die Autonomie des zu Pflegenden zu wahren oder wieder herzustellen. Der Pflegeprozess kann somit als Entscheidungsfindungsprozess – bezogen auf die jeweils indizierten Pflegemaßnahmen – bezeichnet werden, der personelle, fachspezifische und intellektuelle Prozesse einschließt. Lunney folgend sind für eine professionelle, verantwortungs- und qualitätvolle Umsetzung »pflegerische Intelligenz« und »kritisches Denken« die Dimensionen, die im Kontext dieses pflegespezifischen Prozesses der Entscheidungsfindung unabdingbar sind (Lunney 2007, S. 34–42).

Der Bestrebung nach einer evidenzbasierten und individuumsorientierten Pflege stehen u. a. die zunehmende pflegeberufliche Komplexität, verstärkte Autonomiebestrebungen, (medizin-) technische Entwicklungen und Ökonomisierungsbestrebungen gegenüber. Diese Entwicklungen sind vielfach und vermehrt Auslöser für ethische Dilemmata. Steinkamp und Gordijn konstatieren, dass ethische Fragestellungen im Bereich des Gesundheitswesens nicht nur »deutlicher wahrgenommen werden, sondern dass sie oft auch tatsächlich schwerwiegender geworden sind« und vor diesem Hintergrund einen wachsenden Entscheidungsdruck fordern (Steinkamp u. Gordijn 2010, S. 75–76). Das heißt, professionell Pflegende werden in ihrem Pflegealltag – nebst pflegefachlichen Fragestellungen – vielfach und vermehrt mit pflegeethischen Fragestellungen konfrontiert, dies auch, da eine Vielzahl der professionellen Pflegeentscheidungen werteabhängig sind bzw. von individuellen Wertvorstellungen beeinflusst. Ethische Fragestellungen werden dementsprechend zu einem genuinen Teil der Pflegepraxis und des Pflegealltags: Die ethische Dimension des pflegeberuflichen Auftrags wächst. In der Folge fordert professionelles Handeln eine systematische Werteklärung und differenzierte Wertereflexion.

Professionell Pflegende stehen diesen Anforderungen nicht selten verunsichert gegenüber: Die vorhandenen pflegeethischen Kompetenzen sind nicht immer ausreichend, um das moralische Unbehagen zu analysieren und auszudrücken. Für die Pflegenden ist es oftmals diffizil, die Komplexität und Vielschichtigkeit der jeweiligen ethischen Entscheidungsbedarfe zu explizieren bzw. situationsbezogen (pflege-)ethische Fragestellungen zu generieren und in der indizierten Konkretion zu formulieren (Riedel u. Lehmeyer 2011, S. 50–52 u. 100–103). Die Bedeutsamkeit einer pflegefachlichen und pflegeethischen Deutungs-, Reflexions-, Kommunikations- und letztendlich auch Entscheidungskompetenz wird explizit. Ein dahingehend unterstützendes Verfahren stellt die Ethik-Fallberatung dar.

Bewusst wird im Folgenden der Begriff Entscheidungsprozess verwendet und nicht der zunächst nahe liegende Begriff des Problemlösungsprozesses. In der Pflegepraxis assoziiert die primäre Fokussierung auf Pflegeprobleme eine einseitige Defizitorientierung, die den aktuellen pflegewissenschaftlichen Grundhaltungen widerspricht.

> ❯ In der Pflegeethik geht es nicht um
> ethische »Probleme«, deren spezifische
> Lösung es zu erfassen gilt. Es steht viel-
> mehr das jeweils einzigartige Dilemma im
> Vordergrund, in dessen Kontext es darum
> geht, zwischen zwei oder mehreren Hand-
> lungsoptionen (pflege-)ethisch begründet
> eine Entscheidung zu treffen bzw. einen
> handlungsleitenden, ethisch reflektierten
> Konsens zu erlangen.

Ethik will an dieser Stelle über bestehende Vorgaben hinausschauen, will hinterfragen, die pflegefachliche Perspektive erweitern und die werteorientierte Reflexion anregen. Ethik will die Verhältnisse zwischen den beteiligten Werten und Werteorientierungen explizieren und ordnen.

Pflegeethik wird ihrerseits umschrieben als »Nachdenken über menschliches Handeln aus der Perspektive der (Menschen-)Würde« (van der Arend u. Gastmans 1996, S. 32).

Das heißt, es geht um Reflexion aus einer werteorientierten Perspektive, insbesondere der Menschenwürde, die wiederum auch in anderen Bereichsethiken – wie z. B. der Medizinethik (Fenner 2010, S. 57–59) wie auch in der palliativen Pflege und Begleitung (Mehnert et al. 2006, S. 1087–1096; Reiter-Theil 2012, S. 69) – einen zentralen Stellenwert einnimmt.

Pflegerisches Handeln lässt sich unter dieser Prämisse ergänzend in einer noch zu operationalisierenden Sinndimension verstehen, und: Pflegehandeln wird vor dem Hintergrund der geforderten ethischen Reflexion zugleich ethisch begründbar. Die in diesem Zusammenhang geforderte ethische Expertise ermöglicht den Pflegenden aus einem moralischen Unbehagen heraus eine ethische Fragestellung zu generieren und diese gegenüber dem beteiligten Team auszuführen (Riedel u. Lehmeyer 2011, S. 49–52; Rabe 2009, S. 245). Ethikberatung stellt demgegenüber das Verfahren dar, das die systematische Reflexion über ethische Fragestellungen und Dilemmasituationen fordert, den Blick auf die Wertehintergründe der Pflegesituation, auf die professionellen Pflegehandlungen und auf die professionell Pflegenden lenkt und letztendlich einen diskursiven, »ergebnisoffene(n) und aufrichtige(n)« (Fahr 2008, S. 95) Entscheidungsfindungsprozess sichert.

Übergreifendes Ziel der Ethikberatung ist es, einen moralisch und systematisch reflektierten Beratungsprozess transparent zu gestalten (Neitzke 2009, S. 53) und an »moralisch akzeptablen Kriterien auszurichten« (Vorstand AEM 2010). Hierbei steht nicht alleine der (vornehmlich normativ ausgerichtete) Problemlösungs- bzw. Lösungsprozess im Vordergrund, sondern die werteorientierte und verantwortungsbewusste ethische Reflexion. Es geht darum, »gute Entscheidungen« in »guten Entscheidungsprozessen« zu treffen (ebd.). Im Rahmen des ethischen Beratungsprozesses gilt es sich immer wieder dahingehend zu vergewissern, was die jeweils spezifische und individuelle menschliche Grundsituation des Beratungsgegenstandes ausmacht und welche spezifischen ethischen Fragestellungen individuumsorientiert tangiert sind. Zugleich ist bei der Anwendung von unterstützenden Methoden/Verfahren der ethischen Fallberatung

» …das Bewusstsein wach zu halten, dass niemand zu wissen in Anspruch nehmen kann, der getroffene Entscheid sei dem Patienten oder der Patientin [dem Gast im Hospiz; A.R.] letztgültig angemessen. Auch bei diesen Entscheiden sind die Grenzen menschlicher Entscheidungsfähigkeit anzuerkennen, denn die wahre Zumutbarkeit von Möglichkeiten […] zwingt […] zur Wahl zwischen verschiedenen Handlungsoptionen. (Baumann-Hölzle 2004, S. 144) «

So ist zu konstatieren: Je nach situativer Perspektive und Werteorientierung ist im jeweiligen Beratungsprozess auch eine andere Beschlussfassung/ ein anderer Konsens denkbar und (pflege-)ethisch vertretbar.

■ **Gegenüberstellung von Pflegeprozess und Ethik-Fallberatung**

Jedes der hier beschriebenen Verfahren – Pflegeprozess und Ethik-Fallberatung – setzt in seiner Ausrichtung und seiner Zielorientierung einen spezifischen Fokus. Die folgende – seitens der Autorin verfasste – Gegenüberstellung bündelt die zentralen Aspekte der beiden Entscheidungsfindungsprozesse und veranschaulicht Vergleichbares sowie Abweichendes. In der Chronologie der Ausführungen wird zunächst der Pflegeprozess aufgeführt – als bereits länger etablierter Entscheidungsfindungsprozess – und an zweiter Stelle die Ethik-Fallberatung (◨ Tab. 13.1).

In der zusammenfassenden Gegenüberstellung wird deutlich: Beide Entscheidungsprozesse basieren auf einer vergleichbaren Grundstruktur. Es geht jeweils um die Sammlung relevanter Informationen, deren Analyse bzw. Reflexion und es geht um Handlungsoptionen, um die begründete Entscheidungsfindung, deren Umsetzung und Evaluation. Diese Analogie kann angesichts der Implementierung – des zunächst weniger bekannten Verfahrens der Ethik-Fallberatung – unterstützend wirken. Die bestehenden Übereinstimmungen in beiden Entscheidungsfindungsprozessen dürfen jedoch

nicht darüber hinwegtäuschen, dass jeweils spezifische Kompetenzen und anderweitige/ergänzende Perspektiven gefordert sind. So ist im Rahmen der Ethik-Fallberatung – neben der pflegefachlichen Perspektive – eine philosophische und werteorientierte Perspektive gefordert. Dies mit der Intention, die »Beurteilung moralischer Implikationen und Handlungsoptionen« (Monteverde 2009, S. 51–73) zu akzentuieren, die ihrerseits wiederum die individuumsorientierten pflegerischen Interventionen werteorientiert ergänzen können.

Für das professionelle Pflegehandeln und die damit einhergehenden Entscheidungs- und Begründungsverpflichtung heißt das zugleich: Die Dimensionen »pflegerische Intelligenz« und »kritisches Denken« (Pflegeprozess) werden konsequent erweitert um die »ethisch-moralische Reflexion« (Ethik-Fallberatung). Offensichtlich ist: Professionelles Handeln indiziert pflegefachliche und ethische Kompetenzen wie auch »hermeneutische Fähigkeiten« (Weidner 2003, S. 126 u. 328). Im Vordergrund der pflegeberuflichen Entscheidungen steht demnach nicht die normative und/oder technische Rationalität, sondern ein möglichst systematischer Aushandlungs-, Interaktions-, Integrations- und Reflexionsprozess.

Die eingangs formulierte Hypothese, dass neben dem bereits seit vielen Jahren etablierten Verfahren des Pflegeprozesses Ethik-Fallberatung als ein darüber hinausgehendes und ergänzendes – im Sinne von vervollständigendem – Verfahren einen förderlichen und systematisierenden Beitrag zur individuums- und werteorientierten professionellen Pflege beitragen kann, kann im Rahmen dieser begrenzten theoretischen und methodisch orientierten Ausführungen bekräftigt werden, denn die beiden Entscheidungsfindungsprozesse können sich im Pflegealltag wie folgt ergänzen:

━ Der Pflegeprozess ermöglicht eine individuumsorientierte, begründete, angemessene und qualitätvolle Pflegehandlung für den situativen Pflegebedarf.

━ Die Ethik-Fallberatung ermöglicht eine werteorientierte, individuumsorientierte, (interdisziplinär) reflektierte pflegeethische Entscheidung für die situative pflegeethische Fragestellung.

☐ Tab. 13.1 Gegenüberstellung von Pflegeprozess und Ethik-Fallberatung

	Pflegeprozess (Brobst 2007; Fiechter u. Meier 1998)	Ethik-Fallberatung (Vorstand AEM 2010)
Schritte im jeweiligen Prozess	Grundlegend: spezifische Pflegesituation Schritte im Prozess: 1. Assessment, Anamnese, Informationssammlung 2. Erfassen der individuellen Ressourcen, Probleme und Ziele 3. Planung der bedarfs- und bedürfnisorientierten Pflegeinterventionen 4. Durchführung der Pflegeinterventionen 5. Prozess- und Ergebnisevaluation Prospektiv: Orientierung Retrospektiv: Evaluation	Grundlegend: moralisches Unbehagen, ethische Dilemmasituation, ethisches Spannungsfeld, Wertepluralität Schritte im Prozess: 1. Ausgang vom konkreten Einzelfall, Informationssammlung und Analyse der Fakten 2. Erfassen des Ethikfokus, Bestimmung des ethischen Dilemmas/der ethischen Fragestellung (konkret und situationsbezogen) 3. Berücksichtigung der allgemeinen Werthaltungen, Diskussion im Licht allgemeiner Werte und Prinzipien: Ethikanalyse und ethische Reflexion 4. Entscheidungsfindung im Sinne der Konsensfindung, ethisch und pflegefachlich begründete Beschlussfassung 5. Evaluation 6. Dokumentation Prospektiv: Orientierung Retrospektiv: Reflexion (Hermeneutische Methode) und Evaluation
Fokus	Pflegeprobleme, Ressourcen, Lebenswelt	Ethische Fragestellung/ethisches Dilemma, Ethikfokus (Reiter-Theil 2008, S. 361)
Ziele	1. Pflegebedürftigkeit ist erfasst 2. Pflegebedarf ist geplant: Individuumsorientierte, problemlösende, lindernde Pflegeintervention	1. Ethische Fragestellung/Ethikfokus ist erfasst 2. Ethisch am besten begründbare Handlungsweise ist herausgearbeitet, individuumsorientierter und werteorientierter Konsens ist formuliert 3. Beratungsergebnis ist transparent
Inhaltliche Fundierung/ Orientierung	Pflegetheorie/-modell	Werte/Prinzipien
Anforderungen/Kompeten-zen	»Pflegerische Intelligenz« und »kritisches Denken« (Lunney 2007; Weidner 2003; Pflegefachliches Wissen und hermeneutisches Fallverstehen Interventionsgenerierung und pflegespezifische Begründung Analyse-, Entscheidungs- und pflegewissenschaftliche Begründungskompetenz Empathie	Reflexionskompetenz/ethisch-moralische Kompetenz Pflegeethisches Wissen/pflegefachliches Wissen (Rabe 2009) Systematische Reflexion, Konsensfindung, pflegeethische und pflegefachliche Begründung Analyse-, Reflexions-, Entscheidungs- und pflegethische Begründungskompetenz Empathie (Riedel 2011)

13

Es konnte insofern dargelegt werden:

> Die bedarfsorientierte Integration und verantwortungsvolle Kombination beider Entscheidungsprozesse im Pflegealltag trägt zur Sicherung einer individuums- und wertorientierten Pflege bei.

Bereits im ersten Abschnitt wurde deutlich, welche Relevanz Ethik-Fallberatung für das professionelle Pflegehandeln im Hospiz aufweist. Pflegende sind demnach aufgefordert, sich mit ihrer spezifischen pflegeberuflichen Expertise und Werteorientierung konsequent in die einrichtungsspezifischen Prozesse der ethischen Entscheidungsfindung einzubringen. Dies auch vor dem Hintergrund, dass sie zumeist diejenigen professionellen Bezugspersonen sind, die quantitativ und auch qualitativ über den intensivsten Kontakt bzw. die intensivste professionelle Beziehung zu den Gästen im Hospiz verfügen.

13.4 Ethikberatung im Hospiz implementieren

Ziel dieses Abschnitts ist es, förderliche Schritte zu einer nachhaltigen Implementierung von Ethikberatung im Hospiz aufzuzeigen.

Ethikberatung im Hospiz kann hinsichtlich der konkreten Implementierung von den Erfahrungen in den Kliniken profitieren.[1] Zentrale Entscheidungen müssen darüber hinaus institutionsspezifisch und organisationsethisch getroffen werden. Zu Beginn des angestrebten Implementierungsprozesses – soll dieser nicht nur argumentativ auf der Basis externer qualitätssichernder Erfordernisse oder aufgrund von Zertifizierungsbestrebungen durchgesetzt werden, sondern mit dem Ziel, ethische Fragestellungen und Herausforderungen zukünftig wertebewusst und wertereflektiert aufzugreifen – ist die Frage zu stellen, wie seitens der Mitarbeiter der Bedarf der Implementierung eingeschätzt wird. Das heißt, es werden bereits im Voraus Unsicherheiten und mögliche Ängste der Mitarbeiter er-

fasst. Die Herangehensweise im Stuttgarter Hospiz, auf dessen Implementierungsprozess ich mich im Folgenden beziehe, erfolgte in zwei Schritten (Daiker u. Riedel 2010, S. 806–826):

1. Einer retrospektiven und strukturierten Erfassung ethischer Fragestellungen seitens der Pflegenden und der Ärzte.
2. Einer anonymen Befragung, um einerseits den Bedarf und andererseits das potenzielle Interesse der Mitarbeiter des Hospizes für die Themen Ethik und Ethikberatung zu erheben.

Den Erhebungen lagen folgende Hypothesen zugrunde:

- Es gibt ethische Fragestellungen im Hospiz.
- Bisher wurden ethischen Fragestellungen unstrukturiert und ohne transparentes Verfahren sowie ohne festgelegte Rahmenbedingungen diskutiert.
- Ein transparentes Vorgehen und ein festgelegtes Verfahren werden seitens der Mitarbeiter als nützlich erachtet.

Der Erhebung lag demnach ein zentrales Erkenntnisinteresse bezogen auf die nachhaltige Implementierung von Ethikberatung zugrunde, denn es ging darum, die bisherigen Erfahrungen der Mitarbeiter im Umgang mit ethischen Fragestellungen zu erfassen und deren Vorstellungen für zukünftige Entscheidungsfindungsprozesse zu erfragen. Zugleich diente die schriftliche Befragung den Teilnehmern zu einer ersten intensiven Auseinandersetzung mit der Thematik[2] und ermöglichte somit, Interesse für die Thematik und zur weiteren Mitarbeit im Umsetzungsprozess zu wecken. Ziel dieses umfassenden strukturierten Vorgehens – bereits im Vorfeld der Implementierung die bisherigen Erfahrungen und Einschätzungen der Mitarbeiter im ambulanten und stationären Hospiz zu erfassen – war es, im konkreten Umsetzungs- und Einführungsprozess der Ethikberatung auf die Erfahrungen, Wünsche und Bedenken der Mitarbeiter explizit und konstruktiv Bezug nehmen zu können. Dieses Ziel konnte retrospektiv betrachtet umfänglich erreicht werden. Die ausgewerteten Ergebnisse des semi-

---

1 Schritte zur Implementierung beschreiben z. B. Vollmann (2010), S. 118–126; Neitzke (2010), S. 134–141; May 2010, S. 93–101; sowie Baumann-Hölzle et al. (2009), S. 255–266.

2 Dies vornehmlich durch die bewusste Integration offener Fragestellungen in den Fragebogen.

quantitativen Fragebogens waren im anschließenden Einführungsprozess grundlegend für alle anstehenden Vereinbarungen und Entscheidungen. Im Nachhinein kann die Befragung somit als ein wichtiger Schritt im konsequent kooperativ gestalteten Implementierungsprozess eingestuft werden.

Der Konzeptions- und Konstruktionsphase zur Entwicklung des Fragebogens lagen differenzierte theoretische Ausführungen und definitorische Abgrenzungen sowie eine umfassende Literaturrecherche zugrunde. Diese Recherche war zugleich grundlegend für die im Rahmen des Umsetzungs- und Schulungsprozesses geforderte theoretische Fundierung zum Thema Ethikberatung und Ethik-Fallberatungen im Hospiz. Der Fragebogen umfasste vier Fragetypen: Faktfragen, sozialdemografische Fragen, Beurteilungsfragen und Handlungsfragen (Porst 2008, S. 51–67). Es handelte sich um offene und geschlossene Fragen. Konsequent wurden – angesichts der Befragung zu einem durchaus sensiblen und für viele Mitarbeiter unbekannten Thema – zentrale ethische Gesichtspunkte wie der Persönlichkeitsschutz berücksichtigt. Die Teilnahme war freiwillig.

Bei einem Rücklauf von etwas über 50% kann das Ziel einer ersten Informationserfassung und einer ersten Auseinandersetzung der Mitarbeiter mit der Thematik als erreicht betrachtet werden. Trotz teilweise standardisierter Fragestellungen können die Ergebnisse nicht verallgemeinert werden, zudem sind keine Ergebnisse für einzelne beteiligte Berufsgruppen oder Handlungsfelder (z. B. ambulantes oder stationäres Hospiz) abzuleiten. Dies auch vor dem Hintergrund der kleinen Stichprobe (n=32). Die Ergebnisse der Befragung können bei einer Rücklaufquote knapp über 50% als repräsentativ für das entsprechende Hospiz bewertet werden, nicht jedoch für die Hospizarbeit per se. Hier bedarf es weiterer und differenzierterer Forschungsstudien. Diese Befragung versteht sich als eine erste begrenzte Erkundung zu dem Themenfeld.

An dieser Stelle lohnt es sich nochmals zu der eingangs formulierten Fragestellung zurückzukehren: Ist Ethikberatung in einem Hospiz erforderlich? So konnten mittels des Erhebungsbogens – mit der bewusst offen formulierten Frage nach den ethischen Themen/Fragestellungen in der Hospizarbeit – insgesamt 48 ethische Themen erfasst werden, die zum Teil mehrfach angegeben wurden. Bei der ebenfalls offenen Fragestellung nach den leitenden Werten in der Hospizarbeit wurden seitens der Befragten 19 unterschiedliche Werte formuliert. Bereits diese Vielfalt an aufgeführten Werteorientierungen seitens der Mitarbeitenden, aber auch die Vielzahl an ethischen Fragestellungen unterstreicht – neben den pflegefachlichen und handlungsfeldbezogenen Argumenten – die Bedeutsamkeit der Ethikberatung in der befragten Institution. Wenngleich die geringe Stichprobe keine Verallgemeinerung und repräsentative Aussagen erlaubt, so wird dennoch deutlich: Hier besteht weiterer Klärungs- und Forschungsbedarf, bevor sich anderweitige – ebenfalls nicht empirisch belegte Aussagen – für das Handlungsfeld der stationären und ambulanten Hospizarbeit verfestigen. Eventuell ist auch Aufklärungsarbeit dahingehend geboten, dass ethische Fragestellungen und die damit verbundenen Unsicherheiten innerhalb einer Einrichtung nicht per se ein Indiz für fehlende Fachkompetenzen darstellt, sondern vielmehr ein wichtiger Indikator für eine bewusst praktizierte individuums- und werteorientierte professionelle Pflege ist.

Der gesamte Implementierungsprozess umfasste die folgenden Schritte:

Implementierungsprozess

- Impuls: Informationen zum geplanten Vorhaben, theoretische Einführung in die Themen Ethik, Pflegeethik und Ethikberatung, Durchführung von »Probe-Ethik-Fallberatungen« (April 2009)
- Bedarfsanalyse (1): retrospektive und strukturierte Erfassung ethischer Fragestellungen seitens der Pflegenden und der Ärzte (April 2009)
- Bedarfsanalyse (2): Schriftliche Befragung (Mai/Juni 2009)
- Klärung: Ergebnispräsentation der Befragung, Definition der institutionsspezifischen Zielsetzung, Festlegung der Aufgaben und Verfahren (Klausurtag Juli 2009)
- Entscheidung: Struktur, Modell der Ethik-Fallberatung und beginnender Wertediskurs – Ziel: Erarbeitung eines Werteprofils (August 2009)

- Etablierung und Realisierung: Seit September 2009 regelmäßig prospektive und retrospektive Ethik-Fallberatungen mit jeweils 6–12 Mitarbeitern aus dem ambulanten und stationären Hospiz, behandelnden Ärzten, Seelsorge und Kunsttherapie
- Prozess und Sichern der Nachhaltigkeit: Weiterentwicklung der Dokumentation – Instrumentenentwicklung (AG »Ethikberatung im Krankenhaus« 2011), Wertediskurs und ethische Reflexion vertiefen; »die (weitere) Sensibilisierung für ethische Fragestellungen«, »die (konsequente und ergänzende) Vermittlung von medizin- und pflegeethischem Wissen« und »die Erhöhung der Kompetenz im Umgang mit ethischen Problemen und Konflikten.« (Vorstand AEM 2010)

Der Implementierungsprozess kann angesichts der seit September 2009 regelmäßig erfolgenden retrospektiven und prospektiven Ethik-Fallberatungen sowie der konsequenten ethischen und werteorientierten Reflexionsprozesse aktuell als erfolgreich eingestuft werden. Diese gemeinsamen Erfahrungen haben nicht nur die interdisziplinäre Partizipation gefestigt, sondern auch für eine konsequente Werteorientierung im Pflegealltag sensibilisiert, die zugleich den Gästen und ihren Bezugspersonen zugute kommt. Ethik-Fallberatung ist zu einem wichtigen Verfahren geworden und hat ihren »vergewissernden Effekt […] entfaltet« (Maio 2010, S. 272), was keinesfalls gleichzusetzen ist, mit der Überwindung jeglicher ethischer Unsicherheiten.

13.5   Zusammenfassende Thesen

Professionelles Pflegehandeln impliziert im Rahmen des indizierten Entscheidungs- und Begründungszwangs per se eine Werteorientierung, die den pflegebezogenen Aushandlungsprozess leitet. Werteorientierung und ethische Reflexionsarbeit muss allerdings im Pflegealltag noch stärker bewusst und verantwortungsvoll integriert, systematisiert und bestenfalls konzeptualisiert (Riedel et al. 2011) wie auch praktiziert werden.

Professionelles Pflegehandeln intendiert Individuums- und Werteorientierung. Das heißt, neben der analytisch-reflexiven, individuumsorientierten Erhebung der Pflegebedürftigkeit und des Pflegebedarfs gilt es, verantwortungsvoll Dilemmasituationen zeitnah zu erkennen und ethisch-reflexiv die beteiligten Werte, Werteorientierungen und Wertvorstellungen sowie die jeweiligen (pflege-)ethischen Spannungsfelder zu erfassen.

Aufgrund der strukturellen Korrespondenzen sowie der zielbezogenen Divergenzen der beiden Entscheidungsprozesse – Pflegeprozess und Ethik-Fallberatung – ist deren wechselseitige Bereicherung im Pflegealltag zu erwarten.

❯ Vor dem Hintergrund der zunehmenden pflegeberuflichen Komplexität und der steigenden pflegefachlichen Anforderungen im Handlungsfeld Hospiz sind Ethikberatungen, hier insbesondere auch Ethik-Fallberatungen, – verantwortungsvoll und umsichtig implementiert – obligat.

Literatur

AG »Ethikberatung im Krankenhaus« in der Akademie für Ethik in der Medizin e.V. (AEM), Fahr U, Herrmann B, May A, Reinhardt-Gilmour A, Winkler E (2011) Empfehlungen für die Dokumentation von Ethik-Fallberatungen. In: Ethik Med (2011), S. 155–159

Arn C, Weidmann-Hügle T (Hrsg.) (2009) Ethikwissen für Fachpersonen. Basel

Aulbert E, Nauck F, Radbruch L (Hrsg.) (2012). Lehrbuch der Palliativmedizin. 3., aktualisierte Auflage. Stuttgart, New York

Baumann-Hölzle R (2004) Ethische Entscheidungsfindung in der Intensivmedizin. In: Baumann-Hölzle et al. (2004), S. 117–146

Baumann-Hölzle R, Arn C (Hrsg.) (2009) Ethiktransfer in Organisationen. Basel

Baumann-Hölzle R, Müri C, Christen M, Bögli B (Hrsg.) (2004) Leben um jeden Preis? Entscheidungsfindung in der Intensivmedizin. Bern

Baumann-Hölzle R, Waldvogel K, Staubli G, Maguire C, Bänziger O, Huber Y, Sennhauser FH (2009) Implementierung – »7 Schritte Dialog« im Rahmen des Ethik-Forums am Kinderspital Zürich. In: Baumann-Hölzle, Arn (2009), S. 255–266

Becker D (2004) Ethik im Hospiz – brauchen stationäre Hospize Ethikkomitees? In: Die Hospiz-Zeitschrift 6, 4 (2004) S. 8–11

Bödiker M (2010) Erfahrungen mit ethischen Fallbesprechungen vornehmlich in stationären Hospizen. In: Die
Hospiz-Zeitschrift 12, 45 (2004) S. 22–23

Brobst RA (2007) Der Pflegeprozess in der Praxis. 2, vollständig überarbeitete und aktualisierte Auflage. Bern

Bundesministerium für Familie, Senioren, Frauen und
Jugend, Bundesministerium für Gesundheit (Hrsg.)
(2010) Charta der Rechte hilfe- und pflegebedürftiger
Menschen. Berlin

Conradi E (2001) Take Care. Grundlagen einer Ethik der Achtsamkeit. Frankfurt/M., New York

Conradi E (2010) Ethik und Politik. Wie eine Ethik der Achtsamkeit mit politischer Verantwortung verbunden
werden kann. In: Remmers, Kohlen (2010), S. 91–117

Daiker A, Riedel A (2010) Einführung von Ethikberatung im
Hospiz. In: Krobath, Heller (2010), S. 806–826

Deutsche Gesellschaft für Palliativmedizin e.V., Deutscher
Hospiz- und PalliativVerband e.V., Bundesärztekammer
(Hrsg.) (2010) Charta zur Betreuung schwerstkranker
und sterbender Menschen in Deutschland. Berlin

Dörries A, Neitzke G, Simon A, Vollmann J (Hrsg.) (2010) Klinische Ethikberatung. Ein Praxisbuch für Krankenhäuser
und Einrichtungen der Altenpflege. 2. überarbeitete
und erweiterte Auflage. Stuttgart

Fahr U (2008) Philosophische Modelle klinischer Ethikberatung. Ihre Bedeutung für Praxis und Evaluation. In:
Frewer et al. (2008), S. 75–98

Fenner D (2010) Einführung in die Angewandte Ethik.
Tübingen

Fiechter V, Meier M (1998) Pflegeplanung. Eine Anleitung für
die Praxis. Kassel

Frewer A, Bruns F, Rascher W (Hrsg.) (2010) Hoffnung und
Verantwortung. Herausforderungen für die Medizin.
Jahrbuch Ethik in der Klinik (JEK), Bd. 3. Würzburg

Frewer A, Bruns F, Rascher W (Hrsg.) (2011) Gesundheit, Empathie und Ökonomie. Kostbare Werte in der Medizin.
Jahrbuch Ethik in der Klinik (JEK), Bd. 4. Würzburg

Frewer A, Fahr U, Rascher W (Hrsg.) (2008) Klinische Ethikkomitees. Chancen, Risiken und Nebenwirkungen. Jahrbuch Ethik in der Klinik (JEK), Bd. 1. Würzburg

Fry ST (1995) Ethik in der Pflegepraxis. Anleitung zur ethischen Entscheidungsfindung. Eschborn

Gerhard C (2011) Neuro-Palliative Care. Interdisziplinäres Praxishandbuch zur palliativen Versorgung von Menschen
mit neurologischen Erkrankungen. Bern

Heinemann W, Maio G (Hrsg.) (2010) Ethik in Strukturen
bringen. Denkanstöße zur Ethikberatung im Gesundheitswesen. Freiburg im Breisgau

Hilt A, Jordan I, Frewer A (Hrsg.) (2010) Endlichkeit, Medizin
und Unsterblichkeit. Geschichte – Theorie – Ethik.
Stuttgart

Höfling W, Brysch E (Hrsg.) (2007) Recht und Ethik in der
Palliativmedizin. Berlin

International Council of Nurses (ICN) (2006) ICN-Ethikkodex
für Pflegende. Berlin

Jox R (2011) Sterben lassen. Über Entscheidungen am Ende
des Lebens. Hamburg

Knipping C (2007) Lehrbuch Palliative Care. 2., durchgesehe-
ne Auflage. Bern

Krobath T, Heller A (Hrsg.) (2010) Ethik organisieren. Handbuch der Organisationsethik. Freiburg

Lunney M (2007) Arbeitsbuch Pflegediagnostik. Pflegerische
Entscheidungsfindung, kritisches Denken und diagnos-
tischer Prozess – Fallstudien und -analysen. Bern

Maio G (2010) Kritische Überlegungen zum engen Verhältnis
von Ethikberatung und Zeitgeist. In: Heinemann, Maio
(2010), S. 272–279

May A (2010) Ethikberatung – Formen und Modelle. In:
Heinemann, Maio (2010), S. 80–102

Mehnert A, Schröder AS, Puhlmann K, Müllerleile U, Koch U
(2006) Würde in der Begleitung schwer kranker Patienten und sterbender Patienten. Begriffsbestimmung und
supportive Interventionen in der palliativen Versorgung. In: Bundesgesundheitsbl – Gesundheitsforsch –
Gesundheitsschutz (2006), S. 1087–1096

Monteverde S (2007) Ethik und Palliative Care – Das Gute als
Handlungsorientierung. In: Knipping (2007), S. 520–535

Monteverde S (2009) Pflege – die Ethik fürsorgerischer Zuwendung. In: Arn, Weidmann-Hügle (2009), S. 51–73

Müller-Busch HC, Aulbert E (2012) Ethische Fragen in der
Palliativmedizin. In: Aulbert et al. (2012), S. 42–59

Neitzke G (2009) Formen und Strukturen Klinischer Ethikberatung. In: Vollmann et al. (2009), S. 37–56

Neitzke G (2010) Beispiel einer Implementierung (Universitätsklinikum). In: Dörries et al. (2010), S. 134–141

Ohnsorge K (2007) Ethische Fragen am Lebensende. In:
Robert Bosch Stiftung (2007), S. 104–112

Ohnsorge K, Rehmann-Sutter C (2010) Menschen, die
sterben möchten. Empirische Studien in der Palliativmedizin und ihre ethischen Implikationen. In: Hilt et al.
(2010), S. 249–270

Ostgathe C, Galushko M, Voltz R (2010) Hoffen auf ein
Ende des Lebens? Todeswunsch bei Menschen mit
fortgeschrittener Erkrankung. In: Frewer et al. (2010),
S. 247–256

Porst R (2008) Fragebogen. Ein Arbeitsbuch. Wiesbaden

Rabe M (2009) Ethik in der Pflegeausbildung. Beiträge zur
Theorie und Didaktik. Bern

Reiter-Theil S (2008) Ethikberatung in der Klinik – ein
integratives Modell für die Praxis und ihre Reflexion. In:
Therapeutische Umschau (2008), S. 359–365

Reiter-Theil S (2012) Autonomie des Patienten und ihre Grenzen. In: Aulbert et al. (2012), S. 60–76

Remmers H (2000) Pflegerisches Handeln. Wissenschafts-
und Ethikdiskurse zur Konturierung der Pflegewissenschaft. Bern

Remmers H (2003) Ethische Aspekte der Pflege. In: Rennen-
Allhoff, Schaeffer (2003), S. 307–335

Remmers H, Kohlen H (Hrsg.) (2010) Bioethics, care and
gender. Herausforderungen für Medizin, Pflege und
Politik. Osnabrück

Rennen-Allhoff B, Schaeffer D (Hrsg.) (2003) Handbuch
Pflegewissenschaft. Weinheim, München

13

Riedel A (2011) Empathie im Kontext der Ethikberatung. Überlegungen zu einer förderlichen Grundhaltung. In: Frewer et al. (2011), S. 87–109

Riedel A, Lehmeyer S (2011) Konzeptentwicklung: Theoretische Fundierung und Prämissen zur Konzeptualisierung ethischer Fallbesprechungen. In: Riedel et al. (2011), S. 39–138

Riedel A, Lehmeyer S, Elsbernd A (2011) Einführung von ethischen Fallbesprechungen – Ein Konzept für die Pflegepraxis. Ethisch begründetes Handeln praktizieren. 2., überarbeitete und korrigierte Auflage. Lage

Robert Bosch Stiftung (Hrsg.) (2007) Ethik und Recht. Bern

Siegmann-Würth L (2011) Ethik in der Palliative Care. Theologische und medizinische Erkundungen. Bern

Simon A (2010) Medizinethische Aspekte. In: Verrel, Simon (2010), S. 59–109

Steffen-Bürgi B (2007) Reflexionen zu ausgewählten Definitionen der Palliative Care. In: Knipping (2007), S. 30–38

Steinkamp N, Gordijn B (2010) Ethik in Klinik und Pflegeeinrichtung. Ein Arbeitsbuch. 3., überarbeitete Auflage. Köln

Tronto JC (1993) Moral boundaries: A political argument for an ethic of care. New York, London

van der Arend A, Gastmans C (1996) Ethik für Pflegende. Bern

Verrel T, Simon A (2010) Patientenverfügungen. Rechtliche und ethische Aspekte. Freiburg, München

Vollmann J (2010) Implementierung einer Klinischen Ethikberatung. In: Dörries et al. (2010), S. 113–126

Vollmann J, Schildmann J, Simon A (Hrsg.) (2009) Klinische Ethik. Aktuelle Entwicklungen in Theorie und Praxis. Frankfurt/M., New York

Voltz R (2007) Stand und Perspektiven der Palliativmedizin in Deutschland aus Sicht der Patientenschutzorganisation Deutsche Hospiz Stiftung. In: Höfling, Brysch (2007), S. 5–9

Vorstand der Akademie für Ethik in der Medizin e. V. (2010) Standards für Ethikberatung in Einrichtungen des Gesundheitswesens. In: Ethik Med (2010), S. 149–153

Weidner F (2003) Professionelle Pflegepraxis und Gesundheitsförderung. Eine empirische Untersuchung über Voraussetzungen und Perspektiven des beruflichen Handelns in der Krankenpflege. Frankfurt/M.

Wittwer H, Schäfer D, Frewer A (Hrsg.) (2010) Sterben und Tod. Geschichte – Theorie – Ethik. Ein interdisziplinäres Handbuch. Stuttgart

WHO, Deutsche Gesellschaft für Palliativmedizin (2008) Palliative Care. Die Fakten. Bonn

Ziegler SM (1997) Theoriegeleitete Pflegepraxis. Wiesbaden

Rechtliche Fragen der Medizinethik und klinischer Beratung am Lebensende

Torsten Verrel

Entscheidungen über lebenserhaltende Maßnahmen, ihre Begrenzung oder Einstellung, lösen erfahrungsgemäß besonderen Beratungsbedarf aus. Dies liegt nicht nur an der im ärztlichen Ethos tief verankerten und in ihrer praktischen Umsetzung in der Ausbildung und im klinischen Alltag intensiv eingeübten Lebenserhaltungspflicht. Ärzte wissen auch um die besondere (straf)rechtliche Relevanz von Behandlungsentscheidungen am Lebensende und möchten sich weder vorwerfen lassen, zu früh »aufgegeben«, noch unnötiges Leiden nicht verhindert oder verlängert zu haben.

14.1　Einführung

Es bestehen nicht selten unzutreffende Vorstellungen über die rechtlichen Anforderungen, und das Risiko, sich für Behandlungsentscheidungen am Lebensende juristisch verantworten zu müssen, wird auch regelmäßig überschätzt. Dabei sind die rechtlichen Grundlagen heute transparenter denn je, und gerade in der letzten Zeit haben sich erfreuliche Klarstellungen des rechtlichen Rahmens für Therapieentscheidungen am Lebensende ergeben. Über diese Entwicklungen soll im Folgenden berichtet und damit auch an den Beitrag von Säfken (▶ Kap. 15) angeschlossen werden, verhindert doch die Kenntnis der sowohl betreuungsrechtlich (sogleich 2.) als auch straf- (3.) und berufsrechtlich (4.) geprägten Rechtslage, dass es zu Beratungsfehlern mit der Folge zivilrechtlicher Haftung kommen kann.

14.2　Klärungen durch das 3. Betreuungsrechtsänderungsgesetz

Einen Meilenstein auf dem Weg zu mehr Rechtssicherheit stellt die im Jahr 2009 nach langjähriger und teilweise sehr kontroverser Diskussion erfolgte, freilich auch überfällige gesetzliche Verankerung von Patientenverfügungen durch das 3. Betreuungsrechtsänderungsgesetz (3. BtÄndG)[1] dar

(Bundesgesetzblatt 2009 I, 2286). Darin wurden aber nicht nur die Voraussetzungen verbindlicher Patientenverfügungen (1) und Verfahrensfragen geklärt (2), sondern auch klargestellt, dass der nicht in einer Patientenverfügung zum Ausdruck gekommene (mutmaßliche) Patientenwille (3) in gleicher Weise zu beachten ist.

14.2.1　Anerkennung von Patientenverfügungen

■ **Verbindlichkeitsvoraussetzungen**

Die zentrale Aussage des sog. Patientenverfügungsgesetzes besteht darin, dass Patientenverfügungen nicht länger den Stellenwert eines bloßen, wenn auch im Einzelfall gewichtigen Indizes für den Patientenwillen haben,[2] sondern unter den in § 1901a Abs. 1 genannten und sogleich erläuterten Voraussetzungen strikt binden, also unmittelbarer Ausdruck des Patientenwillens sind. Damit haben sich die schon bisher im Umgang mit Patientenverfügungen aufgetretenen praktischen Probleme keineswegs erledigt und es bestehen nach wie vor »Stellschrauben«, an denen Adressaten von Patientenverfügungen drehen können. Jedoch sensibilisiert die Benennung der Wirksamkeitsvoraussetzungen, durch ein Gesetz die Verwender und Adressaten von Patientenverfügungen, die Beratungsinstitutionen, wie etwa Klinische Ethikkomitees, in einer Weise für mögliche Schwachstellen von Patientenverfügungen, wie es eine bloß richterrechtliche und damit immer nur einzelfallbezogene[3] Akzeptanz dieses Vorsorgeinstruments niemals vermag und zwingt vor allem diejenigen zu einer substantiierten Begründung, die eine vorliegende Patientenverfügung nicht beachten wollen.

Die nach wie vor größten Hürden für Patientenverfügungen sind die **inhaltlichen** Erfordernisse hinreichender **Konkretion** und **Passgenauigkeit**. § 1901a Abs. 1 Satz 1 BGB verlangt insoweit Festlegungen (Einwilligung oder Untersagung) im Hinblick auf »bestimmte […] Untersuchungen

---

1　Näher zu den darin enthaltenen Vorschriften Verrel u. Simon (2010), S. 13 ff sowie Frewer et al. (2009).

2　So noch BGHSt 40, 257, 263 und die bislang herrschende Literaturansicht, s. dazu nur Schöch (1999), S. 703, 706 f., anders erstmals BGHZ 154, 205, 210 f.

3　Näher zu dieser Problematik siehe Verrel (2006), C 15, 17, 56.

[…], Heilbehandlungen oder ärztliche Eingriffe«, die zudem »auf die aktuelle Lebens- und Behandlungssituation zutreffen« müssen. Die Bandbreite der sich allein schon durch diese Voraussetzungen ergebenden Problemfälle reicht von der zu allgemein gehaltenen (»Keine Schläuche!«) über die sehr detaillierte, die eingetretene Behandlungssituation aber nicht (genau) treffende bis hin zu der eindeutigen und auch einschlägigen Patientenverfügung, die aber nicht mehr dem nach der Abfassung geäußerten oder zu mutmaßenden aktuellen (Lebens-)Willen des Patienten entspricht, etwa weil dieser eine enge Bindung zu seinen Enkelkindern oder ein anderes Verhältnis zu krankheitsbedingten Einschränkungen entwickelt hat.

> **Ein regelrechter Widerruf ist, was nunmehr § 1901a Abs. 1 Satz 3 BGB klarstellt, jederzeit und formlos möglich.**

Die sich bei der Prüfung der Bestimmtheit und Situationsbezogenheit von Patientenverfügungen im Einzelfall ergebenden und letztlich von keiner gesetzlichen Regelung zu vermeidenden Auslegungs- und Interpretationsspielräume müssen von den Verfügungsadressaten verantwortungsvoll, aber auch ohne Scheu vor der Übernahme von Verantwortung ausgefüllt werden. Beruht die letztlich getroffene Entscheidung über die Beachtung oder Missachtung einer Patientenverfügung auf einer auch in Ansehung der eingeschränkten klinischen Aufklärungsmöglichkeiten soliden Tatsachengrundlage und auf nachvollziehbaren, nicht bloß spekulativen oder nur die eigenen Wertvorstellungen, nicht aber die des Patienten berücksichtigenden Überlegungen, wird sie auch einer etwaigen rechtlichen Überprüfung standhalten, sollte im Hinblick darauf aber auch stets gut dokumentiert werden.

Die Prüfung der mangels gegenteiliger Anhaltspunkte zu unterstellenden **Einwilligungsfähigkeit** des Patienten zum Zeitpunkt der Errichtung einer Patientenverfügung und seiner Freiheit von Irrtum, Täuschung, Drohung und Zwang bereiten in aller Regel keine Probleme. Gleiches gilt für die **formalen** Verbindlichkeitsvoraussetzungen der **Volljährigkeit** und **Schriftlichkeit**, über deren Berechtigung sich freilich rechtspolitisch ebenso gut

streiten lässt[4] wie darüber, dass der Gesetzgeber auf weitere Anforderungen an verbindliche Verfügungen verzichtet hat. So gibt es weder **zeitliche Wirksamkeitsgrenzen** bzw. **Aktualisierungserfordernisse** wie z. B. in § 7 des österreichischen Patientenverfügungsgesetzes (Olzen 2009, S. 354, 359 ff.) noch eine Pflicht zur freilich ausgesprochen sinnvollen (ärztlichen) **Beratung**. Ausdrücklich und zu Recht verworfen wurde die sog. **Reichweitenbeschränkung**, die den Hauptstreitpunkt im Gesetzgebungsverfahren bildete und zu einer auch verfassungsrechtlich höchst problematischen Einschränkung des Selbstbestimmungsrechts des Patienten geführt hätte[5].

> **§ 1901a Abs. 3 BGB gelt insoweit unmisverständlich, dass die Bindungswirkung von Patientenverfügungen »unabhängig von Art und Stadium einer Erkrankung« gilt.**

■ **Zuständigkeiten**

§ 1901a Abs. 1 Satz 2 BGB weist dem gesetzlichen **Betreuer** oder vorrangig – falls der Patient eine Vorsorgevollmacht erteilt hat – dem **Bevollmächtigten** (§ 1901a Abs. 5 BGB) die Aufgabe zu, bindende Patientenverfügungen umzusetzen, nämlich »dem Willen des Betreuten Ausdruck und Geltung zu verschaffen.« An der dem Betreuer/Bevollmächtigten zuvor obliegenden Prüfung der Verbindlichkeitsvoraussetzungen ist aber nach § 1901b Abs. 1 Satz 2 BGB auch der **Arzt** beteiligt, der dabei sowohl eine Informations- als auch Kontrollfunktion gegenüber dem Stellvertreter des Patienten hat. Außerdem bestimmt Abs. 2, dass nach Möglichkeit »nahen **Angehörigen** und sonstigen **Vertrauenspersonen** Gelegenheit zur Äußerung gegeben werden (soll).« Der Arzt hat nach § 1901b Abs. 1 Satz 1 BGB aber vor allem und insoweit in alleiniger Kompetenz die Aufgabe zu prüfen, »welche ärztliche Maßnahme im Hinblick auf den Gesamtzustand und die Prognose des Patienten indiziert ist.«

---

4 Kritisch zur (bloßen) Schriftlichkeit etwa Seitz (1998), S. 421; Kutzer (2005), S. 50 f.; zur Volljährigkeit Spickhoff (2009), S. 1949, 1951.

5 Stellvertretend für die nahezu einhellige Kritik aus der Rechtswissenschaft seien Hufen (2009), S. 25 ff.; Ingelfinger (2005), S. 44 genannt.

Besteht schon keine medizinische Indikation für eine bestimmte (lebensverlängernde) Behandlung, kommt es auf den in einer Patientenverfügung geäußerten Willen und auch sonst nicht auf den Willen des Patienten an. Der Primat des Patientenwillens gilt mit anderen Worten nur innerhalb des Korridors medizinisch indizierter Maßnahmen (vgl. Taupitz 2000, A 24; BGH, NJW 2003, S. 1593). Ärzte sollten sich bewusst sein, dass dessen Bestimmung keineswegs nur anhand naturwissenschaftlicher Kriterien erfolgt, sondern wegen der erforderlichen prognostischen Erwägungen und der Berücksichtigung der Verhältnisse des Patienten auch wertenden Charakter hat[6]. Dies darf weder verdrängt noch ausgenutzt, sondern sollte jederzeit transparent gemacht werden.

Der nunmehr vom Gesetz vorgeschriebene Dialog insbesondere zwischen Betreuer/Bevollmächtigtem und Arzt, aber auch mit anderen Personen, deren Wissen zur Abklärung der Verbindlichkeitsvoraussetzungen beitragen kann, sollte schon vor dem 3. BtÄndG »good clinical practice« gewesen sein. Denn er gewährleistet nicht nur ein Mindestmaß gegenseitiger Kontrolle und dass alle wesentlichen Gesichtspunkte zur Sprache kommen, sondern hat auch eine wichtige Rechtsfrieden stiftende Funktion. Zu einer nachträglichen juristischen Überprüfung von Behandlungsentscheidungen am Lebensende kommt es nämlich erfahrungsgemäß (fast nur) dann, wenn beispielsweise Angehörige oder Pflegekräfte nicht in den Entscheidungsprozess miteinbezogen wurden.

Klarheit hat das 3. BtÄndG auch im Hinblick auf die **Genehmigungsbedürftigkeit** von Behandlungsentscheidungen **durch das Betreuungsgericht** geschaffen. Neben der jederzeit und jedermann möglichen Anrufung des Betreuungsgerichts im Wege der Missbrauchskontrolle, sieht § 1904 Abs. 2 BGB zwar im Grundsatz vor, dass der Betreuer bzw. Bevollmächtigte (Abs. 5) einer betreuungsgerichtlichen Genehmigung bedarf, wenn er die Vornahme einer medizinisch indizierten lebenserhaltenden Maßnahme ablehnt. Davon macht jedoch Abs. 4 eine weit reichende Ausnahme, »wenn zwischen Betreuer und behandelndem Arzt Einvernehmen darüber besteht, dass die [...]

Nichterteilung oder der Widerruf der Einwilligung dem [...] Willen des Betreuten entspricht«. Dieses sog. Konfliktmodell[7] verhindert eine schon wegen der derzeitigen Justizkapazitäten nicht darstellbare, aber auch in der Sache nicht wünschenswerte Juridifizierung von Behandlungsentscheidungen, ist aber auch Ausdruck des Vertrauens darin, dass Arzt und Betreuer im Zusammenwirken zu einer sachgerechten Entscheidung finden und unterstreicht nochmals die Bedeutung der von § 1901b BGB verlangten Kommunikation.

> **Arzt und Betreuer sollten noch wissen, dass eine vom Betreuungsgericht eingeholte Genehmigung erst zwei Wochen nach ihrer Bekanntgabe wirksam wird (§ 287 Abs. 3 FamFG), um zu verhindern, dass etwaige Rechtsmittel gegen die Genehmigung von Behandlungsbegrenzungen oder riskanten Eingriffen durch deren sofortigen Vollzug leer laufen.**

14.2.2 Primat des Patientenwillens in all seinen Ausdrucksformen

Mindestens ebenso bedeutsam wie die gesetzliche Verankerung des Vorsorgeinstruments der Patientenverfügung ist es, dass im 3. BtÄndG darüber hinaus eine Regelung für die jedenfalls derzeit noch sehr häufige Situation einer gänzlich fehlenden oder nicht die Verbindlichkeitsvoraussetzungen des § 1901a Abs. 1 BGB erfüllenden Patientenverfügung getroffen wurde. Für diesen Fall bestimmt § 1901a Abs. 2 Satz 1 BGB, dass »der Betreuer die Behandlungswünsche oder den mutmaßlichen Willen des Betreuten festzustellen und auf dieser Grundlage zu entscheiden (hat), ob er in eine ärztliche Maßnahme nach Absatz 1 einwilligt oder sie untersagt.«

Damit hat die bisher schon in der Rechtsprechung (BGHSt 40, 257, 260; BGHZ 154, 205, 217) angelegte und in der (Beratungs-)Literatur (u. a. Sold u. Schmidt 2009, S. 189) veranschaulichte Vierstufigkeit der Willenserforschung und -beachtung

---

6   Aus juristischer Sicht näher dazu Duttge (2006), S. 480.

7   Übernommen von BGHZ 154, 227; kritisch Saliger (2004), S. 243 f.

nunmehr eine gesetzliche Grundlage. Kann sich der Patient zu einer unmittelbar bevorstehenden Behandlung verantwortlich äußern, ist allein dieser Behandlungswunsch, der ausdrücklich (mündlich) geäußerte Wille, maßgeblich. Ist der Patient zu einer solchen Willensäußerung nicht (mehr) in der Lage und liegt eine die Voraussetzungen des § 1901a BGB erfüllende Patientenverfügung vor, sind die darin enthaltenen Festlegungen bindend. Liegt keine (verbindliche) Patientenverfügung vor, richtet sich die Behandlung nach dem mutmaßlichen Willen des Patienten, also danach, wie diese Person mit ihren ganz individuellen Präferenzen und Wertvorstellungen vermutlich entscheiden würde, wenn sie sich noch äußern könnte. Fehlen jegliche konkrete Anhaltspunkte für die Erforschung des individuellen mutmaßlichen Willens – § 1901a Abs. 2 Satz 1 nennt »insbesondere frühere mündliche oder schriftliche Äußerungen, ethische oder religiöse Überzeugungen und sonstige persönliche Wertvorstellungen« – muss der mutmaßliche Wille nach dem Maßstab eines »objektiven« Patienten beurteilt werden, dessen Inhalt freilich umstritten ist (► Abschn. 14.2.3).

Durch dieses System der gestuften Willenserforschung ist der Rahmen abgesteckt, in dem sich die Überlegungen über die Vornahme medizinisch indizierter Maßnahmen bewegen. Dies gilt im Übrigen nicht nur für Betreuer/Bevollmächtigte und Ärzte, sondern auch für das ggf. eingeschaltete Betreuungsgericht, das die Genehmigung einer Behandlung oder Behandlungsbegrenzung erteilen muss, »wenn die Einwilligung, die Nichteinwilligung oder der Widerruf der Einwilligung dem Willen des Betreuten entspricht« (§ 1904 Abs. 3 BGB). Die nunmehr eindeutig durch das Gesetz vorgegebene Marschroute ändert freilich nichts an den durch keine rechtliche Regelung zu beseitigenden Schwierigkeiten, den Patientenwillen im Einzelfall zutreffend zu ermitteln und dem daraus erwachsenden Bedarf an klinischer Beratung.

14.2.3 Offene Fragen

Der Beratungsbedarf ist besonders dann groß, wenn die Erforschung des individuellen mutmaßlichen Willens mangels konkreter Anhaltspunkte

zu keinem Ergebnis führt. Eine explizite gesetzliche Regelung findet sich für diesen Fall ebenso wenig wie eine gefestigte Rechtsprechung. Der wohl überwiegend vertretenen Entscheidungsmaxime »in dubio pro vita« (Höfling 2006, S. 31; JuS 2000, S. 117; Hillgruber 2006, S. 80) steht der Grundsatz »in dubio pro libertate« (Hufen 2009, S. 44; Dreier 2006, S. 101) gegenüber. Mit der Entscheidung für eine (Weiter)Behandlung stehen Betreuer/Bevollmächtigte und Ärzte gewiss auf der sicheren Seite, sollten aber wissen, dass jedenfalls der BGH in Strafsachen die Berücksichtigung »allgemeiner Wertvorstellungen« (BGHSt 40, 257, 263)[8] und damit objektivierter Anschauungen über den Sinn und Nutzen einer Therapie für möglich hält. Die Überschneidungen, die insoweit zwischen der Ermittlung des objektivierten mutmaßlichen Willens auf der vierten Stufe und der Beurteilung der medizinischen Indikation bestehen, sind offensichtlich. Festzuhalten bleibt, dass die Weiterbehandlung des Patienten bei unergiebiger Willenserforschung keineswegs rechtlich zwingend ist, sondern auch die Behandlungsbegrenzung eine zulässige Entscheidungsoption sein kann, wenn sie von einer nachvollziehbaren, auf zutreffenden Tatsachen und sachlichen Erwägungen beruhenden Begründung getragen wird.

Der Gesetzgeber hat sich ebenso wenig zu dem Problem geäußert, welchen Einfluss Persönlichkeitsveränderungen auf den Fortbestand von Patientenverfügungen haben. So ist insbesondere strittig, ob ein für den Zustand der Demenz verfügter Verzicht auf lebenserhaltende Maßnahmen auch dann zu beachten ist, wenn der Demenzkranke offensichtliche Lebensfreude hat. Rechtlich festmachen lässt sich die Problematik an der Frage, ob ein – auch durch schlüssiges Verhalten möglicher – Widerruf einer Patientenverfügung ebenso wie dessen wirksame Errichtung Einwilligungsfähigkeit voraussetzt[9] oder dafür ein »natürlich-kreatürlicher« Willen ausreichend ist (Bernat in Albers 2008, S. 111; Riedel 2005, S. 29; Kutzer 2004, S. 687). Der Nationale Ethikrat (2005, S. 34) hatte sich für

---

8 Näher zur Bedeutung objektiver Beurteilungsmaßstäbe Verrel (2007), S. 719 ff.

9 Siehe hierzu insbesondere die Ausführungen von Coeppicus (2011), S. 2089 f.; Olzen (2009), S. 358; Spickhoff (2009), S. 1955; vgl. auch Verrel (2006), C 88f.

eine fortdauernde Bindungswirkung ausgesprochen, wenn dem Abfassen einer solchen Patientenverfügung eine »geeignete Beratung« vorausgegangen ist.

Die Regelung der Patientenverfügung im Betreuungsrecht und die in § 1901a Abs. 1 BGB allein an den Betreuer adressierte Pflicht zur Umsetzung verbindlicher Patientenverfügungen haben zu Unsicherheit darüber geführt, ob eine Patientenverfügung immer nur nach vorheriger Betreuerbestellung (vgl. Diehn u. Rebhahn 2010, 327 ff.; Bühler u. Stolz 2009, 265 f.; Albrecht u. Albrecht 2009, 432 f.), also nicht schon unmittelbar durch den Arzt Beachtung finden kann. Diese sich nur bei eindeutig verbindlichen Patientenverfügungen und eilbedürftigen Behandlungsentscheidungen stellende Frage ist mit der wohl überwiegenden Ansicht im Sinne einer allgemeinen, nicht auf den Betreuer beschränkten Bindungswirkung von Patientenverfügungen zu beantworten, so dass deren Vollzug auch bei einem bislang nicht betreuten Patienten möglich ist[10].

14.3 Der »Fall Fulda«: Zulässigkeit einverständlicher aktiver Behandlungsbegrenzungen

Einen mindestens ebenso bedeutsamen Beitrag zur Rechtssicherheit wie das 3. BtÄndG hat die Entscheidung des 2. Strafsenats des BGH vom 25.06.2010[11] geleistet. In diesem erstinstanzlich vom LG Fulda (ZfL 2009, 97) entschiedenen Verfahren nimmt der BGH einen außergewöhnlichen Fall verweigerten Sterbenlassens zum Anlass, die Abgrenzung zwischen erlaubten, ja gebotenen Behandlungsabbrüchen und verbotenen Tötungen auf Verlangen (§ 216 StGB) zu präzisieren, die bislang mit den wenig trennscharfen und missverständlichen Begriffen der passiven und aktiven Sterbehilfe erfolgte.

---

10 Zum Kontext siehe Coeppicus (2011), S. 2087; Müller (2010), S. 177; Palandt u. Diederichsen (2011), § 1901a Rn 24; Borasio et al. (2009), A 1678; siehe auch die vom Bundesjustizministerium (2010) hrsg. Informationsbroschüre »Patientenverfügung«, S. 12.

11 BGHSt 55, 195ff = BGH, NStZ 2010, 630 = NJW 2010, 2963 = MedR 2011 (29): S. 32–38.

Praxisbeispiel: »Fall Fulda«, Teil I

Es ging um eine 76-jährige Wachkomapatientin, die in einem Pflegeheim untergebracht war und über eine Magensonde künstlich ernährt wurde. Die Tochter und gesetzliche Betreuerin hatte die Sondenernährung in Absprache mit dem behandelnden Arzt und der sich zunächst lange verweigernden Heimleitung eingestellt. Als die Heimleitung dann jedoch ultimativ die Fortsetzung der Sondenernährung ankündigte, durchtrennte die Tochter auf Anraten ihres Anwalts den Schlauch über der Magendecke, um die dem Willen der Mutter widersprechende Weiterernährung zu verhindern.

14.3.1 Abschied vom »Unterlassen durch Tun«

Obwohl auch das Landgericht davon ausging, dass die von der Heimleitung angeordnete Fortsetzung der Ernährungstherapie mangels Einwilligung rechtswidrig war, hielt es das Verhalten der Betreuerin und ihres Anwalts ebenfalls für unzulässig, da es sich um ein aktives Tun und damit vermeintlich um einen von § 216 StGB verbotenen Fall sog. aktiver Sterbehilfe gehandelt habe. Diese widersprüchliche Bewertung (Beckmann 2009, S. 108; Verrel 2010, S. 671 f.) ist Ausdruck der Unsicherheit, die durch die bisherige Differenzierung zwischen passiver und aktiver Sterbehilfe und die damit korrespondierenden Ansätze in Rechtsprechung und Rechtswissenschaft hervorgerufen wurde, Unterlassungen aus dem Anwendungsbereich des § 216 StGB herauszunehmen und auch tätige Behandlungsbegrenzungen normativ als ein Unterlassen zu verstehen (BGHSt 40, 257, 265 f.). Diese »Umdeutung der erlebten Wirklichkeit in eine dieser widersprechende normative Wertung« (BGH, NStZ 2010, 630) stieß beim LG Fulda verständlicherweise an eine Grenze, lässt sich das Durchschneiden eines Schlauchs doch schwerlich als ein Unterlassen der Ernährung begreifen.

Der 2. Strafsenat bedient sich denn auch nicht mehr des bisherigen dogmatischen Kunstgriffs »Unterlassen durch Tun« (Schöch 1995, S. 154), sondern stellt in seinen Leitsätzen zu Recht darauf ab, ob es sich um einen dem tatsächlichen oder mutmaßlichen Willen entsprechenden Behandlungsabbruch mit dem Ziel des krankheitsbedingten Sterbenlassens oder um »Eingriffe in das Leben eines Menschen handelt, die nicht im Zusammenhang mit dem Abbruch einer medizinischen Behandlung stehen«. Während ersterer gerechtfertigt und damit straflos ist, sind letztere nach § 216 StGB strafbare Tötungen auf Verlangen.

❯❯ **Ausdrücklich hält der BGH noch einmal fest, dass ein erlaubter »Behandlungsabbruch sowohl durch Unterlassen als auch durch aktives Tun vorgenommen werden (kann)«.**

Damit sollten die auch in der klinischen Praxis immer wieder festzustellenden Fehlvorstellungen über die juristische Relevanz der äußeren Form ärztlichen Handelns beseitigt sein (Weber et al 2001, A 3184; Oorschot et al. 2005, S. 261 ff.). Der Verzicht auf die Einleitung oder Fortführung einer medizinisch indizierten lebenserhaltenden Behandlung ist ganz unabhängig von den dafür notwendigen »Umsetzungshandlungen« gerechtfertigt, wenn der Patient dies ausdrücklich, in Form einer verbindlichen Patientenverfügung, oder mutmaßlich wünscht. Verbotene Tötung auf Verlangen begeht dagegen derjenige, der das Leben des Patienten auf dessen Wunsch durch einen medizinisch nicht indizierten Eingriff verkürzt. Erst recht strafbar ist die eigenmächtige Patiententötung, einerlei ob der für das Leben des Patienten verantwortliche Arzt, Pfleger oder Angehörige dies durch ein aktives Tun oder durch ein Unterlassen indizierter Behandlung bewirkt.

14.3.2 Bedeutung des Betreuungsrechts

Ist die strafrechtliche Absicherung aktiver, dem Willen des Patienten entsprechender Behandlungsbegrenzungen uneingeschränkt zu begrüßen,[12] haben die Ausführungen des 2. Strafsenats zum Zu-

sammenspiel von Strafrecht und Betreuungsrecht – mittlerweile befriedigten – Klärungsbedarf hervorgerufen.

Keine Probleme bereitet das Verhältnis beider Rechtsmaterien, soweit es um die **materiellen** Voraussetzungen erlaubter Behandlungsbegrenzungen geht. Die Maßgeblichkeit des Patientenwillens in seinen verschiedenen Ausdrucksformen findet sich schon in der bisherigen Rechtsprechung und Dogmatik zum Rechtfertigungsgrund der Einwilligung und kann wie bereits oben dargestellt nunmehr § 1901a BGB Abs. 2 entnommen werden, auf den sich der 2. Strafsenat in seiner Entscheidung auch bezogen hat. Die – im Fall Fulda keine Rolle spielenden – inhaltlichen und formalen Anforderungen an verbindliche Patientenverfügungen, die bisher in der Strafrechtsprechung nicht behandelt wurden, gibt allein das Betreuungsrecht in § 1901a Abs. 1 BGB vor. Folglich würde auch in einem etwaigen Strafverfahren geprüft werden, ob die in dieser Vorschrift genannten Voraussetzungen für eine verbindliche Patientenverfügung tatsächlich vorlagen.

Differenzierter ist die strafrechtliche Beurteilung der oben unter ▸ Abschn. 14.2.1 dargestellten betreuungsrechtlichen **Verfahrensvorschriften.** Der 2. Strafsenat hat – insoweit ganz zutreffend – auf die Bedeutung des »betreuungsrechtlichen Rahmen(s) einer am Patientenwillen orientierten Behandlungsbegrenzung« (BGH, NStZ 2010, 630) hingewiesen. Das betreuungsrechtliche Prozedere, also insbesondere das Zusammenwirken von Betreuer, Arzt, Angehörigen und Vertrauenspersonen des Patienten sowie die ggf. erforderliche Einschaltung des Betreuungsgerichts haben die Funktion, eine dem Patientenwillen entsprechende Behandlung zu gewährleisten, aber gleichermaßen den Entscheidungsverantwortlichen Rechtssicherheit zu geben auch und gerade im Hinblick auf eine spätere strafrechtliche Überprüfung. Dazu kommt es zwar ausgesprochen selten, doch kann auch die nur entfernte Möglichkeit eines Strafverfahrens verhaltenssteuernde Kraft entfalten. Wer sich aber an die Zuständigkeits- und Erörterungsregeln bei der Willenserforschung hält, steht auf der sicheren Seite (Coeppicus 2011, S. 2087). Selbst wenn ein Strafgericht ex post zu dem Ergebnis kommen sollte, dass der Patientenwille verfehlt wurde, werden sich

---

12 Im Ergebnis, nicht immer auch in seiner dogmatischen Begründung, hat die Fuldaer Entscheidung des BGH soweit ersichtlich ausnahmslos Zustimmung erfahren, so etwa von Bosch (2011), S. 908; Engländer (2011), S. 513; Gaede (NJW 2010), S. 2925; Verrel (2010), S. 671; Hirsch (2011), S. 37; Kubiciel (2010), S. 656.

redliche Entscheidungsverantwortliche zumeist auf einen Irrtum berufen können und sich – wenn überhaupt – nur wegen fahrlässigen Verhaltens verantworten müssen.

Ist daher die Beachtung auch des formellen Betreuungsrechts unbedingt zu empfehlen, folgt daraus aber umgekehrt nicht, dass eine verfahrensfehlerhafte Behandlungsbegrenzung automatisch zur Strafbarkeit wegen eines Tötungsdelikts führt. Die strafrechtliche Beurteilung hängt vielmehr allein davon ab, ob das, was an indizierten medizinischen Maßnahmen getan oder unterlassen wurde, dem Willen des Patienten entsprach (u. a. Coeppicus 2011, S. 2087; Engländer 2011, S. 518 f.).

Die Begründung des Fuldaer Urteils, vor allem aber einer Folgeentscheidung des 2. Strafsenats vom 10.11.2010 (BGH, NStZ 2011, 274)[13], in der es um den eindeutigen Fall eines eigenmächtigen, also dem Patientenwillen nicht entsprechenden Behandlungsabbruchs durch den Schwiegersohn der Patientin ging, sind von einigen Autoren[14] und dem Verfasser aber so verstanden worden, dass der BGH die Beachtung des betreuungsrechtlichen Verfahrens als Voraussetzung für eine strafrechtliche Rechtfertigung ansieht oder ansehen könnte. Dem ist jedoch kürzlich die Vorsitzende des 2. Strafsenats entgegengetreten und hat ausdrücklich klargestellt, dass ein nicht zu einer Fehleinschätzung des Patientenwillens führender Verfahrensverstoß als solcher keine Strafbarkeit begründen kann (Rissing-van Saan 2011, S. 548). Soweit sie ausführt, dass die Entscheidungsgründe keinen Anlass zu einer anderen Interpretation gegeben haben, kann ihr allerdings nicht gefolgt werden.

Der Fall Fulda selbst ist übrigens kein Beispiel für eine Umgehung des Betreuungsrechts.

Praxisbeispiel: »Fall Fulda«, Teil II
Zwischen der Betreuerin und dem behandelnden Arzt bestand Einvernehmen über den Willen der Patientin, nicht länger künstlich ernährt zu werden. Die zuständige Betreuungsrichterin war über die geplante Ernährungseinstellung informiert und sah wegen der übereinstimmenden Beurteilung von Betreuerin und Arzt keinen Anlass zum Tätigwerden. Mit dem sich lange gegen die Ernährungseinstellung sperrenden Pflegeheim wurde nach mühsamen Verhandlungen vereinbart, dass die Tochter die Ernährungsreduktion unter palliativmedizinischer Anleitung durchführt. Nachdem am Tag zuvor bereits die letzte Flasche mit Nahrung durchgelaufen war, stellte die von der Geschäftsleitung dazu angewiesene Heimleitung der Tochter dann aber überraschend das Ultimatum, sich binnen zehn Minuten mit dem Wiederanhängen einer Flasche einverstanden zu erklären oder Hausverbot zu erhalten. Erst in dieser Konfliktsituation, in der baldiger gerichtlicher Rechtsschutz nicht zu erreichen war, entschied man sich zum Durchschneiden des Schlauchs der Magensonde, um die rechtswidrige Fortsetzung der künstlichen Ernährung zu verhindern.

Im Lichte dieser Vorgeschichte[15] ist die Maßnahme bei weitem nicht mehr so drastisch und rigide, wie es zunächst den Anschein hat, und wird man jedenfalls der Tochter und ihrem Anwalt kaum einen Mangel an Kommunikation und ein Handeln vorhalten können, welches das dem Konflikt zugrunde liegende Problem nicht löst[16].

14.4 Berufsrechtliches Verbot des ärztlich assistierten Suizids

Die aktuellste für die klinische Beratung am Lebensende relevante Rechtsentwicklung ist die kürzlich auf dem 114. deutschen Ärztetag[17] in Kiel beschlossene Novellierung von § 16 der Musterberufsordnung (MBO), der nunmehr ein darin bislang nicht enthaltenes Suizidassistenzverbot für Ärzte enthält: »Sie dürfen keine Hilfe zur Selbsttötung leisten.«

---

13   Mit Anmerkungen Verrel (2010).
14   Dem BGH zustimmend: Dölling (2011), S. 348; Walter (2011), S. 79 f.; ablehnend u. a. Engländer (2011), S. 513; Rosenau (2011), S. 563; Verrel (2010), S. 674.

15   Eine ausführliche Darstellung der Fallgeschichte geben die Betroffenen in Putz u. Gloor (2011).
16   So aber die Stellungnahme der Deutschen Gesellschaft für Palliativmedizin vom 25.08.2010, abrufbar unter http://www.dgpalliativmedizin.de.
17   Informationen u. a. über die Beschlusslage finden sich unter http://www.baek.de.

Die Änderung dieser Bestimmung entfaltet zunächst noch keine unmittelbare Rechtswirkung, sondern bedarf der allerdings zu erwartenden Übernahme in die jeweiligen Berufsordnungen der Landesärztekammern. Die Reform von § 16 MBO bzw. der korrespondierenden Vorschriften in den Kammerberufsordnungen stellt insofern eine Verschärfung der Rechtslage dar, als die ärztliche Mitwirkung am Suizid bisher nur in den Grundsätzen der Bundesärztekammer zur ärztlichen Sterbebegleitung thematisiert wurde, die Anfang des Jahres sogar eine Neufassung[18] erhalten haben, in der die bisher ausnahmslose Missbilligung (»Die Mitwirkung des Arztes bei der Selbsttötung widerspricht dem ärztlichen Ethos«) durch eine deutlich weniger rigide, für Sonderfälle offene Formulierung ersetzt worden ist: »Die Mitwirkung des Arztes bei der Selbsttötung ist keine ärztliche Aufgabe.« Die Änderungen der Musterberufsordnung einerseits und der Grundsätze zur Sterbebegleitung andererseits stehen also in einem gewissen Spannungsverhältnis zueinander.

Die klare Positionierung der verfassten Ärzteschaft durch das berufsrechtliche Verbot der ärztlichen Suizidassistenz ist durchaus verständlich, soll sie doch den Vorrang palliativmedizinischer Versorgung betonen, einer befürchteten Erosion des ärztlichen Selbstverständnisses, aber auch einem möglichen Vertrauensverlust bei den Patienten entgegenwirken und eine dezidierte Gegenposition zu organisierter Sterbehilfe verdeutlichen. Bei allem Respekt vor diesen Argumenten und dem nach intensiver und sachlicher Diskussion gefassten Beschluss des 114. Ärztetags seien gleichwohl einige kritische Anmerkungen (Verrel, ÄBW 2011, S. 338) gestattet. So steht zu befürchten, dass das jetzt explizit berufsrechtlich ausgesprochene Tabu ärztlicher Suizidbeihilfe geradezu kontraproduktive Wirkungen im Hinblick auf die ärztliche Suizidprophylaxe und die Eindämmung der Aktivitäten von Sterbehilfeorganisationen hat. Es gerät in seiner Absolutheit auch ethisch in den Fällen ins Wanken, in denen selbst moderne Palliativmedizin nicht mehr weiterhelfen kann oder zwar einen infolge Sedierung schmerzlosen, aber vom Betrof-

fenen so nicht gewollten (protrahierten) Sterbeprozess ermöglichen kann.

Selbstverständlich besteht keine ethische Verpflichtung von Ärzten, Patienten, die etwa die Option einer (tiefen und dauerhaften) Sedierung für sich ablehnen, zum Freitod zu verhelfen. Die Frage ist aber, ob man diejenigen Ärzte, die sich nach reiflicher Gewissensprüfung dazu entschlossen haben, solchen Patienten Suizidbeihilfe zu leisten, einen ethischen oder berufsrechtlichen Vorwurf machen kann. Insoweit bleibt noch abzuwarten, ob es künftig überhaupt zu berufsrechtlichen Sanktionen in Fällen wohlüberlegter ärztlicher Suizidbeihilfe kommt oder § 16 MBO nicht vielmehr ein Akt rein symbolischer Normsetzung war.

> **Angerufene Berufsgerichte werden sich damit auseinandersetzen müssen, dass die Beihilfe zum freiverantwortlichen Suizid aus guten Gründen straflos ist und auch berufsrechtliche Sanktionen einen besonderer Legitimation bedürftigen Strafcharakter haben.**

Zur strafrechtlichen Sicht der ärztlichen Suizidbeihilfe ist noch nachzutragen, dass die vom BGH 1984 in der bekannten Wittig-Entscheidung (BGHSt 32, 367) angenommene grundsätzliche Verpflichtung des Arztes, seinen Patienten auch nach einem erkennbar (!) freiverantwortlichen Suizidversuch retten zu müssen, heute wohl kaum noch vom BGH vertreten würde. Die von der Literatur schon seit jeher kritisierte Entscheidung ist im Lichte des Stellenwerts, den die Patientenautonomie heute in der Rechtsprechung und in der Gesetzgebung hat, überholt (Putz 2008, S. 719 ff.). Jedenfalls hat die Staatsanwaltschaft München I in einer Verfügung vom 30.07.2010 (125 Js 11736/09) keinen Anlass zur Anklageerhebung in einem Fall gesehen, in dem sich eine Medizinerin mit der Diagnose einer beginnenden Alzheimer-Demenz nach Vorankündigung im Kreise ihrer zum Abschied zusammengekommenen Angehörigen, die eine mit Ärzten vergleichbare Garantenstellung haben, das Leben genommen hat, ohne dass die Angehörigen irgendwelche Hinderungs- oder Rettungsmaßnahmen ergriffen haben.

---

18   Die Neufassung ist abrufbar unter http://www.baek.de – Medizin & Ethik – Sterbebegleitung.

14.5   Ausblick

Meinte der 12. Zivilsenat im Jahr 2005 noch, dass »die strafrechtlichen Grenzen einer Sterbehilfe im weiteren Sinn [...] bislang nicht hinreichend geklärt erscheinen« (BGH, NJW 2005, 2385), trifft die schon damals zweifelhafte Einschätzung jedenfalls heute nicht mehr zu. Die rechtlichen Grundlagen für Behandlungsentscheidungen nicht nur, aber eben auch für das Lebensende, nämlich die medizinische Indikation für eine ärztliche Maßnahme einerseits und der darauf bezogene Patientenwille andererseits, kommen sowohl im Betreuungsrecht als auch in der jüngeren Strafrechtsprechung deutlich zum Ausdruck. Es bleibt zu hoffen, dass diese sich gegenseitig beeinflussenden Rechtsentwicklungen in der klinischen Praxis zur Kenntnis genommen werden, die in der Vergangenheit durchaus Mühe hatte, sich von offenbar fest verwurzelten Fehlvorstellungen über das juristisch Erlaubte und Verbotene zu lösen. Umso wichtiger ist es, dass Klinische Ethikkomitees rechtlich auf der Höhe der Zeit sind (Frewer et al. 2008). Überflüssig wird klinische Beratung gewiss nicht werden, da die bessere Sichtbarkeit des rechtlichen Rahmens nichts daran ändert, dass seine Ausfüllung im Einzelfall mit erheblichen Problemen sowohl in tatsächlicher als auch ethischer Hinsicht verbunden sein kann.

> **Ein das »richtige« Entscheidungsergeb-nis bis ins Letzte vorgebendes, »nur« mit Daten zu fütterndes Regelungssystem gibt es nicht und sollte es auch angesichts der Vielgestaltigkeit der klinischen Praxis nicht geben.**

Literatur

Albers M (Hrsg.) (2008) Patientenverfügungen. Baden-Baden

Albrecht E, Albrecht A (2009) Die Patientenverfügung – jetzt gesetzlich geregelt; Mitteilungen des Bayerischen Notarvereins, der Notarkasse und der Landesnotarkammer Bayern, Heft 6, S. 426–435

Beckmann R (2009) Anmerkung zum Urteil des LG Fulda. Zeitschrift für Lebensrecht 97, Heft 3, S. 108–110

Bernrat E (2008) Formpflicht und Reichweitenbeschränkung für Patientenverfügungen? Eine verfassungsrechtliche Kritik. In: Albers (2008), S. 97–112

Bernsmann K, Fischer T (Hrsg.) (2011) Festschrift für Rissing-van Saan. Berlin

Borasio G, Heßler H-J, Wiesing U: Patientenverfügungsgesetz. Umsetzung in der klinischen Praxis. In: Deutsches Ärzteblatt 106, 40, S. A 1952–1957

Bosch N (2011) Rechtfertigung von Sterbehilfe. Juristische Arbeitsblätter (2011), S. 908–911

Bühler E, Stolz K (2009) Das neue Gesetz zu Patientenverfügungen in der Praxis. Betreuungsrechtliche Praxis, Heft 6, S. 261–266

Bundesärztekammer: http://www.baek.de; http://www.baek.de/downloads/Sterbebegleitung_17022011.pdf

Bundesministerium der Justiz (Hrsg.) (2010) Patientenverfügung. Berlin

Coeppicus R (2011) Offene Fragen zum »Patientenverfügungsgesetz«. Neue Juristische Wochenschrift (2011), S. 2085–2091

Deutsche Gesellschaft für Palliativmedizin, Stellungnahme vom 25.08.2010: http://www.dgpalliativmedizin.de

Diehn T, Rebhahn R (2010) Vorsorgevollmacht und Patientenverfügung. Neue Juristische Wochenschrift, Heft 6 (2010), S. 327–331

Dölling D (2011) Gerechtfertigter Behandlungsabbruch und Abgrenzung von Tun und Unterlassen. Zeitschrift für Internationale Strafrechtsdogmatik – http://www.zis-online.com, Heft 5, S. 345–348

Dreier H (2006) Grenzen des Tötungsverbotes. In: Joas, Hans (Hrsg.) Die Zehn Gebote. Ein widersprüchliches Erbe? Köln, S. 65–106

Duttge G (2006) Einseitige (»objektive«) Begrenzung ärztlicher Lebenserhaltung? Neue Zeitschrift für Strafrecht, Heft 9, S. 479–483

Engländer A (2011) Von der passiven Sterbehilfe zum Behandlungsabbruch, JuristenZeitung, Heft 10, S. 513–520

Frewer A, Fahr U, Rascher W (Hrsg.) (2008) Klinische Ethikkomitees. Chancen, Risiken und Nebenwirkungen. Jahrbuch Ethik in der Klinik (JEK), Bd. 1. Würzburg

Frewer A, Fahr U, Rascher W (Hrsg.) (2009) Patientenverfügung und Ethik. Beiträge zur guten klinischen Praxis. Jahrbuch Ethik in der Klinik (JEK), Bd. 2. Würzburg

Gaede K (2010) Durchbruch oder Dammbruch – Rechtssichere Neuvermessung der Grenzen strafloser Sterbehilfe, Neue Juristische Wochenschrift, Heft 40, S. 2925–2928

Hillgruber C (2006) Die Würde des Menschen am Ende seines Lebens – Verfassungsrechtliche Anmerkungen. In: Zeitschrift für Lebensrecht, Heft 3, S. 70–81

Hirsch HJ (2011) Anmerkung zum Urteil des BGH v. 25.06.2010. Juristische Rundschau (2011), S. 37–40

Höfling W (2000) Forum: »Sterbehilfe« zwischen Selbstbestimmung und Integritätsschutz. Juristische Schulung, Heft 2, S. 111–118

Höfling W (2006) Gesetz zur Sicherung der Autonomie und Integrität von Patienten am Lebensende (Patienten-autonomie- und Integritätsschutzgesetz). Medizinrecht Heft 1, S. 25–32

Hufen F (2009) Geltung und Reichweite von Patientenverfügungen. Baden-Baden

Ingelfinger R (2005) Tötungsverbot und Sterbehilfe. Zeit-
    schrift für Lebensrecht 44, Heft 2, (2005), S. 38–45
Kubiciel M (2010) Entscheidungsbesprechung zum Urteil
    des BGH v. 25.06.2010. Zeitschrift für Internationale
    Strafrechtsdogmatik – http://www.zis-online.com, Heft
    5, S. 656–661
Kutzer K (2004) Probleme der Sterbehilfe – Entwicklung und
    Stand der Diskussion. Familie, Partnerschaft, Recht, Heft
    12, S. 683–689
Kutzer K (2005) Patientenautonomie am Lebensende, Be-
    treuungsrechtliche Praxis, Heft 2, S. 50–52
Müller G (2010) Die Patientenverfügung nach dem 3. Be-
    treuungsrechtsänderungsgesetz: alles geregelt und
    vieles ungeklärt. Deutsche Notars-Zeitschrift, Heft 3,
    S. 169–188
Nationaler Ethikrat (2005) Patientenverfügung. Stellung-
    nahme. Berlin
Olzen D (2009) Die gesetzliche Neuregelung der Patien-
    tenverfügung, Juristische Rundschau, Heft (2009),
    S. 354–362
Palandt O (2011) Bürgerliches Gesetzbuch mit Nebengeset-
    zen. 70. neu bearbeitete Auflage. München
Pawlik M, Zaczyk R (Hrsg.) (2007) Festschrift für Günther
    Jakobs. Berlin
Putz W (2008) Strafrechtliche Aspekte der Suizid-Begleitung
    im Lichte der Entwicklung der Rechtsprechung und
    Lehre zur Patientenverfügung. In: Schöch et al. (2008),
    S. 701–723
Putz W, Gloor E (2011) Sterben dürfen. Hamburg
Riedel U (2005) Patientenverfügungen. Ethik in der Medizin,
    Heft 1, S. 28–33
Rissing-van Saan R (2011) Strafrechtliche Aspekte der
    aktiven Sterbehilfe. Zeitschrift für Internationale Straf-
    rechtsdogmatik – http://www.zis-online.com, Heft 6,
    S. 544–551
Rosenau H (2011) Die Neuausrichtung der passiven Sterbe-
    hilfe. In: Bernsmann, Fischer (2011), S. 546–565
Saliger F (2004) Sterbehilfe und Betreuungsrecht. Medizin-
    recht, Heft (5), S. 237–245
Salomon F (Hrsg.) (2009) Praxisbuch Ethik in der Intensiv-
    medizin. Berlin
Schöch H (1995) Beendigung lebenserhaltender Maßnah-
    men. Neue Zeitschrift für Strafrecht, Heft 4, S. 153–157
Schöch H (1999) Offene Fragen zur Begrenzung lebensver-
    längernder Maßnahmen. In: Weigend, Küpper (1999),
    S. 693–714
Schöch H et al. (Hrsg.) (2008) Festschrift für Gunter Widmaier
Seitz W (1998) Das OLG Frankfurt und die Sterbehilfe. Zeit-
    schrift für Rechtspolitik, Heft 11, S. 417–412
Sold M, Schmidt K (2009) Therapiebegrenzung und Thera-
    piereduktion – praktisch umgesetzt. In: Salomon (2009),
    S. 187–218
Spickhoff A (2009) Rechtssicherheit kraft Gesetzes durch
    sog. Patientenverfügungen. Zeitschrift für das gesamte
    Familienrecht mit Betreuungsrecht, Erbrecht, Verfah-
    rensrecht, Öffentlichem Recht, Heft 23, S. 1949

Taupitz J (2000) Empfehlen sich zivilrechtliche Regelungen
    zur Absicherung der Patientenautonomie am Ende des
    Lebens? Gutachten A zum 63. Deutschen Juristentag.
    München
van Oorschot B et al. (2005) Einstellungen zur Sterbehilfe
    und zu Patientenverfügungen. Deutsche Medizinische
    Wochenschrift 130 (2005), S. 261–265
Verrel T (2006) Patientenautonomie und Strafrecht bei der
    Sterbebegleitung. Gutachten C zum 66. Deutschen
    Juristentag. München
Verrel T (2007) In dubio pro vita. In: Pawlik, Zaczyk (2007),
    S. 715–730
Verrel T (2010) Ein Grundsatzurteil? – Jedenfalls bitter nötig.
    Neue Zeitschrift für Strafrecht, Heft 12, S. 671–676
Verrel T (2011) Anmerkung zum Entscheidung des BGH
    v. 10.11.2010. Neue Zeitschrift für Strafrecht, Heft 5,
    S. 276–278
Verrel T (2011) Ehrlich, nicht unethisch. Ärzteblatt Baden-
    Württemberg, Heft 6, S. 338–340
Verrel T, Simon, A (2010) Patientenverfügungen. Rechtliche
    und Ethische Aspekte. Ethik in den Biowissenschaften.
    Sachstandsberichte des DRZE, Bd. 11. Freiburg
Walter T (2011) Sterbehilfe: Teleologische Reduktion des § 216
    StGB statt Einwilligung! Oder: Vom Nutzen der Dogma-
    tik. Zeitschrift für Internationale Strafrechtsdogmatik
    – http://www.zis-online.com, Heft 2, S. 76–82
Weber M et al. (2001) Sorgsames Abwägen der jeweiligen
    Situation, Deutsches Ärzteblatt, Heft 48, S. A 3184–3188
Weigend T, Küpper G (Hrsg.) (1999) Festschrift für Hans
    Joachim Hirsch. Berlin

Ethikberatung und Recht

Die Haftung des Klinischen Ethikkomitees für Beratungsfehler

Christian Säfken

Die Institutionalisierung Klinischer Ethikkomitees stellt deren Träger und Mitglieder vor die Frage, ob, gegenüber wem und in welcher Höhe sie für Nicht- bzw. Falschberatungen einstehen müssen. Der Beitrag gibt einen Überblick darüber, welche Organisationsformen im Rahmen Klinischer Ethikberatung möglich sind und welche Haftungsrisiken bestehen. Außerdem werden Strategien zur Haftungsminimierung und Risikoabsicherung aufgezeigt.

15.1   Einführung

Das Klinische Ethikkomitee ist bisher kaum in den Fokus der rechtswissenschaftlichen Literatur gerückt. Eine Recherche des Verfassers in der juristischen Onlinedatenbank Beck Online (http://beck-online.beck.de) hat unter dem Stichwort »Ethikkomitee« zwar einige Treffer ergeben,[1] diese beziehen sich allerdings auf Ethikkommissionen[2] oder ganz generell auf das Stichwort Ethik. Allgemeine Literaturrecherchen zum Stichwort »Ethikkomitee« zeigen diverse Literatur aus medizinethischer, medizinsoziologischer, pflegewissenschaftlicher und sogar theologischer Perspektive zum Thema.[3] Die rechtswissenschaftliche Literatur hat sich bisher nur

---

1   Recherche des Verfassers vom 10.09.2010. Zu diesem Zeitpunkt ergab das Stichwort »Ethikkomitee« 86 Treffer, kein einziger davon bezog sich auf Klinische Ethikkomitees. Eine erneute Recherche am 15.08.2011 ergab nur noch einen einzigen Treffer – eine Pressemitteilung aus dem Jahre 2007 mit dem Statement »Grüne und Linke für Ethik-Komitee im Bundestag«. Gänzlich erfolglos gestaltete sich am gleichen Tag eine Suche im Karlsruher Virtueller Katalog zu den Stichworten »Ethikkomitee« und »Haftung«.

2   Ethikkommissionen haben die Aufgabe, klinische Prüfungen von Arzneimitteln bzw. Medizinprodukten am Menschen zu genehmigen, vgl. Frewer u. Schmidt (2007). Nach § 8 des Stammzellgesetzes wurde außerdem eine Zentrale Ethik-Kommission für die Bewertung von Vorhaben im Bereich der Stammzellforschung eingerichtet.

3   Zu den Sichtweisen siehe medizinethisch: Frewer et al. (2008), Kohlen (2009a), Kubina (2008), Neitzke u. Frewer (2005), Steinkamp u. Gordijn (2005), Vollmann et al. (2009); medizinsoziologisch: Geisler (2007); pflegewissenschaftlich: Bockenheimer-Lucius et al. (2012), Kohlen (2009b); theologisch: Haker (2009).

---

sehr vereinzelt mit der Haftung Klinischer Ethikkomitees auseinandergesetzt. Mit der strafrechtlichen Verantwortung der Mitglieder Klinischer Ethikkomitees beschäftigt sich ein lesenswerter Beitrag der Rechtswissenschaftlerin Sonja Rothärmel (2010). Eine zivilrechtliche Betrachtungsweise ist bisher jedoch Desiderat geblieben. Der vorliegende Beitrag versucht, diese Lücke trotz fehlender konkreter Haftungsfälle anhand einer allgemeinen zivilrechtlichen Betrachtungsweise zu schließen.

Dabei ist vorauszuschicken, dass die zivilrechtliche Haftung immer neben eine eventuelle strafrechtliche Haftung tritt. Das bedeutet, dass die Mitglieder Klinischer Ethikkomitees im Schadensfall von den staatlichen Ermittlungsbehörden strafrechtlich verfolgt werden können, während der Geschädigte zugleich den Zivilgerichtsweg beschreiten kann, um eine Kompensation des ihm entstandenen Schadens zu verlangen. Die straf- und die zivilrechtliche Haftung bestehen völlig unabhängig nebeneinander. Es ist daher durchaus denkbar, dass ein Mitglied eines Klinischen Ethikkomitees wegen einer Straftat verurteilt wird, jedoch einen Haftungsprozess gegen einen Anspruchsteller gewinnt. Umgekehrt kann ein zivilrechtlicher Haftungstatbestand erfüllt sein und zu einem erheblichen Schadensersatz führen, auch wenn kein Straftatbestand verwirklicht wurde.

Gerichtsurteile zu Klinischen Ethikkomitees gibt es, jedenfalls in Deutschland, bisher noch nicht – glücklicherweise, möchte man hinzufügen, denn diese Tatsache spricht prima facie für die Qualität der von diesen Institutionen geleisteten Arbeit. Andererseits beginnt der Prozess der flächendeckenden Institutionalisierung Klinischer Ethikkomitees in Deutschland gerade erst, so dass in Zukunft ein starker Anstieg der Beratungsfälle und damit auch der Haftungsfälle zu erwarten ist. Hinzu kommt die Tatsache, dass die Arzt- und Krankenhaushaftung in der Praxis oft durch außergerichtliche Vergleiche, teilweise unter Anwendung vertraglicher Schweigeklauseln, gekennzeichnet ist, so dass Haftungsfälle nicht allgemein bekannt werden. Dies liegt durchaus im Interesse der betroffenen Kliniken, die durch Haftungsprozesse ihr Renommee in der Öffentlichkeit gefährdet sehen. Die Frage nach der Haftung im Schadensfall liegt daher bei der ethischen Beratung von Ärzten, die in vielen Fällen unaufschiebbar ist, sehr nahe.

Weiterhin ist festzustellen, dass die Haftungsproblematik Klinischer Ethikkomitees virulenter als bei Ethikkommissionen ist, weil im Rahmen der klinischen Prüfung von Arzneimitteln und Medizinprodukten nach § 40 Abs. 1 S. 3 Nr. 8, Abs. 3 des Arzneimittelgesetzes (AMG) und § 20 Abs. 1 S. 4 Nr. 9, Abs. 3 des Medizinproduktegesetzes (MPG) eine Probandenversicherung in Höhe von mindestens 500.000 € zwingend vorgeschrieben ist. Diese Probandenversicherung umfasst neben dem materiellen auch den immateriellen Schadensersatz, also das Schmerzensgeld (Deutsch 2001, S. 346–350). Ein vergleichbarer Versicherungsschutz existiert im Rahmen der üblichen Patientenbehandlung leider oft nicht.

15.2   Problemstellung

Die theoretische Grundannahme dieses Beitrags geht davon aus, dass ein Arzt bzw. ein Pflegeteam im Rahmen einer Patientenbehandlung vor einem Problem steht, aufgrund dessen die Beratung des Klinischen Ethikkomitees in Anspruch genommen wird, die für die weitere Therapie entscheidend ist. In dieser Situation existieren theoretisch zwei Möglichkeiten, die zu einem Schaden beim Patienten führen können: Im ersten Fall gibt das Klinische Ethikkomitee dem behandelnden Arzt bzw. den Pflegekräften einen Rat, den diese befolgen und in dessen Folge beim Patienten ein Schaden eintritt. Im zweiten Fall bleibt das Klinische Ethikkomitee schlicht untätig, weshalb auch der Arzt bzw. das Pflegeteam nichts weiter veranlasst und daraus ebenfalls ein Schaden resultiert. Denkbar ist weiterhin die Verletzung von Nebenpflichten, z. B. der Verpflichtung, über die Geheimnisse des betroffenen Patienten sowie des zu beratenden Arztes bzw. Pflegeteams striktes Stillschweigen zu bewahren.[4]

Fraglich ist, inwieweit das Klinische Ethikkomitee bzw. dessen Mitglieder für Falsch- und Nichtberatungen sowie die Verletzung sonstiger Pflichten zur Verantwortung gezogen werden können. Der Verfasser nimmt zur Beantwortung dieser Frage die Perspektive des juristischen Praktikers ein. Als Vertreter des geschädigten Patienten oder – im schlimmsten Fall – seiner Erben, des behandelnden Arztes, des Pflegepersonals, des Krankenhauses bzw. der beteiligten Versicherungen fragt er danach, ob er vom Klinischen Ethikkomitee und dessen Mitgliedern materiellen bzw. immateriellen Schadensersatz verlangen kann. Im Rahmen dieser Untersuchung wird auch die Frage zu klären sein, inwieweit sich ein einzelnes Mitglied des Klinischen Ethikkomitees (möglicherweise sogar mit einer dezidiert vom Rest des Komitees abweichenden Ansicht) gegen die Mithaftung aufgrund des von den anderen Mitgliedern getroffenen Beratungsergebnisses absichern kann. Danach ist umgekehrt die Frage zu stellen, ob die beratenen Personen ein haftungsverringerndes Mitverschulden treffen kann. Schließlich ist zu diskutieren, wie sich Klinische Ethikkomitees bzw. deren Mitglieder gegen die zivilrechtliche Haftung absichern können.

15.3   Direkte Haftung gegenüber Patienten, Erben und Versicherung

Sowohl in der normalen Krankenbehandlung als auch im Rahmen der Forschung haften Ärzte ihren Patienten gegenüber für Aufklärungs- und Behandlungsfehler aus dem ärztlichen Behandlungsvertrag (§§ 611 ff. BGB), aus Geschäftsführung ohne Auftrag (§§ 677 ff. BGB) und aus unerlaubter Handlung, die auch als deliktische Haftung bezeichnet wird (§§ 823 ff. BGB) (vgl. Lippert 2011, S. 1325, § 29 Rn. 63). Alle drei Anspruchsgruppen sind für die Haftung der Mitglieder Klinischer Ethikkomitees nicht einschlägig. Denn der Patient schließt einen Vertrag mit seinem behandelnden Arzt bzw. dem ihn aufnehmenden Krankenhaus, aber nicht mit den Mitgliedern des den Arzt beratenden Ethikkomitees.[5] Diese werden auch nicht ohne Auftrag

---

4   Die Schweigepflicht von Ärzten, Psychologen, Rechtsanwälten, Sozialarbeitern und ähnlichen Berufsträgern wird durch § 203 StGB strafbewehrt. Sie ergibt sich zivilrechtlich für alle Mitglieder des Klinischen Ethikkomitees als Nebenpflicht des Beratungsvertrags.

5   Einige Klinische Ethikkomitees nehmen auch Anfragen von Patienten, deren Angehörigen und Patientenfürsprechern an, vgl. § 5 Nr. 1 der Satzung für das

für den Patienten tätig, sondern richten sich in ihrer Beratung an ihren behandelnden Arzt bzw. das Pflegepersonal. Die deliktischen Anspruchsgrundlagen scheitern schließlich am Erfordernis der Kausalität,[6] da zwischen der Schadensursache »Beratung« und dem beim Patienten eingetretenen Schaden die Behandlung durch den Arzt oder das Pflegeteam tritt, wodurch eine neue Schadensursache gesetzt wird, die den Ursachenzusammenhang unterbricht und eine eigene Kausalität begründet.

Der Patient bzw. seine Erben[7] können in einem Schadensfall aus den bereits genannten Anspruchsgrundlagen direkt gegen den behandelnden Arzt bzw. das Krankenhaus vorgehen – je nach Gestaltung des jeweiligen Vertrages. Man unterscheidet dabei zwischen dem **totalen** Krankenhausaufnahmevertrag, der einen gemischten Vertrag mit Elementen des Dienst-, Miet- und Kaufvertrages darstellt und der bei gesetzlich versicherten Patienten den Regelfall darstellt, vom **gespaltenen Krankenhausaufnahmevertrag**, bei dem der ärztliche Behandlungsvertrag als Dienstvertrag gemäß den §§ 611 ff. BGB vom gemischten Vertrag des Krankenhauses getrennt ist. Beim gespaltenen Krankenhausvertrag (z. B. bei den sog. »Belegärzten«) ist das aufnehmende Krankenhaus nur noch für die Miete des Krankenbetts, die Verpflegung, die Pflege- und Betreuungsleistungen sowie allgemeine Heiltätigkeiten verantwortlich, während für die ärztliche Versorgung ein eigener Vertrag geschlossen wird. Der gespaltene Krankenhausaufnahmevertrag ist bei privat versicherten Patienten üblich (Schloßer 2009, S. 313–318; Anders u. Gehle 2001, S. 67 ff.). Patienten, die neben der regulären Krankenhausversorgung zusätzliche wahlärztliche Leistungen wünschen, können einen gespaltenen Krankenhausaufnahmevertrag mit Arztzusatzvertrag schließen (Neuefeind 2001, S. 78 f.). Die Haftung trifft dabei in der Regel denjenigen, der für den jeweiligen ärztlichen oder pflegerischen Behandlungsfehler vertraglich verantwortlich ist (vgl. Lebich 2005).

Die Rechtsnatur der ärztlichen Behandlungsverträge bzw. der Krankenhausaufnahmeverträge ist bei den gesetzlich versicherten Patienten umstritten. Im Rahmen der vertraglichen bzw. deliktischen Haftung kommt es auf diesen Streit jedoch kaum an, da die sozialrechtliche Komponente des Behandlungsvertrags in den Hintergrund rückt und die Rechtsprechung in Arzthaftungssachen auf die oben genannten Anspruchsgrundlagen zurückgreift. Auch in dem Fall, in dem es sich bei dem in Anspruch genommenen Krankenhaus um eine Körperschaft des öffentlichen Rechts, z. B. eine Universitätsklinik, handelt, kommt nach der ständigen Rechtsprechung keine Amtshaftung gemäß §§ 839 BGB, Art. 34 GG in Betracht.[8]

Schließlich kann auch die Versicherung des Patienten nur Rückgriff beim behandelnden Arzt und beim Krankenhaus nehmen.

> ❯ **Eine direkte Haftung der Mitglieder des Klinischen Ethikkomitees scheidet mangels fehlender direkter Beauftragung durch den Patienten aus.**

Ethikkomitee der Universitätsmedizin der Johannes Gutenberg-Universität Mainz vom 27.04.2009. Auch die Standards für Ethikberatung in Einrichtungen des Gesundheitswesens der Akademie für Ethik in der Medizin e.V., online abrufbar unter der Adresse http://www.springerlink.com/content/9627261240864vh8, gehen von einer Information von Patienten, Bewohnern, Angehörigen und Stellvertretern aus. In diesen Fällen dürfte, anders als in diesem Beitrag angenommen, ein direkter Anspruch des Anfragenden gegen das Klinische Ethikkomitee bzw. dessen Mitglieder bestehen. Diese Fallkonstellation dürfte jedoch eher die Ausnahme der Beratungstätigkeit Klinischer Ethikkomitees darstellen.

6 Kausalität ist eine im juristischen Schrifttum in den einzelnen Details umstrittene Voraussetzung der straf- und zivilrechtlichen Haftung. Die häufig verwendete Figur der conditio sine qua non, also der Bedingung, die nicht hinweggedacht werden kann, ohne dass der tatbestandliche Erfolg entfiele, geht im Zivilrecht teilweise zu weit, ist aber – gerade im Bereich von mehreren handelnden Personen auf der Schädigerseite – zum Teil jedoch nicht hinreichend. Vgl. zur Kausalitätsproblematik Röckrath (2004a) m.w.N.

7 Der Schmerzensgeldanspruch gemäß § 253 Abs. 2 BGB geht, ebenso wie sonstige Schadensersatzansprüche, im Todesfall auf die Erben über, vgl. Palandt-Grüneberg (2011), § 253 Rn. 22 m.w.N.

8 BGHZ 108, 230 = BGH NJW-RR 1990, 414 – Truppenärzte; Stein et al. (2005), S. 293.

15.4 Haftung gegenüber behandelndem Arzt bzw. Krankenhaus

Wesentlich relevanter als die direkte Haftung des Klinischen Ethikkomitees gegenüber dem geschädigten Patienten, seinen Erben bzw. seiner Versicherung sind die Regressansprüche des behandelnden Arztes bzw. des Krankenhauses. Außerdem ist denkbar, dass auch dem beratenen Arzt bzw. der Klinik durch die Beratung direkte Schäden entstanden sind. In beiden Fällen kommt es entscheidend auf die institutionelle Verankerung und organisatorische Ausgestaltung des Klinischen Ethikkomitees sowie die berufliche Stellung ihrer Mitglieder an.

Klinische Ethikkomitees gehören in der Regel den Institutionen an, für die sie beratend tätig werden. Ähnlich wie bei den Ethikkommissionen sind private Klinische Ethikkomitees bisher ohne Bedeutung. Sollte sich dies ändern, könnte eine Haftungsbegrenzung durch die Wahl der Rechtsform (z. B. GmbH, haftungsbeschränkte Unternehmergesellschaft) erreicht werden.[9]

15.4.1 Haftung des Beamten

Klinische Ethikkomitees an Universitätskliniken sind Teil einer öffentlich-rechtlichen Körperschaft. Ihr Haftungsmaßstab bestimmt sich danach, ob sie hoheitlich im Sinne von § 839 BGB, Art. 34 GG handeln oder ob ihr Handeln rein privatrechtlich geprägt ist.

Beim hoheitlichen Handeln geht aufgrund der Bestimmung des Art. 34 GG die Verantwortlichkeit vom handelnden Beamten auf den Staat bzw. die Körperschaft über, in dessen Dienst der Beamte steht. Die Körperschaft, hier also das Universitätsklinikum, würde gegenüber dem Geschädigten, dessen Erben bzw. Versicherung vorrangig haften. Der Begriff des Beamten ist dabei weit zu verstehen. Beamte im haftungsrechtlichen Sinne sind im Gegensatz zu Beamten im statusrechtlichen Sinne alle diejenigen, denen der Staat bzw. ein Träger öffentlicher Gewalt ein öffentliches Amt anvertraut hat.

Beim rein privatrechtlichen Handeln existiert diese Haftungsprivilegierung nicht. Denn dann wird ein Mitglied des Klinischen Ethikkomitees, das kein Statusbeamter ist, je nach seiner beruflichen Stellung wie ein Arbeitnehmer oder wie ein externer Berater in die Haftung genommen.

Mitglieder Klinischer Ethikkomitees könnten genauso wie die Mitglieder von Ethikkommissionen als Beamte im haftungsrechtlichen Sinne zu qualifizieren sein.

Das positive Votum einer Ethikkommission ist zwingende Voraussetzung für klinische Versuche am Menschen im Rahmen der Erforschung innovativer Arzneimittel und Medizinprodukte. Damit erfüllen sie eine wichtige Funktion im Rahmen der staatlichen Arzneimittelzulassung bzw. Medizinprodukteregistrierung. Aus diesem Grunde ist allgemein anerkannt, dass Universitätskliniken durch ihre Ethikkommissionen öffentliche Gewalt ausüben und im Fall von Pflichtverletzungen vorrangig die Institution nach § 839 BGB, Art. 34 GG haftet (Deutsch u. Spickhoff 2008, S. 642 f. m.w.N.).

Die Mitglieder Klinischer Ethikkomitees nehmen ebenso wie die Mitglieder von Ethikkommissionen die Beratung von Ärzten und Pflegepersonal in ethisch sensiblen und damit immer auch haftungsträchtigen Fallkonstellationen wahr. Allerdings gibt es zwischen den beiden Beratungsgremien wesentliche Unterschiede, die sich auch hinsichtlich der Haftung auswirken. Es ist nämlich zu bezweifeln, dass die Klinische Ethikberatung hoheitliches Handeln darstellt, weil die Erbringung einer Beratungsdienstleistung im Rahmen einer Krankenbehandlung selbst im universitären Kontext kaum durch das Über-Unterordnungsverhältnis zwischen Staat und Bürger charakterisiert sein dürfte. Für die Haftung des Beratungsgremiums ist nämlich entscheidend, ob das Verhältnis zwischen Arzt und Proband bzw. Patient öffentlich-rechtlich oder privatrechtlich ausgestaltet ist.

Das Rechtsverhältnis des Probanden, der an einer klinischen Studie als zwingende Voraussetzung einer staatlichen Zulassung teilnimmt, unterscheidet sich wesentlich von dem des Patienten, der eine Heilbehandlung in Anspruch nimmt, die sich nach dem Privatrecht bemisst. Die privatrechtliche

---

9 Vgl. zu den Vor- und Nachteilen der verschiedenen Gesellschaftsformen Weber (2009), S. 842–848, Römermann (2010), S. 905–910.

Beziehung des Patienten zu seinem behandelnden Arzt tritt selbst dann in den Vordergrund, wenn die Einweisung des Patienten in ein Krankenhaus oder Pflegeheim auf einem öffentlich-rechtlichen Verwaltungsakt beruht.[10]

Die Haftungsprivilegierung des Beamtenrechts dürfte für die Mitglieder Klinischer Ethikkomitees daher ausschließlich dann in Betracht kommen, wenn eine Pflichtverletzung eines Statusbeamten vorliegt. Während der geschädigte Patient, dessen Erben oder Versicherung einen Statusbeamten nicht direkt in Anspruch nehmen können, bietet das Beamtenrecht die Möglichkeit, Regress bei denjenigen Beamten zu nehmen, die ihre Amtspflichten verletzen. Diese sog. Haftung im Innenverhältnis richtet sich nach § 48 des Beamtenstatusgesetzes (BeamtStG) in Verbindung mit § 75 BBG (für Bundesbeamte) bzw. nach der entsprechenden Vorschrift des jeweiligen Landesrechts (für Landesbeamte, z. B. in Hamburg § 52 HmbBG).

Der Regressanspruch setzt allerdings ein Verschulden des handelnden Beamten voraus, und der Verschuldensmaßstab verlangt vorsätzliches oder grob fahrlässiges Verhalten. Die Abgrenzung zwischen mittlerer und grober Fahrlässigkeit ist Gegenstand vielfältiger Auseinandersetzungen und in der Praxis immer von einer Betrachtung des Einzelfalles abhängig (BGHZ 68, 323). Fahrlässigkeit bedeutet das Außerachtlassen der im Verkehr erforderlichen Sorgfalt. Die grobe Fahrlässigkeit ist ein besonders schwerer Sorgfaltsverstoß, der dann gegeben ist, wenn das nicht beachtet wird, was im gegebenen Fall jedem einleuchten müsste,[11] wenn schon einfachste, ganz nahe liegende Überlegungen nicht angestellt (RG 163, 106) und entsprechende Maßnahmen nicht getroffen werden (BGH VersR 1994, 314). Bereits diese Begriffsbestimmungen der Rechtsprechung zeigen, dass in Klinischen Fallberatungen komplexer medizinischer Sachverhalte, in der zusätzlich pflegerische, ethische, ökonomische, juristische, seelsorgerische und sonstige Aspekte

eine Rolle spielen können, auch bei Fehlberatungen kaum jemals ein Fall grober Fahrlässigkeit in Betracht kommen wird. Statusrechtliche Beamte dürften deshalb vor Regressforderungen ihres Dienstherrn weitgehend sicher und damit umfassend haftungsprivilegiert sein.

15.4.2 Haftung des Arbeitnehmers

Die beamtenrechtliche Haftungsprivilegierung greift bei Nichtbeamten sowie Mitgliedern Klinischer Ethikkomitees von Institutionen in privater Trägerschaft nicht ein. Stattdessen sind für Mitarbeiter der jeweiligen Institution, die dem Klinischen Ethikkomitee angehören, die Grundsätze der Arbeitnehmerhaftung anwendbar.

> **Arbeitnehmer haften grundsätzlich für Schäden, die dem Arbeitgeber aufgrund einer Pflichtverletzung des Arbeitnehmers im Rahmen einer betrieblichen Verrichtung entstehen, sofern sie die Pflichtverletzung zu vertreten haben.[12] Allerdings schränkt die ständige Rechtsprechung des Bundesarbeitsgerichtes die Haftung des Arbeitnehmers erheblich ein.**

Dafür gibt es verschiedene Begründungsansätze. Teilweise wird vertreten, dass das Risiko eines Schadens, den der Arbeitnehmer verursacht, als Teil des Betriebsrisikos anzusehen ist und damit in den Verantwortungsbereich des Arbeitgebers fällt. Eine andere Ansicht geht davon aus, dass auch der sorgfältigste Arbeitnehmer im Laufe seines Arbeitslebens menschliche Unzulänglichkeiten zeigt und Fehler im Arbeitsprozess bis zu einem gewissen Grad hingenommen werden müssten. Der Arbeitnehmer soll während der Arbeit nicht dem Risiko ausgesetzt werden, bei einer leichten Unachtsamkeit sich und seine Familie finanziell zu ruinieren.

Das Bundesarbeitsgericht stellt in seiner ständigen Rechtsprechung zur Arbeitnehmerhaftung deshalb auf den Grad des Verschuldens ab: In Fällen leichter Fahrlässigkeit ist die Haftung des Arbeitnehmers auf Null reduziert. Vorsätzliches Handeln

---

10   Lediglich bei amtsärztlichen Handlungen, Zwangsbehandlungen und Unterbringungen in geschlossenen Anstalten steht das hoheitliche Handeln im Vordergrund, vgl. Kreß (1990), S. 8 f.

11   Diese Definition entstammt bereits der Rechtsprechung des Reichsgerichts, vgl. RG 141, 131; BGHZ 10, 14, 16 = BGH NJW 1953, 1139 und BGHZ 77, 274 = BGH NJW 1980, 2245.

12   Dies ergibt sich aus den §§ 280 Abs. 1, 619a BGB.

15.4 · Haftung gegenüber behandelndem Arzt bzw. Krankenhaus

201 **15**

verdient dagegen keine Haftungsprivilegierung. Dementsprechend wird in Fällen mittlerer bis grober Fahrlässigkeit die Haftung zwischen Arbeitgeber und Arbeitnehmer aufgeteilt.[13] Die genaue Höhe der Anteile bemisst sich im Rahmen der sog. Quotelung[14] nach den Umständen des Einzelfalles, wobei Billigkeits- und Zumutbarkeitserwägungen eine Rolle spielen.[15] In der Diskussion um die Höhe der Haftung wird immer wieder eine Haftungshöchstgrenze von drei Bruttomonatsgehältern postuliert.[16] Diese hat sich in der Rechtsprechung des Bundesarbeitsgerichts bisher aber noch nicht durchgesetzt (Sandmann 2001, S. 68). Allerdings bezieht die arbeitsgerichtliche Rechtsprechung in ihren Entscheidungen das Verhältnis von Vergütung und Schaden teilweise in die Bestimmung der Anspruchshöhe ein.

Zu beachten ist weiterhin, dass von der Haftung des Arbeitnehmers zu seinen Gunsten durch den Arbeitsvertrag oder einen Tarifvertrag abgewichen werden kann. Zurzeit macht davon z. B. die Caritas Gebrauch, die für ihre Mitarbeiter »Richtlinien für Arbeitsverträge in den Einrichtungen des Deutschen Caritasverbandes« (AVR) erlassen hat. Ähnlich wie Beamte haften die hauptamtlichen Mitarbeiter im kirchlichen Dienst der Caritas nur für Vorsatz und grobe Fahrlässigkeit.[17] Auch der

Tarifvertrag im öffentlichen Dienst (TVöD) hat diese Regelung nach zwischenzeitiger Suspendierung im Jahre 2008 wieder eingeführt.[18] Ein Abweichen von der dargestellten Quotelung zulasten des Arbeitnehmers ist unzulässig.[19]

15.4.3 Haftung externer Berater und freier Mitarbeiter

❯ **Für externe Berater oder so genannte freie Mitarbeiter, die sich nicht auf die arbeitsrechtlichen Privilegierungen berufen können, gilt überhaupt keine Haftungsbegrenzung. Sie haften, sofern vertraglich nichts anderes geregelt ist, bereits für leichte Fahrlässigkeit.**

In der Literatur zur Haftung der Mitglieder von Ethikkommissionen wird teilweise vertreten, dass externe Gutachter aufgrund ihrer besonders gefahrgeneigten Tätigkeit eine Haftungsprivilegierung analog arbeitsrechtlicher Vorschriften sowie aufgrund des Rechtsgedankens des § 839a BGB genießen (Deutsch u. Spickhoff 2008, S. 644). Dem kann allerdings entgegengehalten werden, dass es sich bei Mitgliedern Klinischer Ethikkomitees gerade nicht um gerichtliche Sachverständige handelt, für die § 839a BGB eine Ausnahmevorschrift vom üblichen Haftungsregime bildet. Auch die Argumentation einer besonderen Gefahrenneigung überzeugt nicht, da externe Berater und Gutachter gerade für kritische Behandlungssituationen herangezogen werden.

Gäbe es keine Gefahrneigung, benötigte man die fachlichen Experten nicht. Außerdem stellen schwierige Lebenssachverhalte, bei denen infolge der Beratung ein Schaden entstehen kann, für Ärzte, Psychologen, Ökonomen, Juristen, Theologen und vergleichbare beratende Berufe eher die

---

13   Auch bei grober Fahrlässigkeit ist eine Haftungsbeschränkung nicht in jedem Fall ausgeschlossen, vgl. BAGE 90,148 = BAG NJW 1999, 966. Dies gilt vor allem dann, wenn das Arbeitsentgelt in einem krassen Missverhältnis zum verwirklichten Schadensrisiko steht.

14   In Teilen der Literatur ist auch von Quotierung die Rede.

15   BAGE 5, 1 = BAG AP Nr. 4 zu §§ 898, 899 RVO; BAGE 7, 290 = AP Nr. 8 zu § 611 BGB Haftung des Arbeitnehmers; AP Nr. 33 zu § 611 BGB Haftung des Arbeitnehmers, alle noch beschränkt auf sog. gefahrgeneigte Tätigkeiten. Mittlerweile grundlegend und auf sämtliche Tätigkeiten des Arbeitnehmers anwendbar ist die Entscheidung des Großen Senates in BAGE 78, 56=AP Nr. 103 zu § 611 BGB – Haftung des Arbeitnehmers. Dass eine teilweise Mithaftung des Arbeitgebers im Einzelfall auch bei grober Fahrlässigkeit nicht völlig ausgeschlossen ist, zeigt BAG NZA 1998, 140.

16   Vgl. z. B. Müssig (2010), S. 376; Otto et al. (1998), S. 275 haben sogar einen Gesetzesvorschlag mit einer dementsprechenden Haftungsbegrenzung in Form einer Härtefallklausel gemacht.

17   § 5 Abs. 5 AVR (Stand: 01.08.2011), online abrufbar unter http://www.schiering.org/arhilfen/gesetz/avr/avr.htm.

18   § 3 Abs. 6 TVöD vom 13.09.2005, geändert durch Änderungstarifvertrag Nr. 1 vom 01.08.2006, zuletzt geändert durch Änderungstarifvertrag Nr. 5 vom 27.02.2010 in der seit 01.01.2010 gültigen Fassung, online abrufbar unter http://www.gew.de/Publikationen_TVoeD.html#Section25008.

19   BAG NJW 2004, 2469 = BAG NZA 2004, 649 = AP BGB § 611 Haftung des Arbeitnehmers Nr. 126.

Regel als eine Ausnahme dar. Dies gilt bereits für die Beratung von Ethikkommissionen für die Genehmigung klinischer Versuche am Menschen. Eine Haftungsprivilegierung für externe Gutachter eines Klinischen Ethikkomitees, das im Rahmen einer Heilbehandlung beratend tätig wird, ist daher erst recht abzulehnen.

15.5   Haftung des Einzelnen für Gremienentscheidungen

Bei der Inanspruchnahme einzelner Mitglieder Klinischer Ethikkomitees steht der Anspruchsteller vor einem weiteren Problem: Der Arzt wird hier aufgrund der Entscheidung eines Gremiums tätig. Diese Gremienentscheidung muss dem einzelnen Mitglied eines Ethikkomitees zurechenbar sein, um dessen Haftung zu begründen.

Zwar bestimmt § 830 BGB, dass bei gemeinschaftlich begangenen unerlaubten Handlungen jeder für den Schaden voll verantwortlich ist, und mehrere Schädiger haften dem Geschädigten gemäß § 840 Abs. 1 BGB gesamtschuldnerisch.[20] Ob jedoch ein Mitglied eines Ethikkomitees nach einer geheimen Beratung eines Gremiums, in der auch Mehrheitsentscheidungen möglich sind, überhaupt als Schädiger qualifiziert werden kann, erscheint zunächst fraglich. Denn bereits in dem Fall, dass bekannt ist, wie jedes Mitglied des Ethikkomitees gestimmt hat, ist bei mehr als der notwendigen Stimmenzahl, die für eine Mehrheitsentscheidung notwendig ist, keine einzige Stimme mehr für den Schadenseintritt kausal.

Schließlich könnte sich jedes einzelne Mitglied des Komitees darauf berufen, dass seine Stimme für das Abstimmungsergebnis nicht notwendig gewesen sei und sich an dem Beschluss des Gremiums

nichts ändern würde, wenn seine Stimme hinweggedacht werden würde. Dies würde zu der paradoxen Situation führen, dass für Entscheidungen mit überschießender Mehrheit überhaupt niemand verantwortlich wäre. Dies kann kein rechtlich gewolltes Ergebnis darstellen und wird daher für haftungsrelevante Gremienentscheidungen, mit unterschiedlicher Begründung und unter Anwendung einer Mischung aus kumulativer und alternativer Kausalität, einhellig abgelehnt (vgl. Wagner 2009, § 830 BGB Rn. 54; Röckrath 2004b, S. 641–645). Stattdessen geht die neuere Literatur von einer äquivalenten Kausalität der Einzelvoten aus, ohne dass es beispielsweise darauf ankommt, ob es eine bestimmte Reihenfolge der Stimmabgabe im Kollegialorgan gibt oder ob abwesende, aber stimmberechtigte Mitglieder ihr Votum erst nachträglich abgeben (Mayer 2008, S. 485 ff.).

Die Problematik der Verantwortlichkeit für Gremienentscheidungen ist nicht neu. Sie ist vor allem im Strafrecht relevant geworden. Dies betrifft z. B. die Entscheidungsfindung mehrköpfiger Unternehmensvorstände und Aufsichtsräte (BGHSt 9, 203, 216)[21] oder Richtergremien (OLG Naumburg, NJW 2008, 3585 = JuS 2009, 79). Auch eine Haftung von Betriebsräten wird diskutiert (Schwab 2008, S. 571–573).

Noch problematischer wird die Situation, wenn das genaue Abstimmungsergebnis nicht bekannt ist. In einem solchen Fall wäre es sogar denkbar, dass jemand in Anspruch genommen wird, der sich in der Beratung des Ethikkomitees gegen den später erteilten Rat ausgesprochen hat, in dessen Folge es zu einem Schaden gekommen ist.

Praxisbeispiel: »Lederspray-Fall«

Im berühmten Lederspray-Fall, der dem Bundesgerichtshof bereits im Jahre 1990 zur Entscheidung vorlag und der eine strafrechtliche Verantwortung von Gremienmitgliedern konstatiert, geht es um den Vorstand eines Unternehmens, das ein

---

20   Bei einer gesamtschuldnerischen Haftung haftet jeder Schuldner im Außenverhältnis voll. Das bedeutet, dass der Gläubiger die volle Schadenssumme von einem beliebigen Schuldner seiner Wahl ganz oder teilweise fordern kann. Dies bestimmt § 421 BGB. Um den Schadensausgleich im Innenverhältnis, also zwischen den verschiedenen Gesamtschuldnern, muss sich dann der in Anspruch Genommene kümmern. Auf diese Weise wird das Insolvenzrisiko vom Geschädigten auf den in Anspruch genommenen Gesamtschuldner verlagert, vgl. Westermann, Bydlinski et al. (2007), S. 334 ff.

21   Der BGH hat außerdem in einem obiter dictum zur Politbüro-Entscheidung, in dem es um die Verantwortlichkeit für die Todesschüsse an der innerdeutschen Grenze ging, die Übertragung der dort festgestellten Gremienhaftung auf Fälle von Wirtschaftskriminalität ausdrücklich bestätigt, vgl. BGHSt 48, 77 = BGH NJW 2003, 522.

gesundheitsgefährdendes Lederspray auf den Markt gebracht hatte. Veränderungen der Rezeptur brachten keine Verbesserungen. Obwohl sich zunehmend Kunden über Gesundheitsprobleme bei der Anwendung des Sprays beschwerten, entschied sich ein mehrköpfiger Unternehmensvorstand, das Produkt nicht vom Markt zu nehmen und keine Produktwarnung auszusprechen, weil die genaue Ursache der Gesundheitsprobleme im Labor nicht nachvollzogen werden konnte. Der Bundesgerichtshof hat die Vorstandsmitglieder u. a. wegen gefährlicher Körperverletzung verurteilt.[22]

Die Lederspray-Entscheidung geht davon aus, dass innerhalb eines zuständigen Kollegialorgans jedes Mitglied für den Eintritt des Tatbestandes verantwortlich ist, auch wenn dessen Stimme für den Beschluss nicht entscheidend war. Nach dieser Entscheidung ist die Verantwortlichkeit nur dann ausgeschlossen, wenn die betreffende Person alles ihr Mögliche und Zumutbare getan hat, um auch die anderen Mitglieder des Entscheidungsorgans davon zu überzeugen, Gegenmaßnahmen zu ergreifen. Für die Schadensursächlichkeit genügte im Lederspray-Fall bereits das pflichtwidrige Verstreichenlassen jeder aussichtsreichen Rettungschance (Knauer 2001, S. 84 ff.).

Natürlich ist diese Entscheidung nicht ohne weiteres auf Haftungsfälle Klinischer Ethikkomitees übertragbar. Sie zeigt aber, dass auch Gremienmitglieder, die sich einer falschen Mehrheitsentscheidung nicht anschließen, in Haftung genommen werden können – selbst dann, wenn sie gegen diese Entscheidung stimmen. Ebenso wie der Vorstand im Lederspray-Fall gegenüber den Verbrauchern hat das Klinische Ethikkomitee eine Garantenstellung gegenüber den behandelnden Ärzten und ihren Patienten, deren Leben, Gesundheit, Freiheit und Vermögen sie zu schützen haben. Da das Strafrecht und das Deliktsrecht gewisse Parallelen aufweisen, dürfte dies nicht nur für das Strafrecht, sondern auch für die zivilrechtliche Haftung gelten.

Jedenfalls wird auch in der juristischen Literatur vertreten, dass jedes Mitglied eines Kollegialorgans dazu aufgerufen ist, jederzeit die Interessen der Institution zu wahren, für die Entscheidungen getroffen werden. Werden diese Interessen der Institution vernachlässigt, kommt demnach eine Haftung aufgrund treuwidrigen Unterlassens in Betracht (Seier 2008, S. 385 f.).

Welche Maßnahmen das Mitglied eines Klinischen Ethikkomitees ergreifen muss, um die Haftung zu vermeiden (z. B. Verzicht auf die Mitwirkung am Beschluss des Komitees, Niederlegung des Amtes, Information des Klinikträgers, des behandelnden Arztes, des Patienten und/oder seiner Angehörigen über die eigene abweichende Ansicht), dürfte von den Umständen des Einzelfalls abhängen.

> ❯❯ Angesichts der hochrangigen Rechtsgüter Leben und Gesundheit, die in der Regel bei einer falschen Entscheidung eines Klinischen Ethikkomitees bedroht sein dürften, ist allerdings von einer starken Pflicht zur Intervention auszugehen.

15.6 Haftungsreduzierung durch Mitverschulden des Arztes bzw. Pflegeteams

Sofern ein ärztlicher Berufsträger, ein Pflegeteam oder sonstige professionell Tätige durch das Klinische Ethikkomitee beraten werden, stellt sich bei einem Schadenseintritt schnell die Frage nach einem eventuellen Mitverschulden der beratenen Personen. Das Mitverschulden ist in § 254 BGB geregelt. Diese Norm besagt, dass sich ein Geschädigter den Grad seines Mitverschuldens anrechnen lassen muss.

Die Mitglieder des Klinischen Ethikkomitees könnten sich im Rahmen eines Haftungsprozesses darauf berufen, dass im Gesundheitswesen tätige Personen selbst erkennen müssten, dass der Rat eines Klinischen Ethikkomitees zu einem Schaden führe. Immerhin beantwortet das Gremium lediglich die ihm gestellten theoretischen Fragen, während der Arzt bzw. das Pflegepersonal den konkreten Fall, also den Patienten und sein Krankheits-

---

22 BGHSt 37, 106 = BGH NJW 1990, 2560. Kritisch dazu Puppe (2001), S. 296 ff., die die Kausalität im Lederspray-Fall verneint, weil nicht sicher sei, dass die Einzelhändler einen Produktrückruf befolgt hätten. Stattdessen plädiert Puppe für den Abschied von der Conditio-Formel und die Anwendung einer Risikoerhöhungslehre.

bild, sein soziales Umfeld etc. vollständig im Blick haben. Eine solche Argumentation hat allerdings so gut wie keine Aussicht auf Erfolg. Denn auch wenn der Arzt bzw. das Pflegeteam professionell tätig und für die Patientenbehandlung bzw. -pflege zuständig sind, eigenes Erfahrungswissen aus ihrer Ausbildung und Berufspraxis besitzen und regelmäßig an Fortbildungen teilnehmen, ändert dies nichts an der Verpflichtung des Klinischen Ethikkomitees, einen sachlich richtigen Rat zu erteilen, der nicht zu einem Schaden führt.

Die Rechtsprechung geht nämlich davon aus, dass derjenige, der sich Fachleuten anvertraut, selbst keine Kontrollpflichten hat (BGH NJW-RR 1988, 855). Es würde dem Grundsatz von Treu und Glauben (§ 242 BGB) widersprechen, wenn sich der Schädiger mit dem Einwand entlasten könnte, der Geschädigte habe sich auf die Richtigkeit seiner Angaben nicht verlassen dürfen (BGH NJW 1998, 302 = BGH MDR 1998, 25). Ansonsten könnte sich auch ein Arzt, der einen anderen Arzt behandelt, oder ein Rechtsanwalt, der einen rechtskundigen Mandanten vertritt, auf die Professionalität des jeweils anderen verweisen und sich so exkulpieren.[23] Erschwerend kommt hinzu, dass es sich beim Gegenstand Klinischer Ethikberatung in der Regel um außergewöhnliche Fallkonstellationen handelt, die die Ratsuchenden bewusst vor ein multidisziplinär besetztes Expertengremium bringen, um einen Rat zu erhalten, weil die Kompetenz der eigenen Profession bzw. Abteilung zur umfassenden Klärung der anstehenden Weiterbehandlung allein nicht hinreichend ist.

Auch das Argument der größeren Nähe zum Patienten ist abzulehnen. Denn auch wenn der Arzt bzw. das Pflegeteam deutlich mehr Informationen über den Patienten haben als das Klinische Ethikkomitee, hat dieses doch die aus dem Beratungs-verhältnis resultierende Nebenpflicht, möglicherweise fehlende Informationen abzufragen und auf Lücken im geschilderten Sachverhalt hinzuweisen. Sind in dem vom Fragesteller geschilderten Sachvortrag offensichtliche Lücken vorhanden, so muss das Klinische Ethikkomitee ggf. alternative Handlungsoptionen für verschiedene Lebenssachverhalte aufzeigen. Allerdings trifft den beratenen Arzt bzw. das Pflegeteam umgekehrt die Pflicht, das Klinische Ethikkomitee bestmöglich über den fraglichen Sachverhalt zu informieren und keine Informationen zurückzuhalten.

> **Erteilt das Klinische Ethikkomitee einen Rat, eine Empfehlung o. Ä., so trifft den Arzt bzw. das Pflegeteam die Pflicht, diesen Rat sorgfältig dahingehend zu überprüfen, ob die übermittelten Informationen vom Ethikkomitee richtig wiedergegeben wurden und ob die tatsächlichen Angaben stimmen, soweit sie in der Sphäre der Beratenen liegen bzw. ihnen bekannt sein müssten.[24]**

Es besteht jedoch keine Pflicht der Ärzte und des Pflegepersonals, eine Empfehlung des Klinischen Ethikkomitees inhaltlich zu überprüfen. Lediglich in Fällen, in denen eine Empfehlung schon zum Zeitpunkt der Beratung ganz offensichtlich falsch ist und bei Befolgung mit hoher Wahrscheinlichkeit erkennbar zu einem späteren Schaden beim Patienten führen wird, kann von einem Mitverschulden gemäß § 254 BGB ausgegangen werden. Eine derartige Entscheidung, der die behandelnden Ärzte bzw. das Pflegepersonal dann trotzdem folgen, dürfte im klinischen Alltag jedoch die absolute Ausnahme darstellen.

Denkbar ist allerdings ein Mitverschulden der jeweiligen Organisation, die ein Klinisches Ethikkomitee einrichtet. Der Träger eines Ethikkomitees muss für sein Organisationsverschulden einstehen, wenn er z. B. ein Klinisches Ethikkomitee nicht richtig einrichtet, das Komitee fehlerhaft besetzt (z. B. wenn Experten aus fachlichen Kompetenzfel-

---

23 Die Mithaftung des rechtskundigen Mandanten verneint BGH NJW 1992, 820 = BGH VersR 1992, 447. Auch ein Steuerberater kann gegen den geschädigten Mandanten nicht einwenden, dieser hätte den Steuerschaden selbst erkennen können, vgl. BGH NJW 1998, 1486 = BGH GmbHR 1998, 282. Ein Arzt wiederum hat die Pflicht, seinen Patienten umfassend und verständlich über die Notwendigkeit einer weiteren Behandlung aufzuklären. Eine Obliegenheit des Patienten, selbst nachzufragen, besteht nicht, vgl. BGH NJW 1997, 1635 = BGH VersR 1997, 449.

---

24 So das OLG Hamm, NJW-RR 1995, 1267, das Mitwirkungspflichten des Mandanten für Vertragsentwürfe des Rechtsanwalts festgestellt hat.

dern fehlen, die für die Beratung notwendig sind) oder es nicht grundsätzlich überwacht.

15.7 Strategien zur Haftungsvermeidung für Mitglieder Klinischer Ethikkomitees

Das Zivilrecht bietet eine ganze Reihe von Möglichkeiten, um die Haftung des Klinischen Ethikkomitees und ihrer Mitglieder zu beschränken. Neben die bereits genannte Wahl einer haftungsbeschränkten Gesellschaftsform, die wohl nur für wenige Institutionen in Frage kommt, treten vor allem haftungsbeschränkende Regelungen in den Satzungen der Klinischen Ethikkomitees. Dabei ist zu beachten, dass eine Haftungsfreistellung durch Satzung o. Ä. immer nur gegenüber der Institution gilt, in der das Klinische Ethikkomitee tätig ist. Im direkten Verhältnis zu Patienten und sonstigen Dritten würde eine solche Haftungsbeschränkung nämlich einen Vertrag zulasten Dritter darstellen, und solche Verträge sind aufgrund eines Verstoßes gegen den Grundsatz der Privatautonomie unwirksam (BGHZ 58, 219; 61, 361; 78, 375). Außerdem sind eine Satzung, eine Geschäftsordnung und ähnliche Regularien nicht in der Lage, das höherrangige Schadensersatzrecht des Bundes auszuhebeln.[25]

Beamte sind ihrem Dienstherrn gegenüber wie oben dargestellt bereits weitgehend haftungsbefreit. Arbeitnehmern, die keine Haftungsbeschränkungen in ihrem Arbeitsvertrag haben und die auch nicht unter einen Tarifvertrag fallen, der eine Haftungsprivilegierung vorsieht, ist zu raten, eine Zusatzvereinbarung zum Arbeitsvertrag zur Bedingung ihrer Mitarbeit im Klinischen Ethikkomitee zu machen.

Für externe Berater, freie Mitarbeiter etc. empfiehlt sich eine Haftungsfreistellungsklausel im Beratungsvertrag. Diese dürfte zumindest dann mit dem bereits oben genannten § 242 BGB vereinbar sein, wenn die Haftungsfreistellung vorsätzliches und grob fahrlässiges Handeln ausschließt. Kann dies nicht erreicht werden, so ist die Haftung zu-

mindest summenmäßig zu begrenzen, z. B. auf einige Monatsgehälter.

Berater, die für ein Klinisches Ethikkomitee im Rahmen der Ausübung eines freien Berufes tätig werden, sollten vor Abschluss des Beratungsvertrages darauf achten, dass die vertragliche Haftungsbeschränkung nicht den Regelungen des jeweils anwendbaren Berufsrechts widerspricht, da sie ansonsten nichtig ist. Zu nennen wäre hier z. B. § 51a der Bundesrechtsanwaltsordnung (BRAO), der eine individualvertragliche Beschränkung der Beratungshaftung auf die Höhe der Mindestversicherung von derzeit 250.000,- € vorsieht. Eine Unterschreitung dieser Haftungssumme führt zur Nichtigkeit der vertraglichen Regelung.

Sowohl den jeweiligen Institutionen, die ein Klinisches Ethikkomitee einrichten, als auch ihren Mitgliedern ist zu raten, für einen hinreichenden Versicherungsschutz zu sorgen. Die Verantwortlichkeit für die Versicherung sollte auch vertraglich oder durch die Satzung des Klinischen Ethikkomitees geregelt werden. Die Schadensersatzforderungen in Deutschland haben zwar noch längst nicht das Niveau des angloamerikanischen Rechtskreises erreicht, können jedoch auch hier beträchtlich sein. Da das Klinische Ethikkomitee häufig in schadensgeneigten Fällen beraten wird, sollte die Deckungssumme den Betrag von fünf Mio. € nicht unterschreiten und regelmäßig dem Umfang und der Höhe nach, z. B. hinsichtlich der Deckungssumme pro Einzelfall und der Gesamtdeckungshöhe im Jahr, überprüft werden.

Checkliste zum Haftungsrisiko für Mitglieder Klinischer Ethikkomitees
- Treffen Satzung oder Geschäftsordnung des Klinischen Ethikkomitees eine Aussage über die Haftung der Mitglieder?
- Besteht eine Haftungsprivilegierung durch den Beamtenstatus?
- Ist im Arbeitsvertrag, Tarifvertrag oder durch eine ähnliche arbeitsrechtliche Regelung eine Vereinbarung zur Haftungsbefreiung getroffen worden?
- Besteht ein Beratervertrag? Wie ist die Haftung dort geregelt? Ist die vertragliche Regelung mit dem jeweils anwendbaren Berufsrecht des Mitglieds vereinbar?

25 So auch Deutsch u. Spickhoff (2008), S. 644, für Ethik-Kommissionen.

- Sind die Mitglieder des Klinischen Ethikkomitees durch die Institution versichert?
  Falls ja, in welcher Höhe, und wird diese
  regelmäßig überprüft? Bestätigt die Institution die Versicherung jedem Mitglied
  des Komitees schriftlich?
- Wird das Haftungsrisiko durch die Vermö-
  gensschadenhaftpflichtversicherung des
  einzelnen Mitglieds abgedeckt?

Literatur

Achenbach H, Ransiek A (Hrsg.) (2008) Handbuch Wirt-
  schaftsstrafrecht. 2. Auflage. Heidelberg u. a.
Akademie für Ethik in der Medizin e.V.: http://www.springer-
  link.com/content/9627261240864vh8
Anders M, Gehle B (2001) Das Recht der freien Dienste.
  Vertrag und Haftung. Arzt-, Geschäftsführer-, Rechts-
  anwalts- und Steuerberatervertrag sowie rd. 100 weitere
  Dienstverträge in systematischer Darstellung. Berlin,
  New York
Beck Online: http://beck-online.beck.de
Bockenheimer-Lucius G, Dansou R, Timo S (2012) Ethikkomitee im Altenpflegeheim. Theoretische Grundlagen und
  praktische Konzeption. Frankfurt am Main, New York
  [in Vorb.]
Deutsch E (2001) Schmerzensgeld für Unfälle bei der Prüfung
  von Arzneimitteln und Medizinprodukten? In: Pharma-
  recht (2001), S. 346–350
Deutsch E, Spickhoff A (2008) Medizinrecht. Arztrecht, Arz-
  neimittelrecht, Medizinprodukterecht und Transfusions-
  recht. 6. Auflage. Berlin, Heidelberg
Dörries A, Neitzke G, Simon A, Vollmann J (Hrsg.) (2010) Klinische Ethikberatung. Ein Praxisbuch für Krankenhäuser
  und Einrichtungen der Altenpflege. 2. Auflage, Stuttgart
Frewer A, Fahr U, Rascher W (Hrsg.) (2008) Klinische Ethikkomitees. Chancen, Risiken und Nebenwirkungen. Jahr-
  buch Ethik in der Klinik (JEK), Bd. 1. Würzburg
Frewer A, Schmidt U (Hrsg.) (2007) Standards der Forschung.
  Historische Entwicklung und ethische Grundlagen
  klinischer Studien. Frankfurt/M.
Frewer A, Winau R (Hrsg.) (2005) Ethische Probleme in
  Lebenskrisen. Grundkurs Ethik in der Medizin, Bd. 3.
  Erlangen, Jena
Geisler K (2007) Die Funktion der Patientenautonomie in
  klinischen Ethikkomitees. Eine medizinsoziologische
  Studie. Saarbrücken
Haker H (Hrsg.) (2009) Perspektiven der Medizinethik in der
  Klinikseelsorge. Berlin, Münster

Knauer C (2001) Die Kollegialentscheidung im Strafrecht.
  Zugleich ein Beitrag zum Verhältnis von Kausalität und
  Mittäterschaft. München, zugl. Jur. Diss., München 2000
Kohlen H (2009a) Conflicts of care. Hospital ethics commit-
  tees in the USA and Germany. Frankfurt/M., New York
Kohlen H (2009b) Klinische Ethikkomitees und die Themen
  der Pflege. Berlin
Kreß M (1990) Die Ethik-Kommissionen im System der Haf-
  tung bei der Planung und Durchführung von medizini-
  schen Forschungsvorhaben am Menschen. Karlsruhe
Kubina A (2008) Das Klinische Ethikkomitee. Neue Wege in
  der Ethikberatung. Saarbrücken
Lebich J (2005) Die Haftung angestellter Ärzte, insbesondere
  in der klinischen Forschung, München, zugl. Jur. Diss.,
  Regensburg 2004
Lippert H-D (2011) Biomedizinische Forschung. In: Ratzel,
  Luxenburger (2011), S. 1311–1327
Mayer M (2008) Strafrechtliche Produktverantwortung bei
  Arzneimittelschäden. Ein Beitrag zur Abgrenzung der
  Verantwortungsbereiche im Arzneiwesen aus straf-
  rechtlicher Sicht. Berlin, Heidelberg, zugl. Jur. Diss.,
  Heidelberg 2007
Müssig P (2010) Wirtschaftsprivatrecht. Rechtliche Grund-
  lagen wirtschaftlichen Handelns. 13. Auflage. Heidel-
  berg u. a.
Neitzke G, Frewer A (2005) Beratung in Krisensituationen
  und Klinische Ethik-Komitees. Zum Umgang mit
  moralischen Problemen in der Patientenversorgung, In:
  Frewer, Winau (2005), S. 167–187
Neufeind W (2001) Arzthaftungsrecht. Ein Überblick für
  Rechtsanwender, Ärzte und Patienten. 3. Auflage.
  Marburg
Otto H, Schwarze R, Krause R (1998) Die Haftung des Arbeit-
  nehmers. 3. Auflage. Karlsruhe
Palandt O (2011) Bürgerliches Gesetzbuch. Kurzkommentar.
  70. Auflage. München (zit.: Palandt-Bearbeiter)
Puppe I (2001) Brauchen wir eine Risikoerhöhungstheorie?
  In: Schünemann et al. (2001), S. 289
Ratzel R, Luxenburger B (Hrsg.) (2011) Handbuch Medizin-
  recht. 2. Auflage Bonn
Röckrath L (2004a) Kausalität, Wahrscheinlichkeit und Haf-
  tung. München, zugl. Jur. Diss, München 2003
Röckrath L (2004b) Kollegialentscheidung und Kausalitäts-
  dogmatik. In: Neue Zeitschrift für Strafrecht (2004),
  S. 641–645
Römermann V (2010) Die Unternehmergesellschaft –
  manchmal die bessere Variante der GmbH – Wider die
  vorurteilsbelastete Sicht einer neuen Gesellschaftsform.
  In: Neue Juristische Wochenschrift (2010), S. 905–910
Rothärmel S (2010) Rechtsfragen klinischer Ethikberatung.
  In: Dörries et al. (2010), S. 178–185
Sandmann B (2001) Die Haftung von Arbeitnehmern, Ge-
  schäftsführern und leitenden Angestellten. Zugleich
  ein Beitrag zu den Grundprinzipien der Haftung und
  Haftungsprivilegierung, Tübingen, zugl. Jur. Habil.-Schr.,
  Augsburg 2000

Schloßer P (2009) Der gespaltene Krankenhausaufnahme-vertrag bei wahlärztlichen Leistungen. In: Medizinrecht, S. 313–318

Schünemann B, Achenbach H, Bottke W, Haffke B, Rudolphi H-J (Hrsg.) (2001) Festschrift für Claus Roxin zum 70. Geburtstag am 15. Mai 2001. Berlin, New York

Schwab B (2008) Die Haftung des Betriebsrats. Wie machen sich das Gremium und seine Mitglieder schadensersatzpflichtig? In: Arbeitsrecht im Betrieb, S. 571–573

Seier J (2008) Allgemeine Vermögensdelikte im Wirtschaftsstrafrecht. Abschnitt 2: Untreue. In: Achenbach, Ransiek (2008), S. 366–457

Stein C, Itzel P, Schwall K (2005) Praxishandbuch des Amts- und Staatshaftungsrechts. Berlin, Heidelberg

Steinkamp N, Gordijn B (2005) Ethik in Klinik und Pflegeeinrichtung. Ein Arbeitsbuch. 2. Auflage. Neuwied u. a.

Vollmann J, Schildmann J, Simon A (Hrsg.) (2009) Klinische Ethik. Aktuelle Entwicklungen in Theorie und Praxis, Frankfurt/M.

Wagner G (2009) Münchener Kommentar zum BGB, Bd. 5: Schuldrecht. Besonderer Teil III. §§ 705–853. Partnerschaftsgesellschaftsgesetz. Produkthaftungsgesetz. 5. Auflage. München

Weber J-A (2009) Die Unternehmergesellschaft – »GmbH light« als Konkurrenz für die Limited? In: Betriebs-Berater (2009), S. 842–848

Westermann HP, Bydlinski P, Weber R (2007) BGB-Schuldrecht. Allgemeiner Teil. 6. Auflage. Heidelberg u. a.

Nützliche Internetadressen

Ausgewählte Quellen zur Ethikberatung in der Medizin

- **Deutschland**

http://www.aem-online.de

Die Akademie für Ethik in der Medizin e.V. (AEM) ist eine interdisziplinäre und interprofessionelle medizinethische Fachgesellschaft

http://www.ak-med-ethik-komm.de

Arbeitskreis Medizinischer Ethik-Kommissionen Deutschlands (Forschungsethikkommissionen)

http://www.dgeg.net

Deutsche Gesellschaft für Ethikberatung im Gesundheitswesen e.V.

http://www.drze.de

Deutsches Referenzzentrum für Ethik in den Biowissenschaften

http://www.ethikkomitee.de

Internetportal für Klinische Ethikkomitees, Konsiliar- und Liaisondienste sowie Datenbank zu Einrichtungen im Gesundheitswesen mit Ethikberatung

http://www.ethikkomitee.med.uni-erlangen.de/index.shtml

Klinisches Ethikkomitee des Universitätsklinikums Erlangen

http://www.ethikrat.org

Deutscher Ethikrat, vormals Nationaler Ethikrat. Zugriff auf Stellungnahmen

http://www.ethikzentrum.de

Informationsportal Angewandte Ethik

http://www.iwe.uni-bonn.de

Institut für Wissenschaft und Ethik e.V. (IWE)

http://www.zentrale-ethikkommission.de

Zentrale Kommission zur Wahrung ethischer Grundsätze in der Medizin und ihren Grenzgebieten (ZEKO). Zugriff auf die Stellungnahmen der ZEKO

http://www.zme-bochum.de

Zentrum für Medizinische Ethik e.V./Ruhr-Universität Bochum

- **International**

http://www.asbh.org

American Society for Bioethics and Humanities (ASBH)

http://www.ethics-network.org.uk

UK Clinical Ethics Network

http://kennedyinstitute.georgetown.edu

Kennedy Institute of Ethics an der Georgetown Universität in Washington DC. Forschungszentrum und Referenzbibliothek

http://www.thehastingscenter.org

The Hastings Center. Forschungszentrum nördlich von New York

Zeitschriften (Auswahl)

- **Deutschland**

http://195.30.246.247/default.asp

Zeitschrift für medizinische Ethik. Wissenschaft – Kultur – Religion. Gegründet 1955 als »Arzt und Christ«

http://www.springer.com/medicine/journal/481

Ethik in der Medizin. Gegründet 1989 als Organ der Akademie für Ethik in der Medizin

- **International**

http://www.clinicalethics.com

Journal of Clinical Ethics

http://ce.rsmjournals.com

Clinical Ethics

http://jme.bmj.com

Journal of Medical Ethics

http://kennedyinstitute.georgetown.edu/programs/kiej

Kennedy Institute of Ethics Journal. Organ des Kennedy Institute of Ethics

http://www.springerlink.com/content/102899
HEC Forum. HealthCare Ethics Committee Forum

http://www.springer.com/medicine/journal/11019
Medicine, Health Care and Philosophy. A European Journal. Organ der European Society for Philosophy of Medicine and Health Care

http://www.springer.com/philosophy/epistemology+and+philosophy+of+science/journal/11017
Theoretical Medicine and Bioethics. Philosophy of Medical Research and Practice

http://www.thehastingscenter.org/Publications/HCR
The Hastings Center Report, Organ des Hastings Center

Stichwortverzeichnis